高等农林院校动物医学系列教材

兽医流行病学

魏　萍　主编

科 学 出 版 社
北　京

内 容 简 介

本书参考兽医流行病学近年来国内外教材、文献等的相关内容组织编写而成，内容新颖。全书共23章，包括绪论，病因推断、决定因素和疾病生态学，观察性研究，实验研究，疾病频率的度量，相关与效应的度量，样本容量和抽样方法，诊断试验评价，兽医流行病学资料，偏倚与交互作用，问卷调查，数据分析，动物疾病的监测与评价，动物疫病的防控对策，疾病的经济学，疾病的损失和控制成本的评估，经济学和疾病控制政策的决策，畜群健康和生产，分子流行病学，动物疾病防控中的风险分析，流行病学的模型，血清流行病学及其他流行病学等方面内容。本书注重理论性和实用性，力求反映国内外相关领域的新进展。

本书可作为普通高等农业院校动物医学专业、动物药学专业教材，也可以作为从事相关专业工作人员的参考用书。

图书在版编目(CIP)数据

兽医流行病学/魏萍主编．—北京：科学出版社，2015.3
(高等农林院校动物医学系列教材)

ISBN 978-7-03-041762-6

Ⅰ.①兽… Ⅱ.①魏… Ⅲ.①兽医学-流行病学-高等学校-教材 Ⅳ.①S851.3

中国版本图书馆CIP数据核字（2014）第194174号

责任编辑：丛　楠　贺窑青/责任校对：郑金红
责任印制：赵　博/封面设计：铭轩堂

科学出版社 出版
北京东黄城根北街16号
邮政编码：100717
http://www.sciencep.com
北京凌奇印刷有限责任公司印刷
科学出版社发行　各地新华书店经销
*
2015年3月第　一　版　开本：787×1092　1/16
2025年1月第八次印刷　印张：23 1/2
字数：617 000

定价：79.80元

（如有印装质量问题，我社负责调换）

《兽医流行病学》编委名单

主　　编　魏　萍

副 主 编　丁　壮　曾祥伟　董秀梅

编委名单　（按章节排序）

魏　萍	东北农业大学
丁　壮	吉林大学
曾祥伟	东北林业大学
李文贵	云南农业大学
孙　刚	黑龙江省动物疾病监督所
董秀梅	东北农业大学
王玉清	河北省动物疾病监督所
由　轩	黑龙江省出入境检验检疫局
贾仁勇	四川农业大学
罗公平	黑龙江省出入境检验检疫局
西尼尼根	内蒙古农业大学
钱爱东	吉林农业大学

前　言

近 20 年来，兽医流行病学作为动物医学专业的基础性学科，随着医学流行病学和兽医学的快速发展，无论在研究内容、原理、方法、应用还是自身特点上都取得了长足进步。兽医流行病学的研究范围已经跨越了动物与人之间的界限，站在生态医学的角度重新认识流行病学的价值。未来将在医学和兽医学的合作研究中超越比较医学和人兽共患病的范畴，实现"同一种医学"或"同一健康"。

人类和动物有许多相同（或相似）的细胞结构和机制，面临着相似的病因，兽医学能通过研究动物疾病和病因实现与人类健康对接，从而与医学科学相互认证加强。两个学科完全单一不能完善地处理突发疾病事件及其对复杂系统的影响，也不能识别疾病本身固有的相互关联，因为这些疾病发生在一个生物与非生物因素复杂相关的体系中。所以，医学和兽医学专业在许多疾病上有共同的利益和挑战。

面对全球气候的复杂变化，人类、宠物动物、家畜和野生动物，它们的社会与生态环境有着不可避免的相互关联，这就需要整合人与动物健康的研究方法及各自的社会和环境背景。兽医流行病学把生命群体（人群、动物群）作为研究对象，既可以研究驯养动物群体的社会属性，也可以研究野生动物群体的自然属性，从而与医学流行病学形成了不可分割的整体，相互影响、相互制约、相互联系而又相互独立。

研究不同物种间的传染病，采用关注物种系统的内在关联而非个体层面风险因素的系统方法非常适合。它遵循了流行病学从识别群体中产生各种疾病的风险因素到分析其自然系统的转变原则。此外，评估新发现种间传染病的影响，也需要将立足点从个体转向生态系统。

本书编写过程中参考了国内外的教材、大量的相关文献。全书共 23 章，在内容编排上有所突破，增加了区域疾病控制的原则和战略、第十一章问卷调查、第十二章数据分析、第十六章疾病的损失和控制成本的评估、第十七章经济学和疾病控制政策的决策、第十八章畜群健康和生产等。流行病学发展迅速，形成了很多分支，本书仅在第一章和第二十三章介绍了部分分支领域。

在本书的编写过程中，编委们做了大量工作，衷心感谢全体编委给予我的信任和支持。10 余名研究生在文献翻译中付出了辛勤的劳动。

本书结合国内范例，体现国外进展，从理论和实践两个角度写作，不仅可以作为本科生教材，而且可以用于科研工作和现场工作人员的参考书。

本书编写过程中虽然参阅了大量资料，各位编者也做了大量工作，但由于流行病学内容更新较快，加之水平和经验所限，书中不当和疏漏之处仍在所难免，诚恳地希望各校老师、同学和广大读者谅解并予以指正。

魏　萍

2015 年 1 月于东北农业大学动物医学学院

目　　录

第一章 绪 论

兽医流行病学起源于医学流行病学，前者研究的动物群体规模远远大于人群，并与人群不同程度地有机交融，相互影响、相互制约、相互联系而又相互独立。兽医流行病学将生命群体作为研究对象，既研究动物群体的社会属性，又研究动物群体的自然属性。动物群体涉及宠物、生产动物、野生动物、观赏动物等群体，包括陆生动物群体、水生动物群体、飞行动物群体（如媒介昆虫、鸟类和蝙蝠等）。尽管兽医流行病学在临床方面与医学流行病学非常相似，但兽医流行病学的研究领域显示出丰富多彩的生态学特点，表现出显著的群体多样性和研究内容的广泛性。

第一节 兽医流行病学简介

许多现有疾病问题可以借助动物群体调查得到解决。传染性疾病的自然史能够通过研究不同群体的分布加以阐明，对群体中传染性和非传染性疾病发生程度的度量有助于确定它们的重要性和防控策略的有效性，通过研究各种动物组群可以查明疾病的复合性病因与未知病因，在群体水平上评估与动物生产性能降低有关的疾病效应，评价疾病及其控制措施的经济学影响，其范围可以从单个养殖户到全国的养殖场。疾病的群体调查构成了流行病学研究的基础。

兽医流行病学还包括其他与健康相关事件的调查和评估，特别是生产性能。所有这些调查包含对动物群体的观察和对观察的推论。

一、兽医流行病学的定义

兽医流行病学是在动物群体中描述疾病和健康的分布（疾病发生的性质、地点、时间和程度）与疾病流行决定因素（疾病原因）调查的科学。

在动物群体疾病、生产力和动物福利的调查中，兽医流行病学被用来描述不同因素或决定因素的相互作用，并说明这些决定因素对疾病发病率、病因、生产性能、福利等产生的影响，这些信息用于控制决定因素，以减少发病。

兽医流行病学可以分为不同的组成成分（图 1-1），其基础之一是资料，通过定性或定量方法分析，阐述因果假设。作为流行病学分析中定量方法的一部分，流行病学调查研究的实施和流行病学问题的模型开发涉及现场研究或调查。其最终目标是控制疾病问题、减少生产力损失和改善动物福利。事实上，在动物疾病控制的过程中，兽医流行病学早已得到了潜移默化地应用。

大多数流行病学调查的基础是随机假设某种疾病不会发生，因为调查的主要目标之一是要从潜在的风险因素和导致疾病或生产力损失的结果之间找出因果关系。这两种类型的损失均假定为受多重潜在因素的影响。流行病学调查的重点不仅在一般群体和疾病上，也在因果关系上。在此背景下，疾病发生的空间分布与时间分布一样重要，所以必须进行群体参数的

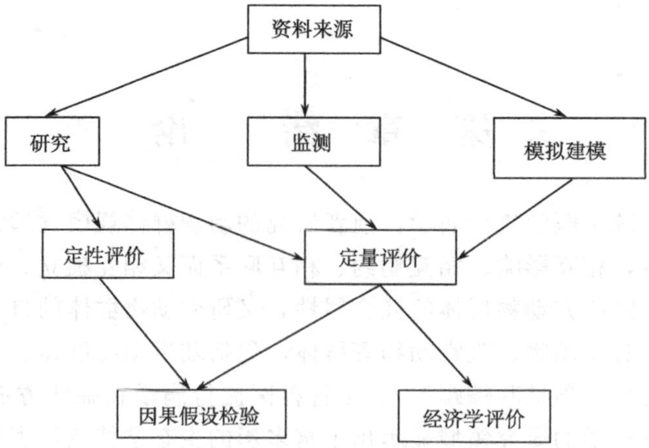

图 1-1　兽医流行病学的构成

调查，包括群体健康状况及其相关因素，如生育力、繁殖力、动物的移动（移入和移出群体）等。

这些参数不仅影响群体的数量，而且影响群体的免疫力和基本特征，如年龄结构。群体内部的疾病要考虑个体所处的状态，如死亡、临床或亚临床疾病及健康等。在个体中，疾病被定义为身体功能或形态不符合期望的状态。在群体中，疾病体现为生产力低下或缺乏生存质量。

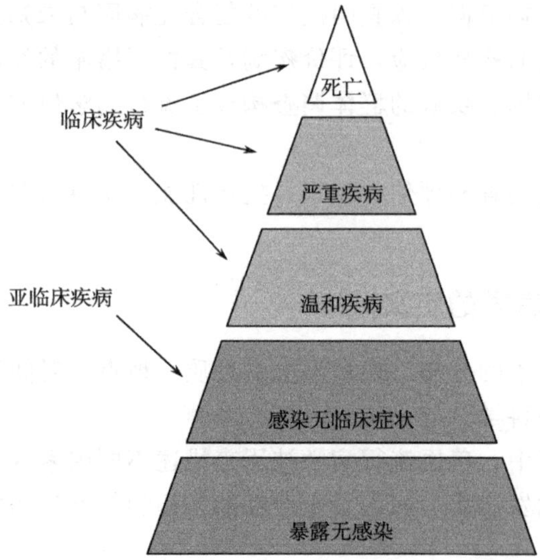

图 1-2　疾病的冰山概念（Bonita et al.，2006）

不同群体中传染病的表现存在定量的差异，被描述和比喻为“冰山”（图 1-2）。暴露于感染因子的动物大多不受感染，这些动物（群体）代表冰山的基础部分。它们在未来可能容易受到感染或因曾经暴露于感染因子而产生免疫力。向上一层的动物（群体）可能受到感染，但还没有出现临床症状。这组动物可能始终保持这种状态，或处在某个阶段时，根据不同的影响因素出现相应的临床症状，如环境压力因素。冰山的上部包括具有不同临床表现的动物群体。这些不同动物群体内部传染的能力，是传染病流行的一个非常重要的因素。

二、兽医流行病学调查的阶段性

（1）初步诊断阶段，确认疾病的存在。

（2）描述阶段，描述高风险群体中疾病分布和疾病发生的决定性因素，就其对有关疾病发生频率的影响、在风险群体中这种疾病的发生情况形成一系列的假设。

（3）调查阶段，通常通过一系列设计性研究对这些假设进行验证。

(4) 检验阶段，检验是在受控条件下对这些假设进行更详细的检测，是对调查阶段结果的可行性证明。

(5) 分析阶段，对上述调查结果进行分析，通常使用疾病的流行病学模型。该阶段要确定是否缺少有关疾病进程中的任何重要信息。

(6) 干预阶段，即选择适当的方法控制疾病研究的实验条件。疾病过程中的干预是通过操纵现有的决定因素，或引入新的影响因素完成的。

(7) 决策阶段，疾病流行病学知识用来研究各种控制措施的效果和成本，并与生产者的利益相结合，在提高生产力方面形成最优控制策略，降低疾病的发生和风险动物数量。这往往涉及建模。

(8) 监测阶段，即对疾病控制措施的监测，以确保措施运用得当，实现预期的效果，减少疾病的发病率，并通过迅速检测消除和减少正在发展的有可能危害控制计划的疾病发生。

第二节 兽医流行病学的历史背景和必要性

纵观历史，控制传染病的流行病学手段包括改善卫生条件、避免接触传染源与病原体(隔离、封锁、消毒、扑杀等)。因此，灭菌和消毒的方法在很大程度上改善了卫生条件，但直至今天，避免接触（隔离或封锁）仍然是一个防止传染的好方法。例如，2003 年，我国在控制 SARS 时采用隔离治疗患者，并通过红外测温筛检疑似病例加以隔离的方法，成功地在全国迅速平息了 SARS 的流行。目前，接种疫苗已广泛成为防止严重传染病发生，并借此途径消灭传染病的一个主要生物学方法，被认为是一项重大成就，如接种牛痘疫苗对消灭天花的贡献。但是单纯应用接种疫苗并不能彻底解决所有重要传染病的控制问题，要强调在一定范围，尤其是在世界范围实现某种或某些传染病的根除，需要接种疫苗与流行病学手段的相互配合。例如，美国 1963 年开始的消灭猪瘟计划。首先是立法阶段，然后通过疫苗接种、隔离、封锁和限制猪群及猪的流动等减少发病和流行，通过感染猪群的全群扑杀消除传染源；其次是保护抵抗再感染阶段，该阶段是整个消灭计划最为艰难的阶段，需要不断利用便于大群操作和敏感而特异的检验方法剔除非典型和不明显的猪瘟病毒感染。美国直至 1978 年才消灭猪瘟，耗时 15 年。可见其中流行病学手段的不可或缺。对于已经消灭的传染病的病原体，是否应在实验室内存储仍然存在争议，一方面认为存储这类病原体是为了保证消灭的疫病再次出现时能快速生产疫苗；另一方面认为保存这类病原体会带来其泄漏的风险，导致已消灭传染病的再现。在多数传染病不能实现根除时，还需要不断警惕那些反复出现和持续感染的传染病，因为传染病病原体的感染与维持具有生态学意义，需要从流行病学角度去深入认识才能不断减少感染与发病。

在过去的几十年，兽医行业不仅在群体动物水平上防控疾病面临着一系列挑战，而且在个体动物水平，尤其是临床实践上也面临挑战。为了畜主和公众的利益，诊治动物的手段和精确性提高，促成了以流行病学为基础的循证兽医学在西方的出现，其重要性现在已经得到充分认识，并促使循证兽医学的迅速发展。在群体水平出现的问题也带来了困扰。例如，原本是传统疾病的牛结核在一些背景下重新出现，带来了诸多的公共卫生问题。蓝舌病本身是一种地理限定性疾病，但随着全球气候变暖，蓝舌病在欧洲许多国家相继暴发，且分布范围不断扩大，出现纬度北移现象。一般认为，该病毒的分布范围在 40°N～35°S，这刚好是传播媒介——库蠓某些种的分布地域，但在美国，该病的分布范围可以一直扩展至 50°N 附近。最近的研究显示，病毒也可以通过初乳感染新生牛，病毒在食肉动物之间可以经口传播，通过弱毒疫苗散毒也是一种重要的病毒传播方式。例如，牛传染性海绵状脑病（BSE）在被认识之前就已经扩散到许多国家。与之相对应，社会发展到今天，人们对食品安全和动物福利标准有更高的期待。然而，即使忽略疾病控制时间和成本，根除疾病也几乎不可能完成。

流行病学调查表明，动物疾病可以在小规模的基础上被消灭而得到控制，即存在建立一个在严格措施下无感染畜群或地区的可能性，之后还必须采取严格的后续控制措施避免群体或地区的感染，这就必须依赖于良好的监测工作。因此，监测程序的发展和评价已经成为新的兽医流行病学工具。

家畜及其产品的贸易限制对流行病学和来自监测程序的统计论据的严重依赖性，使兽医流行病学在世界各地的动物及其产品贸易中发挥着重大作用。

第三节　兽医流行病学与其他学科的关系

兽医流行病学的研究内容不仅包括各种动物群体的传染性疾病控制，还包括非传染性疾病控制及动物的健康问题。它涉及的学科范围十分广泛，从基础学科到应用学科，从航天航空到细胞分子，包括数学、计算生物学、进化生物学、生态学、群体生物学、微生物学、遗传学、细胞生物学、分子生物学、免疫学、生物统计学、化学、兽医学、畜牧科学、野生动植物生物学、农业科学、物理学、大气科学、海洋学、工程、城市规划、教育、执法、通讯技术、媒体、临床护理和公共卫生政策等。其中，有些学科与兽医流行病学已经有了长期的合作并共同得到发展，但与其他一些学科几乎彼此忽略，相互的联系与合作甚少。流行病学可能是所有生物医学科学中的公共学科，没有任何其他的生物医学科学分支与人类和动物活动有如此广泛的联系。

第四节　兽医流行病学的应用

兽医流行病学获取一个动物群体中不同发病水平所表现的个体特征，主要是通过询问、调查、监测等方法，发现那些在高频发病动物群体中存在而低频发病动物群体中不存在的问题，进一步确定影响疾病的风险因素。

在疾病管理上，兽医流行病学和临床方法存在很大区别。流行病学通过已经确定的疾病风险因素，针对性采取措施减少群体对这些风险因素的暴露，降低动物群体（及人群）发病的可能性，从而可以在不知道确切发病机制（或病因）的情况下，使疾病及时得到控制。相比之下，临床方法主要针对个体动物，其目的在于诊断疾病并加以治疗。通过体检产生一个鉴别诊断列表，实验室检验和治疗反馈可逐步缩小诊断范围直至单一诊断。

疾病在动物群体（及人群）中不是随机分布的，而是表现出一定的时间、地区和群体（社会性）的分布特征，这种分布上的差异与动物宿主所暴露的风险因素的强弱、环境因素和群体内部个体的易感性有关。研究病因时，要充分考虑个体的内环境因素及其所处自然和社会的外环境因素，即疾病的多因性。现代兽医流行病学已经超越了以动物传染病为主要研究内容的传统范畴，而更多地要考虑动物各种非传染性疾病分布的相关性。

一、流行病学的研究目的

（1）描述健康和疾病问题在群体中的分布和程度。

（2）找出疾病发病机制中的致病因素（风险因素）。

（3）为防控和治疗疾病提供数据、必要的规划、实施和评价服务，并确立优先的服务内容。

流行病学研究的最终目的是消除或减少生物群体的健康问题，从自然和社会整体促进人群和动物群体的健康。

二、兽医流行病学的应用

（1）已知病因疾病来源的确定。许多已知病因的疾病可以通过对患病动物的表现确诊，或通过适当的实验室检查和其他临床程序确诊。例如，一组犊牛沙门氏菌诊断相对简单（经常感染产生明显的临床症状），然而，要确定暴发的原因并使用正确的方法防止复发却很困难，因为购买感染动物或通过污染的饲料都有可能造成沙门氏菌病暴发，所以，只有通过流行病学调查，才能更有效地确定感染来源，真正解决问题。

（2）未知或知之甚少病因疾病的调查与控制。根据流行病学观察，有许多疾病在原因被确定之前能够得到控制。例如，在病原体被分离鉴定前，美国学者通过传染病性质的评价实现了牛传染性胸膜肺炎的根除。又如，牛瘟在其病原体被发现之前，就通过扑杀政策得到了控制。爱德华·詹纳在 18 世纪发现感染牛痘病毒可以对人类天花起到免疫保护作用，而这也是在病毒分离鉴定之前完成的，从而奠定了全球根除天花的基础。英国的流行病学研究表明，牛传染性海绵状脑病（疯牛病）与患痒病绵羊的肉和骨粉的添加饲料有关。尽管当时尚未确定病原体，但立法禁止饲喂反刍动物源性蛋白后该疾病得到了控制。

（3）疾病病因和风险因素的研究。为了彻底达到预防疾病的目的，必须了解疾病发生或流行的原因，即流行病学必须发掘病因及疾病风险因素。

有些疾病的病因是单一的，如猪瘟病毒引起的猪瘟。有些疾病则不是这样，非传染病往往由多种因素综合作用而发生，如高血压、高血脂、吸烟、少活动、肥胖等，这些都是冠心病的风险因素。很多传染病也是多病因的，如猪呼吸道疾病综合征（porcine respiratory disease complex，PRDC）。流行病学的主要用途之一就是尽量逐个清除这些风险因素。

饮水少是猫尿石症的病因之一，可通过改变饮食规律使该病得到控制，从而鉴定出病因。流行病学调查也可以用来确定动物疾病风险增加的特征。例如，母犬发情不规则和假孕史特别容易增加子宫蓄脓的风险，这个信息在临床上具有诊断价值。

（4）疾病生态学及其自然史信息的获取。感染传染性病原体的动物可以成为该致病因子的宿主。宿主和致病因子存在于特定环境的生物群落（社区）中，动物与植物有关的所有事实的集合就是疾病的自然史。

相关的群落和它们所处的环境构成生态系统，对生态系统的研究就是生态学。只有研究传染性病原体与宿主的生态系统方面的相互关系，才能全面认识传染病自然史。同样，可以通过研究与患病动物有关的生态系统及其理化特性获得非传染性疾病的知识。例如，生态系统的地质结构可以影响植物的矿物质含量，从而导致动物矿物质缺乏和过量，这是疾病发生的一个重要因素。

一个生态系统的环境影响传染性致病因子的成活率及其宿主的健康状态。例如，只有在排水不良的地区，肝片吸虫的感染才更容易发生，因为肝片吸虫生命周期的一部分需要在喜潮湿环境的锥实螺体内完成。

通过昆虫、蜱等节肢动物传播的虫媒传染病，在野生动物中维持其存在涉及复杂的生态关系，而对这类疾病的控制则更加复杂。综合研究这些疾病的流行病学有助于理解它们的生命周期，选择合适的控制方法。

（5）疾病控制程序的设计与监测。在一个动物群体中控制或根除一种疾病的设计必须基于该群体中该疾病的大量相关知识，包括与它的发生、控制疾病所需的设施、成本与效益等有关的因素。无论是对一个奶牛场的乳腺炎单一的控制程序，还是一个国家的所有相关畜群的布鲁菌病根除计划，这些相关知识同样重要。对一个群体中疾病日常数据的定期收集（监测和监视），可以决定各种防控策略是否成功。

疾病监测还用来确定疾病的发生是否受到新因素的影响。例如，在新西兰的牛结核根除计划执行期间，发现某些区域的袋鼠已经被感染，所以，必须引入新的控制策略。在1967年和1968年英国口蹄疫流行期间，监测结果表明风在病毒粒子传播中的重要性，采取限制区域内动物流动的措施，有利于口蹄疫的根除。

（6）疾病经济影响的评估和选择控制程序的成本-效益分析。畜牧业疾病控制的成本必须与疾病造成的经济损失相平衡。因此，必须进行经济分析，这是一个现代化动物卫生计划方案最重要的组成部分。虽然在牛群或羊群中降低高发疾病的发生率在经济上是划算的，但当发生率进一步降低，甚至降低到一个很低的发生水平时，控制措施的成本也可能入不敷出。例如，奶牛群的乳腺炎发生率为15%时，其生产力将受到严重影响，所以采取控制措施会明显取得经济效益。相反，如果畜群中乳腺炎的发生率低于1%，进一步降低疾病的发生率，其控制成本将高于因此带来的生产率增长所产生的效益。

（7）为个体病例管理的改善提供临床决策信息。通过将循证兽医学的实践与流行病学知识紧密结合，为临床实践和决策提供充分的信息。

（8）疾病防制的效果评价。这涉及防制疾病效果的最终判断。例如，观察动物群体接种某种疫苗是否阻止了相应传染病的发生，可用实验流行病学的方法比较受试动物和对照动物的发病情况。又如，考察一种新药是否有疗效，除在临床实践中短期观察外，还需在大规模的群体中长期观察才能做出定论，尤其对药物不良反应的观察，更需要上市后的研究，这属于药物流行病学范畴。该评价有时也用于疾病诊断和预后的评估，这属于临床流行病学的范围。在社区中实行大规模干预，如饮水加氟以防龋齿、减少吸烟以降低肺癌等疾病的发生率，也需要使用流行病学实验方法去评价。类似的评价也用于卫生工作或卫生措施效果的评价，这属于管理流行病学。

第五节　现代兽医流行病学与发展趋势

一、流行病学的方法不断发展完善

病例对照研究方法是在“如何确定病例、是否选择和如何选择对照、是否采用配对、如何认识和控制可能存在的各种偏倚”的过程中起步、发展和日益完善的，并衍生出横断面研究、队列研究、单纯病例研究等新的设计类型。队列研究的发展晚于病例对照研究，大规模队列研究直到第二次世界大战以后才开始出现。暴露因素的扩展是流行病学研究发展的重要体现，一方面，随着对疾病认识的逐步深入，研究的暴露因素由具体走向宏观；另一方面，随着技术手段的进步，对暴露的测量越来越精细和深入，由群体水平走向个体乃至分子水平。流行病学实验研究是伴随着旨在减少偏倚的对照、随机化、盲法和安慰剂等概念的逐步引入而发展完善起来的。随机对照试验方法的发展，简单而完美地解决了长期困扰干预研究的混杂问题，从而为流行病学研究开拓了一个更广阔的领域。

实验研究在几十年的发展历程中作为流行病学研究的主要方法之一，在临床治疗及疾病预防措施的科学评价和筛选、医疗卫生政策、健康教育及诊断技术效果评估等方面发挥着举足轻重的作用，已被视为评价干预措施有效性的标准方法。

现代兽医流行病学与动物和公共卫生工作均密切相关，涉及疾病与健康的直接或间接因果关系，这些多重的因果关系经常发生相互作用，需要完成其决定因素的定性、量化和密集检查。

兽医流行病学需要调查决定动物种群中疾病分布的因素。这些因素常会对动物生产力和动物福利同时产生影响。在疾病调查过程中，需针对不同学科和技术生成的数据予以集成。将需要收集（或获准收集）的数据和现有数据进行整理，这些数据包括广泛的检测范围，如人群、动物群、管理、经济和环境因素的数据，以及从分子水平到群体不同层次的数据。收集数据作为调查的第一步，可对疾病发生频率和可能的经济条件进行描述性分析。这些分析结果有助于研究和调查疾病发生与潜在风险因素之间的因果关系，从而提供必要的以科学为基础的防制决策。这些因果关系研究通常涉及以数据和（或）知识建立的流行病学模型。两类数学建模方法的区别在于，前者是源于已收集的数据，后者则是以生物系统内的知识为基础。流行病学调查的最终目标是通过把最先进的科学证据和有关政策发展的决策进行整合与简化，促进动物疾病问题的理想化控制和预防。

二、“同一种医学”或“同一健康”的思想观念

历史上整合人与动物健康的思维开始出现于19世纪末欧洲大学的比较医学。20世纪80年代，美国流行病学家卡尔文·施瓦布指出世界只有一种医学。其意义不仅指人与人可以患一种相同的疾病，而且人类与动物也会患同一种疾病，因为这个世界不只是人类的，也是其他生物的，人与动物、植物、微生物是在共享同一个星球和同一个环境。所以，人类不仅要注意自身的疾病，而且要关注动物的健康和疾病，因为动物也常常会把疾病传染给人类。

卡尔文·施瓦布创造了“同一种医学”（the one medicine）的观念。认为医学和兽医学之间没有差异，两个学科可以促进彼此的发展。鉴于更广泛的健康和社会福利的做法，“同一种医学”的原始概念进一步延伸到“同一健康”，并通过了实际应用和在不同设置下进行的仔细验证。认为生态系统和健康之间存在不可分割的联系，称为“生态系统健康”。

相对于人类疾病，农场或区域水平上必须考虑动物疾病控制对经济方面的影响。花费昂贵的多因素复合性疾病，如牛乳腺炎或牛肢蹄病已越来越普遍，一些实例说明这与更密集的生产方式相关。密集生产方式带来了大规模的疾病暴发，相应产生了重大的经济和福利后果，如1997～1998年发生在荷兰的古典猪瘟和2003年的H7N7禽流感。2001年英国向其他欧洲国家输出大量动物，是大规模暴发口蹄疫的关键因素之一。食品来源国家正在执行不同的食品安全标准，这对动物和动物源性产品在全球贸易的食品安全方面提出了新的挑战。气候变化及牲畜和宠物长途运输的增加可能会导致疾病地理分布的变化。新疾病，如疯牛病的发生，同时造成了许多国家养牛业严重的经济后果并引起人类死亡，这在识别病因及有效控制疾病方面提出了一个巨大的挑战。近年来，耐药性已被确认为是动物和人类健康的重大

威胁，如耐甲氧西林金黄色葡萄球菌（MRSA）的病例。人类旅行的全球化促进传染病在世界各地迅速传播，如 2002～2003 年发生的严重急性呼吸系统综合征（SARS）。为了尽可能有效地应对上述挑战，动物健康和福利的决策常常需要从动物群中获得应急到短期应用的科学建议。对动物与人的疾病监测和调查常常忽略了固有的生物系统关联，鉴于人类和动物有着相同（相似）的细胞结构和机制，二者均面临着相似的病因。兽医学通过研究动物与人类健康的对接，而与医学科学相互加强。因此需要所谓的“同一种医学”或“同一健康”的进步方式。

该方式是 20 世纪七八十年代在北美洲的兽医院校和医学院校中对比较医学在概念上的延伸。从生物医学角度，该方式说明在解剖学、生理学、病理学和疾病方面，所有物种均具有共同的知识起源。

研究不同物种之间的传染病，采用关注物种系统的内在关联而非个体层面风险因素的系统方法非常适合。它遵循了流行病学从识别群体中产生各种疾病的风险因素到分析其自然系统的转变原则。此外，评估新发现种间传染病的影响，也需要把考虑个体（水平）修改为考虑生态系统（水平）去研究。

单一学科不能非常妥善地处理突发疾病事件及其对复杂系统的影响，也不能识别疾病本身固有的相互关联，因为这些疾病发生处在一个生物与非生物因素复杂相关的体系中。所以，医学和兽医学专业在许多疾病方面面对共同的利益和挑战。

三、兽医流行病学研究中融入循证的思想和循证兽医学的产生

与 20 世纪中叶相比，现今的兽医往往要在漫长的疾病控制行动后处理遗留的患病群体或区域。此外，还要通过使用疾病控制行动的效益（成本）分析，考虑疾病控制必要的经济影响。耗费严重的多因子疾病，如奶牛乳腺炎或跛行已经变得相当普遍。此外，原有的、新出现的或具有复杂病因的新病，对兽医行业形成难以应对的挑战。兽医必须对有关问题所带来的挑战做出回应，如疯牛病、口蹄疫和抗生素耐药性问题。在多重的、直接或间接因果关系，以及经常的相互作用、疾病的决定因素方面，所有这些问题都需要识别、量化和详细检查。

兽医流行病学和循证兽医学（evidence-based veterinary medicine，EBVM）提供了交相呼应和密不可分的一系列方法，用于应对处理这些新的挑战。如今的临床实践中，在诊断、治疗和预防方面，每天都需要有效的最新信息以供参考。

在动物个体治疗的背景下，必须运用临床专业知识、病畜价值或畜主价值观整合最好的研究证据。面对不断出现的新证据，以前公认的诊断检测和治疗可能效果不佳，取而代之的是新的更强大、更准确、更有效和更安全的诊断检测及治疗手段。兽医流行病学提供了可用于生成研究证据的工具。

结合临床专业知识、临床技能和过去的经验，迅速确定患畜的异常状况、个体风险、潜在干预措施的优点、动物福利的需求，使其与畜主的期望达成一致。

最好的研究证据和临床经验，必须与病畜异常的特点，以及畜主独特的偏好、关注和期望结合。临床兽医师必须集合所有这些信息，以实现最好的和经济上可承受的临床结果，达到最佳的动物福利（图 1-3）。

循证兽医学的目的是解决临床问题，包括发病与风险因素→认识与预防疾病；疾病的早期诊断→提高诊断的准确性；疾病的正确合理治疗→应用具有疗效的措施；疾病预后的判断

→改善预后，提高生存质量。其目的还有实现合理用药和促进卫生管理及决策的科学化。

在动物个体水平，临床兽医必须依赖以情报为基础的可能性做出一个宽泛的决策。例如，根据给定的一个诊断试验结果，判断动物患有某种疾病的可能性有多大；或根据一个特定的治疗，判断治愈的可能性有多大。做出这些判断，需要了解诊断方法或治疗方法的科学证据。单纯将教科书作为信息来源是不够的，因为教科书往往不能提供最新信息，仅仅依赖于一个专家的建议可能会导致有偏见的信息。此外，同行评审的文献或互联网提供的信息在数量上往往是压倒性的，难以确定其有效性。

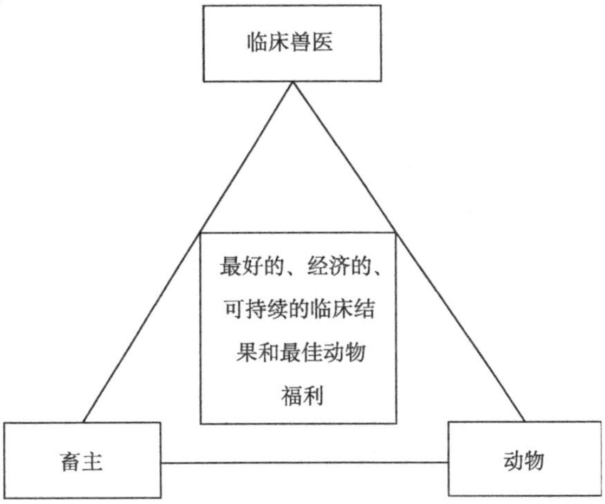

图 1-3 影响循证兽医学的关系

循证兽医学和流行病学有着密切的联系，流行病学能够为循证兽医学的实践提供关键性的支持。将重要研究成果总结成更易于应用的二次文献，需要流行病学家的参与。流行病学家的工作具有范围广泛的利益相关者，并应考虑谁是特定受众和受众关注的重点。

许多研究表明，最终的诊断结果总是在最初的诊断列表之中，如果不在其中，它可能就不是最终的诊断。同时，由于临床兽医对某些疾病（外来的或特殊的疾病）以前从未鉴定过或由于是“新病”，这些疾病在列表中就容易被忽略。

四、兽医流行病学与新技术进步

微生物学、病毒学、免疫学、分子生物学等学科的最新进展，使兽医流行病学得到快速发展，特别是使用更多更新的方法检测感染的发生率，并不断研发新的疫苗控制感染。然而，计算机科学和技术领域的进步对兽医流行病学的影响可能更大，促使其在数据分析、统计方法和模拟上取得了重大进展。不少学者认为 21 世纪是流行病学大有作为的世纪，其依据是分子生物学和免疫学等医学前沿技术与流行病学的不断交叉结合、传统流行病学方法的不断改进完善及新的设计方法不断出现、公众对健康关心程度的增加，以及互联网的飞速发展，将极大地推动流行病学的发展，并对流行病学产生划时代的影响。正是计算机的应用才使流行病学中的多因素研究分析成为可能，奠定了现代流行病学的技术基础。

互联网已经成为获取流行病学专业信息的最佳来源，在疾病监测中发挥着重要的作用，它既是巨大的病例来源库、发布疫情公告的主要媒介之一、传输和获取流行病学分析软件与新研究方法的重要途径，也是流行病学的一种调查方式。可将互联网作为学术交流和科研合作利用的平台，也可将其作为循证医学中证据收集的来源。

（一）资讯科技与兽医应用

现代信息技术将成为 21 世纪兽医工作手段的一部分，如《默克氏兽医手册》的电子版已发展了计算机信息检索系统。现在可以通过网络访问电子文献、参考数据库。在技术方面，专家系统或神经网络人工智能方法正被用于设计决策支持系统，它可以帮助兽医进行诊断工作。个别情况下使用的软件应用程序适用于一个兽医诊断和治疗，如用于牛和犬疾病问题的诊断专家系统。畜群健康管理也越来越多地使用计算机记录和监测系统，如 DairyWIN 或 PigWIN。这些系统最终将发展成为决策支持系统（图 1-4）。

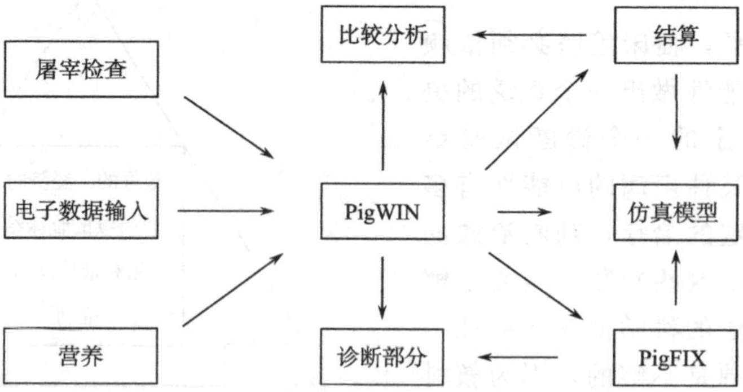

图 1-4　猪生产决策支持系统的构成（Pfeiffer，2002）

现代国家疾病控制方案已经将数据库管理系统作为一个必不可少的组成部分而实现了计算机化。例如，新西兰国家结核病数据库和由欧洲联盟开发的用于监测动物活动的 ANIMO 系统。最近，地理信息系统（GIS）技术已经发展到农场应用的程度，疾病控制者如同在地区一级的水平上使用该技术。

一个决策支持系统应集成数据库管理、仿真建模、决策分析及专家系统组件。被称为 EpiMAN 的计算机化口蹄疫暴发的紧急反应系统在新西兰被开发，它是目前最先进的系统之一（图 1-5）。

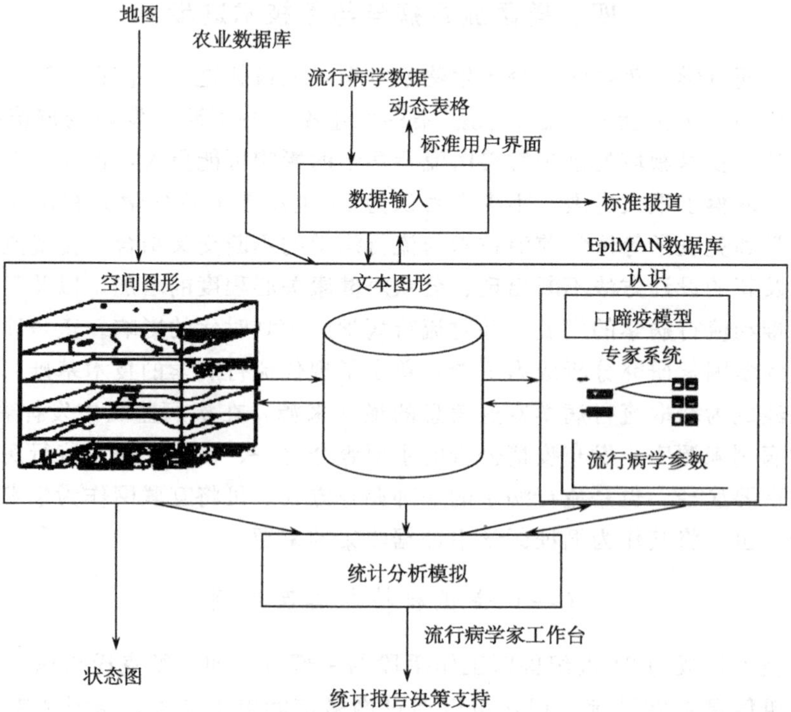

图 1-5　口蹄疫疾病控制 EpiMAN 决策支持系统示意图（Pfeiffer，2002）

EpiMAN 主要动物疫病控制系统核心由若干数据库组成，可以确定疾病和因子关联程度的流行病学方法与 GIS 技术相结合，形成疾病空间分布的彩色电子地图实时显示与剖析相关报告，为挖掘疾病流行和扩散的时空特征及其模式开创了一个新的途径，从而可以直观地了解疾病的流行现状与未来趋势。

（二）分子流行病学

分子流行病学是运用分子生物学技术进行流行病学研究的边缘学科。兽医分子流行病学是从基因水平上分析阐明动物群体中与兽医学相关生物标志的分布及其与疾病（健康）的关系和影响因素，并研究防制疾病、促进健康的策略与措施的科学。

流行病学最初是通过研究传染病发展起来的，当时是以病例为基础进行疾病描述、分析或进行实验、理论模拟开展工作的。随着对疾病这座“冰山”认识的不断深入，人们发现以往研究的仅是“冰山”的顶部，而更多是隐没在“海水”之下的部分，此部分对疾病防制具有重大流行病学意义，包括传染病和慢性非传染病的防制。免疫学、微生物学等相关学科的发展，使我们不仅可以了解传染病的发病情况，还可以了解目前或既往病原体的感染情况，即“海水”隐没的大部分。由此，流行病学，尤其是传染病流行病学进入了第二个时期，即以“病例和感染为基础”的流行病学时期，这一时期传染病流行病学、血清流行病学等得到了快速发展。但慢性非传染病在这一时期得益不多，因为当时还没有可以检测这些“海水”以下部分的能力。

分子生物学的发展，使人类对疾病的认识提高到了一个新的水平，即任何生命现象都具有生物分子基础，疾病的发生、发展过程也表现为一系列相关分子事件（molecular event）的相互作用和分布变迁，传染病是这样，慢性非传染病也是这样，这就是分子疾病的自然史。这些与发病相关的分子事件，被称为“疾病相关分子事件”（disease-related molecular event）。因而，通过疾病相关分子事件的流行病学研究，可以深入了解疾病的发生、发展规律，认识“冰山”的全貌。至此，流行病学进入“分子时代”，即形成了以“病例、感染、分子事件为基础”的流行病学。由于“感染”和“分子事件”本身都是“生物标志”（biomarker），“病例”也具有相应的“生物标志”，所以也可以认为这是一个以“生物标志”为基础的流行病学时期。过去，传染病流行病学和慢性非传染病流行病学虽然同属一个学科，但其在概念、研究方法、研究内容等方面都存在着巨大差异，进入“分子”时代或“生物标志”时代后，传染病流行病学和慢性非传染病流行病学得到了真正统一。分子时代也使人类与动物疾病、健康和卫生相关事件流行病学研究融为一体，分子流行病学成为流行病学的一个新的学科分支。

（三）兽医流行病学与疾病监视和监测

流行病学家促成了疾病监视和监测系统（monitoring and surveillance system，MO&SS）的设计及源自其中的数据分析。针对疾病监视和监测的流行病学概念定义在各类流行病学教材中多有叙述。通常认为疾病监视和监测均涉及资料的连续收集。

监视（monitoring）：是指在一定时期一个指定动物群体中有关健康、疾病和它们的决定因素资料收集的一个连续及动态处理。动物疾病监视描述的是在评价一个指定群体健康和疾病状态时作为导向的持续性工作。

监测（surveillance）：是指监控一个特殊的拓展领域，如果有关的疾病状态已经超过一定的阈值，则利用所获信息采取措施。因此，它是疾病控制方案的一部分。

疾病监测一词用来形容一个更为主动的系统，这意味着如果数据表明疾病水平超过了一定的阈值，将会采取某种形式的行动。因此，疾病监测有至少三个组成部分：①一个特定的疾病监视系统；②预定的疾病干预策略（指导行动）；③疾病频率阈值的确定。

数据收集是疾病监视和监测系统的核心，使用数据时则重点关注数据的质量。与任何其他数据收集相比，如果对疾病的数据收集具有准确性和代表性，以及将MO&SS用来监视疾病，则监视或监测系统可称为主动（收集主要数据）的系统。而被动监视或监测则是指用于其他用途所收集的数据（现有的或辅助数据）。

鉴于定义被严格解释，主动监视或监测系统也许很少在一个区域或国家水平上见到，因为准确的和有代表性的取样是很昂贵的。一旦某特定疾病和动物物种的监视或监测系统成立，同样的取样计划通常同时被用来监视其他疾病。从严格意义上讲，在监视或监测系统中仅仅考虑第一个疾病时可以是主动的，而对于所有其他疾病来说，监视或监测系统可以是被动的。

有时被动监视或监测这个术语反映没有完成实际的采样（如临床怀疑法定传染病报告）。而主动监视或监测是一个完成任何类型抽样的系统。根据后者的定义，绝大多数监视或监测系统是主动的。

控制策略可分为预防、控制和消灭。预防是指设计应用一定措施将疾病排除于未受影响群体之外。控制是指与指向趋于减少现有疾病的频率到生物学或经济上合理的水平或到无关紧要的状态的有关工作。消灭是指在指定群体中消灭指定病原体的工作。

（四）进化流行病学

进化流行病学20年前第一次出现在主流医学文献中，它从一个新的角度，整合了公共卫生、生态学和进化生物学，提出了考虑导致严重疾病病原体致病力的多样性。

进化流行病学只是简单地将进化论原理和内涵嫁接于流行病学工作。它运用了传统上流行病学家所采用的那些相同类型的数据和方法，但在理论上是由最终“为什么”问题所指导的。

进化方法极大地促进了对许多疾病的认识过程：宿主-病原体的相互作用、毒力、耐药性、免疫动态、毒素等。

（五）数据挖掘

数据挖掘是计算机科学的一部分，并已广泛应用于各种不同的领域。它涵盖了算法、统计的不同主题的设置和离散数学，以及数据识别模式的总体目标，以得出推论和预测。在人工智能领域，习惯上将其称为数据库中的知识发现（knowledge discovery in database，KDD），也有人把其视为数据库中知识发现过程的一个基本步骤。

知识发现过程由以下三个阶段组成：①数据准备；②数据挖掘；③结果表达和解释。数据挖掘可以与用户或知识库交互。数据挖掘汇聚了由数据专家挖掘引进的关键的思想和技术，如概率、决策树和贝叶斯统计。它涉及人工智能机器学习、统计分析分类推进、数据流分析和聚类分析图挖掘，并在生物学及流行病学中得到的应用。

并非所有的信息发现任务都被视为数据挖掘。例如，使用数据库管理系统查找个别记录，或通过互联网的搜索引擎查找特定的Web页面，是信息检索（information retrieval）领域的任务。虽然这些任务是重要的，可能涉及使用复杂的算法和数据结构，但是它们主要依赖传统的计算机科学技术和数据的明显特征来创建索引结构，从而有效地组织和检索信息。尽管如此，数据挖掘技术也已用来增强流行病学信息检索系统的能力。

统计数据挖掘技术可以从混乱、纷繁的数据中提取关键的信息与知识，有利于过程控制、决策支持、查询优化、信息管理等工作的顺利开展，在信息爆炸的时代具有十分重要的应用价值。

（六）动物营养与兽医流行病学

“以营养为基础的健康”（NbH）模式，考虑营养与健康的关系问题，目前还没有治疗患病畜禽的营养学方法，所以一种运用营养学方法来改善动物健康和预防动物疾病的模式随之诞生。为减轻动物的应激反应、提高抗病能力，需要专门设计饲料配方和制订饲养管理方案，要灵活运用各种营养成分、生物活性成分和营养性药物来达到维持动物健康的目的。开展动物营养与兽医流行病学研究具有广泛前景。

采食活动使胃肠道总是接触那些会对其结构造成损伤并对机体健康构成威胁的饲料成分、霉菌毒素和病原微生物，使动物因营养吸收不良和微生物入侵而引发各种肠道疾病。因此，运用营养手段保持胃肠道功能的完整是非常重要的。

酶和可溶性磷脂等可提高营养物质的利用效率，抑制胃肠道中病原菌的生长。有机酸及其盐很早就被用于仓储原料和饲料中来抑制霉菌生长和霉菌毒素的产生。

小 结

本章从兽医流行病学的由来、与医学流行病学之间的区别展开叙述，展示了兽医流行病学的定义，以期获得启发。兽医流行病学的构成、疾病的“冰山”概念也为流行病学的阶段性和定义提供了说明。本章还简要描述了兽医流行病学的历史背景和重要性、与其他学科的关系、应用范围。此外，就现代流行病学与发展趋势分别从流行病学的方法不断发展完善、“同一种医学”或“同一健康”的思想观念、兽医流行病学研究中融入循证的思想和循证兽医学的产生、兽医流行病学与新技术进步角度做了初步介绍。

复 习 题

1. 兽医流行病学的定义。
2. 兽医流行病学是由哪几部分构成的？
3. 疾病的“冰山”概念是什么？
4. 如何理解“同一种医学”？
5. 循证兽医学与流行病学的关系是什么？

第二章　病因推断、决定因素和疾病生态学

流行病学研究的根本目的是通过研究被标识特征个体所在组群内的病例分布确定病因，如在不同水平下暴露于一些作用因子（如药物或化学品）。其研究为认识导致疾病发生的原因提供线索，确定影响发病可能性的风险因素，据此制定预防策略。

当一个疾病的病因尚未被确认时，流行病学研究通常通过描述和提供疾病能够反复发生的条件和迹象，从中获得有关病例报告和系列病例，并以此为开端进行随后的描述性研究，根据群（个）体、地点和时间对疾病的分布予以记录。描述性研究提供了与之相关的或导致疾病因素假设形成的数据来源。分析流行病学研究（横断面研究、队列研究、病例对照研究）提供了衍生于描述性研究方法假说的检验工具。

流行病学主要是一门观察性的学科，是在不受控条件下获取数据的，所以要注意数据的偏倚、混杂因素、偶然性，如果存在这些问题，就需要进一步分析研究和说明。一旦确信所观察到的相关有效（确信偏倚、混杂因素和偶然性不存在），注意力则转向证实所确定风险因素与疾病之间的相关是否为因果关系。

19 世纪以来，查明因果关系在很大程度上是依据主观判断做出的。一些学者（如科赫、埃文斯和希尔）也确定了判断标准，来帮助识别观察到的关系是因果关系。

第一节　简　　介

一、Koch 假说和 Evans 假说

（一）Koch 假说

Koch 假说（Koch's postulate）的全称为汉诺-科赫假说（Henle-Koch postulate），是 J. Henle 和他的学生科赫（Robert Koch）于 1884 年提出的。100 多年来，它已经成为传染病病原诊断的参考标准。第一个被证实符合 Koch 假说的传染病是炭疽。早期的 Koch 假说包含三部分：①在相同的病患体内均能分离出同一种病原菌，但不能在其他疾病患者或健康人中找到；②必须能在体外获得纯培养，并能传代；③这种纯培养接种于易感动物能引起典型疾病，并能从这种实验感染的动物中重新分离出相同的病原菌。

在 Koch 假说形成时期，的确有许多人类及动物的病原符合这些标准，但科赫随即发现一些病原菌，如白喉、麻风病和回归热，不能完全符合他的假说。主要的问题是它们不能在实验宿主身上重新产生疾病；另外一个问题则是有些病原体，如疟疾和麻风病，无法在实验室里培养。

20 世纪初期之后，病毒学渐渐发展，部分学者对 Koch 假说做了适合病毒学的修改，即一种微生物作为某种传染病病因必须符合下列条件：①必须存在于该病的所有病例中；②不作为偶然性和非致病性寄生物存在于其他疾病中；③可以在患有该病的动物体内被分离并获得纯培养，反复传代，并能在易感动物中复制出同样疾病。他们进而提出一种看法，即流行病学的数据，可以用来判断病毒疾病的病原。

尽管 Koch 假说本身还存在缺陷，但现今仍在发挥作用。2003 年，在 SARS 病毒作为病原的问题上，按照 Koch 假说标准来进行验证：①病原体必须在患者体内存在；②必须能够培养出病毒；③必须能够在宿主或相关宿主体内复制出病毒；④必须从被该病原体感染的动物模型中再分离出该病原体。结合研究结果，只有冠状病毒完全符合这 4 条，满足国际病毒学界确认病原的“Koch 假说”。该假说有 3 条标准的，也有 4 条标准的，但意思大同小异。

（二）Evans 假说

（1）发生某病的比例（发病率）：暴露于假设病因应该显著高于未暴露于假设病因。

（2）在所有其他危险因素都均衡的条件下，患病动物应比未患病动物更普遍暴露于假设病因。

（3）在前瞻性研究中，新病例数：暴露于假设病因大于未暴露于假设病因。

（4）在时间上，暴露于假设病因后疾病的分布应呈正态曲线分布。

（5）暴露于假设病因后，宿主的应答反应呈现符合逻辑的生物学梯度。

（6）暴露于假设病因后，应有规则地出现可测量的宿主应答反应。

（7）人工复制疾病时，暴露于假设病因的动物的发病率应高于未暴露动物的。

（8）除去假设病因后，该病的发生率应下降。

（9）防止或改变宿主的应答反应，会减少或消除在正常情况下暴露于假设病因所发生的疾病。

（10）疾病和假设病因之间的所有关系和联系在生物学上和流行病学上都应是可信的。

Evans 假说最大的特征是涵盖了传染病和非传染病，强调假设病因与疾病效应在统计学上差异显著，涉及群组之间的比较，而不是个体之间的比较。但统计学中的显著相关或关联并不能证明一个因素与疾病一定存在因果关系。

二、病因的概念

流行病学是从宏观、群体水平研究病因问题的。病因是指引发疾病的体内、体外因素，是与疾病发生有关的各种因素，或者是使群体发病概率增加的因素和各种因子，强调的是疾病的多因素。流行病学中的病因一般被称为风险因素，后者的含义就是使疾病发生的概率，即（风险）升高的因素。

疾病的病因不等同于病原因子，只有病原因子而缺少宿主和环境条件，疾病也难以发生，传染病并不是单纯由生物病原因子决定的。例如，牛感染结核杆菌是否能发生结核病，还必须有营养缺乏、饲养环境差等辅助因素。有多种生态学模型解释病原因子、宿主、环境之间的相互作用关系。多数疾病的发生是多因素的，特别是不明病因疾病，这些因素可以是分别起作用、协同起作用或顺序起作用的。病因建立的依据可参考 Evans 假说。

病因的概念是复杂的，可以按其在致病中的作用分为组分病因、充分病因和必需病因，按其具体性质分为致易感因素、助发病因素、决定发病因素、增强因素，按其来源分为宿主方面的生物性因素、理化因素和社会因素。

（一）按致病因素作用分类

1. 组分病因、充分病因和必需病因的概念 病因具有以下特点：①病因必须先于效果；②它们既可以是宿主因素也可以是环境因素（如特征，条件，个体行为，事件，自然、社会或经济现象)；③它们既可以是阳性的(存在暴露)也可以是阴性的(缺乏暴露)。

许多疾病的决定因素由一个或多个组成。例如，炭疽，它只有一个单一的原因(接触炭疽杆菌)；又如，奶牛跛行，可能有多种病因(如牛肢蹄病的蹄形异常、肌腱和骨骼损伤、年老体弱、产后缺钙等)。设想把能够引起某种疾病的一个或多个病因组合，并将其看成是一个或多个馅饼，而某几个病因因素则被看成是其中某一个馅饼中的几块，从而可以很容易模拟出奶牛跛行与多种病因的因果关系。换句话说，引起同一种疾病的病因存在多种组合。疾病发生时，表示积累到足够的病因因素产生了一个完整的馅饼而引起疾病。对于某些疾病(尤其是传染病)可能只接触到一种感染因子就会引起疾病，在这种情况下，只有一个馅饼，并且由一块而非多块组成。对于其他疾病来说，已经接触可能病因的动物，只有一部分发病，在这种情况下，说明馅饼是由许多块组成的。

(1) 组分病因(component cause，CC)：是与疾病存在因果关系的多种病因因素(馅饼的多块)，具体说，馅饼中的每一块均为组分病因中的一个因素。例如，高胆固醇、吸烟、运动不足、遗传等因素，均为人类冠心病的组分病因。

(2) 必需病因(necessary cause，NC)：也称为必要病因，是引发疾病必需的一个病因(一个或多个馅饼中最重要的一块)，是指在某种疾病发生中占主导地位的因素，缺乏这种因素，该种疾病就绝不可能发生，这在传染性疾病中尤为明显。例如，口蹄疫病毒为口蹄疫的必要因素，没有这种病毒的感染，就不会引起口蹄疫。食源性疾病暴发时，如果鸡肉沙拉已经被确定为沙门氏菌病的充分病因，沙门菌属某些种沙门氏菌将是腹泻的必需病因。

(3) 充分病因(sufficient cause，SC)：是指该组合条件(整个馅饼)中缺少任何一个条件(一块)，疾病就不会发生(无法形成完整的馅饼)。充分病因通常不是单一因素，而是数组因素。一组充分病因可以引起该疾病的发生，另一组也可以。它是一系列的病因组合，只要该系列病因组合中任何一个病因组合(复合因素)存在，必定导致疾病。必须明确，对绝大多数疾病而言，每个充分病因的组成因素不是一个，而是一系列组成因素，当任何一个病因组合中的组成因素充分时即可引发疾病，如图 2-1 所示。

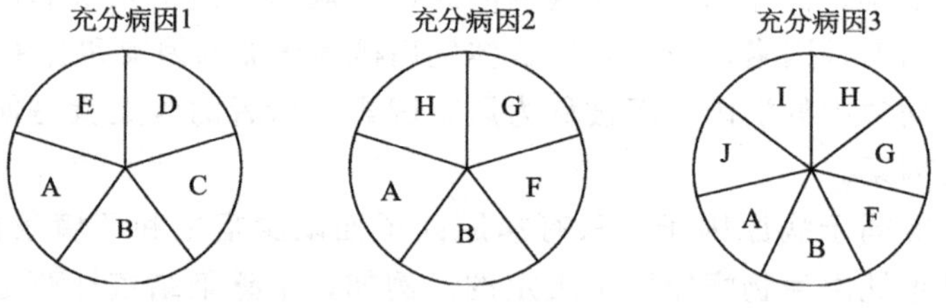

图 2-1　疾病流行病学调查中组分病因和充分病因之间的区别(Rothman，1976)

充分病因 1 和 2 具有 5 个组分病因，充分病因 3 具有 7 个组分病因。病因组分被描绘为 A～J。如果这三个充分病因具有不同的效应，则组分病因 A 和 B 可以理解为共享风险因素

目前认为，大多数的慢性非传染性疾病，其充分病因不止一个(组)，可能有多个(组)，各个充分病因的组成因素不完全相同，也可能完全不同，因而这些疾病就可能没有必需病因。例如，目前认为，营养不良是流产的一个病因，但有的流产并不存在营养不良，提示导致某部分病例发生的充分病因中可能不包括营养不良。迄今为止，许多慢性非传染性疾病，其充分病因并未完全明了，一般只证实或初步证实了充分病因中的一个或几个因素。

事实上，一个充分病因总是由一系列组分病因构成的，尽管一种组分通常被描述为“病因”，如犬瘟热病毒被看做犬瘟热的病因，但充分病因实际上包括暴露于病毒、缺乏免疫力等，可能还有其他组分。一种特定的疾病可由不同的充分病因所致，但是如果一种病因是每一种充分病因的一个组分，那么它就是“必需的”（病因）。

2. 充分病因和必需病因的局限性　现代流行病学病因理论认为，无论是必需病因还是充分病因都有其局限性。理想化的充分病因几乎是不存在的。因此，流行病学的病因研究不可能也不需要得到理想化的充分病因，而是测量风险因素“使疾病发生率升高”的程度。

（1）对于传染病、营养缺乏等疾病，可以认为有必需病因。传染病的特定病原体是必需病因，而普通感冒就没有一种病原体是“必需病因”。

（2）对绝大多数疾病，尤其是非传染性慢性疾病而言可能没有必需病因；对于一般的慢性病，从疾病的字面或定义上，不可能得到“必需病因”的启示。充分病因也是相对的。

（3）同一疾病可能存在不同充分病因的组合，不可能找到充分病因的固定模式。

（4）有的疾病既找不到必需病因，也找不到充分病因。例如，对吸烟与肺癌关系的认识，吸烟既不是肺癌的必需因素（因为不吸烟者也可能患肺癌），也不是肺癌的充分病因（因为吸烟者也不一定都患肺癌）。但是，研究证明随着吸烟量、吸烟年限的增加或减少，肺癌的发生率也随之增加或减少，因而认为吸烟确是肺癌的病因之一。目前对肺癌的必需病因和充分病因仍认识不清，但是以戒烟为主的预防肺癌的综合措施已取得初步效果。因此，流行病学研究和实际工作中，可以根据需要检测病因的必要性或必要程度，而不必刻意追求必需病因或充分病因。只需找出引起疾病发生概率升高的组分病因，并进行概率测量，同时针对其采取干预措施，将有利于控制或消灭疾病。

3. 充分组因模型　现代流行病学主要是基于大多数疾病的概念，一个个体可以因许多可能的充分病因（sufficient cause，SC）之一而发病，每一个充分病因由几个部分组成。这种疾病的因果关系模型，称为充分组因（sufficient component cause，SCC）模型，其规定了组因的“组成部分”。它说明虽然任何给定的“组成部分”中并没有任何一个部分可以通过自身导致疾病，但每一个部分均非冗余，其对完备因果机制都是必需的。

最低限度地充分造成疾病的组件中的一个“组成部分”称为充分组分（sufficient component，SC），充分病因常常被描绘成“因果馅饼”。如图 2-2 所示，第一排描绘了 5 组疾病充分病因。一个个体发病需通过：①均获得 E 和 U1；②均获得 U2 和 U3；③均获得 U1 和 U4；④单独获得 U5；⑤未获得 E 和获得 U6。例如，E 是由 C1（component 1，组分 1）、X1 组成的，E3 则是由 C2 和 X2 组成（或积累而成）的，U2、U4、U6 未积累。

4. 充分病因的冗余性　当一个个体在获得两个或更多的充分病因组合时，疾病的充分病因就是冗余的（冗余可以理解为备用的）。在这种情况下，该个体即使没有获得充分病因组合之一，该个体仍将发病。在一项研究的背景下，当任何个体在整个观察期中获得一个以上的充分病因组合时，该暴露（定义为在研究期结束时产生疾病的暴露比例，即使在缺乏该暴露的情况下，发病当时那些将会发病的个体的比例之间的绝对或相对差异）的病原学效应也许会估计不足。即使不存在混杂和偏倚，观察到的效应评价也只能代表病原学效应的一组。

某种程度上，充分病因的冗余始终存在，在某些情况下，它可以使一个真正的疾病病因看起来不是因果关系的病因。当研究者的目标是表现该病充分病因的全部特征、鉴别定向干预的风险因素和构建因果图表时，才会发现问题明显是有关的。

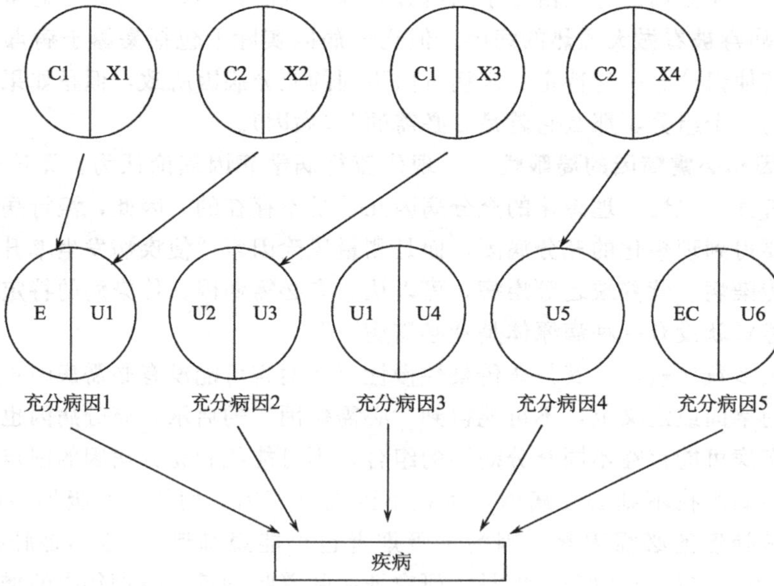

图 2-2　充分组因（SCC）模型与疾病的 5 个充分病因（Gatto and Campbell，2010）

“冗余的因果关系”常用于因果关系的哲学讨论。Lewis 于 1986 年指出：“假如有 C1 和 C2 两个事件，和有别于 C1 和 C2 的另一个事件 e；实际上所有三个事件发生都存在时，如果没有其他事件，C1 或 C2 任何之一已经发生过，那么事件 e 也将发生，但如果 C1 或 C2 都不发生，那么事件 e 将不会发生。也就是说，C1 和 C2 是 e 的冗余原因。”

在全部观察期，获取一个动物个体疾病多重的充分病因，产生的冗余原因导致病因的过剩和全部病因学效应之间的偏差。

即使不存在混杂和偏倚，观察到的风险比率也只代表占全部病原学效果的某个子病因组。病原学病例中冗余个体的比例在必须确定病因的病原学效应和能够评价的过剩效应之间的偏差中得到反映。对于个体而言，如果我们在面对可发现疾病的时刻精确地比较已暴露者和它的未患病对照，冗余是可以避免的。然而，包括基于速率的措施在内，这些方法不允许对暴露者和未暴露者进行完美匹配性比较。换句话说，流行病学不能发现一个个体的因果效应，只能找到跨越多个个体的平均因果效应。因此，在一项研究中即使知道每个个体疾病发病的时刻，也不能准确估计出整个因果效应。即使目标不是准确的估计，就冗余存在来说，也可能会错误地推论出该暴露不是因果关系。

（二）按病因性质分类

在各种充分病因组分中，充分病因可以根据其所起的作用分类如下。

（1）致易感因素（predisposing factor）：使宿主对致病因素的敏感程度增加，表现为某种个体特征（如机体的免疫水平高低），使宿主对某种特定的病原微生物、感染、环境刺激等产生特定方式的反应，包括年龄、性别、既往病史、当前健康状况和应激程度等，如传染性法氏囊病、猪繁殖与呼吸障碍综合征等感染所致的免疫抑制。

（2）助发病因素（enabling factor）：是指易于导致疾病发生显现的因素，包括畜舍条件（小气候）、动物营养状况、气候（大气候）等。

（3）决定发病因素（precipitating factor）：是指促使某种疾病、感染过程、动物行为等发生的有关因素，如传染性病原体、某种药物的毒副作用等。

（4）增强因素（reinforcing factor）：是指促使某种疾病加重或感染持续存在的因素，这些因素可以是反复出现的，也可以是持续存在的。例如，反复饲喂有毒饲料、持续营养不良、发生传染性法氏囊病后，导致免疫力低下而继发感染大肠杆菌等病原体。

（三）按病因来源分类

（1）宿主因素（host factor）：主要是遗传因素和先天因素（如胚胎发育受阻）。许多慢性非传染性疾病都与多基因遗传有关。另外，还有动物年龄、性别、先天体质及免疫状态等。

（2）生物学因素（biological factor）：能引起疾病的病原微生物、寄生虫、有毒动植物、动物传染源和媒介动物等为生物学因素。大多数生物致病因素引起的疾病为传染性疾病。

（3）理化因素（physical chemistry factor）：包括气候、地理、微量元素、营养成分、环境污染物、药物、噪声及放射线等物理化学因素。例如，长期缺硒，可以诱发畜禽硒缺乏症；酒厂附近的猪场酒糟中毒的危险性增加；沼泽地带肝片吸虫病流行严重。

（4）社会因素（social factor）：社会因素与多种疾病有关，社会因素的改变可为某些疾病的发生创造条件，较其他因素更易引起疾病。社会因素包括社会政治、经济需求、文化及卫生水平、宗教信仰、职业、风俗习惯等多方面。例如，封闭状态和开放状态下饲养的动物在传染病发生上不仅发病率不同，而且在发病种类上也不完全相同。封闭状态下饲养，特别是集约化条件下饲养，多发生呼吸道疾病，多病因现象明显。开放状态下饲养的动物，特别是放牧动物，单一病因的疾病占优势，具有代表性的是烈性传染病。又如，奶牛场的雄性犊牛易发疾病源于其经济价值较低而得不到良好的饲养管理；中国西部居民喜食牛羊肉是当地民俗，受伊斯兰教影响，多养牛羊，所以多见牛羊病；落后地区动物疾病频发与经济水平有关。

三、疾病与病因的联系

1. 表面联系（非统计学联系或虚假联系）　表面联系是指本来两事件不存在统计学上的关联，但由于在研究过程中的某些错误或机遇，两者之间表现出了统计学上的联系，这种联系是一种假的联系，所以也称为关联假象（spurious association）或人为联系。

表面联系是由研究过程中所出现的各类偏倚所致，大多可以通过对研究进行科学设计和认真实施加以控制。除偏倚外，机遇也可能导致研究因素与疾病间的表面联系，这可通过统计学检验识别。同理，若两事件间在统计学上未表现联系，则可以考虑是否是偏倚或机遇所致的一种假象，排除后才可确定没有统计学联系。

2. 统计学联系　当两事件表面看起来有联系时，首先要了解有无其他证据可以解释这种联系，也许只是单纯的前后关系。可能病因暴露（exposure，E）与疾病（disease，D）存在统计学联系，只说明 E 与 D 的联系排除了偶然性（随机误差）的干扰，并不一定存在因果联系。要确定因果联系，还需排除选择偏倚、测量偏倚和混杂偏倚这些系统误差的干扰，以及确定 E 与 D 的时间先后关系。在排除或控制了这些偏倚的干扰后，如果仍然存在统计学联系，就说明存在真实的联系，可以用因果判定标准进行综合评价，得出因果关系结论，包括判断有无因果关系或存在因果关系的可能性。

间接联系也称为继发联系（secondary association），是指两事件之间本不存在统计学上的联系，但两事件均与另外某一因素有关，而导致二者表现出有统计学上的联系。例如，捻转血矛线虫既可引起真胃黏膜出血，也可引起贫血，导致真胃黏膜出血与贫血之间存在统计学上的联系。这样相关的现象受捻转血矛线虫的影响。间接联系可通过对各个分析变量的深入了解，以混杂控制技术予以识别与控制。

3. 因果联系 根据概率论因果观，因果联系（causal association）是有时间先后顺序的。病因（暴露）组发病率显著高于非暴露组发病率，就是病因 E（暴露）与 D（疾病）有统计学联系。因此，统计学联系是判断因果关系的基础。在排除前几种联系的可能性后，两事件间的联系才有可能是因果联系，其联系形式有以下几种。

（1）单因单果：一个因素引起一种疾病的情况，事实上几乎不存在。即使是有“必需病因”的传染病，它的病因也不是单一的，因为除了病原体外，还存在宿主易感性等因素。例如，奶牛感染了结核杆菌，不一定发生结核病，这还与奶牛的体质、营养、疲劳等有关。

（2）单因多果：一个因素引起多种疾病，如营养不良可引起贫血、发育受阻、繁殖障碍等，从病因的多效应来看，这无疑是正确的。但是这些疾病也并非仅仅由营养不良所引起。

（3）多因单果：由多种因素引起一种疾病，如肌肉挫伤、腐蹄病、创伤等引起跛行，从疾病多因性来看，这无疑也是正确的。但是，这些病因并非导致单一疾病，因此，单因多果、多因单果都各自反映了事物的一个侧面，有一定的局限性。

（4）多因多果：缺乏营养、饲养管理不良、环境卫生差、通风不足均可引起呼吸道疾病、发育受阻、腹泻等。多种疾病的多个病因可以是完全共同的，也可以是部分共同的。多因多果能全面地反映事物的本来面目。

（5）直接和间接病因：病因 1→病因 2→引起疾病。例如，猪只感染了钩端螺旋体→溶血→引起血红蛋白尿。这里的溶血是直接病因，距离疾病结果较近，多指较微观的致病因素。钩端螺旋体为间接病因，距离疾病结果较远，多指宏观的流行病学上的危险因素。直接病因和间接病因也是相对而言。

以上几种关联形式只是作为判断疾病病因时的参考。但是，当真正要确定疾病的因果关联时，还必须按照因果关联的标准进行严格的判断，最后才能确定疾病的病因。

四、因果模型

流行病学研究中的病因概念是指那些能够引起疾病发生概率增加的因素，这些因素与疾病作用的模型主要有三角模型、哈顿矩阵、轮状因果关系模型和病因网络模型 4 类。疾病和损伤的模型有助于我们理解和掌握病因学或病因。病因学是研究病因的科学。

（一）三角模型

流行病学三角模型是最著名的但也是最过时的传染病模型。该模型由 John Gordon 提出，包括一个易感宿主（处于该疾病风险中的人或动物）、一种疾病因子（近因）及宿主与疾病因子之间相互作用的环境这三个因素。

流行病学三角模型是在一个等边三角形上，病因、宿主及环境各占一角，它充分考虑到环境因素在疾病发生中的重要作用，与单一病因理论相比有较大的进步；但是其缺点在于将三种病因等同看待，与实际不符。

很多传染疾病，如猪乙型脑炎，其疾病因子只能通过第三者到达宿主，此第三者被称为媒介。该媒介是有生命的。

医学和兽医学生态学研究对流行病学三角模型的认识还需考虑除了宿主因素（体内外）、疾病因素、环境因素和媒介因素之外的其他因素。例如，家畜的放牧（饲养）管理因素，它对三角模型的三个因素均产生作用，甚至作用到媒介因素（图 2-3）。

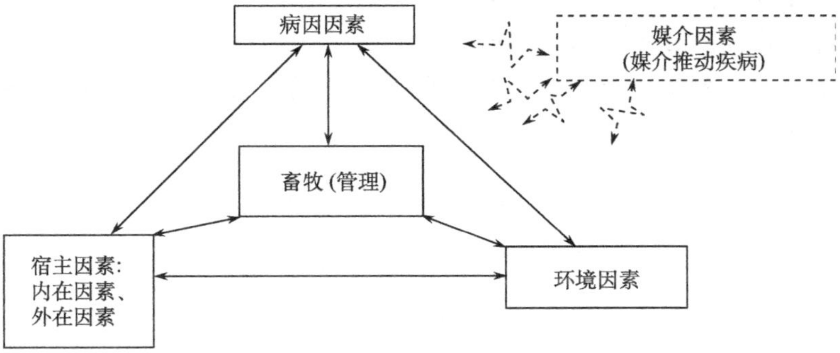

图 2-3　兽医学生态学构成结构

（二）哈顿矩阵

哈顿矩阵（Haddon matrix）由工程物理学家 William Haddon 提出，在以哈顿命名的框架基础上，与三个阶段预防和流行病学三角模型相结合建立的。该框架可以大幅度提高对损伤事件的理解。根据伤害发生的阶段，Haddon 将其分为伤害发生前、发生中和发生后 3 个阶段，并分别进行针对性的预防。

在世界公共卫生体系内归纳了三个阶段预防：一级预防（第一阶段预防）旨在预防疾病或损伤的发生；二级预防（第二阶段预防）旨在将疾病或损伤发生的损失或损害最小化；三级预防（第三阶段预防）包括后续的医疗、护理和康复。

（三）轮状因果关系模型

轮状因果关系模型（wheel mode of causation）不再强调疾病因子是疾病的唯一原因（图 2-4）。该模型将遗传因素引入这个混合体系之中，它强调物化环境、生物环境和社会环境的相互作用。

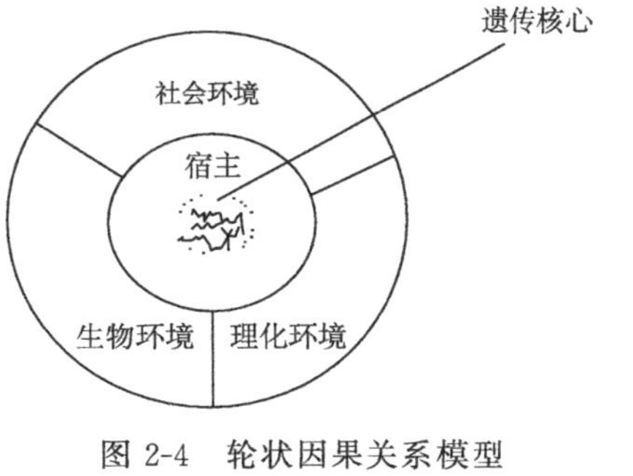

图 2-4　轮状因果关系模型

（Mausner，1985）

三角模型将病因、宿主、环境截然分开，并强调三者处于同等地位，显然有不妥之处。轮状因果关系模型是一个以宿主遗传基因为中心轴，外围为理化性、生物性、社会性三个环境的同心圆。

此模式强调宿主在生态环境中受到各外在环境的影响而致病，所以又被称为生态模式。机体占据轮轴的位置，其中的遗传物质有重要作用；外围的轮子表示环境，环境包括生物环境、理化和社会环境，机体生活在环境之中，而病因存在于机体和环境之中。这种概念显然比三角模式更接近实际，也更有利于疾病病因的探讨及疾病的防治。

生物环境主要是指各种病原微生物、媒介者和与疾病相关的动植物等。其所导致的疾病主要是各类急慢性动物传染病，如禽流感、口蹄疫、猪瘟、蓝舌病等。

理化环境主要是指大气、水、土壤、日光、辐射、气候、噪声和各种化学物质（如农药、杀虫剂、微量元素等）等。

社会环境包括政治、经济、文化、宗教、传统习惯、兽医卫生服务、政策和社会制度等。例如，很多疾病的发生与当地的社会经济状况和社会动荡有关。在贫困、落后的地区，动物饲养粗放，动物发病频率是发达地区的几十倍甚至上百倍。而且发病常常不能获得任何诊治，这种状况往往伴随着较高的幼龄动物死亡率。

在机体因素方面，除了遗传背景、免疫状态、年龄、性别等生理特征外，饲养密度过大、通风不良、长途运输等应激因素在动物疾病发生中的作用也备受关注。

（四）病因网络模型

根据生态学模型或疾病因素模型提供的框架可以寻找多方面的病因，这些病因相互联系，按时间顺序先后串联起来就构成了一条病因链，多个病因链互相连接就形成了一张病因网，即病因网络（web of causation）模型。

病因网络模型强调疾病并非由单一因素引起，而是由许多错综复杂的关系链交织形成的因果网所组成。模式中的任何因素都可能是疾病的某一因素而非唯一因素，且各因素之间互有关联。

病因网络模型适合解释慢性病的致病机制，但不能比较出各因素对疾病的重要性。

病因网络模型的最大特点在于能够提供因果关系的完整路径（通径）。要对病因做系统探索，就必须建立病因网络，这样才能进行全面的探讨。因而病因网络模型比其他病因模式更接近实际情况。

与轮状因果关系模型类似，病因网络模型是指具有因果关系的多种致病因素相互联结而形成的复杂网络，病因网络模型不再解释和强调疾病的疾病因子，而为多因素原因提供了纵横交错的各种途径。由于其镜像的逼真性，这些病因网络可以是高度错综复杂的（图 2-5）。

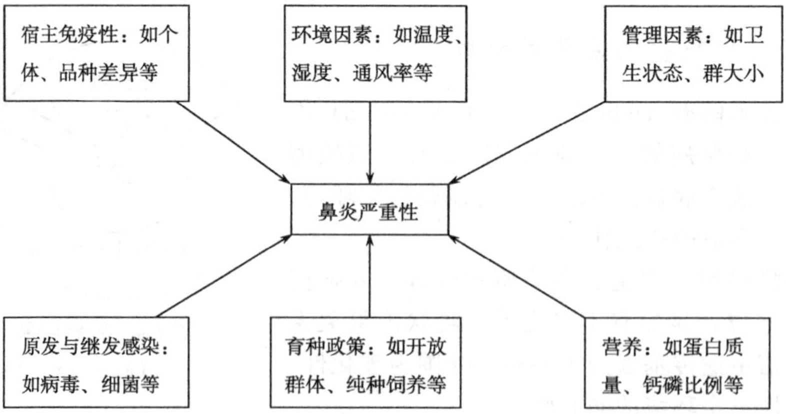

图 2-5　猪鼻炎的病因网络

虽然病因网络的构想主要用以加强对非传染性慢性疾病的认识，但也适用于传染性疾病和伤害。例如，新道路开发之后，锥虫病或“昏睡病”曾在整个非洲蔓延，给经济发展带来了严重后果。

五、暴露因素与混杂因素

（一）概　念

暴露也称为暴露因素，暴露于某个因素是指接触到与某个疾病相关的因素。暴露可以是遗传因素也可以是环境因素，可以是风险因素也可以是保护因素，还可以是物理因素、化学因素。因此，流行病学研究中通常用暴露来代表一切可能与疾病风险有关的、研究人员在意的因素。

混杂因素是一种与所研究的暴露和结果均有联系的外部因素。它是发生疾病的风险因素，且必须是所研究疾病的独立风险因素，与所研究的暴露因素存在统计学联系，可改变所研究的暴露因素与疾病的直接联系，即扩大或缩小两者的联系，但它不是所研究内容的暴露因素与疾病的因果链中的一个环节或中间变量。若混杂因素在比较的群组中分布不匀，可以歪曲（掩盖或夸大）因素与疾病之间的真正联系。

混杂因素所造成的偏倚是研究所固有的，而非由研究者人为所致。控制混杂因素可采用配比研究、分层分析等方法。

（二）混杂因素的基本特点

（1）必须是所研究疾病的独立风险因素。

（2）必须与研究因素（暴露因素）有关。

（3）一定不是研究因素与研究疾病因果链上的中间变量。

以上是混杂因素成立的基本条件。具备这几个条件的因素，如果在比较的群组中分布不均，即可导致混杂。

（三）混杂偏倚的控制

1. 统计处理阶段的控制方法　混杂偏倚在资料分析阶段也可以通过一定的统计处理方法予以控制。

1）*分层分析*　分层分析就是把暴露与未暴露群体或把病例与对照组按怀疑的混杂因素分为不同层次，再分别在每一层内分析暴露于疾病的关联强度。若各层间研究因素与疾病之间的联系一致，可用 Mantel-Haenszel 分层分析方法进行分析，得到将该混杂因素调整后的效应估计值。

利用分层分析可定量判断某种因素是否为混杂因素。

2）*多因素分析*　如果欲控制的混杂因素较多，受样本量的影响，分层分析常不适用。在这种情况下，可应用多因素分析方法予以控制，如多元协方差分析、多元 Logistic 回归分析等。

2. 设计和资料收集阶段的控制方法（流行病学方法）

1）*限制*　针对某一或某些可能的混杂因素，在设计时限制研究对象的条件。针对潜在的混杂因素实行限制后，得到同质的研究对象，从而可防止某些混杂偏倚，有利于对研究因素与疾病之间的关系作出较为准确的估计。但是在这种情况下，研究对象对总体的代表性可能会受到影响，因而研究结论的外推会受到一定限制。

2）匹配　匹配是指在选择对照时，使对照在一个或多个潜在的混杂因素上与指示研究对象相同或相似，从而消除混杂因素对研究结果的影响。匹配在非实验性和实验性研究设计中均可应用。

3）随机化　随机化是指以随机化原则使研究对象以等同的概率被分配在各处理组中，从而使潜在的混杂因素在各组间分布均衡。随机化方法常用于实验性研究，以在临床试验中最为常用。

第二节　病因推断

兽医流行病学研究的过程就是收集因果关系存在的证据的过程，但所收集的证据是否能够证实因果关系的成立，需要进行科学的推论。有些事物之间的因果关系是一一对应的，比较直观，但广义因果关系是建立在概率论基础上的，即原因是使结果发生概率升高的事件。

疾病的病因是指那些能使动物群体发病概率升高的因素。因果关系是事件或特征类别之间的一种关联，改变某一事件或特征类别的频率，就会引起另一事件或特征类别的频率改变，可以认为二者互为因果。

兽医流行病学病因研究过程可以分为三部分：①根据病因模型构想出可能病因；②描述流行病学提出病因假设，分析流行病学验证假设；③根据病因判定标准作出综合判定。

流行病学研究中病因推断的基本过程可简单地归结为一条主线：形成病因假设→假设检验→病因推断，其可以细分为以下几个主要步骤。

（1）通过流行病学调查（描述性研究）并结合临床资料和一些背景资料，研究者可以发现一些新的病因线索。

（2）（用病例对照的研究方法）对可疑致病因素进行筛选，形成初步病因假设。

（3）根据重复性原则，可进行多次病例对照研究，并尽可能多地收集其他生物学上的证据，如动物试验、致病机制、常规或特殊检验等，以强化形成的病因假设。

（4）用队列研究、干预试验等研究方法对病因假设进行检验。

（5）根据上述结果对病因是否成立进行综合逻辑判断。

一、因果关系

某些统计资料中两个变量（x 和 y）之间存在一种关系，即一个变量（y）的变化是另一个变量（x）的变化所引起的，这两个变量间的关系称为因果关系。例如，某一区域环境中氟的含量异常，就会引起地方性氟中毒发病率增加，前者为因，后者为果，它们之间就存在着明显的因果关系。

实际上，因果关系有一种原因产生一种结果的单纯形式，还有多种原因产生一种结果的形式，也有一种原因产生多种结果的复杂形式。此外，由某种原因引起的一种疾病，而用某种药物治疗这种疾病时，又产生新的损害，即所谓因果连锁关系。

总之，因果关系包括单因单果、单因多果、多因单果、多因多果及直接（间接）病因。多因多果与直接（间接）病因连接方式结合起来，就形成病因网络。各研究领域所涉及的病因可能只是病因链的某一环节（段），或病因网络的某一部分，只有综合起来，才能看到全貌。

二、确定目标和主题

流行病学研究的根本目的是确定病因，研究标识特征的动物个体与其所在组群内的病例分布来确定它们之间的关系，如在不同水平下暴露于一些作用因子（如病原体、药物或化学品）。其主题是锁定对决定发病的可能性产生影响的风险因素，据此制定预防策略。

因果关系研究是结论性研究中的一种，其目的是要获取有关病因和结果之间联系的证据。因果关系研究的目的包括下述内容。

（1）了解哪些变量是病因（独立变量或自变量）。

（2）了解哪些变量是结果（因变量或响应）。

（3）确定病因变量与预测的结果变量间的相互关系的性质。

与描述性研究一样，因果关系研究也需要有方案和结构的设计。描述性研究虽然也可以确定变量间联系的紧密程度，但是并不能确定因果关系。要考察因果关系必须将可能影响结果的变量控制起来，这样，自变量对应变量的影响才能被测量出来。

研究因果关系的主要方法是实验法。当然还有些高级的统计方法可以用于检验因果关系。例如，为了检验不同病因（自变量）对发病数量（因变量）的影响，可将同类疾病病例根据两个不同的病因分为两组，最后再对发病数量进行比较。

虽然因果关系研究的方法与其他研究方法不太相同，但也不应将其孤立看待。事实上，在许多调查中，探索性研究、描述性研究和因果关系研究的设计都是相互补充的。

因果关系研究的具体方法包括对已有结果（疾病发生）采用回顾性调查研究，通过推理分析，寻找可能病因。也可以通过调查形成假设，必须从已筛选出的可疑因子中确定某项或某几项因子，再设计出研究方案，用前瞻性调查研究方法进一步确定是否存在因果关系。

三、假设形成

流行病学研究必须先有假设，即形成假设，然后开展针对性设计、调查、实验、临床观察，之后的工作仅是验证假设。因此，形成假设是流行病学病因研究的核心环节。

（一）假设形成的方法

在建立病因学假设时，必须认识到事实依据和理论基础的重要性。假设的形成必须经过严格的逻辑思维推理。常用的基本逻辑推理方法有下述几种。

（1）归纳演绎法。人们对事物的认识包括两个过程：由个别到一般和由一般到个别；前者称为归纳，后者称为演绎。在研究假设中，尤其是研究事物或现象间的因果关系时，归纳法应用最多。在统计学中一系列的回归分析（两元或多元）就是分析这类问题的数量依从关系。通常可以根据事物的性质、差别等特点，将归纳法分为求同法、求异法、共同变异法、同异共用法和剩余法。演绎实际上就是推理，它是根据已知事物的规律再推未知事物的方法，故又称为类推法。演绎原理的三级论法，即从大前提与小前提而得结论。因此，演绎的结论可以完全正确，而归纳推论的可靠性仅占一定的概率。

（2）比较分类法。首先比较对象间的异同，后根据异同将对象分为不同类别。统计学是分析和区别事物的有力工具，可用于诊断、治疗、预后和预防等领域。

（3）分析综合法。将整体分解为部分或将复杂事物分解为简单要素，把动态化为静态进行研究。综合是与分析相反的一种思维过程，二者的关系是在综合指导下分析，在分析基础上综合。

（二）假设的性质

假设一旦形成必须具备如下一些共性，才能经得起推敲和证实。

（1）科学性。假设来源的科学性主要强调来源的客观性。假设的提出要以一定事实为依据，不能主观臆想。这些事实依据可以是观察和实践的结果，也可以是经验总结。新建的假设既能解释原有理论说明的事物和现象，又能解释原有理论不能说明的问题。假设能够解释的覆盖面越大，表明假设反映客观规律的程度越好。

（2）假定性。假设毕竟是经过科学思维作出的推测性设想，仅为一种假定性说明，具有不确定的性质。因动物体是一个复杂的有机体，影响体内外环境的因素较多，而且动物群体中不同个体之间相互影响，关系错综复杂，所以假设的不确定性成分更大。假设的表达形式可以是一元的或多元的。计算机技术的广泛应用，为解决多元分析验证多元假设提供了便利。

（3）预见性。假设的预见性是假设价值的体现，假设的提出具有可验证性。实践是检验真理的唯一标准，这同样适用于兽医流行病学研究工作。

（4）曲折性。完整和真实假设的形成，一般不可能一次完善，大多数要经过若干次假设→检验→再假设→再检验，根据检验的客观证据，不断修改与补充，才能逐步完成。

四、研究对象的建立

因为兽医流行病学研究的对象是动态的动物群体，所以流行病学病因的研究对象依旧是群体，群体虽然是由多个单一的个体所组成，但它显然是一个更高层次上的复杂整体。从某种意义上讲，个体与群体之间的差别不仅体现为数量，更体现为质的区别。现有的病因理论往往将群体看成是个体的简单加和，由此导致了一个矛盾的现象——流行病学的研究对象虽然是群体，却将研究范畴降低到了个体水平，进而严重阻碍了将病因学研究上升到宏观（群体）水平。

虽然生态研究中存在生态学偏差，但是个体研究中也存在着个体偏差。例如，富裕国家（地区）中的贫穷个体可能会比贫穷国家（地区）中的贫穷个体的健康状况更糟，因为他们更为社会所排斥，更不易享受到相应的卫生服务和卫生资源。因此，将宏观（群体水平）与微观（个体水平）相结合，开发新型的病因研究模型将是今后病因学研究的一个重要内容。

五、假设推断、病因推断和假设检验

（一）假设推断

在病因研究中，主要运用两种推理方法：假设演绎法和 Mill 准则（Mill's canon）。因果推断的逻辑方法主要是 Mill 准则，Mill 准则有求同法、求异法、同异共用法、共同变异法和剩余法。

1. 假设演绎法 假设演绎法是对描述和分析流行病学研究起衔接作用的逻辑方法。假设演绎法的推理形式为：①得到假设 H，并且如果 H 则证据 E，所以推出证据 E；②获得证据 E，并且如果 H 则证据 E，所以假设 H 成立。假设演绎法的整个推论过程为：由假设演绎导出具体的证据，然后用观察或实验检验这个证据，如果证据成立，则假设就可成立。

2. Mill 准则 Mill 准则主要应用于分析流行病学研究的比较推理，其创始者穆勒(Mill) 试图将因果推理的原则加以系统化，提出科学研究 4 法，后人将同异共用法单列，即科学实验 5 法：求同法、求异法、同异共用法、共同变异法和剩余法。Mill 准则原本是用于能控制干扰条件的实验研究类型，其假定原因为确定的必要或充分条件，而对于流行病学的观察性研究，控制干扰的条件较差。对于非确定性条件，即风险因素需要作统计学处理，从而对可能病因的必要性或充分性作出估计。

注意：如果病因假设清单没有包括真实的病因，Mill 准则就不能提供任何帮助。病因假设的建立必须从实际出发，建立在已有的调查资料、他人的经验、对疾病自然史的了解及其他相关资料的基础上，决不能凭空臆断。

1）求同法 求同法（method of agreement）是辨别某类事件或属性的必要条件的方法，是指在相同事件（如患同种疾病）之间寻找共同点。例如，在一次饲料中毒暴发的调查中，发现所有中毒动物（群）均饲喂过某种饲料，则该饲料就可能是导致该次中毒暴发的病因。

2）求异法 求异法（method of difference）是辨别某类事件或属性的充分条件的方法，是指在事件发生的不同情况之间（如对群体而言，发病率高与低之间；对个体而言，发病者与不发病者之间）寻找不同点。例如，鸡曲霉菌病发病率高的鸡群与发病率低的鸡群的鸡舍湿度不同，因而提出鸡舍湿度可能是鸡曲霉菌病的病因假设。

3）同异共用法 同异共用法（joint method of agreement and difference）是辨别某类事件或属性的必要且充分条件的方法。例如，在鸡肝脏肿瘤病例中发现均有或相当部分（统计的）有马立克病病毒（MDV）感染标记，而在非肝脏肿瘤病例（对照）中发现均无或相当部分（统计的）无马立克病病毒感染标记，表明马立克病病毒是鸡肝脏肿瘤的必要且充分条件或具有相当必要性和充分性的条件。同异共用法是所有比较性研究（有对照组）的逻辑学基础。

4）共同变异法 共同变异法（method concomitant variation）可看成是求同法的特例。当有关（暴露）因素不是分类的（有或无），而是等级或定量的，并与事件（结局）效应成量变关系（剂量-反应关系），才可以应用共同变异法。如果某因素出现的频率或强度发生变化，某疾病发生的频率与强度也随之变化，则该因素很可能是该病的病因。

5）剩余法 剩余法（method of residue）可看成是求异法的特例。对某复合结局事件（A、B、C），已知它的有关（暴露）因素在特定的范围内（a、b、c），通过先前的归纳又知道 b 说明 B、c 说明 C，那么剩余的 a 必定说明 A。在临床诊断及暴发原因的调查中，常用排除法进行逻辑推理，帮助形成假设。此法即在一组复杂的现象中，把已知联系的现象减掉，探寻其他（剩余）现象的联系。

（二）病因的推断

在探寻病因的过程中，收集资料由浅入深、从现象到本质、从描述流行病学到分析流行病学乃至实验流行病学，这是一个合理的顺序，因果关系的论证强度也逐渐增加。

1965 年，英国医学统计学家 Austin Bradford Hill 提出了疾病因果关系推论的标准。随着病因学研究的发展，国内外对有关疾病因果关系的判断已经形成 9 项标准（或相关方面），用以区别非因果关系和因果关系。在流行病学病因推断中，病因判定需要遵循因果关系的 Hill 准则。

（1）关联的时间顺序（temporal relationship）。如果怀疑病因A引起疾病B，则A必须先于B发生。关联的时间性（temporality of association）强调有因才有果。“因”一定在“果”之前，这在病因判断中是必需的。关于因素与疾病出现的时间顺序，在前瞻性队列研究中容易判断，但在病例对照研究或横断面研究中则常常难以判断。

（2）关联的强度（strength of association）。一般而言，关联的强度越大，则该关联作为因果的可能性就越大。反映分类资料关联强度的主要指标是相对风险度（RR），在病例对照研究中可用比值比（OR）表示。

（3）生物学梯度/剂量-反应关系（biologic gradient/dose-response relationship）。随着暴露剂量的变化，疾病的发生频率也会发生相应变化。针对等级或连续性变量资料，等级OR或RR、等级相关系数和积差相关系数等可反映相关生物学梯度的指标。

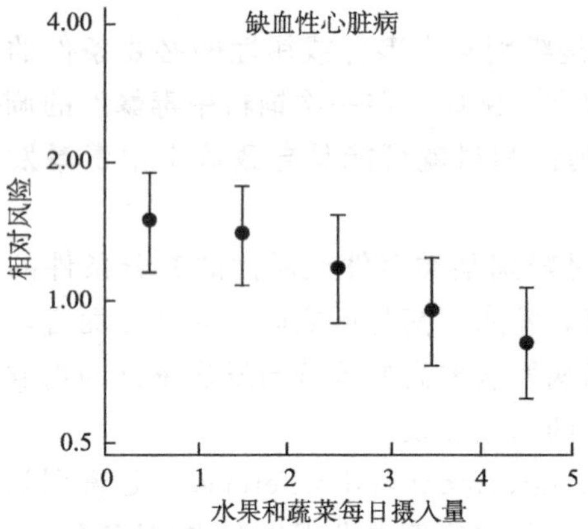

图 2-6 水果和蔬菜每日摄入量与缺血性心脏病的相对风险（Bonita et al.，2006）

如果观察到随着某种因素暴露剂量的增加，群体发生某病的风险性增加，因果关联的强度增大，则该因素与该疾病之间存在着剂量-反应关系。此时该因果关系成立的可能性就较大。

水果和蔬菜的消费与缺血性心脏病的相对风险显示了剂量-反应关系，如图2-6所示，它是在一定的社会经济情况下，如何促进健康结果的一个例子。在英国所做的调查显示，水果和蔬菜的消费与收入水平之间存在牢固的关系。图2-7显示随着收入的增加，水果和蔬菜的平均消费不断增加。该图还显示，较低收入的人花费其收入的更大份额用来购买食品。收入和死亡率之间的“剂量-反应关系”为：收入越低，死亡率越高。

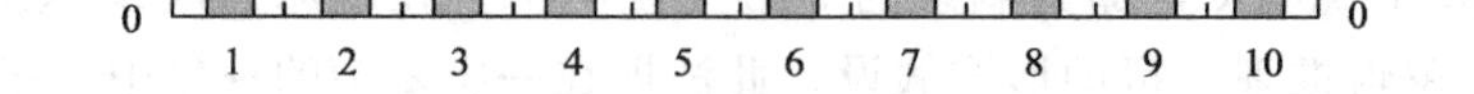

图 2-7 收入与水果和蔬菜消费的关系（Bonita et al.，2006）
家庭每人净收入（1=最低收入，10=最高收入）

（4）暴露与疾病分布的一致性（coherence）。这实际上是暴露与疾病在各群体（亚群）间呈现的共变关系。关联的一致性（coherence of association）：如果某种因素是某疾病的病因，则该因素应能说明该疾病的所有群体现象。例如，吸烟是肺癌的一个病因，则应能说明烟草消耗量与肺癌发生率的关系。

（5）关联的可重复性（consistency of association）：可重复性是指某因素与某疾病的关系在不同时间、不同地点，由不同学者用不同的研究方法进行研究均可获得相同的结果。重复出现的次数越多，因果推断越有说服力。

(6) 关联的合理性 (plausibility of association)。其是指某因素作为某疾病的病因，在科学上应“成立”，即要求能用现代医学理论进行解释。包括两个方面：①对关联的说明与现有理论知识相一致，符合疾病的自然史和生物学原理，相当于客观评价；②研究者或评价者从自身的知识背景出发，支持因果假设的把握度，相当于主观评价。

由于曾经在香烟的烟或焦油里证实有苯并芘、砷及一氧化碳等多种化学致癌物，所以，吸烟致肺癌是言之有理的。但现有的知识理论总有其局限性，因此，看似不合理的因果关系也不一定不成立。

1987 年英国出现疯牛病疫情，人类的变异型克雅氏病 (vCJD) 表现出和牛海绵状脑病 (BSE) 的病牛大脑中类似的病理变化。这些疾病是传染性海绵状脑病的例子，是由一种被称为朊病毒的传染性因子引起的。牛群的疫情流行源自污染的饲料与其他感染牛的尸体，所以，通过禁止将反刍动物蛋白作为牛饲料而得到控制。

尽管食物途径传播尚无确切证据，但有专家认为，人 vCJD 与牛疯牛病疫情相关，由相同的病原体所引起。对人与人之间传播的担忧导致献血政策的变化和更大程度地使用一次性手术器械。

(7) 关联的特异性 (specificity of association)。特异性就是唯一性，病因特异性就是指唯一的病因。严格的特异性是指病因与疾病有严格的对应关系，即某种因素只能引起某种疾病，而某种疾病只能由某种因素引起。这种严格的特异性一般只适用于烈性传染病，而对大多数非传染病而言，因其多因性，特异性并不明显。当关联具有特异性时，即可加强病因推断的说服力；但当特异性不存在时，也不能因此而排除因果关联的可能。

(8) 实验证据 (experimental evidence)。在因果关系的判断中，如果有相应的实验证据，则非常具有说服力。

(9) 相似性 (analogy)。如果已知某种物质或因素有致病作用，当发现另一种类似的物质或因素与某种疾病有联系时，则两者因果关系成立的可能性较大。

这个标准要求在其他已经观察到的暴露和（或）疾病（如疯牛病和绵羊痒病）中有类似的关系。这是因果关系 9 条标准中最薄弱的标准之一，不同背景下假定诱发因素可能会对推测病因有价值。

因果关系的判断是复杂的，在上述 9 条标准中，关联的时间顺序是必须满足的；关联的强度、关联的特异性、关联的可重复性及剂量-反应关系有非常重要的意义；在因果关系的判断中，并不一定要求 9 条标准都满足，满足的条件数越多，其因果关系的可能性越大。

当满足的条件数较少时，并不能排除因果联系，还要认真考虑研究设计的科学性与合理性，以此判断研究结果的可靠性，当不同的研究结果出现矛盾时，尤其要考察彼此的研究设计。研究设计对证实病因的能力非常重要。随机对照试验设计越好，得到的证据越有价值。但是在病因研究中，实验性研究应用较少，主要是用观察性研究。

在观察性研究中，队列研究可将偏倚控制到最低，但应用较少。最常用的是病例对照研究，但此法易产生偏倚。大规模的病例对照研究可以为联系的因果关系提供证据。在没有其他类型研究数据可用的情况下，常常不得不依此法而作出判断。横断面研究由于不能提供时间顺序，在因果联系研究上用处较少。生态学研究在确定因果联系上可信度最低，但有时却只能用生态学研究（如饮水含氟量、大气污染等）来确定因果关系。

在因果关联的推论中，还要考虑因果联系的可逆转性或终止效应。当疑似病因（暴露）减少或去除时（之后），疾病的发生率下降，则二者是因果联系的可能性就得到进一步的支持。例如，高血压患者减少食盐摄入量（每日摄入5g）后，血压下降（以收缩压明显为指标），恢复平时盐摄入量（每日10g左右），血压值又回升。

有些病因能够很快引起不可逆转的变化，不管是否继续暴露［如人类免疫缺陷病毒（HIV）感染］，也不能出现逆转。此种情况下，不能由于没有逆转而否定其因果联系。

（三）病因学假设的检验

用队列研究、干预试验等研究方法对病因假设进行检验。详见第三章。

（四）因果性实验中的对照法则

1. 设立对照的必要性 生物学或兽医学的研究需要设置对照组，排除非相关因素。根据污染组与非污染对照组的比较，可以得到污染净效应或净效应差值，但还需要考虑各组的其他干扰效应是否相等。

2. 保证对照的有效性

（1）各组干扰（非处理因素）的可比性。

（2）各组效应测量的可比性。确定两事物间是否存在因果关系，一般的推论过程是首先确定两事物间是否存在统计学联系，只有在确定有显著性的统计学意义并排除了选择偏倚、信息偏倚、混杂偏倚等系统误差后，如果符合因果关系的推论原则，才能说明存在真实的关联。

六、目的群体（靶群体）和研究群体

在流行病学的观察性研究中，为了有效研究病因因素，往往通过病例对照研究、队列研究探求病因，一个群体既可以被定义为包括所有的动物，也可以包括一部分动物。当所要研究的群体（目的群体或目标群体）较大，鉴于时间和资金因素，往往抽取一个代表性的样本，即样本群体（研究群体）；当所要研究的群体（目的群体）较小时，目的群体就是研究群体。例如，在病例对照研究中研究病例所属或所在群体（目的群体）的病因，就可以通过研究其中具有代表性的部分病例（研究群体）来确定病因。

第三节 决定因素

一、概 述

流行病学研究中经常使用的一个术语是风险群体。它通常是指一组原始群体、特定群体和能够获取该种研究特定的疾病或疾病特征的原始群体中个体的总数。

决定因素是在一个群体中影响一种疾病发病率的因素或变量。决定因素可分为内在因素和外在因素。内在因素是遗传上决定宿主或病原体（或中间宿主或媒介）的结构或生理特征的因素。外在因素通常是某些与宿主或病原体（或中间宿主或媒介）相关的环境因素。它们还可能包括人们借助药物、疫苗、消毒、运动控制和隔离介入疾病进程采取的干预措施。在疾病发生过程中，决定因素的作用将在本章后面详细讨论。

在一个群体中如果假定疾病发生率由大量的因素制约，则部分因素（特别是外在因素）

可能会发生空间和时间变化。因此，疾病是一个动态的过程。在国家、地区、品种和生产系统之间牲畜疾病的类型和模式存在差异。此外，所遇到的疾病问题的范围和重要性在上述标准之内可能会随着时间的推移发生变化。该疾病的有效控制更多取决于操纵在疾病过程中发生变化的复杂因素，如对兽药、兽用疫苗和消毒等兽医投入的供应。

病因（cause of disease，causality）、风险因素（risk factor）与决定因素（determinant）是流行病学病因研究中常用的三个术语。

流行病学的病因一般称为风险因素。

医学主题词表（MeSH）中将风险因素定义为：基于流行病学证据得出的与健康状况有关而且可能具有重要预防作用的一些因素，如个体的行为特征或生活方式、环境暴露、先天的遗传特征等。

世界卫生组织（WHO）将决定因素定义为：对个体或群体健康状况起决定作用的，包括个体、社会、经济和环境等方面的因素。

现有的病因定义只考虑了不利于健康的因素，因此它是一种狭义的病因定义。健康的决定因素实际更符合流行病学的群体病因的观念，它虽然并不完善，但在一定程度上算是一种广义的病因定义。

宿主是指可能感染或发生疾病的动物（人）。年龄、遗传基因构成、暴露水平和健康状况等所有因素都会影响宿主发生疾病的易感性。致病因子是指导致这种疾病发生的主要因素（细菌、病毒、寄生虫、真菌、化学毒物、营养不良等），疾病发生可能有一个或多个因素参与。环境包括宿主周围的条件，无论是内部或外部，造成或容许了疾病从传播到发生。环境恶劣可能会削弱宿主抵抗力，增加其疾病易感性或提供有利于病原生存的条件。

二、宿主决定因素

在宿主中能够影响感染和疾病发生频率的因素称为宿主决定因素（host determinant），主要内在因素是物种、品种、年龄和性别。

（一）物种易感性和自然宿主

大多数病原体具有感染一定范围动物物种的能力，包括脊椎动物和无脊椎动物。但是，此类感染所致疾病的严重程度在相关物种之间存在很大差异。某些宿主种类可能对特定疾病因子的感染存在抵抗力，如马属动物对口蹄疫病毒感染有抵抗力。实际上只有很少病原体仅限于感染一种宿主。

如果有关的物种在其群体中能够保持某种疾病的病原体，即为该病原体的自然宿主，那么，病原体的多种宿主易感性则显得特别重要。针对一个物种某一疾病防控措施的失败常常归咎于自然宿主物种的存在，因为它们可以重新引入病原体。

在调查某物种作为某种特定病原体的自然宿主的可能性时，必须牢记以下因素。

1. 病原体感染　虽然在实验室条件下一定的宿主有可能感染了病原体，但这可能在自然条件下不能传播（如脑内接种）。那么，该特定的宿土在疾病的流行病学上不可能发挥重要作用。

2. 宿主保持病原体的能力　可以证实某种特定宿主可感染某种疾病的病原体，感染可以通过自然传播方式完成。另外，该物种是否能够在有效时间的周期内维持病原体种群存在？如果不能，尽管这个特定的物种可能在一次暴发中涉及病原体的局限性传播，也不会成为一个持续传播的传染源。因此，从流行病学角度，这个物种在该病中的重要性可能会降低，并在疾病防控方案中可能不考虑对该特定宿主采取控制措施。例如，在进行牛瘟防控时，已证明尽管在狩猎中的野生动物对该病易感，但只对牛群采取重点控制措施就可以控制甚至可以根除这种疾病。

如果一个物种可以作为特定疾病病原体的自然宿主，在一定环境下，从该自然宿主传播到家畜可能极少发生。在这样的情况下，自然宿主的物种在疾病初始控制时不至于成为一个主要问题。然而，当这种疾病的发生频率已经降到较低水平时，疾病的根除就成为一种可能性，若想使指定的根除方案取得成功，必须重新评估贮存宿主物种存在的意义。

3. 品种易感性　在一种宿主内部，不同的品种之间通常可见对某种特定疾病的易感广泛性。例如，在非洲，牛、马、绵羊和山羊的某些品种比其他品种更易患锥虫病；欧洲品种牛比普通牛对蜱和蜱传疾病更易感。重要的是区分那些相关品种或种类之间真正的易感性差异和作为先前暴露于感染的后果可能出现的差异。

同样，在品种内部，种群和家族对同一种疾病的易感性的差异也已经受到关注，并导致近几年选择性抗病能力育种方案的制订。选择性育种已率先在家禽业中得到大量开发，如抗马立克病、沙门氏菌病等疾病，甚至出现了许多抗维生素 D 和锰缺乏的不同的家禽“品系”。抗萎缩性鼻炎和一些抗大肠杆菌病的猪的品种也被筛选出来。在澳大利亚具有选择性抗蜱牛的育种方案，在英国有越来越多的证据表明，一定类型的乳腺炎和高产奶牛代谢紊乱可以采用类似的方法控制。在非洲某些地区，耐受锥虫病品种家畜作为解决锥虫病问题一种可能的途径而日益受到重视。

实际上，在环境中特殊的疾病因子无处不在，对于由多因素引起的非传染性疾病，或者其他已经证明控制方法不理想的疾病，抗病育种控制疾病可能是最佳的选择。

在引进新品种或物种到新环境时，必须考虑新与老（原有）物种或品种的区别，即对已有疾病和所携带病原体存在易感性的差异。引入新的品种或物种到新的环境，有可能暴露到本身高度易感的当地的疾病因子中，而当地品种或物种则对其具有抵抗力。反之，进口的品种或物种也可能携带一种新的、自身具有抵抗力而当地品种或物种易感的疾病因子。该类因素已成为备受关注的病因。

（二）年龄易感性

流行病学的主要目标是评价疾病的发病率和死亡率，并对风险因素的影响进行识别和量化。年龄是一个公认的风险因素，有助于多因子疾病的发生。队列研究、病例对照研究、交叉分类研究（横断面）和观察研究用以确定年龄和其他假定的风险因素，并通过相对风险估测和比值比来量化它们对疾病发生的影响。

确定年龄变化和生物学的因果机制的关系，可以为预防疾病提供实际的办法。年龄还可以混淆疾病与其他假设风险因素的关系，所以在流行病学研究设计和分析中必须加以控制，以避免虚假的因果推论。

此外，年龄可以改变其他风险因素的效应，因此有必要确定这种干扰作用并从混淆中区分出效应修正因子。比较流行病学常常比较人类和动物的种群。为了从来自两个不同生物年龄和年龄结构的群体中发现差别，只有在动物研究的资料中通过开展寿命和年龄调整才能完成有意义的比较。

不同的年龄组往往存在对疾病易感性的差异。例如，幼龄动物一般比老龄动物对蜱传疾病的易感性低；发生猪传染性胃肠炎时，仔猪死亡率远高于成年猪。但是，在区分幼龄动物的真实年龄抵抗力和母源抗体的被动抵抗力之间往往存在问题。当一种传染性很强的疾病在一个群体中经常发生时，也可能形成年龄易感性的假象，如有关疾病只影响幼龄个体时。这可能不是由于年龄的敏感性差异，而仅仅是因为年龄较大的动物曾经被感染过，其代表的是一个感染后仍然存活和免疫后的群体。

1. 年龄作为风险因素　年龄对疾病的发生发挥作用。例如，微生物学家和免疫学家已经证明，幼龄动物对许多蠕虫和病毒较成年动物易感，而对一些立克次氏体疾病不太易感。同样，患非传染性疾病，如犬患心脏疾病和肿瘤的死亡率，则随着年龄的增长而增加。流行病学研究中年龄（和其他特征）作为“风险因素”，它们通常（但并不总是）与致病因素同义。

2. 年龄作为混杂因素　在流行病学研究中主要的干扰因素是混杂因素。它们可以歪曲疾病与所研究风险因素关联的程度，产生伪联系和掩盖真联系。一个混杂因素通常必须：①是正在研究疾病的一个风险因素；②与目前正在研究假定的因果因素有联系，但不是暴露于它的后果。混杂的发生是因为混杂因素的分布具有非随机性（与假定的致病因素和疾病呈正相关或负相关）。

年龄是许多疾病公认的风险因素，在流行病学研究中，年龄也常常是混杂因素。高血压和冠心病之间的关联可能真的表现出随着年龄的增加伴随两个变量的变化，但是必须考虑到年龄的潜在混杂效果。事实上，高血压确实增加了患冠心病的风险，而不是年龄增加了患冠心病的风险。因此，年龄在动物和人类的疾病研究中必须被视为一个潜在的混杂因素。

（三）疾病的性别相关性

疾病的临床表现与性别属性相关，如生殖道疾病。事实上，不是雄性可能比雌性更易感或雌性比雄性更易感。有时候，一个特定性别在畜主看来可能比另一个性别具有更大的价值，因此生病的时候将得到相应的关心和较多的照顾。

三、致病因子作为疾病的决定因素

致病因子分类如下。

“有生命的”的因子，如病毒、细菌、立克次氏体、原虫、蠕虫、节肢动物等。

“无生命的”的因子，如热、冷、水质、营养物质、有毒物质、矿物质、微量元素等。

在发生传染性疾病的情况下，病因的存在与否是该病流行的主要决定因素。显然，疾病不能在缺乏病因的情况下发生，但是，反过来，疾病发生不一定总是需要该因子的存在，这就要在流行病学角度上关注感染和疾病的重要区别。

感染被定义为一个活的有机体（病原体）对宿主（另一个活的有机体）的入侵。

疾病被定义为宿主全身或宿主任何一部分器官组织的功能紊乱。

（一）传染性、毒力和致病性

感染发生与否可能取决于一系列因素，包括内在的和外在的因素影响了宿主和致病因子。

传染性是一种疾病因子在宿主体内构建自身存在能力的尺度。传染性可以定性，当病因指明为低度、中度或高度传染性，可定量。一般试图量化传染性时涉及称为半数感染量（median infective dose，ID_{50}）的统计量的使用。它是指在控制环境条件下，感染50%易感动物群体所需病原体因子的相对量。

一旦被感染，宿主可能发病或不发病，这取决于影响致病因子与宿主内在的和外在的范围。毒力和致病性这两个术语经常被用来描述致病能力。

毒力被定义为衡量一个特定病因造成的一种疾病的严重程度。严格来说，毒力是一个实验室术语，用于测量不同病原体在受控条件下产生疾病的能力。它往往通过半数致死量（median lethal dose，LD_{50}）来量化病原体因子的量。

致病性是流行病学术语，用来描述在一定范围的环境条件下，一个特定的、已知毒力的病原体对宿主产生的致病能力。

（二）宿主与致病因子关系

感染和疾病之间的关系经常是动态性的，可以在宿主抵抗机制和致病因子毒力之间保持“平衡”。致病因子引入从未接触过该因子的易感宿主群体，通常导致宿主群体高致病性的疾病暴发。此过程并不利于致病因子的生存，因为致病因子杀死了它的宿主群体，从而影响甚至破坏其繁殖和争取获得新易感宿主的机会。因此，一些致病因子在某些情况下具有这样一种自然的倾向，即一方面增加了其的传染性和致病性；另一方面降低了其生存的机会。

由于共生或寄生关系通常没有给宿主带来好处，宿主往往朝抵御病原体感染的手段发展。然而，致病因子为了生存，发展出绕开宿主防御的方法。病原体通常采取更短的繁殖时间间隔，可以比它们的宿主繁殖迅速得多，因而更容易快速发展。这种致病因子通常可以轻松保持超前于宿主的防御机制。传染性病原体还有许多机制可避免或抵抗宿主的防御。这两种机制的后果是携带状态和抗原变异，在畜禽疾病防治领域具有特别重要的地位。

1. 病原携带状态的产生　“携带者”是用来描述一个被致病因子感染的个体，是具有传播这种病原体的能力却没有显示出临床症状的机体。携带状态有如下三种类型。

（1）健康携带者，是指具有传播传染性病原体能力的感染动物，但从未表现出临床疾病的迹象，即健康携带者见于多种疾病，如沙门氏菌病。

（2）潜伏期携带者，是指还处于潜伏阶段即具有传播传染性病原体能力的感染动物。例如，口蹄疫，感染动物的临床症状在出现之前的12～24h是最具传染性的。

（3）恢复期携带者，是指在疾病的临床症状已经消失后，仍然具备继续传播传染性病原体能力的感染动物。恢复期携带者见于像牛传染性胸膜肺炎类型的疾病。

2. 抗原变异　有些种类的病原体试图通过改变其抗原特性逃避宿主的防御机制。抗原变异最极端的例子发生在锥虫病，宿主感染通常以连续的虫血症的形式出现，每一次虫血症所涉及的锥虫抗原形式都不同于上一次，这种抗原变异类型变化在一个单一的感染过程中发生。

另一种类型的抗原变异发生于某些特定病原体，如口蹄疫病毒，其具有高度传染性，通过在相对生命周期较长的动物宿主种群中不断循环而赖以生存。再次感染同一宿主的能力显然是病原体生存的理想状态，病原体在通过宿主群体的过程中，具有抗原变异结合较短免疫世代时间的能力。在这种情况下，抗原变异具有一个强大的选择压力。变异的两个主要类型如下。

（1）抗原漂移，其抗原性只有轻微的变化，这样前期感染该致病因子的宿主对漂移株保留了一定程度的免疫力。

（2）抗原转变，涉及重大的抗原性变化，因此，以前感染个体对抗原转变株很少或根本没有免疫力。抗原转变在尝试通过接种疫苗控制疾病时具有特别重要的意义，因为这实际上相当于引入了一个新的病原体，现行疫苗可能很少或无法提供免疫力。

病原体寄生能力的迅速演变在疾病控制的其他领域具有重要意义。引入控制措施或治疗疾病的行为，可能本身就在创造条件对病原体群体施压形成选择株，对防控措施和治疗形成抗性，如耐药菌株的演变将反过来危及控制措施或治疗效果。广泛进行不当的防控措施或治疗方法时，最有可能出现抗性菌株。例如，畜禽生产者广泛而无监督地使用抗生素将会使畜禽产生抗生素耐药现象。

四、疾病的环境决定因素

最近出现或重新出现的传染病与环境变化相关。城市化和交通基础设施建设等环境变化，如土地和水的利用、生物多样性丧失和气候变化过程，往往是人为的，相互关联的。这需要更加明确环境与疾病之间的因果关系，包括从一个外围的环境变化到更加周边环境特征及疾病传播循环的转变，最终导致疾病流行、分布或严重性的变化。

（一）环境变化

环境本身就是一种交互作用的组成系统。疾病传播的行为可分解为外围环境变化、多个中间步骤和周边环境变化直接影响疾病的传播。

外围环境变化是指影响景观生态、人类生态、人为的社区环境及自然干扰和自然灾害的人为作用。其中外围环境变化及其相互作用的影响明显。例如，气候变化可能影响厄尔尼诺现象的特征，修路可能有助于城市化，森林砍伐可能放大气候变化和自然灾害的影响。

外围环境变化对疾病的影响是通过一系列的因果联系发挥作用的。例如，大坝不会直接改变健康，而一座大坝通过引起水流量变化，可能影响蚊虫的栖息地变化，反过来又可以影响疟疾传播的潜力。

周边环境变化可以定义为能够直接衡量的环境中整合物理、化学、生物或社会的组成部分，包括生物群体和相关生物性状（水、空气、气候、动植物、人类活动和人居环境）。周边环境特征可以对关注生物（病原体、传染媒介、宿主或人类）所处环境产生直接的影响，从而可能直接影响传染病的传播循环。

在时间、空间范围和环境特征上外围环境变化造成的影响大于周边环境作用。

因此，外围和周边的因果联系代表一个统一体，而一个因素作为外围和周边因素的标注是相对的。重点衡量周边环境特征的研究可以更清楚和明确地描述在疾病传播中环境变化的因果联系。

（二）传播循环

传播循环的动态调节对疾病负荷的近端环境产生影响。根据与环境之间的关系差别将病原体划分为6个传播系统类型。

第一类型（Ⅰ）：包括人对人（动物到动物）传染的疾病，通过亲密接触（如偶然接触、喷嚏飞沫或气溶胶）或体液交换传播，“接触”是人与人之间传播的原则。在这个组合中，人类（或某种动物）是唯一的宿主，而环境不作为病原体的贮存宿主。

第二类型（Ⅱ）：包含了传播周期中人类（或动物）发挥重要作用的所有媒介传播的疾病。其传播是通过人或动物与媒介之间的接触发生的。

第三类型（Ⅲ）：包括该环境（如食品、水、土壤）中起着一种病原体的传播周期的重要作用的传染病。在Ⅲa亚型中，直接发生人类和环境之间的传播，没有涉及其他宿主动物。在Ⅲb亚型中，非人宿主之间传播，通过环境传输。

第四类型（Ⅳ）：包括所有引起人畜共患病的病原体。所有人畜共患传染病的传播循环有两个关键特性：人类是终末宿主；非人间传播是可能的。Ⅳa亚型包括虫媒人畜共患病或非虫媒人畜共患病病原体间接通过环境传播；亚型Ⅳb是直接由宿主传播人畜共患病。

虽然这6个传播循环描述不同的传播机制，但它们有着共同的属性，即都受群体水平和（或）宿主和（或）媒介密度的影响，并受一系列生物与环境特征操纵的潜在传播驱动。

从一个宿主到另一宿主的传播速率可以被认为是两个过程的产物：接触频率和传染性。接触频率量化宿主之间或宿主与环境之间的相互作用，一般由宿主行为和环境特征所决定。传染性或发生接触感染的可能性，是病原体的毒力和宿主的免疫功能状态双方的相互作用。环境的变化会影响到宿主、媒介，或作为病原体的环境平台（环境的变化及病原体在宿主、向量和环境之间移动的传播速率）的群体水平。

（三）疾病的外在因素

疾病的外在因素非常重要，因为它们可能对宿主、致病因子及它们之间的相互关系产生影响。它们还可以影响中间宿主或参与疾病传播的媒介，从而决定疾病传播的类型和发生程度。

动物疾病有三个主要的外在因素。前两个主要因素是气候和土壤，如果它们存在其中，则通过各种方式相互作用，影响宿主、致病因子和中间宿主或媒介所处的环境。第三个主要因素是人，人有别于动物，并有能力改变他的生活环境及他所饲养牲畜甚至野生动物的环境。

1. 气候 将气候作为疾病因素时，通常要区别大气候和小气候。

1）大气候 是指动物所暴露的自然天气。大量不同的因素结合起来组成大气候。部分这些因素（温度、降水、风力、湿度等）在其自身角度可以单独或相互组合成为致病因子。因此，它们可能会导致那些对热、寒和脱水特别敏感的幼龄和新生动物发病。在年龄较大的动物中，它们更倾向于充当间接致病因素，在可以单独或与其他管理和营养因素组合产生的间接致病作用——“应激”条件下，宿主可能降低对感染和感染引发的疾病的抵抗力。

大气候也可以影响一个病原体、中间宿主或媒介在环境中的生存能力。如果天气对疾病因子、中间宿主或媒介的影响是已知的，则有可能预测宿主群体何时处于一个特定的疾病风险之中，从而实现在各个关键时期采取适当的控制措施。这种方法已成功用于控制蠕虫病、蜱和蜱传疾病、锥虫病、口蹄疫及矿物质和其他营养缺乏等疾病。

2）小气候 小气候是存在于宿主、致病因子、媒介或中间宿主实际生存的、特殊的、限定的环境下的实际气候条件。尽管人类还不能在很大程度上针对性操纵大气候，但在一定程度上可以操控小气候。虽然大气候可以对小气候产生直接影响，但单独研究大气候，可能不断对一种疾病的流行病学产生错误理解。一个区域的现有大气候条件，可能被认为不适合疾病的传播，但事实上，其所涵盖的、限定的区域内的小气候条件却适合某些致病因子、媒介或中间宿主生存（如一个水坑或干旱环境中的一个灌溉草场）。这些地区往往为疾病传播提供增强条件，因为它们被证明聚集牲畜，特别是大气候在一年中最干旱的时间。如果宿主和致病因子（以及媒介或中间宿主）密切接触，疾病传播可以迅速受到影响。因此，在干旱地区的旱季，当所有宿主、致病因子、媒介集中在永久性水源周边时，如蠕虫病、锥虫病等疾病可能就会传播。在这些区域的高接触率也有利于引入和传播牛瘟、口蹄疫和传染性牛胸膜肺炎等疾病。

3）气候与动物疾病　许多重要的动物疾病都直接或间接受到天气和气候的影响。气候影响疾病的空间分布，在时间上影响疾病的暴发及疾病暴发的强度。下面以几种疾病为例予以说明。

口蹄疫是一种高度接触性病毒性传染病，感染包括牛、羊和猪等在内的偶蹄动物。大多数传播通过感染动物和易感动物之间的接触完成，或接触污染的动物产品。然而，口蹄疫也可以通过风传播。在相对湿度低于60%时，该病毒难以生存，风媒传播得益于潮湿、寒冷的天气，如在英国司空见惯，而在温暖干燥的地区，如非洲，口蹄疫的风媒传播被认为并不重要。

小反刍兽疫是一种急性接触性的小反刍动物病毒病，尤其是山羊，在非洲部分地区具有重大的经济意义。它主要通过动物之间密切接触气溶胶液滴传播。然而，临床小反刍兽疫的出现常常与雨季或干冷期有关，这可能涉及病毒的一种生存模式。

血矛线虫病是由捻转血矛线虫在全球范围内通过感染绵羊和牛的内脏引起的。它可以因生产力下降、严重感染、死亡率升高等造成重大的经济损失。虫卵通过粪便排出体外，在被其他动物摄入体内之前，卵和幼虫的存活取决于温度和湿度：在温暖和湿度适当的条件下，幼虫能存活数周或数月。

片形吸虫病由肝片吸虫引起，对世界许多地区的牛羊生产者具有重要的经济意义。这种疾病是在环境条件有利于中间宿主——椎实螺科蜗牛时产生的。这些条件包括地势低洼、潮湿的草地、定期洪水泛滥和临时或长期水体存在。

蓝舌病是一种由媒介昆虫库蠓-吸血蠓传播反刍动物的病毒感染所致的传染病。媒介分布在很大程度上取决于如温度、湿度和风速等环境变化。无论是蓝舌病还是非洲马瘟均可借助风力运送感染病毒的库蠓跨过数百千米的海域传播。

蚊子（主要是库蚊和伊蚊）传播几种鸟类病毒，可以引起人类和马匹的死亡，如西尼罗热（WNF），以及委内瑞拉、西部马脑炎和东部马脑炎等病毒性脑炎。蚊虫媒介的空间和时间分布对气候变量是高度敏感的。

从媒介者在被感染宿主取食（吸血）到其能够将感染传输到易感宿主之间的时间，称为外潜伏期（extrinsic incubation period，EIP）。外潜伏期在较低温度下延长。在寒冷的地区，一些生存期短的媒介，如蚊子和吸血蠓，往往死在外潜伏期完成之前，使传播不发生。

一些昆虫媒介对虫媒病毒的易感性也与温度相关。成年云斑库蠓是一种英国吸血蠓，幼龄库蠓在低于30℃下生长时耐受蓝舌病病毒感染，当在较高温度生长时则是一个强有力的媒介。相比之下，成体跗斑库蚊作为媒介在较高温度时可以抑制西部马脑炎（WEE）病毒感染。

4）气候变化与动物疾病　大量关于气候变化对健康和疾病影响的科学文献，集中在人类健康和虫媒疾病。相比之下，对气候变化对动物或非虫媒疾病变化的影响则少有关注。

许多动物疾病受气候的影响，这种影响并不是唯一保持在虫媒疾病上的。事实上，某些直接传染、食源（水源）和气溶胶传播的疾病也受到气候的影响。受气候影响的非虫媒疾病的共同特点是：病原体或寄生虫在宿主体外的时间段受环境的影响，如炭疽和黑腿病的传染性芽胞，温带地区传播口蹄疫病毒的风媒气溶胶液滴，嗜皮菌病、出血性败血症和血矛线虫病病原体存活的湿度依赖。相比之下，动物之间通过直接接触传播的疾病则很少有报道与气候密切相关，如禽流感、牛结核病、布鲁菌病、牛病毒性腹泻、古典猪瘟、牛接触性胸膜肺炎、口蹄疫、新城疫、球虫病、狂犬病、牛瘟、沙门氏菌病、痒病和猪水泡病等。

2. 土壤 通过与气候相互作用，土壤决定植被和牲畜放牧环境。植被的主要作用是提供营养。因此，土壤成为因饥饿致病的间接决定因素，如果没有或有很少植被，或存在如蛋白质、能量、维生素或矿物质缺乏等营养不平衡，营养不良可能成为疾病的直接原因，也可以对宿主造成应激，从而增加宿主对感染和其他来源疾病的易感性。土壤也可以对致病因子在环境中的生存能力产生影响，如通过水涝、pH、矿物质、微量元素等因素起作用。

3. 人 人们常常可以通过为家畜提供畜舍、饮水、饲料等方式来建造舒适的人工小气候。这往往也为致病因子及其中间宿主或媒介创造有利于生存的良好条件。这意味着，人类可以在改变动物饲养环境的同时而改变该环境中疾病的决定因素。

决定因素的变化有利于一些疾病，却不利于另一些疾病，如生产系统和方法的改变将导致目前存在疾病的相对重要性发生改变，有一些新的疾病可能正在被引入，原有的其他一些疾病将消失。流行病学专家应该警惕并应尝试预测这种变化可能造成的影响，包括对整体疾病格局变化的影响，避免或控制潜在风险出现。

在疾病干预过程中直接通过药物、疫苗、运动控制、检疫之间的流行病学等使用的主要任务是调查这些措施的有效性，以及设计方法，使之最有效地被使用，并监测其对疾病发病率的影响。

第四节 感染的传播与维持

一、概 况

传染性致病因子能够不断维持下去依赖于其成功地传播到另一个易感宿主。因此，传染性致病因子（微生物与寄生虫）完成其生命周期被称为生活史。

传播既可以是垂直传播，也可以是水平传播。垂直传播是经由基因、胚体、胎儿、卵和产道等从感染的上一代动物传播到下一代的过程。水平传播则是同世代任何动物个体或群体将病原体传播到另外的动物个体或群体的过程。水平传播可以是直接传播也可以是间接传播（图 2-8）。

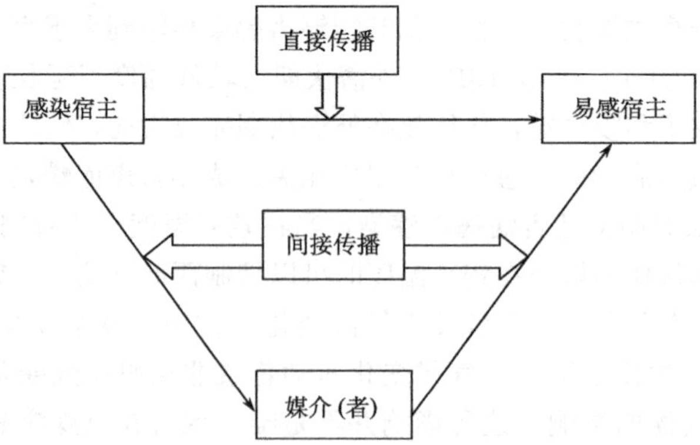

图 2-8 传染性致病因子的传播

1. 宿主因素 宿主有许多不同的类型，包括主要宿主、次要宿主、终末宿主、中间宿主、贮存宿主；也包括不同类型的媒介者，通常无脊椎动物（一般是蚊子）和传染性因子可能在媒介者体内具有一个生殖阶段。

中间宿主和终末宿主基本上是用于寄生虫学的名词，用以描述在相对复杂的寄生虫生命周期中生物学必需的不同宿主类型。

终末宿主通常是脊椎动物，而中间宿主可以是脊椎动物，也可以是无脊椎动物。

终末宿主（primary host）是指寄生虫的成虫或有性生殖阶段赖以寄生的物种。这类宿主通常为寄生虫提供长期稳定的寄生环境，包括营养和生物上的保护。

中间宿主（secondary host）是指寄生虫的幼虫或无性生殖阶段用以寄生的物种。这类宿主也可为寄生虫提供营养和保护，不过寄生物不能在中间宿主体内成长为成虫，寄生物通过中间宿主作为媒介，将自己送到最终宿主。

贮存宿主（reservoir host）是指一个或多个与流行病学相关联的群体或病原体可永久保持的生物体环境，可从中感染被传播到确定的目标群体。作为一个贮存宿主的群体可能选择相同或不同的物种作为目标群体，可能还包括媒介者的物种群体。只要贮存宿主构成了维持群体，并直接或间接地维持群落内的所有群体之间与对方群体沟通的基础，贮存宿主的大小就没有上限。

许多传染性病原体，尤其是那些造成新出现疾病的病原体，不止感染一种宿主。掌握多宿主病原体的贮存宿主，往往在有效控制疾病中起着至关重要的作用。

当疾病独自通过目标群体内部的干预就能被控制时，潜在的复合贮存宿主感染动态的知识对有效控制感染是必要的。

国际上最重要的70种动物疾病中的57种病原体可感染多种宿主。病原体感染广泛宿主的能力已被证明是出现在人和驯养动物疾病中的一个风险因素。事实上，几乎所有濒危野生动物最近暴发的疾病都是由能感染其他的、更多的宿主物种的病原体造成的。

2. 感染扩散的因素

（1）宿主特性：宿主感染状态持续的时间、传播传染性因子数量、被感染动物是否处于感染状态。

（2）潜伏期：从致病因子对宿主感染到临床症状出现的时间间隔。如果潜伏期短，则需要高密度群体。媒介者也可以有潜伏期，称之为外潜伏期。对于传染病来说“潜伏期”是常用术语。

（3）世代时间：从感染期开始到最大传染性的时间。

（4）阈值水平：由一个宿主传播到另一个宿主所需要的传染性因子的最小量。

（5）传染前期：从致病因子对宿主的感染到宿主的组织或分泌物可检出该病原体的时间间隔。

（6）传染期：感染宿主保持感染因子传染能力的时间。

3. 病原因素

（1）传染力（infectivity）：是指病原体引起易感宿主发生感染的能力。传染力大小可通过引发感染所需的最小病原微生物量来衡量。在畜群中，可通过易感动物在暴露于病原体后发生感染的比例（继发率）来测量病原体的传染力。有些传染病的病原体具有非常强的传染力，如口蹄疫；而有些相对较弱，如大肠杆菌病。这个术语是针对不同宿主而言的，也就是说，一种感染因子的传染力在宿主之间可能会有所不同。

（2）致病力（pathogenicity）：是指病原体侵入宿主后引起临床疾病的能力。一般认为，致病力的大小取决于病原体在体内的繁殖速率、组织损伤的程度及病原体能否产生特异性毒素。

(3) 毒力（virulence）：是指病原体感染机体后引起严重病变的能力。毒力和致病力的差别在于毒力强调的是疾病的严重程度，可用病死率来表示。

值得注意的是病原体特性并不是固定不变的，在不同的流行特征下，病原体的传染力、致病力和毒力都可能发生变化。

4. 有效接触　有效接触是指感染可能发生的条件。这些条件可以依赖于季节、温度、接触动力学等。例如，普通感冒在宿主密度增加时很有可能扩散。

二、感染的传播

确定病原体以何种手段传播是流行病学研究的主要目标之一，因为一旦可以理解其中某一特定疾病传染的机制，采取措施才会成为可能，从而防止传染的发生。

病原体传染给易感宿主可以通过感染者和易感个体之间接触传播，也可以通过其他物品或动物作为载体或中间宿主传播。这些传播方式不是相互排斥的，相同的病原体可能以不止一种方式进行传播。

致病微生物由患病动物机体排出后，以一定的方式再侵入其他易感动物所经过的途径，称为传播途径。在接触传播的疾病中决定是否传播发生的主要因素如下。①病原体在环境中存活的能力。例如，牛瘟病毒在环境中很容易被破坏，促使感染者和易感个体之间的接触必须密切、从传播到发生必须迅速；然而在一定情况下，口蹄疫可以在相距很远的群体之间传播。②感染动物和宿主群体中易感动物的个体之间发生接触的范围以及在这些群体中个体流动程度的影响。通常牲畜的运动在旱季更加频繁，因此，控制牲畜流动在接触传播疾病的控制上极其重要。

接触传播可根据是否为发生在同一代个体之间水平传播或不同代个体之间的垂直传播加以区分。

1. 垂直传播　垂直传播是指由亲体将病原体传递给子代，即传染病的病原体经母体卵巢、卵细胞、子宫或胎盘，分娩感染或者通过初乳或卵黄而传播到下一代动物的传播方式。

(1) 经卵巢、卵黄感染传播到下一代的有鸡白痢、鸡伤寒。

(2) 经卵细胞传播到下一代的有鸡白血病病毒、禽网状内皮组织增殖症病毒、禽腺病毒、鸡贫血因子、淋巴细胞性脉络丛脑膜炎病毒等。

(3) 经胎盘感染病原体由母体血运经胎盘而进入胎儿血循环中，或因胎盘炎症进入羊水中而传播到下一代，有猪瘟病毒、蓝舌病病毒和 HIV 等。

(4) 病原体经阴道、宫颈上（前）行性传播，通过宫颈口到达绒毛膜或胎盘引起胎儿感染，如葡萄球菌、链球菌、大肠杆菌、白色念珠菌等。胎膜已破者细菌可直接进入羊水；若未破，则可经胎膜或蜕膜而污染羊水。

(5) 病原体经输卵管下（后）行性感染，由绒毛膜、羊膜炎或蜕膜炎进入羊水。

(6) 胎儿感染可由胎儿吞咽羊水至胃肠道内或吸入呼吸道内而感染。

(7) 经分娩感染胎儿从无菌的羊膜腔内产出而暴露于母亲严重污染的产道内，胎儿的皮肤、黏膜、呼吸道、肠道均可遭受病原体感染，如淋球菌、疱疹病毒、HIV 等。

(8) 通过初乳，患有艾滋病的母亲也可通过乳汁传播给出生后的婴幼儿。

此外，经由基因传播的传染病甚少，其属于遗传性传播，疾病由双亲的基因组携带，反转录病毒就是在宿主基因组中由已经整合的病毒 DNA 拷贝，完成遗传传递。

2. 水平传播　水平传播包括直接接触传播和间接接触传播。

（1）直接接触传播：在没有任何外界因素参与下，致病因子与宿主之间通过身体直接接触传播，如交配、舔咬等引起传染，在弧菌或滴虫等情况下通过生殖道接触传播疾病。狂犬病的传播是通过咬伤而引起传染的典型直接接触传染方式。

这种传播方式比较少见，由于传播受到限制，一般不易造成广泛流行。

（2）间接接触传播：是指在外界环境因素的参与下进行传播，病原体通常包含在感染宿主的排泄物、分泌物或呼出气体中，即在粪便、尿液、乳汁、唾液、胎盘和胎盘液，以及呼出气体的气溶胶或飞沫中。

在致病因子传播至感染易感宿主之间，通过一个无生命的物质或物体的手段——媒介进行传播，如水、食物、垫料、兽医设备和药品，或皮肤、体毛或动物的口器。病原体在媒介体内或表面生存的时间一般被延长。实际上，这意味着该媒介传播可以传输更远的距离和更长的时间。对可能传播的媒介的卫生、消毒及控制是在媒介传染的疾病防控上的重要因素。

某些病原体可能会在媒介传播期间借此机会进行自身繁殖。这发生在食源性细菌的传播中，如沙门氏菌和大肠杆菌的传播，这强调了处理食品和动物饲料时严格卫生要求的重要性，因为一个小的初始污染可能最终导致整批食品或饲料的严重污染。

致病微生物通过污染媒介物（如饲料、水源、土壤、用具等）或媒介者（如蚊虫、蠓等）间接传播给易感宿主。易感宿主通过直接接触或通过接触由它们污染的物质而感染。以这种方式传播的疾病有牛瘟、口蹄疫、新城疫、传染性牛胸膜肺炎等。大多数传染病是通过这种方式传播的，具体方式如下。

（1）经污染的饲料和饮水传播。这是最常见的一种方式。患病动物的分泌物、排泄物及病死尸体等污染了牧草、饲料、饲槽、水源、用具、运载工具及畜产品等，通过消化道侵入动物体内。

（2）经空气（气溶胶、飞沫、飞沫核和尘埃）传播。空气虽然不适于病原微生物的生存，但空气中的气溶胶、飞沫和尘埃均可成为传染媒介。患病动物在咳嗽、打喷嚏及呼吸时喷出的带有致病微生物的气溶胶和飞沫，如果被易感动物吸入，可引起传染，如猪喘气病、结核病、鸡传染性支气管炎和鸡霉形体病等。另外，患病动物的排泄物和分泌物及处理不当的病尸污染了土壤，经干燥后，病原体随尘埃在空气中飞扬，易被动物吸入而造成传染，如结核病、炭疽病及痘病等。这些能借助尘埃传播的病原微生物一般对干燥有较强的抵抗力。

（3）经土壤传播。致病微生物随患病动物的排泄物及分泌物等进入土壤，并经污染的土壤而进行的传播称为土壤传播。主要见于一些对外界环境抵抗力较强，而又能在土壤内存活较长时间的致病微生物，多为芽胞菌感染，如炭疽、破伤风、猪丹毒等传染病。

（4）经过活的传播媒介传播。致病微生物除了能经污染物、空气及土壤等传播外，昆虫及啮齿类动物等也是许多传染病的传播媒介，这些活的传播媒介称为媒介者，大多数属于机械性携带。例如，蛇类通过吸血可能传播炭疽、马传染性贫血等；蚊子能传播各种脑炎、猪丹毒、禽痘等；苍蝇活动在畜体与排泄物、尸体之间，易造成多种传染病的传播。野生动物、鸟类在受到感染后，既可以成为传染源，又可以成为传播媒介，从而造成疫病传播，如犬能传播狂犬病，鼠类、鸟类能传播钩端螺旋体、口蹄疫、鸡新城疫等。有的媒介者属于中间宿主，如动物和人之间鼠疫的传播主要以鼠蚤为媒介。

（5）医源性传播（iatrogenic infection）。医源性传播是指兽医工作人员在防制工作中，不能坚持遵守卫生防疫制度，不严格执行规章制度和操作规程，而人为地造成某些传染病的传播。在消毒不严格时，药品或生物制剂被污染，也可散播病原，从而传播疫病。

医源性传播有以下两种类型。一类是指易感动物在接受治疗、预防、检验（检查）、阉割、断尾、断喙等操作时，由所用器械、注射器、手术器械受到污染且不消毒或消毒不严而引起的传播。另一类是兽药厂或生物制品生产单位所生产的药品或生物制品在包装或运输中受污染而引起的传播，再有就是使用非法生产或生产不合格的卵黄抗体而造成的鸡白痢感染或禽类葡萄球菌病。从广义上来说，这两类传播方式均属于间接接触传播，是由消毒不严、管理不善、非法生产经营所造成的。第一类传播方式如猪的附红细胞体病的传播；第二类传播方式与第一类相比，虽较少见，但一旦发生，往往波及动物数量较多，易形成同源暴发，故危害也较大。

三、病原体感染维持的策略

（一）病原体感染维持的方法

1. 避开外部环境

（1）垂直传播。

（2）生殖道传播。

（3）媒介者传播，如蚊子叮咬传播的猪乙型脑炎病毒。

（4）肉食传播，通过食肉完成，如旋毛虫感染。

2. 病原体形成抵抗形式　例如，芽胞菌具有厚而含水量低的多层结构，能够抵抗周围不利环境。

3. 病原体快进快出　一个传染性因子可能快速进入宿主繁殖，然后在宿主具备有效免疫应答或死亡之前逃离宿主。

4. 宿主体内的持久存在

（1）产生免疫抑制，如 HIV 感染。

（2）引起机体的免疫耐受，如先天性猪瘟病毒感染。

5. 宿主种类广泛　传染性因子感染适应更广泛的物种，如流感病毒、口蹄疫病毒感染多种宿主。

6. 病原体表面抗原的不断变异　例如，禽流感病毒表面抗原变异，发生抗原漂移和抗原转变，使宿主无法及时识别病毒。

（二）病原体感染维持的机制

1. 媒介者维持感染的机制　媒介者大多是在感染动物和易感脊椎动物之间主动传播传染性病原体的无脊椎动物。媒介者可通过两种方式传输病原体。

（1）媒介者可以作为一个载体，病原体不经过任何发育或扩增的发展阶段从一个宿主传达到另一个宿主，这就是机械传播。

在机械传播中病原体通过媒介者的皮肤或口器从被感染动物输送到易感宿主。病原体通常在该媒介者体内或体表的生存时间短，因此病原体的传输必须迅速完成。携带者一般是带翅嗜血昆虫，易感宿主和已感染宿主在靠近时或存在大量媒介者时，通常会发生传播。

（2）传染性病原体可以在媒介者体内经过一些发育或扩增的发展阶段，这就是生物传播。因此，媒介者根据病原体发生在媒介者体内发育循环的阶段充当中间宿主或终末宿主。

脊椎动物性中间宿主在病原体传播中同样作为生物性媒介者发挥作用。

在生物传输中，由病原体在媒介者体内发育，通过媒介者获得传染性因子到成为感染动物要消耗一定时间。一旦它成为感染动物，如果不是寿命问题，媒介者可能继续保持感染相当长的时间。这就为疾病传播提供了不止一次的机会。

（3）媒介者可能经卵将病原体传播给自己的后代。传染性病原体能够在不用反复感染群体的情况下，在媒介者群体中保持病原体许多代，因此，媒介者群体维持着一个持续的风险来源。如果媒介者不发生经卵传播，在病原体发生传播之前，媒介者至少在每一代的某个阶段必须被感染。

经过蜕变的媒介昆虫，具备将病原体从一个发育阶段传输到下一个阶段的能力，这就是期间传递，它能使一个发展阶段感染这种疾病的病原体和下一阶段进行传输成为可能。如果不同的发展阶段具有不同寄主，期间传递可以提供一个跨物种传播病原体的机制。

2. 宿主群体维持感染的机制 虽然许多人群、畜群和野生动物种群新出现疾病的病原体都被认定保持在贮存宿主体内，但这些贮存宿主很少能被鉴定出来。

1）*贮存宿主的不同特点* 贮存宿主的感染总是缺乏致病性；任何自然宿主都是一个贮存宿主；贮存宿主必须是不同的物种；贮存宿主在经济上是不重要的宿主；贮存宿主可能是终末宿主或中间宿主。一些定义意味着一个贮存宿主仅仅包括一个物种；其他定义则表明，生态系统可以作为一个贮存宿主。

2）*临界群体体积* 临界群体体积（critical community size，CCS）是一个封闭群体的最小体积，其范围内的病原体能否维持下去是不确定的。在更小的群体中感染宿主的数量或密度经常下降到较低水平，病原体不能维持下去，随机消亡（淡出）就成为必然。群体小于临界群体体积，或通过关键控制措施，有效提供较小的群体体积，称之为非维持群体。在超过临界群体体积的群体中病原体会持续存在，这些群体称为维持群体（maintenance population）。在复杂的生态系统中，病原体在许多非维持群体之间的传播可能构成了维持群落（maintenance community）。任何直接传播到目标群体（target population）的感染，定义为（来）源群体（source population）。（来）源群体本身可能就是维持群体，也可能是从维持群体到目标群体全部或部分的传输链条。

如果一个目标群体小于临界群体体积，将目标群体完全摆脱外部的传播，就不能保持一种病原体，并将导致病原体从目标群体中消失。如果病原体反复出现在这样一个非维持目标群体中，说明目标群体与贮存宿主反复接触。例如，预防伯氏疏螺旋体从其他物种经蜱传播给人类将会导致莱姆病从人群中消失，因此，必须存在一个贮存宿主。该贮存宿主的确定程序将不适用于维持目标群体。然而，相对于从非目标群体传播到目标群体，实际上一般只有在目标群体内控制疾病并在目标群体内部的传播降低到一个很低的水平时，贮存宿主才受到关注。例如，口蹄疫病毒维持在非洲许多地区的未免疫牛群。一旦疫苗接种牛在群体水平不再保持感染，野生动物贮存宿主（如水牛）的鉴定才变得重要。

3. 宿主群体维持感染的存在与消除 在20世纪90年代，豺狗和犬的狂犬病的发病率上升，津巴布韦的驯养犬是人类狂犬病的维持群体和（来）源群体，而豺狗病例占所有动物狂犬病病例的25%，也是感染人类的重要来源。作为维持群体和非维持群体（图2-9），豺狗可能是贮存宿主的重要组成部分。由于狂犬病病毒可以在无豺狗的情况下保持，所以豺狗不是狂犬病贮存宿主的必要组成群体；同样，在没有犬的条件下狂犬病病毒可以持续感染，豺狗（图2-9B）在与其他野生肉食动物群体（图2-9A）组合的相互沟通上，豺狗可能

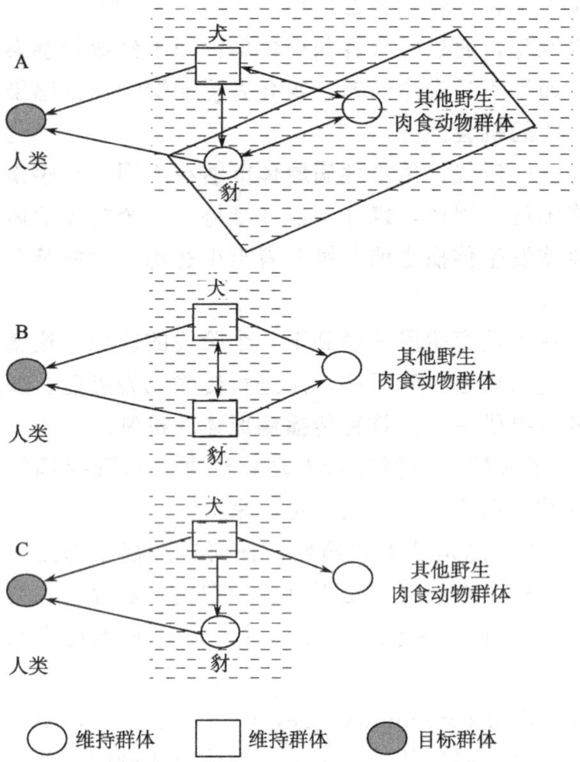

图 2-9 津巴布韦狂犬病贮存宿主的潜在复杂性（Haydon，2002）

如果豺狗与 A 或不与 B 其他野生肉食动物群体构成独立于犬之外的维持群落，那么，单独给犬接种疫苗将不会达到消灭狂犬病的目的。如果豺并不构成独立于犬之外的维持群落（C），那么，给犬接种疫苗就应明确从贮存宿主清除了狂犬病

构成一个狂犬病病毒维持群落的一部分。

如果犬在贮存宿主中是唯一的维持群体，针对犬的有效的疫苗接种，就应该成功地消除津巴布韦的人类狂犬病。但是，如果豺狗作为非犬依赖性的维持群落的全部或部分，只有豺狗狂犬病也被控制，才是消除狂犬病成功的唯一前提。

（三）感染的宿主控制

针对被怀疑感染的贮存宿主采取大规模措施可以实现感染的宿主控制。近年来，一些威胁人类和动物健康的新发传染病已经被监管。有的措施出自对感染存在清楚的理解认识。例如，1999 年马来西亚在控制尼帕病毒感染时，约 1 万头生猪被屠宰；1998 年和 2001 年，香港为防止预计大流行的 A 型流感病毒感染，数百万只鸡被宰杀；为减少牛传染性海绵状脑病传染人的可能，几百万头奶牛在英国被宰杀。然而，很多情况下贮存宿主的作用还不太清楚。例如，埃博拉病毒和马尔堡病毒的隐匿的贮存宿主知之甚少。对于在英国的牛结核分枝杆菌，最有可能存在一个复合的贮存宿主系统，并且最重要的牛感染来源仍然极具争议。对贮存宿主认识不完整，阻碍了许多疾病的控制，如埃博拉病毒感染、布鲁里溃疡病、狂犬病等。

1. 识别贮存宿主在感染控制上的重要性　新出现的疾病通常源于感染其他宿主物种的贮存宿主。当第一次出现此类疾病时，只有快速、准确识别贮存宿主才能使疾病达到全方位控制。缺乏贮存宿主群体的知识而一味封锁显然是不切实际的，但可以采取其他步骤，逐步了解贮存宿主结构更详细的信息。

在病原体传播阶段，检测动物的分泌物或组织中的病原体，将提供支持性的，但不明确的、传播到目标群体可能会出现的证据。即使实验表明，传播是可能的，在自然界的各种行为或社会的原因下，它可能不会发生，因为群体低于临界群落体积或受病原体生活史的各种限制。

从不同群体中分离出病原体的遗传和抗原特性，为确定贮存宿主的关键组成部分提供了一个更强大的工具，即从贮存宿主中观察到的范围内，目标群体中分离出病原体的抗原性和遗传变异与贮存宿主-目标宿主传播相一致。这种模式可以通过以下方法来证明：DNA 序列系统发生树方法、随机扩增多态性 DNA、限制性片段长度多态性数据或血清学交叉反应的研究。在危地马拉的蛔虫和在澳大利亚的隐孢子虫研究中，上述方法也被用来排除人类疾病的重要动物贮存宿主。

2. 宿主群体的疾病控制　实际上，疾病控制需要回答两个问题：①在可接受的水平完成控制，不考虑贮存宿主；②如果不是这样，那么什么群体构成贮存宿主？

鉴于群体系统特点，控制感染的策略大致包含三个不同的战术内容。①目标群体控制：直接对目标群体采取措施，而不考虑贮存宿主（如对猪瘟的疫苗接种）。②拦截战术：直接采取控制措施阻断（来）源群体和目标群体之间的传播（如运动场围栏，以控制牛口蹄疫）。③贮存宿主控制：在贮存宿主内部控制感染（如扑杀方案、疫苗接种或贮存宿主治疗）。三种方法都需要逐步增加认识贮存宿主结构和功能的水平。

目标群体控制具有无需了解潜在的复杂贮存宿主动态知识的重要优势。虽然对贮存宿主来说确定（来）源群体是必不可少的，但如果是为了实施拦截战术，那么，也没有必要完全理解贮存宿主内感染动态。越能精确识别（来）源群体，越能量化相对于促成传播的数据，越能将有效用于疾病控制的资源进行配置。

贮存宿主控制策略需要对发生在贮存宿主内的结构和传输过程有一个更加完整的了解。例如，如果感染贮存宿主的维持组件不受控制，则在贮存宿主的非维持组件中控制感染的努力都不可能有效。

彻底识别贮存宿主的所有组成群体可能有困难。如果疾病控制是直接作用于目标群体或阻止贮存宿主与目标群体之间的传播，这种识别则不需要管理上的优先排序。因为感染动物随即被淘汰。但是，疾病控制措施必须针对贮存宿主。因此，对贮存宿主感染动力学的理解是至关重要的。

当控制的风险和成本低时，只要有间接证据就可以实施控制措施。但是在控制到最终阶段就要求专门设计干预研究，以确定是否一个特定的物种是一个维持宿主、传染源或已感染动物。

第五节 疾病的三间分布

疾病在群体中的相互作用水平取决于以下三个主要因素。

（1）时间因素：疾病有关频率如何随时间变化，以及其他因素都与这些变化是否相关？

（2）空间因素：哪些地区疾病尤为普遍或罕见，而哪些地区却往往免于发病？这些地区之间有哪些不同？

（3）群间因素：什么类型的群体倾向于发生疾病，而哪些群体却往往免于发病？

一、疾病的时间分布

动物疾病的发病频率和死亡率随着时间的推移而不断变化，这种变化往往有利于判断疫情的发展动态。

谈及影响疾病模式的时间因素时，需要区别动物参照时间和日历时间。动物参照时间是指确定发生在动物生命周期的与事件相关的事件定时。例如，在哺乳期头 7 天产褥热的风险增加。这里，时间用来衡量与产犊事件有关的指标。日历时间是指事件的绝对时间。可以谈及在 8 月发生的产褥热的数量，与发生在 12 月的数量相互比较。

流行病学曲线可以生动地展示群体疾病的时间模式。流行病学曲线由条形图显示加时间横轴组成，纵轴表示新病例数。流行病学曲线的形态为所调查疾病的性质提供重要信息。群体疾病的水平出现快速增加时表明有流行。通常借助病例数的指数性上升可及时预示一次流行，还可因易感动物数量的不断消耗而导致新病例数的下降。流行可以由于将新病原（或毒株）引入一个先前未暴露群体（裸群体）而发生，或在上一次流行发生以后，随着时间推移，该群体中易感动物数量的再增长，因再次感染相同的病原因子而出现。

（一）短期波动

短期波动（rapid fluctuation）又称为短期趋向，其含义与暴发相似。后者所指范围较小，如某猪场猪的饲料或药物中毒；而前者所指范围较大，这里所说的短时间主要是指在该病的最长潜伏期内。暴发有传染病的暴发和非传染病的暴发。传染病的暴发有集中、同时的暴发，也有连续、蔓延的暴发。前者如呼吸道传染病的暴发；后者如鸡白痢、猪瘟、猪呼吸与繁殖障碍综合征的暴发等。非传染病的暴发，如营养缺乏症、饲料中毒的暴发，表现形式多种多样。

流行可以被描述为共同来源暴发、增殖性流行和混合流行。

1. 共同来源暴发 共同来源暴发（common source outbreak）也称为同源暴发，是指某个易感动物群中的个体同时暴露于某共同的致病因子或污染源而引起的暴发。例如，一次进食引起的饲料或药物中毒暴发。但是也可能是由于某媒介物受到污染，如包装袋、储水罐或疫苗强毒污染等。此时由于暴露的地点和时间可能有所不同，所以在不同地点和时间引起暴发。

在一次共同来源暴发中，患病动物受暴露于一个共同致病因素频次和时间长短的影响。如果这个群组暴露于一个相对较短的时间，那么，病例将在一个潜伏期内出现。这种流行分为共同点源流行或点状流行（point epidemic），如同一批饲料的毒素污染引发的中毒就是典型的点状流行。这种曲线的形状迅速上升并且在曲线顶部形成一个明确的峰，紧接着伴随逐渐下降的曲线（图 2-10）。暴露也能够发生较长一段时间，或间歇的或连续地暴露。这就形成一个间歇式的共同来源暴发或一个连续的共同来源暴发。曲线图的形状上升迅速（与因子引入有关）。

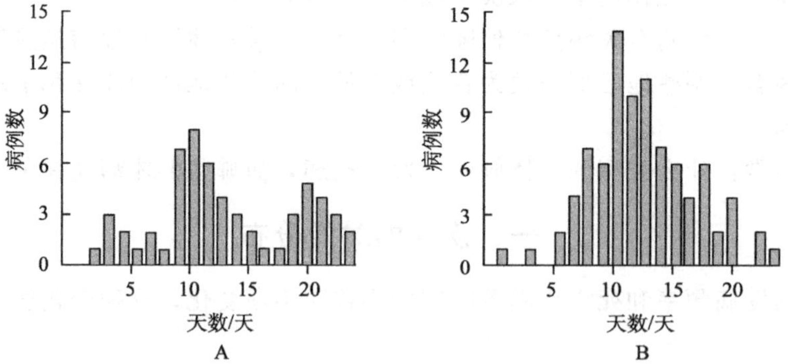

图 2-10 流行曲线（Stevenson，2011）

A. 典型的传播流行；B. 典型的共同来源暴发

2. 增殖性流行 增殖性流行（propagated epidemic）也称为连续传播性流行，致病性病原体从一个受感者转到另一个受感者。转移可通过直接接触或经中介的人、动物、节肢动物或媒介物而实现；还可以通过性行为或医源传播，如阉割动物中的附红细胞体病的传播。连续传播性流行（propagated epidemic）即致病性病原体从一个感染动物转到另一个易感动物。

3. 混合流行　混合流行（mixed epidemic）为以上两种流行的结合。通常是先发生一次共同来源暴发，而后通过动物之间的传播继续流行，如经饲料污染传播的鸡白痢等。图2-11显示口蹄疫开始为点源流行，随着时间的推移表现为增殖性流行特征。

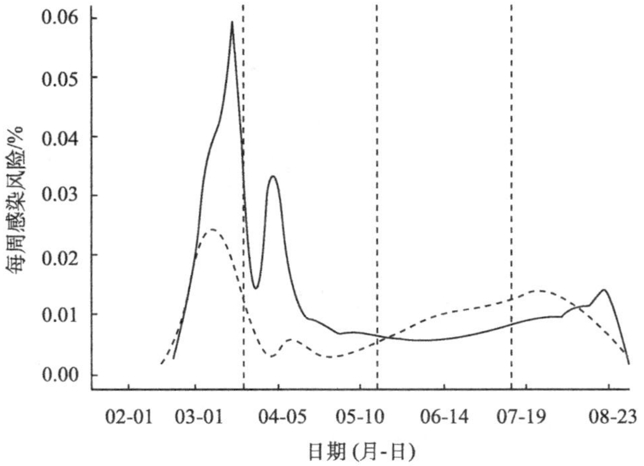

图 2-11　坎布里亚郡（英国）2001年存栏牛（实线）和“其他”存栏动物（虚线）口蹄疫的每周感染风险（Stevenson，2011）

共同来源暴发或增殖性流行取决于病原体、传播方式、传播一代的时间、暴露的类型和时间长短的不同，同时还取决于潜伏期长短、暴露的易感动物数量和密度及易感动物群数量和聚集程度。

如果该共同来源被移出，该曲线的下降坡面是非常陡峭的；如果暴发是自身消耗式的，则该曲线的下降坡面是徐缓的。当一个病例作为传染源时，依此类推，这些后来病例成为更晚一些病例的传染源，增殖流行就会发生。理论上说，这种增殖流行的流行曲线拥有一个连续的系列峰值，每个峰值反映出每个世代增加的病例数。这种流行通常在几代之后衰竭。

（二）周期趋向

疾病的发生率可以因各种原因在短时间内发生规律性周期波动，这些原因包括易感动物、病原体、传播媒介、环境因素、地域分布（空间分布）、密度和迁徙变化等。

1. 季节性趋向　季节性趋向（seasonal trend）是指疾病发生的频率以年为周期发生波动，往往是宿主密度、饲养管理、病原体活力或毒力、媒介动力学、大气候等季节规律性变化或改变的结果。包括以下两种情况。

（1）发病的严格的季节性：是指疾病发生集中在一年中少数几个月，其他时间无发病现象。例如，虫媒传染病中的猪流行性乙型脑炎、牛的流行热等；又如，北方地区人的空调病。根据发病数量一年的变化可将发病分为4个阶段：流行前期、流行期、流行后期和间歇期。

（2）发病的季节性升高的现象：在一定季节内发病率升高的现象称为发病的季节性升高，某些疾病一年四季均可发生，但存在一定季节内发病率升高的变化。例如，猪传染性胃肠炎各个季节均有发生，而冬季多于夏季，某种程度受到气温、通风、日照、紫外线等因素的影响，类似的传染病还有口蹄疫钩端螺旋体病（图2-12）。根据发病数量一年的变化可将发病分为三个阶段：发病的上升期、下降期和散发期。

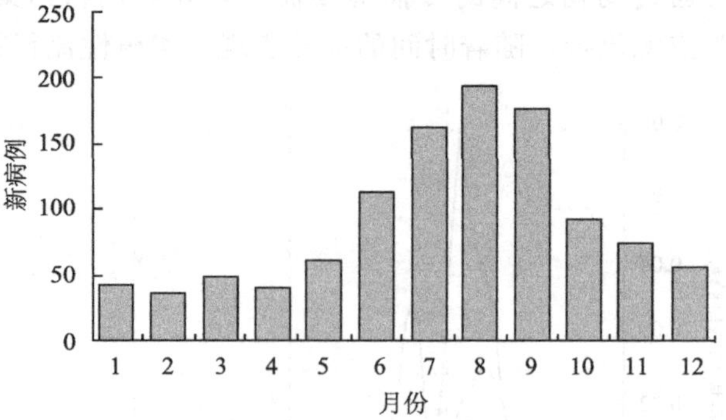

图 2-12　美国人钩端螺旋体病的季节发生曲线（Pfeiffer，2002）

另外，有些非传染性疾病也有明显的季节性。例如，牛的低镁血症常见于春季，是由春草生长过速、吸收土壤中矿物质不足所致；雏鸡煤气中毒多发于冬季，由取暖不当导致。

2. 周期性流行　有些疾病每隔一个相当规律的时间间隔（超过一年）发生一次流行的现象，称为疾病的周期性（periodicity）。例如，口蹄疫、牛流感等 3～5 年流行一次，但是由于人为干预，周期性变得不明显。该流行受易感动物比例变化规律的影响，多见于生长或饲养周期较长的动物。

（三）长 期 趋 势

长期趋势（secular trend）又称为长期变异（secular change），是指在一个相当长的时间内（通常几年或几十年），疾病的发病率、死亡率、临床表现及病原体特性同时发生显著变化。无论是传染病还是非传染病都可观察到这种变化。长期趋势受许多因素，如宿主数量变化、疫苗应用、耐药菌株、人类生产生活习惯、畜禽养殖模式、病原体进化、防制措施等的影响。

疾病发病长期减少或严重性减弱，大多与防制措施有关。例如，我国猪瘟、新城疫等传染病的发病逐年减少。

疾病发病长期趋升或严重性加强，同样与人类干预和人类生产活动、生活习惯、经济状态、文化改变、饲养管理粗放、防疫措施不当有关。例如，人类的空调病、冠心病、糖尿病，肉鸡的腿病，仔猪渗出性皮炎，鸡葡萄球菌病、大肠杆菌病等疾病有增加的趋势。

疾病发生与疫苗使用密切相关，疫苗的应用与改进导致病原体进化和演变，原有疾病发生临床表现、病理变化的多样化和非典型化，病原体的血清型、毒力、宿主范围相应发生改变。例如，禽流感病毒的变异、鸡传染性支气管炎临床病变型的多样化、猪瘟和新城疫非典型化。

我国近些年来鲜有马传染性贫血的报道，一方面是防疫工作的效果；另一方面是农业机械化高速发展导致马数量锐减，即宿主数量少、密度低，难以形成有效的传染链。

二、疾病的地区分布（空间分布）

所有的疾病均具有其分布的区域性，疾病表现为地区分布的特殊性和普遍性；从疾病本身来说，传染病和非传染病各有其分布规律，受到病因特点、宿主特性和环境条件的影响，疾病在自然条件和社会条件下分布不同，是否受到人为干预、是否能够人为掌控也使每一种疾病在地区分布上各有不同，并有可能表现出地域特点。

研究疾病地区分布的方法，需根据实际情况作出疾病点状地图、区值图、等值区域密度图（choropleth map），也可按不同地区计算其发病率、死亡率、流行率等。如果进行地区间比较，需要进行率的标准化。

流行率或死亡率高于周围地区或高于平时的情况称为聚集性（clustering），见图 2-13。研究疾病地区分布的聚集性对研究疾病病因或疾病防制十分重要。

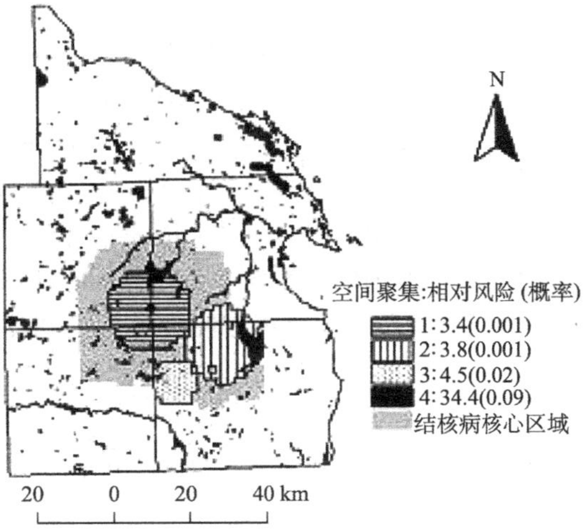

图 2-13　1995～2002 年，密歇根州东北部白尾鹿牛结核病的空间聚集（Miller et al.，2007）

（一）影响疾病地区分布的因素

1. 自然条件与疾病地区分布　各种疾病，包括传染病、非传染病及原因未明疾病均具有地区分布的特点。不同地区疾病的分布不同，这与周围的环境条件有关，它反映出致病因子在这些地区作用的差别。所以说疾病的地区分布不同往往是一种表面的现象，根本的原因是由致病的风险因素的分布和致病条件不同所造成的。

气候和地理因素是影响疾病地方流行和分布的重要因素。全球变暖导致各地的气候特点发生改变，温带向寒温带移动，必然导致风、霜、雨、雪、温度、湿度等分布格局及相应植被的分布发生改变，野生动物栖息地同样受到波及。蚊蝇滋生地发生改变，其他媒介昆虫的分布和动物宿主的迁徙方式随之变化，海拔分布也有所改变。风向的波动必然改变传染性病原体的传播方向，降水量的变动对寄生虫分布造成影响。

地形地貌、山川河流、土壤、植被特点无疑决定了野生动物和放牧家畜的分布特点，也就是限制了疾病的分布。自然屏障对传染性疾病，特别是传染病的传播设置了障碍，形成天然的隔离区，对动物传染病的分布范围造成影响，如河流、山脉、峡谷、海洋、沙漠等，最具代表性的是澳大利亚和新西兰，四面环海降低了病原体传播的可能性。

媒介昆虫和动物宿主的分布与栖息习性会影响传染病的流行和分布，如野鼠鼠疫的传染源旱獭，栖息在高山和草原；牛、羊蓝舌病的分布受媒介昆虫——库蠓分布的制约，在欧洲主要发生于地中海沿岸国家，但是近年来气候变暖导致温带北移，该病的发病范围也北移。

1935 年发现于黑龙江省克山县的克山病就具有地区分布特点。该病主要发生在一条由东北到西南的过渡地带上，大体上沿兴安岭、长白山、太行山、六盘山到云贵高原的山地分布。病区主要在荒僻山丘、高原及草原地带的农村，城镇地区较少发病。

地球化学元素在地球上的分布并不均匀，致使平衡受到破坏，最终导致地方病的发生。例如，缺碘地区多出现甲状腺肿和克汀病，碘过量地区则出现高碘性甲状腺肿；缺氟地区的龋齿、老年骨质疏松症增多，氟过量地区的斑釉齿和氟骨症流行率高等。

生物源性地方病的分布与宿主的生活习性等关系更为密切，因而形成分布地带、纬度及流行季节不同的特点。

自然疫源性疾病就是一类有明显地区性分布的传染性地方病，包括鼠疫、布鲁菌病、乙型脑炎、森林脑炎、流行性出血热、钩端螺旋体病、血吸虫病、疟疾等。

2. 社会条件与疾病地区分布 区域经济、文化状态、科学技术水平等对动物饲养管理和野生动物的影响。生物源性地方病的疫源地会通过社会进步和经济开发而日趋缩小，但是也会通过交通便利和人口流动等社会因素使某些生物源性地方病扩散。例如，登革热、军团病已开始传入或正在威胁中国；又如，新疆本不存在流行性出血热，但是随着褐家鼠通过人员流动被带至哈密、大河沿和乌鲁木齐，而成为新的自然疫源地。

近年来，地理信息系统（geographical information system，GIS）系统很容易获得空间数据（如卫星图像），能够方便地进行空间流行病学分析。

（二）疾病地区分布的人为干预与控制

疾病的空间模式是典型的环境因素后果。环境因素既包括气候方面（温度、湿度、降水），也包括动物管理（一定区域的动物管理可能导致群体地区见不到的疾病的高发病率）。

近年来的研究认为改变养猪业的生产体系无形中减少了许多疾病的发生，不同种类猪病发生率发生了根本性变化，现代生产体系基本控制了传统的单一病原体疾病，其地区分布减少。但是，复合性多病毒相互作用导致了新疾病综合征的出现；存在大量无病动物对新病毒性病原体的高度易感性群体；新疾病的区域分布格局出现变化。

现代养猪业面临着一系列复杂的疾病和综合征，涉及许多病原体、病原体的原发和继发感染。最典型的例子是猪呼吸道病综合征（PRDC），该病的病因是病因复合体，不同的病毒、细菌等病原体组合和其他因素相互作用，加剧了该病的发生。

有些复杂疾病综合征的增加还有其他原因，如为了维持更多数量的猪，出现猪的区域性高密度、猪群流动，同时承受更大的压力（如清洁和消毒间批次被迫减少），疾病综合征的分布随之变动。

引进动物往往会导致某些传染病地区分布格局的改变。例如，一个地区引种时将猪繁殖和呼吸障碍综合征病毒引入。

对于当地已经存在的传染病，人为干预与控制可以降低空间分布范围。例如，通过对各种鸡场鸡白痢检疫、扑杀政策的推行，使当地区域性鸡白痢的分布范围大幅度降低。

三、疾病的群体分布

疾病在动物群体中的分布往往受年龄、性别、种属与品种、动物用途、形体、毛色、群体流动性的影响。

（一）年龄分布

不同年龄阶段的动物群体具有不同的疾病分布。

1. 影响因素 各个年龄的动物在生理解剖状态上的差别导致其对某些疾病易感性的差别。例如，传染性法氏囊病集中于3～6周龄发生，其受靶器官——法氏囊发育阶段影响；受肠黏膜发育和局部免疫状态影响，鸡白痢主要发生于新生雏鸡；仔猪黄痢多发于1周龄之内；禽霍乱则多随禽性成熟而易感性增强，牛、羊等的布鲁菌病亦有类似现象。

遗传病受特定年龄分布的影响，如新生幼畜溶血病。有些疾病则随年龄增长在疾病的症状、病变和严重性上有明显差别。例如，成年牛和犊牛对口蹄疫病毒的感染在症状和病死率上差别很大，成年牛以水疱为主，多为良性经过，死亡很少；而犊牛则以心肌炎和出血性胃肠炎为主，呈恶性经过，病死率很高。

病原体感染除引起死亡外，相当多的动物则因此产生特异性免疫，而人工接种疫苗也可以达到这个目的，从而使易感群体转变为免疫群体。当动物群体自然感染某种新的病原体时，动物群体本身均无免疫力，所以，年龄上无差异；但是某种疾病流行一段时间后，成年动物因在幼龄时已经感染过该病而获得免疫，所以，新生动物和幼龄动物在新一次流行时就比成年动物易感。

另外，病原体的生物学特点和致病机制也可造成疾病的年龄差异。例如，鸡白痢和禽淋巴白血病均具有垂直传播的特点，但其后代发病年龄不同，前者发生于孵化期和育雏期，而后者则于 16 周才开始发生。相比之下，马立克病虽然不是垂直传播，但雏鸡感染很少在一个月龄之内发生。

2. 研究疾病年龄分布的目的

(1) 确定疾病的风险群体。

(2) 探索流行因素，提供病因线索。

(3) 分析动物疾病的年龄分布动态，了解动物群体对某种传染病的免疫状况。

(4) 制定防制措施并评价其效果。

3. 研究方法　研究方法包括年龄分组与分析的横断面与纵向观察等方法。

(二) 性别分布

比较不同性别发病的差异，有助于探讨致病因素。这可能与暴露于致病因素机会的不同、生理解剖特点、环境、行为、社会和经济因素有关。例如，伪狂犬病感染或细小病毒感染，成年公猪多为隐性感染，而妊娠猪则表现为流产；奶牛场公犊的死亡率就高于母犊；蛋鸡公雏亦如此，而商品肉鸡则恰恰相反。

(三) 动物用途

用途与疾病的关系，首先应考虑暴露机会的多少与用途条件；其次应考虑用途反映动物所处的人文环境。此外，不同用途动物活动强度和精神紧张程度不同，在疾病种类上也有不同反应。例如，留种动物饲养条件好，疾病发生率较低；而商品动物则饲养条件较差，保健措施不如前者，故而发病较多。

(四) 动物种属与品种

不同种类和品种的动物在遗传、地理环境、经济、科学、兽医卫生水平、风俗习惯等方面有所不同，这些因素均影响疾病的发生。

(五) 形体与毛 (肤) 色分布

疾病分布与体型相关，如难产多发于骨盆小的动物；鸡的脚病多发于体重较大的肉鸡。

(六) 群体流动性分布

相对于家畜家禽养殖，大多数野生动物群体的疾病基本上具有明显的地域性，候鸟的迁徙、海洋鱼群的洄游使所发疾病范围较大，往往具有全球性分布特点。而畜禽的商业运输取决于贸易双方的距离和途径，这些因素造成了群体流动与疾病的广泛性和动态性分布。

（七）宠物群体的社会性与疾病分布

由于宠物与人类家庭成员共同生活、密切接触，一些人兽共患传染病易在家庭中传播，呈现家庭聚集性。家庭成员的数量、年龄、性别、免疫状况等均影响疾病的发病率。

四、群体疾病的时空聚集

一种疾病流行病学调查的首要任务是准确地描述所调查问题的性质。对疾病问题全面、准确的描述往往提供了所调查疾病的有价值的流行病学见解，促使关于可能决定因素的假设形成。

一个疾病问题的描述应指定疾病和风险群体，提供有关事件在时间和空间分布的信息，包括量化疾病事件的期望。

如果该病具有传染性疾病的性质，应该鉴定该病的病原体。因为该病的病原体是传染性的，必须满足 Koch 假设。

可以通过某疾病在物种、品种、年龄和性别的分布对风险群体进行研究。群体密度和流动的描述也很有价值，尤其是当疾病是由接触传播时。

研究疾病事件的时间和空间分布通常涉及寻找疾病在时间、空间或时空的“聚集”（图 2-14）。空间聚集疾病事件可以通过使用传统绘图技术来表现。这种类型的聚集表明在一个地区可能存在一个或几个决定因素（如一种媒介、一种矿物质缺乏等）。在自然存在于接触传播疾病的空间聚集事例中，有可能是宿主群体密度过大，群体的空间聚集导致疾病的空间聚集。

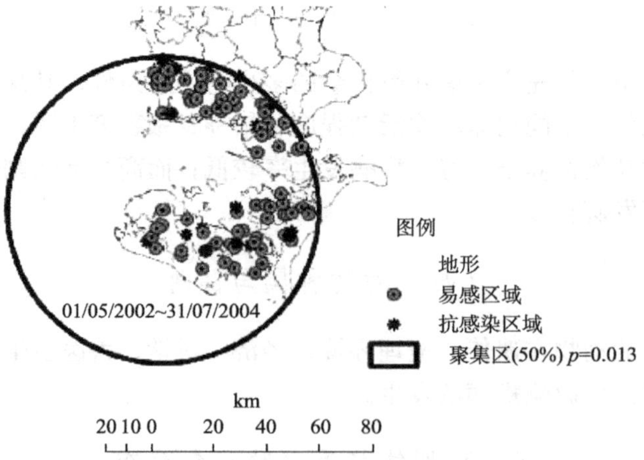

图 2-14　1997 年和 2005 年新西兰氨苄西林耐药大肠杆菌猪群的明显时空聚集（Abatih et al.，2009）

疾病事件的时间聚集可能表明，宿主群体可能暴露于一个共同来源的疾病决定因子。以水或食物为载体传播的疾病暴发经常表现为时间聚集，如食品中毒事件的暴发。疾病事件的季节性聚集往往表示存在某种气候因素的影响。

群体疾病事件在时间和空间的分布可以由三个基本术语加以描述，它们是地方流行性疾病、流行性疾病和散发性疾病。

五、动物群体疾病分布的图形表达

文字往往不能对疾病分布做出形象生动的描述，但是利用图形（包括地图和其他图形），特别是地图可以清晰地说明疾病相关事件的地区分布。常用的图形表达方法如下。

1. 点状图 点状图（point map）是用圆点、圆圈、三角、方块等图形或符号在调查或发病地区的地图上标注动物疾病发生、感染、免疫及血清学检测结果等事件分布的位置。主要用于事件定位，通常不标注数量或比例。可以利用箭头标注事件发生的时间走向。

德国某地的伪狂犬病血清学阳性猪群空间点数据包括了 482 个猪场，猪血清学检测结果表明，其中 186 个猪场为伪狂犬病阳性（图 2-15）；在坦桑尼亚有 36 个猪场血清学阳性（图 2-16）。在德国，这一地域的全部猪群流行率约为 39%。

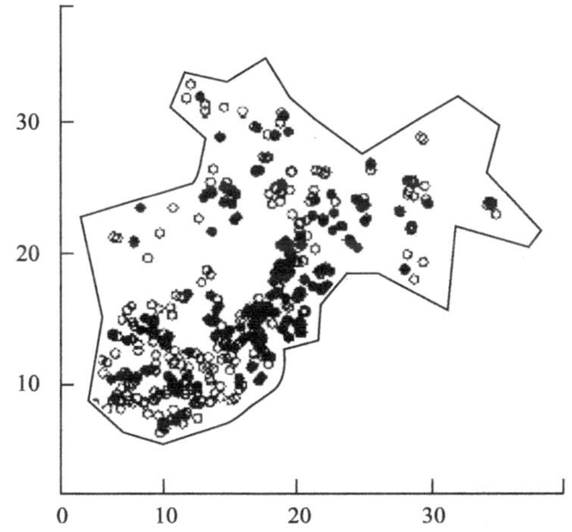

图 2-15 在德国 482 个猪场地点的点状图（Berke，2003）

指示伪狂犬病阳性和阴性农场（●. 阳性；○. 阴性）。标注距离为 km

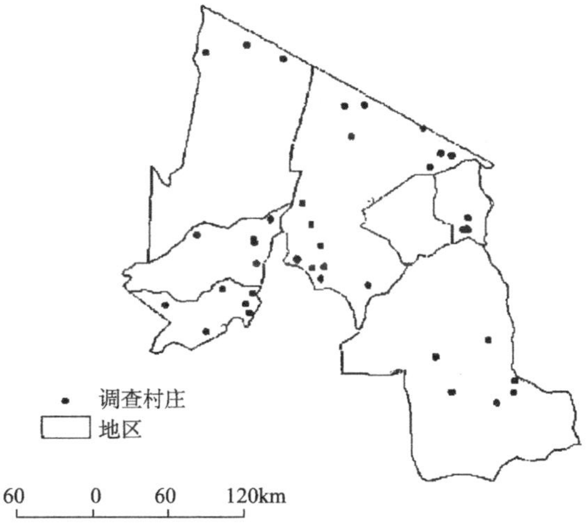

图 2-16 坦桑尼亚调研农场和区域图（Swai et al.，2009）

2. 等值区域密度图 等值区域密度图（choropleth map）或称为地区分布图，是根据以往确定地区收集的统计数据所绘制，是在某些领域用阴影或比例在地图上显示的统计变量测量的专题地图，如人口密度、动物密度、发病率、死亡率或人均收入等。

等值区域密度图可以简单地可视化测量各不相同的地理区域，它显示在一个区域内的变异水平。

等值区域密度图的一个特殊类型是一个棱镜地图、三维地图，在地图上某一区域的高度是成正比的统计变量的值。

一项红狐中小狐绦虫感染的区域计量数据使用了等值区域密度图，该数据来自1991～1997 年 6 个冬季获取的下萨克森（Lower Saxony）州 43 个区 5365 只狐狸中的 706 例多房棘球绦虫感染狐狸的样本（反复和横断面采样）。整体流行率大约为 13%，见图 2-17。

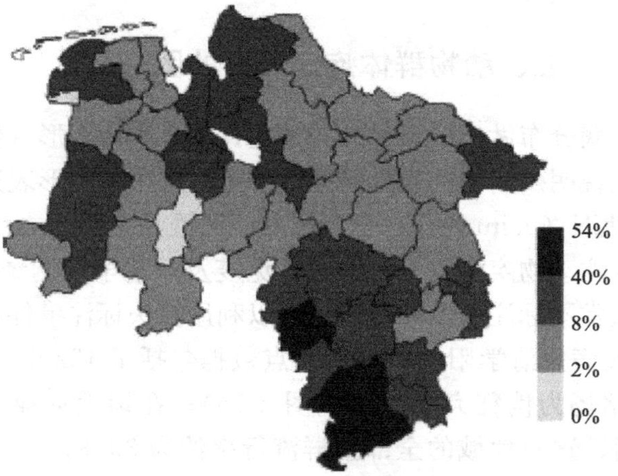

图 2-17　1991～1997 年，德国下萨克森州小狐绦虫感染的区域流行率等值区域密度图（Olaf Berke，2002）

3. 等值图　等值图（isoplethic map）是指以相等数值点的连线表示连续分布且逐渐变化的数据特征的一种图形，如图 2-18 所示。

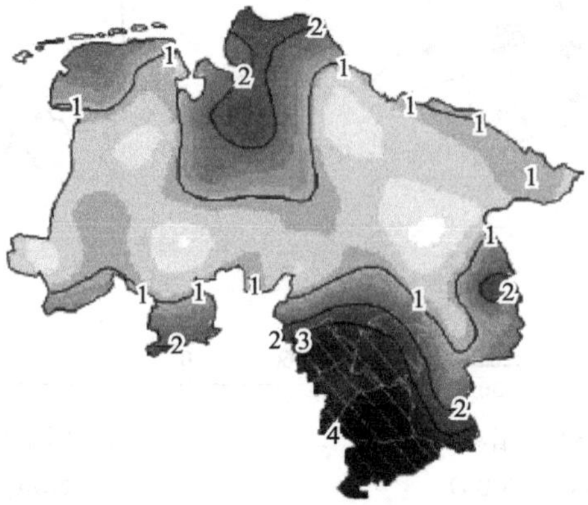

图 2-18　每平方千米农场伪狂犬病阳性的流行率等值图（Olaf Berke，2002）
指明聚集位置，事件地点周围的多边形显示聚集的大小和位置

4. 三维图　图 2-19 显示，由牛分枝杆菌感染的野生袋貂（*Trichosurus*）所在位置构建一个研究区域的三维图。它表明，临床患病的袋貂在地点是在空间上的聚集。

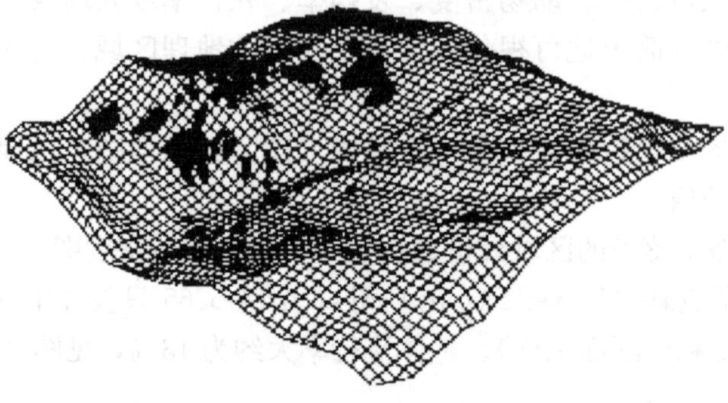

图 2-19　野生袋貂的结核病发生在一个纵向领域的研究（通过一个数字地形模型的研究站点搭建）

小　结

本章分别介绍了 Koch 假说和 Evans 规则、联系的种类、因果模型、混杂因素等内容；并就如何根据病因推断确定疾病的因果关系做了阐述；从宿主、致病因素、疾病环境的角度描述了疾病发生的决定因素。另外，以生态学视角解释了动物群体感染的传播与维持的特点，并辅以疾病时空分布的图文说明。

复 习 题

1. 什么是混杂因素?
2. 因果关系的 Hill 准则包括哪些内容?
3. 疾病的决定因素是什么含义?
4. 病原体感染维持有哪些方法?
5. 什么是临界群体体积?

第三章 观察性研究

流行病学调查涉及几种研究类型，包括实验性研究和观察性研究。其中，观察性研究包括描述性研究与分析性研究。流行病学研究设计的每种类型，只代表信息获取的不同方式。选择哪一种设计取决于特定的研究问题、有效性、效率和实际工作的要求。

实验性研究，也称为试验，是探讨在预防或治疗某种疾病的过程中某些因素或因子的作用。在该类型研究中，调查者将一群动物分成两组或多组，实施不同的干扰措施，分析总结干扰因素的效果。实验性研究类似于受控的实验室研究，被认为是所有设计中会产生最科学严谨数据的研究。

观察性研究是指不能人为地控制试验条件，分组是自然形成的，同时受试动物接受何种处理因素或同一处理因素的不同水平也不是由随机化而定的，只能尽量地控制非研究因素的影响，以求结论的真实性的流行病学研究。观察性研究的论证力度常常不如实验性研究。

第一节 简 介

常用的观察性研究有描述性研究（descriptive study）、横断面研究（cross-section study）、病例对照研究（case-control study）、回顾性队列研究（retrospective cohort study）和前瞻性队列研究（prospective cohort study）等。有关实验性研究和观察性研究的特征见表 3-1。

表 3-1 流行病学主要研究类型的特征

研究类型	特征
实验性研究	研究疾病的预防与治疗；调查者主动划分接受因子的分组
观察性研究	
队列研究	研究病因、预防、治疗；调查者被动发病过程的性质。通常检查一种暴露的多种健康影响；受试对象限定为暴露水平和随后疾病的发生
病例对照研究	通常检查多种暴露与疾病的关系；受试对象限定为病例和对照动物，以及暴露史被比较
横断面研究	在一个时间点的一个限定群体中检查暴露与疾病流行率之间的联系
生态学研究	在群体水平而非个体水平上检查暴露与疾病之间的联系

第二节 流行病学研究的设计

由于动物疾病的流行越来越复杂，流行病学涉及的范围和研究内容也不断扩展。学科彼此间的交融、渗透，为流行病学在研究方法上的发展提供了可能。虽然在传统研究设计的基础上，发展并衍生出一些改进的、非传统意义的设计类型，但是，流行病学研究的主要理念和方法并没有发生根本性变化。

一、概　　况

流行病学研究设计的原则和策略，就是在保证整个研究切实可行的前提下尽可能减少两种误差，即减少随机误差以提高研究的精确性（precision）、减少偏倚和混杂以提高研究的有效性（validity），从而达到准确的目的。

图 3-1 和图 3-2 对这些流行病学研究设计主要类型之间的关系做了概述。所有这些研究的

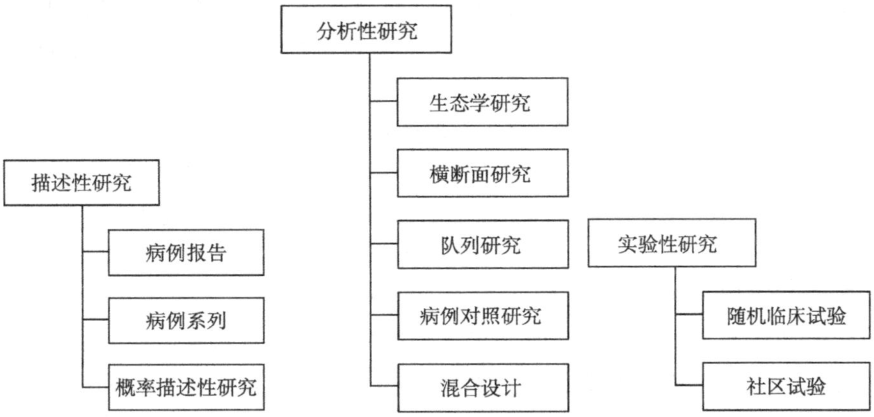

图 3-1　流行病学研究设计主要类型之间的关系概况树形图

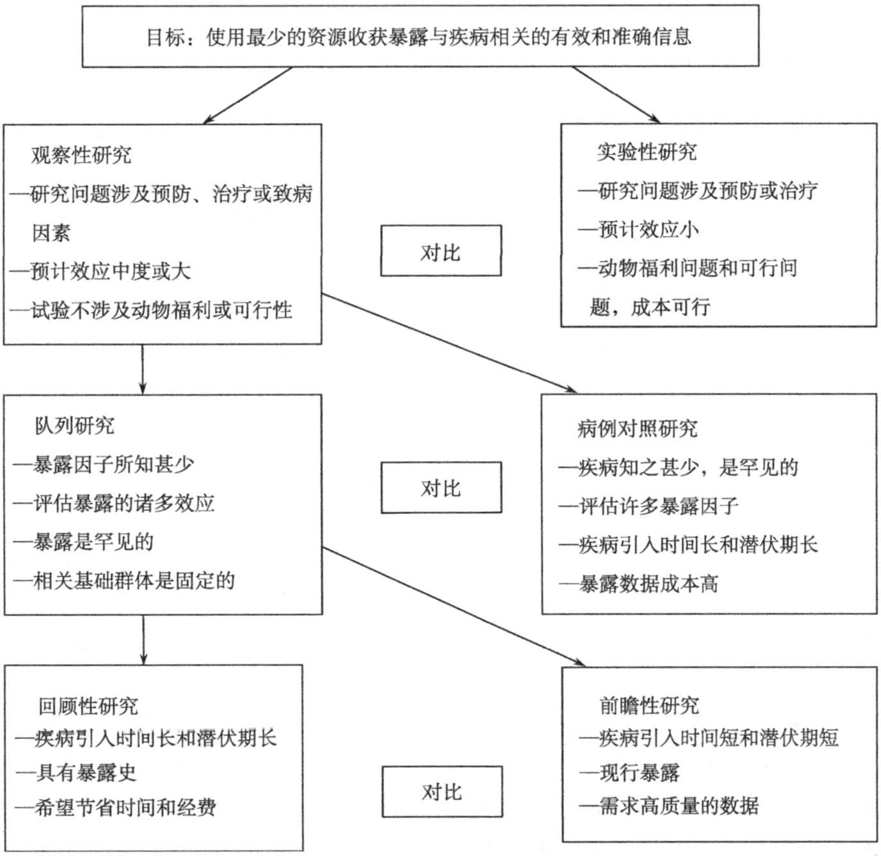

图 3-2　在研究设计中选择的决策树

目标是使用最少的资源从有效性和精确性上确定一种疾病与暴露之间的关系。有效性是指缺少偏倚和混杂。偏倚是指在一项研究设计或运行中调查者允许的导致暴露和疾病之间伪联系的一个误差。混杂不是调查者的误差，而是反映了流行病学研究的实际情况，即在自由生活的人和动物中具有分布不均衡的特点。因此，试图确定暴露和疾病之间的关系的流行病学研究容易受到混杂因素等外来因素的干扰和影响。精确性是指缺乏随机误差，随机误差可以导致暴露和疾病之间“偶然的”伪联系，是一种不能归因的无法控制的力量。

描述性研究是对疾病或临床事件的各种特征进行描述，并进行初步分析和推论，为进一步研究提供线索，因此是临床研究的第一步，主要包括病例报告（case report)、病例分析(case analysis）和经验总结等。

在分析性研究中，横断面研究通常归于描述性研究中，但其研究设计较其他描述性研究严密、规范，而且科学性较高。病例对照研究、回顾性研究与前瞻性研究设计较规范，并设立对照组进行比较性研究，其论证程度比描述性研究和横断面研究更高，因此称为分析性研究，并且其可进一步分析、推论和模拟实验性研究，尽可能使研究结果真实可靠。分析性研究和实验性研究属于深入性研究。

研究设计的基本类型以研究的当时为界，根据所获取的资料是以往的资料还是将要产生的资料而分为回顾性研究和前瞻性研究两大类。从现在调查以前发生的临床事件或使用以往保存的临床资料进行分析总结，称为回顾性研究；从研究的当时开始随访到将来某一时间点而获得结论的研究称为前瞻性研究。实验性研究及大部分队列研究都是前瞻性研究，所有病史分析和病例对照研究都是回顾性研究。

前瞻性研究按照严密的科研设计方案，在研究者的观察下进行，因此所获得的资料比较可靠，结论可信性高。而回顾性研究需要收集以往发生的临床事件的资料或收集以往保存的临床资料进行研究，除了具有回忆性偏倚（recall bias）外，还有一个最大的缺点，就是资料不系统。因为以往的资料并非根据现行研究目的而记录和保存，所以，与研究目的的差距不尽相同，从而影响研究结果的正确性。但回顾性研究具有容易进行、科研周期短的优势。

观察性研究中的两个主要类型是队列研究和病例对照研究。典型的队列研究探讨的是暴露于单一因子后的一个或多个健康效应。相比之下，典型的病例对照研究则探讨的是关于暴露一个或多个因子后的单一疾病的发生情况。所关注的是患病动物的病例和病例所在群体样本的对照被确定和录入。设立对照组的目的是提供有关引发病例群体暴露分布的信息，调查者获取和比较病例与对照的暴露史。

此外，观察性研究还包括横断面研究和生态学研究。横断面研究是探讨在一个时间点特定群体中的个体之间的一种疾病与一项暴露之间的关系。因此，它获取的是一个群体的快照，衡量的是暴露率与疾病流行率之间的关系。生态学研究以群体而非个体作为分析单位，评估暴露率与疾病流行率之间的关系，以及所检测发病率与在群体水平上描述的因素的关系。横断面研究和生态学研究具有重要的限制条件，从而使它们相比队列研究和病例对照研究，其科学严谨性较差。

有几个因素有助于流行病学家确定用以评价一个特定关联的最优研究设计，包括正在被检验的假说、知识的状态、暴露和疾病的频率及两者之间预期的关联强度。其包括：①5 个流行病学研究设计——实验、队列、病例对照、横断面和生态研究的概述；②其中实验、队列和病例对照三个主要的研究设计设置的说明是最合适的。

在病因研究反映病因因素和疾病的病因学联系的强度方面，描述性流行病学研究提供的证据说服力较小，实验性流行病学提供的证据说服力最大。而在分析性流行病学研究过程中，由于病例对照研究的对象多为门诊病例，容易发生选择偏倚，而其对可疑风险因素信息的获取往往受畜主回忆偏倚的影响，对某因素与疾病关系的推断能力只高于描述性流行病学研究。在动物群体中的病例对照研究对病因推断的能力往往高于以门诊为基础的病例对照研究，而巢式病例对照研究又因其因素与结局间较明确的时序性而更具说服力。样本较大和随访时间较长的队列研究，设计和实施严格，其病因学研究的说服力远大于病例对照研究和描述流行病学研究。因为队列研究不仅具有从暴露因素至结局发生的时序性，而且可以在研究的设计和分析阶段尽可能地缩小和避免已知的混杂效应及选择、测量偏倚。由于随机对照双盲试验能有效地避免混杂因素和其他潜在偏倚的干扰，样本足够大时，在理论上研究结果最为可靠。

二、流行病学研究设计类型

（一）常用的现场研究设计类型

流行病学研究按设计类型可分为描述流行病学（descriptive epidemiology）、分析流行病学（analytical epidemiology）、实验流行病学（experimental epidemiology）和理论流行病学（theoretical epidemiology）4类。其中描述流行病学是描述疾病或健康状态的分布，起着揭示现象、为病因提供线索的作用，主要包括现况研究（横断面研究）、监测和生态学研究；分析流行病学主要是检验或验证科研的假设，主要包括病例对照研究和队列研究；实验流行病学则用于证实或确证假设，主要包括临床试验、现场试验、社区干预项目等；理论流行病学又称为流行病学数学模型，它使用数学公式明确地和定量地表达病因、宿主和环境之间构成的疾病流行规律，同时从理论上探讨不同防制措施的效应。在流行病学研究中，观察性现场研究（observational field study）是最常用的技术之一，它包括三个主要的研究设计，前瞻性队列研究、病例对照研究和横断面研究。

（二）描述性研究设计

（1）生态比较研究（ecological comparison study）。是指比较不同动物群中某疾病与某因素分布的差别，以了解某疾病在不同动物群中分布有无异同点，从而探索该现象产生的原因，找到值得进一步研究的线索。例如，早在20世纪50年代，我国便成功地培育出1株免疫原性既好又安全的猪瘟兔化弱毒，并被大部分欧洲国家及一些拉美洲国家应用，它被认为是最安全有效的弱毒毒株，并定为“C”株。1976年在由联合国粮食及农业组织和欧洲共同体召开的专家会议上，专家一致认为“C”株的应用对控制和消灭欧洲的猪瘟做出了重大贡献。经历了半个世纪的风雨洗礼，“C”株的地位和价值至今无可动摇，而我国猪瘟并没有被消灭，这促使人们考虑既然疫苗本身没问题，那是否有更深层次、更复杂的因素与控制该病不力有关。

（2）生态趋势研究（ecological trend study）。是指观察分析动物群中某一因素平均暴露水平的变化和某疾病频率之间的关系，通过比较暴露水平变化前后疾病频率的变化，判断某种因素与某疾病的联系或某干预实施的效果。

（3）比例研究（proportional study）。此研究只对病例进行观察，收集其患病和发病因素的资料，而不对非病例的有关研究因素进行观察。例如，收集某动物群中死亡病例或某研究因素的资料，比较总死亡中死于此疾病者的因素水平。

(4) 时空聚集研究 (space-time cluster study)。这种设计中研究因素的水平不是直接观察的，有时观察者并不清楚疾病的危险因素。观察 $k(k\geqslant 2)$ 个非随机的疾病簇，它们发生在不同地点、不同时间或不同时间地点。空间集为病例在地区上的不均匀分布，往往提示了环境因素。

(5) 重复调查 (repeated survey)。是指在同一个动态动物群中，间隔一定时间重复进行 2 次或多次横断面调查，每次均获得个体研究因素的暴露水平及现患病情况。

(6) 随访流行率研究 (follow-up prevalence study)。该设计以前瞻性队列研究开始，对一固定队列取得有关研究因素的资料，然后随访，但疾病发病情况需要下次检查才知道。因此，分析的只是现患病例与从研究开始时就存在的因素之间的联系，且只限于继续参加研究的该队列成员。这种设计常用于设计时未被观察者考虑到的、可能由研究因素所致的疾病。

（三）病例对照研究设计

(1) 单纯病例研究 (case only study)。为 Piegorseh 等于 1994 年首先提出，也称为病例-病例研究 (case-case study) 或病例系列研究。该研究仅用病例来探讨不同临床类型，或具有某方面标志的病例与危险因素之间的关系和相互作用，按病例对照研究的方式处理资料，以探讨不同临床类型之间风险因素的差异或某生物学标志与疾病之间的关系。

(2) 病例交叉研究 (case crossover study)。自然界中一些突发事件之后，常会伴随发生某些结果。究竟是这些突发事件导致了这些结果的发生，还是仅仅是偶然，为了阐明这种关系的性质，1991 年 Maclure 提出了病例交叉设计。该设计中所有研究对象均为该病病例，以自身做比较，将病例在疾病发生前短时期内的暴露与既往对同一因素的暴露进行比较，可认为是配对病例对照研究的一个特例，用于估计某种暴露因子对在随后的效应期内发生某种罕见的、急性发作性疾病的短时效应。地震、洪水发生前后，附近地区动物群体中的疾病流行情况可能发生变化，如加剧等。

(3) 巢式病例对照研究 (nested case control study)。在对一个事先确定好的队列进行随访观察的基础上，再应用病例对照研究的思路进行研究分析，即队列开始时不考虑研究因素的情况，随访一段时期检出了所有的新病例后，比较新病例与同群体的非病例（对照）以往及目前研究因素的水平。

(4) 病例队列研究 (case cohort study)。队列研究开始时，在队列中按一定比例随机抽样选出一个有代表性的样本作为对照组，观察结束时，以队列中出现的所研究疾病的全部病例作为病例组，与上述随机对照组进行比较。该设计的特点是节约样本量，设计的效率高，一个对照组可用于多种疾病的研究；对照选取简单，不必考虑结局即可随机抽样；事先抽中的对照组成员可能发生所研究的疾病，因此需要更多的对照数；适用于大样本队列中发病者较少而结尾观察结果占大多数的情况，可用 Cox 模型进行多因素分析。

（四）队列研究设计

(1) 调查随访研究 (survey follow up study)。结合了横断面研究和队列研究的设计，首先在横断面研究的靶动物群中抽取一个随机样本，然后对该随机样本中未患病但仍有发病风险的动物做队列研究，可以估计同一靶动物群的流行率及发病率。

(2) 重复随访研究 (repeated follow up study)。是指两个以上连续随访期的队列研究设计。其总随访期可分成数段亚期，其间隔时间根据研究目的为数年或数月，在每个分阶段收集全体动物有关研究因素和疾病的资料。可估计不同暴露组在各分阶段的发病率，这对研究因素改变与疾病关系的研究特别有用，可探索病因和呈现长短不一的疾病自然史，并可观察两种疾病的关系。

（五）实验性研究设计

（1）干预随访研究（intervention follow-up study）。将一个队列设计与一个非观察性设计的全部或部分相结合，每种都有一个不同结局。开始为一固定队列，可以随机地也可以不随机地给予研究因素或措施，并随访两个相继的时期。一般第一个随访时期较短（几分钟至几天），以估计急性生物学副作用或行为副作用；第二个随访期较长，以估计长期或慢性影响。该类研究可以检验急性反应与慢性健康影响的关系，还能检验引起短期生物学副作用或行为副作用的机制。

（2）组群随机试验（cluster randomized trial）。传统的实验研究是将单个受试者随机分配到各研究组。但更好的方式是将个体构成的组群而非个体随机分配到各研究组，这种设计类型称为组群随机试验，其可用于评价免疫程序（如疫苗接种）等非治疗性干预的效果。

这些流行病学研究设计类型各具特点和优势。当然在具体运用时需要注意它们的适用性、使用条件和范围。灵活地选择设计类型，尽可能将多种设计相结合，从多角度分析，才能最大限度地利用资源，提高研究效率。

第三节　横断面研究

横断面研究（cross-sectional study）是指在某一特定时间对某一定范围内的动物群体，以动物个体为单位收集和描述动物群体的特征及疾病或健康状况。它是描述流行病学中应用最为广泛的方法之一。横断面研究又称为横断面调查，因为所获得的描述性资料是在某一时间点或在一个较短时间区间内收集的，所以它客观地反映了这一时间点或一个较短时间区间内的疾病分布及动物群体的某些特征与疾病之间的关联。因为所收集的资料是调查当时所得到的现况资料，故又称为现况研究或现况调查（prevalence survey）；又因为横断面研究所用的指标主要是流行率，又称为流行率调查。在横断面研究中一个来自群体的个体样本在一个时间点采集。包括在样本中检查疾病的存在和关于有无特定风险因素方面的状态。

一个横断面研究是“检查在一个特定时间和一个确定群体中疾病（或其他与健康相关的特征）与其他存在于群体中的有关变量之间的关系”。与队列研究和病例对照研究中所研究的群体不同，横断面研究选择群体通常不考虑暴露或疾病状态。横断面研究采取的是一个群体在某个单一时间点检测暴露率与流行率关系的瞬间快照。换句话说，就是检查当前疾病状况与目前的暴露水平之间的关系。

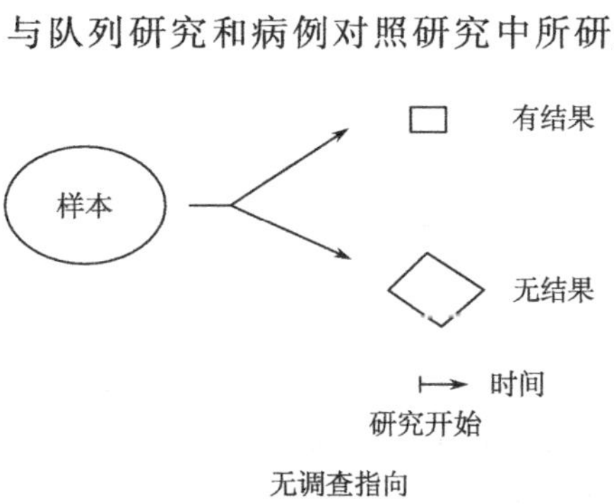

图 3-3　横断面研究原理图（Pfeiffer，2002）

在一个横断面研究中，来自一个群体中的部分个体在一个时间点被随机抽样。该检查样本中的个别被用来检查动物疾病和其他风险因素存在的状态（图 3-3）。这种类型的研究是用于描述数据收集时的情况，该数据应根据从群体中抽取的一个代表样本确定流行率。横断面研究操作相当快，并且成本适中。其缺点就是它们所提供的只是疾病发生的一个“短时快照”。这样它就很难调查因果关系，很难获得充分的解答，这对样本的代表性产生负面效应。这种类型研究的任何推断都必须考虑风险因素之间混杂关系的潜在作用。

横断面研究涉及在规定时间内收集的数据。它们通常用于评估急性病或慢性病的发病率，或回答有关疾病原因或干预结果的问题。它们也可能被描述为普查。横断面研究可能涉及特殊的数据收集，包括关于过去的问题，但往往依赖于原本用于其他目的收集的数据。

横断面研究通常为收集数据而调查。调查范围从简单的一张解决单个变量的问卷，到高度复杂的有许多页的设计方案。这里有关于流行病学的全部与设计、实施和分析问卷及调查相关的分支领域。

优点：与其他的研究设计相比，横断面研究操作相对快速，成本适中。

缺点：横断面研究不能提供在群体中有关疾病发病率的信息，只是流行的一个估计。难以调查因果关系。

一、研究目的与用途

横断面研究可以描述疾病或健康状况的三间分布情况，通过对某一地区动物群体的调查，获得某种疾病在时间、地区和动物群体中的分布，从而发现受威胁动物群体或发现有关的病因线索，为疾病的防治提供依据；还可描述某些因素或特征与疾病的关联，确定危险因素，如通过对牛乳腺炎的调查，发现产奶量下降与乳腺炎的关系，从而为降低危险因素、减少牛乳腺炎发生提供依据；还可为评价防治措施及效果提供有价值的信息，如在采取措施若干时期后，重复进行横断面研究，根据流行率差别的比较，可以考核前段时期所施行措施的效果；还能为疾病监测或其他类型流行病学研究提供基础资料，如被用于公共卫生服务需求的研究，用于防治措施及其效果的评价或用于有关检疫标准的制定和检验。

二、横断面研究的类型

事实上，横断面研究是调查。在一个有限的时间内完成流行病学研究，往往主要关注发现疾病，估计在不同群体或在群体内不同种群中的流行率，同时调查疾病流行中的不同决定因素存在的影响。当然，也被用来提供存在于畜群中其他变量的大量数据。常见两种类型的横断面研究。

（一）普　　查

普查（census）是指为了了解某病的流行率或某动物群体的健康状况，在一定时间内对一定范围内的动物群体中的每一个个体做调查或检查。这里强调的是“一定范围内的动物群体中的每一个成员”，如某养殖场的全体动物。依据所调查疾病，一定时间可以是几天或几周，大规模的普查也可在2～3个月内完成。普查的时间不能拖得太长，以免动物群体中的疾病或健康状况发生变动，从而影响普查的质量。

现实中我国开展普查工作有很多障碍，这主要归咎于散在的养殖户在全国星罗棋布，规模化、标准化养殖程度不高。普查的主要目的是为了早期发现病例并给予及时治疗。在早、快、严、小原则下，将疫情尽早控制或扑灭。普查由于是调查某一动物群体的所有成员，所以在确定调查对象上比较简单，而且所获得的数据可以了解疾病的三间分布特征，所以对疾病的流行因素能有一定的启示作用。但普查不适用于病程短、流行率低或检查方法复杂的疾病调查。此外，由于普查对象多，难免漏诊、误诊；还因参加普查的工作人员多，掌握调查技术和检测方法的熟练程度不等，调查员的素质成为关键因素；同时还由于工作量大，很难进行深入细致的调查。

（二）抽样调查

抽样调查（sampling survey）在实际工作中通常是从总体中随机抽取部分观察单位（统计学上称为样本）进行调查。抽样调查是根据抽取样本所调查的结果来估计样本所代表总体的某些特征，因此抽样调查必须遵循随机化原则，才能获得较好代表性样本。抽样调查可以节省人力、物力、时间。因其调查范围较小，工作量较少，故调查工作易做得细致。但抽样调查的设计、实施与资料分析较复杂，重复和遗漏不易被发现，不适用于变异过大的研究对象。常用的随机抽样方法如下。

（1）简单随机抽样（simple random sampling），即先将调查总体的全部观察单位编号，再用随机数字表或抽签等方法随机抽取部分观察单位组成样本。目前，在横断面研究中，因调查的观察单位太多，很难将全部观察单位编号，故使用单纯随机抽样的机会不多，但它是实施其他抽样方法的基础。

（2）系统抽样（systematic sampling），又称为等距抽样或机械抽样，即先将总体的观察单位按某一顺序号分成 n 个部分，再从第一部分随机抽取第 K 号观察单位，依次用相等间隔，机械地从每一部分各抽一个观察单位组成样本。

（3）分层抽样（stratified sampling），又称为分类抽样，即先按影响观察值变异较大的某种特征，将总体分为若干类型或组别（统计学上称为“层”，strata），再从每一层内随机抽取一定数量（可按比例或最优分配确定）的观察单位，合起来组成样本。例如，先将欲调查的总体按年龄、性别或疾病严重性等特征分成不同层次，在各层再做随机抽样。分层抽样可以减少由各层特征不同而引起的抽样误差。

（4）整群抽样（cluster sampling）。在整群抽样中，被抽样的不是一个一个的个体，而是由一个一个的个体组成的若干个集团（群）。整群抽样是先将总体划分为 K 个“群”组，每个群包括若干观察单位，再从 K 个群中随机抽取若干个群，并将被抽取的各个群的全部观察单位组成样本。

因抽样调查是从总体中随机抽取部分观察单位作为调查对象，所以抽样调查不可避免产生抽样误差，抽样误差的大小因抽样方法不同而异，一般情况下，抽样误差从小到大的顺序为分层抽样、系统抽样、单纯随机抽样、整群抽样。

（5）多级抽样（multistage sampling）。多级抽样是进行大规模调查时常用的一种抽样方法。实质上是上述抽样方法的综合运用。从总体中先抽取范围较大的单元，称为一级抽样单元（如省、自治区、直辖市）；再从每个抽中的一级单元中抽取范围较小的二级单元（县）；最后抽取其中部分范围更小的三级单元（村）作调查单位。在大规模调查时可按行政区域逐级进行。慢性病大规模现况调查大多采用此方法。

（三）抽样调查的样本大小

求估计总体均数（或率）所需样本例数 n 的方法如下（做假设检验时，n 的估计方法详见实验设计)。均数的抽样，对于计量资料，欲估计总体均数时，可用公式估计样本例数：

$$n=[(t_{\alpha}s)/d]^2 \tag{3-1}$$

式中，n 为样本例数；d 为允许误差，即样本均数与总体均数相差所允许的限度（事先指定的）；s 为估计的标准差，可通过前人资料或小规模的调查得到。当 α 确定后，式（3-1）中 t_{α} 可查 t 界值表（取双侧）。通常，若样本较大，α 取 0.05，$t_{\alpha}=1.96$，近似为 2，则

$$n=(4s\,2)/d^2 \tag{3-2}$$

（四）横断面研究的资料分析

横断面研究所得资料，可按下列步骤进行整理分析。首先，检查与核对原始资料，检查原始资料的准确性与完整性，填补缺漏，删去重复，纠正错误；其次，对疾病或某种健康状态按已明确规定好的标准，将全部调查对象分组归类；最后，将原始资料分组进行比较，了解疾病或某健康状态在不同地区、不同时间及不同人群组中的分布。

（五）横断面研究中常见的偏倚

影响现况调查资料准确性的有抽样误差和偏倚。抽样误差是不可避免的，但可以测量其误差大小和评价，且可以通过样本大小和抽样设计来适当控制，而偏倚则属非抽样性误差（系统误差），应设法防止其产生。

当某一研究（观察）结果与它的真值之间出现了某种差值，这种差异的现象或结果即称为偏倚（bias）。现况调查中产生偏倚的原因有以下几个方面。

(1) 无应答偏倚（non-response bias）。对访问调查或通信调查获得应答的比例称应答率。影响应答率的因素有：①群众对调查了解的程度；②调查方式或调查内容是否适当；③调查对象身体健康，故不关心疾病调查；④调查对象身体不好，或高龄拒绝调查；⑤调查对象外出未遇等。如果无应答者比例较高，如在抽样调查中达 30%，即可造成偏倚。

(2) 回忆偏倚（recalling bias）或报告偏倚（reporting bias）。这是由调查对象所引起的偏倚。例如，某病患者常能较好地回忆既往的暴露史，而健康人则常遗忘以往的暴露。当调查某些敏感性问题时，调查对象可能不愿做正确答复而造成报告偏倚。

(3) 调查人员偏倚。调查者在调查时无意识地或有意识地收集有选择性的材料。对具有某些特征的对象深入调查，对另一些则否。有时为了获得自己所需要的内容或答案，进行诱导性询问等。例如，调查者希望获得“阳性”结果而有选择性地收集资料。

(4) 测量偏倚（investigator bias）。仪器不准、试剂不统一、实验条件不同等造成测量结果不正确，可使调查结果偏离真值。

（六）横断面研究中的质量控制

质量控制即偏倚的控制，是现况调查成败的关键。上述偏倚应在设计阶段预先考虑防止发生。主要的控制方法有：①坚持随机化原则，严格按照抽样设计方案进行研究对象的选取，及时分析无应答的原因，补漏调查，提高受检率；②选用精良的仪器设备并事先做好校准，保证测试结果的准确与可靠；③严格培训调查员，并对其进行监督和质量控制，统一调查程序和方法。

第四节　队 列 研 究

一个队列将特定的畜群按其是否暴露于某因素或按不同暴露水平分为若干个组群或队列，追踪观察一定时间，比较两组或各组的发病率或死亡率，以检验该因素与某疾病联系的假设。

在队列研究中，健康的受试对象根据它们的暴露状态，随后随着时间的推移，以确定症状、疾病或死亡的发生率。受试对象分组的共同特点就是它们的暴露水平。通常两组，即“暴露”组和“未暴露”组相比。未暴露组被称为指示组或对照组。

队列研究是长期的，通常用于描述如下具有共同特征的群体的流行病学调查。所使用的其他表达方式包括追踪观察［随访（follow-up）］、发病率和纵向研究。根据该队列来源群体的特点、暴露是否随时间而变及是否随访有后续的损失，还有固定队列（基于不可改变的事件）、封闭队列（没有随访的固定队列）等术语来描述队列研究。

一、队列研究的时序

队列研究可以根据事件发生的时序分为以下三种。

前瞻性（prospective）队列研究、回顾性（retrospective）队列研究和双向性（ambidirectional）队列研究。

在前瞻性队列研究中，动物群体根据过去或当前暴露情况进行分组，之后为了观察感兴趣的结果往后跟踪。在研究开始时，因为尚未出现结果，所以必须等待结果的发生。在回顾性队列研究中，两个队列的暴露和结果在研究开始时就已经发生。因此，这种类型的调查研究只有事先的结果，而没有未来的结果。双向性队列研究兼具有前瞻性和回顾性的组件。决定进行回顾性、前瞻性还是双向性的研究，取决于所研究的问题和实际的限制，如时间和资金，以及合适的研究群体和记录。

二、队列的选择

（一）暴露群体的选择

在一项队列研究中，暴露组的选择取决于所检验的假设、暴露的频率和可行性分析，如记录的可用性、随访的简单性。特殊的队列用于研究罕见暴露对健康的影响，如由不常见的化学品污染的饲养场所，特殊的饲料和罕见的饲养方式。特殊的队列往往选择从特定群体（如种鸡群）暴露发生。一般队列通常被设计用于常见的暴露，如动物舍氨气过量和通风不良。

（二）对照组的选择

队列研究的对照组有三个来源：群内对照组、普通群体和比较队列。群内对照组包括同队列的未暴露成员。群内对照组随时可以使用，因为它的各项特征与暴露组最相似。当不能找到一个可比的群内对照组时，普通群体才可用于比较。普通动物群的比较是基于预先存在的疾病的发病率和死亡率的群体数据。一个比较队列由另一个队列的成员组成。这是最不理想的选择，因为比较的队列，当从不暴露到研究的暴露状态，往往是接触到其他潜在的有害物质，所以结果很难解释。

（三）信息来源

队列研究调查通常依赖于许多来源的暴露、结果和其他关键变量的信息。这些信息包括诊治和养殖记录、问诊、直接的身体检查、化验、生物标本和环境监测。这些来源有些是预先存在的，有些则是专门设计的研究。因为每种类型来源各具优点和缺点，研究人员经常使用几个来源的信息拼凑所有必需的信息。

由于现有记录，如诊治和养殖记录，常有局限性，所以，许多研究则基于为本项调查专门收集的数据为信息来源。无论信息来源怎样，对暴露和非暴露群体运用可比步骤获得信息是重要的，如果使用不同来源信息和步骤可能会发生偏倚的结果，所以，必须使用同一来源信息。

三、前瞻性队列研究

前瞻性队列研究（prospective cohort study）基于选择两个非患病动物组，一组暴露于一个假设致病因素，另一组不暴露于假设致病因素（图 3-4）。随着时间的推移，疾病状态的改变在研究期间被记录。对疾病发生的因果关系假设的调查，前瞻性队列研究是最有效的观察研究。它提供了比建立因果关系的流行率数据更有意义的发病率评价。队列研究可用于研究罕见暴露，它能减少偏倚。但研究者要牢记，鉴于前瞻性研究的观测性质和并不提供因果关系的证明，它只能提供暂时证明。前瞻性队列研究往往需要很长的持续时间，从而增加了混杂效应的潜力，并因此影响对因果关系的证明。在罕见疾病的情况下，大群体是必要的。随访的损失可以成为一个重要的问题，且队列研究往往相当昂贵。

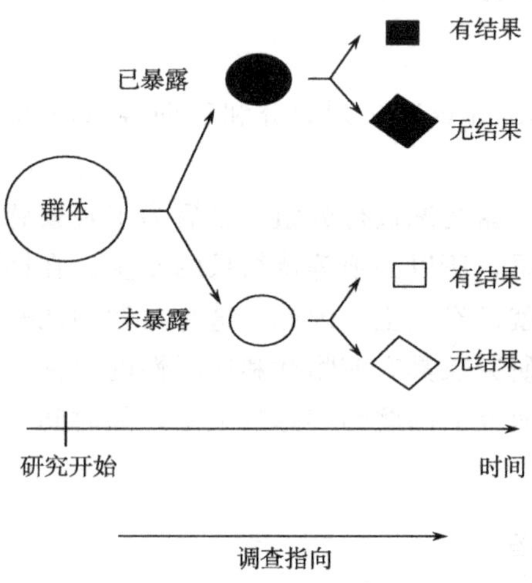

图 3-4　前瞻性队列研究的原理图
(Pfeiffer，2002)

当调查人员已控制可以使用的决定因素的分布时，研究对象选择的动物个体被分配到组或队列中（由于这个原因，前瞻性研究通常被称为队列研究）。所要研究的决定因素被引进（或暴露）到一个队列，而另一个队列作为对照保持不暴露于决定因素。对两个队列观察一段时间，注意和比较它们各自疾病发生的频率。

然而，通常情况下，调查人员对正在研究的决定因素的分布没有设置对照。在这种情况下，会选择已经或有机会接触到有关决定因素的个体作为一组；而另一组个体不会接触到有关的决定因素，或者没有被接触过，决定因素是作为对照使用的。对两组不同群体疾病的发生频率进行一段时间的观察和比较。

在理想的前瞻性研究中，比较的队列应包括同样年龄、品种和性别的动物，应出自同一牛群或羊群，因为不同牛群或羊群的饲养和管理方式有可能具有许多差异，预计对被调查疾病的发生频率可能产生影响。如果可以选择这样的队列，前瞻性研究可以准确地证明决定因素和疾病之间的关联，因为这样的队列将只在正在研究的特定决定因素存在与否这一点上不同于其他队列。如果调查人员具有已被选中的决定性因素分布的对照，但这些条件在现场往往很难履行，因为在调查的合作上所依赖的牲畜业主可能不愿意改变他们的管理系统，难以配合研究设计。如果研究者对正在研究的决定因素分布没有设置对照，研究设计变得更加复杂，调查可能要反复考虑所涉及的许多不同因素的变化。

前瞻性研究也有缺点，如果该病的发病率很低，或所希望证明的组群之间的区别小，研究组群的大小要足够大。疾病发病率较低的问题，有时可以借助所研究疾病问题的不同队列群体的人工感染加以克服。但是，在现场条件下这可能不被接受，因为牲畜业主对人工感染他们的动物极为在意。由于这些原因，前瞻性研究通常用于高发病率的疾病，并预计研究疾病频率的组间差异可能很大。

四、回顾性队列研究

回顾性队列研究（retrospective cohort study）也被称为一个历史性队列研究，一般是指回头看已经发生的事件，如长期用于描述一个病畜的病历。

回顾性（历史性）队列研究与前瞻性队列研究的不同点在于它进行的方式。在一个回顾性队列研究的情况下，研究者基本从过去的记录中收集数据，当病例是一项前瞻性研究时就不用随访病患。然而，这项研究的出发点与所有的队列研究相同。第一个目标仍是建立两个群体，即暴露组与非暴露组；这两个群体在随后的一段时间被随访。

与前瞻性队列研究相比，回顾性队列研究有不同的优点和缺点。缺点是一些关键统计数据不能被测量，并且显著的偏差可能会影响对照的选择。另外，回顾性队列研究的重大偏差可以影响以前暴露的风险变数。伴随回顾性队列研究的还有时间关系经常难以评估。此外，进行回顾性队列研究不能控制暴露或结果的评估，而是需要依靠他人记录的准确性。

不过，回顾性队列研究相比前瞻性队列研究也具有明显的优势。一个主要优势是回顾性队列研究往往因规模比较小而只需较少的时间完成。另一个主要优势是回顾性研究有利于更好地分析多个结果。在医疗方面，回顾性对列研究最大的好处之一是它解决罕见疾病的能力，在前瞻性对列研究中将需要非常大的队列。在这样的研究中，病例已经被确定，因此回顾性队列研究，特别是在解决发病率低的疾病上很有帮助。事实上，回顾性对列研究成本一般小于前瞻性对列研究，这很关键。这些研究往往成本较低，因为结果和暴露已经发生，资源主要只有数据收集。此外，它基本上具有队列研究所有的好处（统计方面）。

概括地说，在回顾性队列研究中，所有的事件——暴露、潜伏期、疾病的后续发展在过去已经发生。现在只是收集数据，并确定一种疾病是否暴露在一个特定的风险因素发展中的风险。另外，前瞻性队列研究是由两组在当前点开始的，如果有疾病的话，在未来随访疾病的发生过程。

前瞻性队列研究的方法和回顾性队列研究的方法基本相同，但回顾性队列研究要遵循追溯原则。完成一项回顾性队列研究的时间，就是数据收集和解释所需的时间。回顾性队列研究调查可能出现的风险和结果有关的变量在研究开始时就已经建立和确认。

运行回顾性队列研究需要特别注意源于混杂和偏见的谬误，因为回顾性队列研究的错误比前瞻性队列研究更为常见。

总之，回顾性队列研究的研究对象是根据在过去某个时间点动物群体的某些或某个特征在暴露与否和不同程度情况下加以分组，然后从已有资料或数据追溯从过去某个时间点开始到其后某时间点或直到研究当时为止这一期间内，群体中每个个体的死亡或发病情况。性质上相当于从过去某时间点开始的前瞻性队列研究的随访，但实际做的是在现在调查过去的既成事实，这时暴露与疾病或死亡均已成事实，而前瞻性队列研究的随访则是查寻在调查过程中新出现的病例或死亡及其死因。

回顾性队列研究与前瞻性队列研究相比，人力、物力可以大为节省，特别是因为研究开始时所研究的疾病已经发生，所以无需多年随访等待。但进行回顾性队列研究的先决条件是存在每个个体的完整翔实的暴露记录，这样才能正确划分暴露组与非暴露组，还要存在完整翔实的每个个体的疾病或死亡记录，这样才能查清每个个体的转归。

第五节　病例对照研究

病例对照研究（case control study）是分析流行病学研究中一种最常用的基本方法。主要用于检验病因，为制定疾病研究策略和疾病防制策略提供依据。

病例对照研究的基本原理是：以现在确认的患有特定疾病的动物个体为病例组，以不患病、具有可比性的动物个体为对照组，通过询问、实验检查或复查病史查明两组中动物曾否暴露于某因素及暴露程度，经统计分析确定疾病与因素之间的联系，进而借助生物学诊断方法确定因素和疾病间的因果关系，最后完成病因假设的检验。本研究方法是由疾病探索可能的病因，即从果推因，是时间后向的，所以又称为回顾性研究（retrospectively）。

病例对照研究历来被视为对队列研究的低级替代研究。在传统观念中，主题是在它们有或没有这种疾病的基础上被选择。那些有疾病的动物被称为病例，那些没有疾病的动物被称为对照。然后，获得并比较病例组和对照组的暴露史。因此，传统观点的主要特点是病例和对照组暴露史的比较。这不同于实验和队列研究设计的逻辑，其中的关键是比较暴露和未暴露（或至少暴露）群体之间的疾病发病率。

在过去的 20 年，传统观点认为的一项病例对照研究是一个向后的队列研究已被一个现代观点取代，断言它只不过是一个来了解暴露和疾病之间更具体关系的有效方式。更特殊的是，一项病例对照研究是一个群体的抽样方法，是研究人员识别和登记疾病病例和来自出现病例的群体的一份样品的方法。来源群体的样本被称为对照组。其目的是提供该群体的暴露分布信息，以便可以比较暴露和非暴露群体的疾病频率。因此，在现代观点中病例对照研究在关键比较上与队列研究相同。

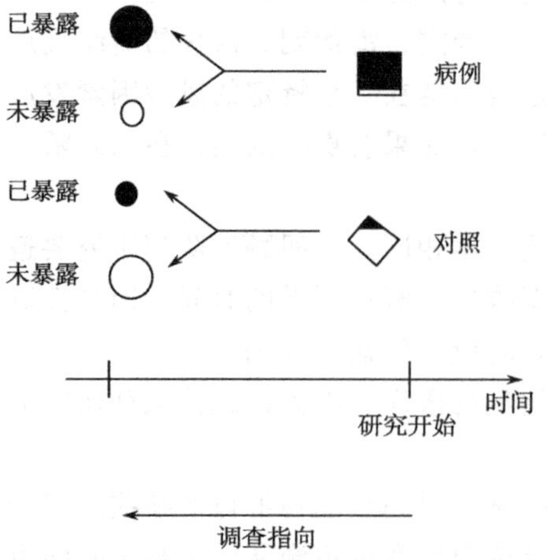

图 3-5　病例对照研究原理图（Pfeiffer，2002）

在病例对照研究中，有病动物和无病动物（对照组）被选出（图 3-5）。然后检查关于它们潜在风险因素方面的状态。这种类型的设计，可以有效地用于低发病率疾病的研究及长期以来的条件发展。病例对照研究允许初步因果关系的假设调查，并且调查速率快，成本相对较低。其缺点包括，无法提供在群体中疾病频率的信息。此外，它们不适合罕见暴露的研究，并且其收集数据依赖于过去的记录质量。确保不带偏倚的对照组选择是非常困难的。在病例样本选择过程中的代表性也难以保证。所以罕见暴露通常只适用于对照组的选择。

一、病例对照研究的基本原理

病例对照研究为选择一组患有所研究疾病的病例与一组无此病的对照，调查其发病前对某个（些）因素的暴露状况，比较两组中暴露率和暴露水平的差异，以研究该疾病与这个（些）因素的关系。

病例对照研究在疾病发生后进行，开始时就已有可供选择的病例；研究是先发现病例，形成病例组，然后采取匹配的原则形成对照组；所研究因素的暴露状况是通过回顾调查获得的；若按因果关系的时序分析，结果已发生，由结果推断病因。

二、病例组和对照组的选择

在病例对照研究中，病例组和对照组的选择及确定是至关重要的。因为研究方法是一种比较性研究，病例组和对照组在真正危险因素暴露比例上的差异，可能蕴藏着疾病病因学的本质。

（一）病例和对照例选择的基本原则

(1) 使用某些限制性方法控制某些外部变量，获得病例和对照例的良好可比性。限制性方法是根据一个或多个限制性变量，将符合条件的潜在对象作为研究对象。限制性变量可以是病例和对照例的外部特征、病例和对照例的类型或病例和对照例的选择程序，即它们是根据筛检、监测、临床诊断或病理剖检确定的。限制性方法分为完全限制和特殊限制两种。完全限制是指病例和对照例在适宜的限制性变量上的完全同质性。特殊限制是通过匹配，强制对照在限制性变量上与病例一致。

(2) 研究对象应采用随机样本，以保证研究群体对目标群体的代表性，减少选择偏差。简单随机样本适合于以地区为基础的病例对照研究，若病例来自该地区一般畜群的随机样本，那么对照也需来自同一畜群的随机样本。但是，在病例对照研究中，目标群体各部分在有关特性方面常有很大差别，所以大多采用分层随机抽样的方法。对于以兽医院、诊断实验室和屠宰场的资料为基础的病例对照研究，在目标群体性质不明的情况下不考虑随机抽样。

(3) 病例和对照的样本含量应能满足分析要求，按本章中介绍的原则确定最佳样本含量。

(4) 为了提高统计分析效率，病例和对照例应按可能的混杂因素进行分层设计。

（二）对照与病例比较的方法和采用匹配法时应注意的事项

(1) 成组比较法（group comparison）。按与病例组可比的原则及样本的大小，选择一定数量的对照。对照与病例的数量不需呈严格的比例关系，但对照的数量应多于病例。此方法较匹配法容易，且丧失的信息少，但方法本身不能控制混杂因素，应在统计分析中予以弥补。

(2) 匹配法。匹配可分为频数匹配（又称为成组匹配）与个体匹配，在此指个体匹配，即每个病例选择一个或几个对照，使病例与对照配成对（pair），使对照在某些因素或特征（如年龄、性别等）方面与其相配的病例相同或基本相同。这些因素或特征称为匹配因素（matching factor）或匹配变量（matching variable）。匹配可提高病例组与对照组的可比性，并能控制某些混杂因素。

(3) 当制订研究计划时，应根据研究目的与需要控制混杂因素的种类，慎重选择匹配因素。

(4) 作为匹配因素，在病例组与对照组间的分布是均衡的，因此在分析结果时，将无法了解这个（些）因素与疾病之间的关系，因此被研究的因素，即可疑病因不能作为匹配因素；每对病例与对照的比例一般为 1∶1，也可以为 1∶2，甚至为 1∶3 或 1∶4，罕见病的病例很难收集，对照的比例可以高一些，但不超过 1∶4。

匹配的因素多，可比性强，控制的混杂因素也多。然而，匹配的因素过多有两个弊病：其一，这种对照不易找；其二，易发生"匹配过度"（over-matching），使某些间接联系的因素列入匹配，造成病例组与对照组之间的暴露率差异虚假地变小或消失，结果出现假阴性。

（三）病例的选择

应考虑病例的来源、类型和内外部特征。

(1) 内外部特征的限制。病例应在病原学方面保持同质性。对病理学类型、诊断标准等病例内部特征应有明确限制，对年龄、性别和品种也应有明确规定。

(2) 病例类型的选择。病例类型有新发病例、现患病例和死亡病例三种，它们各有优缺点，都可以使用。

(3) 病例来源的限制。病例的发现和诊断方式必须保持同质，即病例无论是通过筛选、监测、临床诊断还是通过病理检验确定的都必须保持同质性；病例必须来自同一限定性群体。

（四）对照例的选择

对照例的选择十分重要，但又是最困难的问题。影响对照例选择的主要因素是：病例的特征和来源，对照例必须与之相应；假设病因，来自兽医院或诊断实验室的患其他疾病的对照例，其病因不应与所研究的假设病因相同或有联系，用限制法和匹配法控制混杂因素，使对照例和病例一致。

对照组的类型和数目有以下几种情况：多组病例与一组对照，同时用相同的方法研究两种或两种以上风险因素相类同的疾病；一组病例与两组对照，用于病因研究开始阶段，对所研究的因素了解甚少，不能确定选什么类型的对照时采用；一组病例与一组对照，是最简单的一种类型，常用于病因假设的重复检验。

（五）病例对照研究中常见的偏倚及控制

选择偏倚：由于选择的研究对象不能代表总体人群而产生。最常见的选择偏倚是伯格森偏倚（Berkson's bias），又称为入院率偏倚。

控制选择偏倚的方法主要是合理地选择病例与对照。若不能从整个总体畜群中选择所有或绝大多数符合诊断标准的病例，则应尽可能地从各兽医院中选取病例。

信息偏倚：主要有回忆偏倚，其是病例对照研究的主要弱点，很难避免。但某些方法可在一定程度上检验回忆偏倚的大小。例如，对同一个被调查畜主或饲养员可前后多次询问，或由不同的调查员询问，然后比较其结果。

混杂偏倚：病例对照研究常遇到很多混杂因素，其可能掩盖或夸大研究因素与疾病之间的联系，从而使两者间的真正联系被错误的估计。控制方法有三种：①用匹配法进行研究，将混杂因素作为匹配因素；②分析时，用分层分析法，按混杂因素进行分层；③进行多因素分析。

三、研究因素的选择

是否把真正的病因因素包括在调查项目之内是病例对照研究的关键。因此，需收集与选定病例和对照有关经历和特征的资料，正确选择病因因素。

（一）根据研究目的确定要检验的病因假设

根据现有资料形成概念性假设，以确定本研究检验某病病因假设的事实根据和研究内容。初次检验时设计研究的可疑因素可以多选几个，但也要有中心和重点，不宜太多。重复检验时研究内容应紧紧围绕该病因假设，概选需检验的研究因素。

（二）研究因素的确定和暴露史的搜集和测量

研究因素可包括前人已在畜群中验证过的风险因素，也包括多种可疑的风险因素及各种可能的混杂因素。已确定的研究因素应将科学的表达方式包括在调查表中。病例和对照暴露史的搜集要同等对待，保证以可比的方式进行。暴露史的测量应准确可靠，能定量的应定量，不能定量的可按明确的分级标准进行测定。

四、资料分析和评价

（一）模　　式

根据 Evans 假说的第二条，有病动物比没有病动物更经常暴露于可能的病因，构建以有无疾病为横标目的，以暴露与否为纵标目的的病例对照研究卡方 2×2 列联表（表 3-2）。

表 3-2　病例对照研究模式

组别	存在假设病因	不存在假设病因	合计
病例组	a	b	$a+b$
对照组	c	d	$c+d$
合计	$a+c$	$b+d$	$n=(a+b+c+d)$

病例对照研究开始时或研究过程中，事先确定的是病例组总数 $a+b$ 和对照组总数 $c+d$ 比较。$a/(a+b)$ 与 $c/(c+d)$，如果在其他条件均衡时，$a/(a+b)$ 显著大于 $c/(c+d)$，则说明病例组对假设病因的暴露率显著大于对照组对假设病因的暴露率，即疾病与假设病因有联系。

疾病与假设病因之间在统计学上有显著联系，不一定都有因果关系，其存在几种生物学可能性。第一种可能性是存在直接因果关系；第二种可能性是存在间接因果关系，即因素 A 以一种方式与因素 A′联系，因素 A′又直接与疾病联系；第三种可能性是没有因果联系，即因素 A 和疾病都与因素 C 有联系。因此，在列联表中差异显著的因素并非都是致病因素，但它是值得注意的线索，可以进一步研究该因素与疾病的关系，包括进行实况研究，从不同角度检验联系的一致性。

在兽医流行病学研究中，有时确定间接因果关系具有很大的意义，因为特异致病因子的直接因果解释往往在开始时未被提出或难以在流行病学上进行研究，而且对疾病的控制来说，间接因素比直接因素更容易处理。在历史上很多家畜传染病就是在直接致病因素——病原体被认识前，通过研究间接因果关系的因素而被控制的。

（二）卡方检验

卡方检验是最常用的一种资料分析方法。在病例对照研究中，卡方检验常用于成组资料和配对资料的分析。

1. 成组资料分析 下面以眼睑色素与海福特牛眼鳞癌的联系资料为例，说明成组资料的卡方分析。

某兽医负责某海福特牛群的保健，他保存有该牛群完整的统计资料和剖检记录。1974 年他在该牛群中发现了 40 例眼鳞癌病例，同时记录有 560 例其他疾病的病例，为了研究眼鳞癌与眼睑色素的联系，构建卡方检验列联表（表 3-3）。

表 3-3 海福特牛眼睑色素与眼鳞癌的关系

组别	眼睑无色素	眼睑带色素	合计
眼鳞癌	35（a）	5（b）	40（$a+b$）
其他疾病	365（c）	195（d）	560（$c+d$）
合计	400（$a+c$）	200（$b+d$）	600（n）

$$\chi^2=\frac{\left(35\times195-5\times365-\frac{600}{2}\right)^2\times600}{40\times560\times400\times200}=7.40$$

χ^2 值为 7.40，自由度＝1，$p<0.01$。

上述结果说明眼鳞癌与眼睑色素之间有联系，并有显著意义。

上述分析的依据是眼癌以外由各种原因引起的其他病牛对无眼癌牛群体是有代表性的，尤其在眼睑色素分布方面。因为该牛群有完整记录，所以可利用该群眼癌牛以外的所有其他牛作对照组，构建列联表如表 3-4 所示。

表 3-4 海福特牛眼癌与眼睑色素的关系

组别	眼睑无色素	眼睑带色素	合计
眼癌牛	35（a）	5（b）	40（$a+b$）
所有其他牛	3965（c）	1995（d）	5960（$c+d$）
合计	4000（$a+c$）	2000（$b+d$）	6000（n）

注：以牛群中眼癌牛以外的全部牛为对照

χ^2 值为 6.95，自由度＝1，$p<0.01$，与表 3-4 所得的结果相似。

2. 配对资料分析 这里介绍最简单的 1∶1 配对资料。例如，在上面的例子中，如果病例组、对照组和全群在眼睑色素以外与眼癌有联系的因素（如年龄）有相当大的差异，那么这种因素在病例组和对照组中的分布是不均衡的。例如，眼癌牛的平均年龄比对照组大。这时可以做 1∶1 年龄配对。

假如第一个眼癌病例 6 岁，病案号 1221，则年龄相配的对照可以从紧接着的病例案号中来选择。例如，1222 号是 3 岁的寄生虫感染牛，1223 号是 10 岁的乳腺炎牛，1224 号是 6 岁的外伤牛，则 1224 号就是 1221 号的配对对照牛。用同样的方法选择下一个配对对照牛。有时不可能完全年龄相配，则可使用年龄区间，即选择同一年龄区间的配对对照牛。配对资料可以组成一种新的列联表，它有别于成组资料的研究模式（表 3-5）。

表 3-5　病例与对照 1∶1 配对分析模式

		相配对子中的对照例暴露者（+）	非暴露者（−）
相配对子中的病例	暴露者（+）	r（++）	s（+−）
	非暴露者（−）	t（−+）	u（−−）

注：r 为病例和对照都暴露于因素的对子数，s 为病例暴露而对照未暴露的对子数，t 为病例未暴露而对照暴露的对子数，u 为两者均未暴露的对子数

假定上述眼癌研究中相配的对子数为以下分布（表 3-6）。

表 3-6　眼癌和眼睑色素关系配对资料（假设数据）

		相配对子中的对照例暴露者（+）	非暴露者（−）
相配对子中的病例	暴露者（+）	7（++）	28（+−）
	非暴露者（−）	4（−+）	1（−−）

在 s 和 t 均大于 3 时可用 McNemar 检验，其公式为

$$\chi^2=\frac{(|s-t|-1)^2}{s+t} \tag{3-3}$$

代入表 3-6 的数据得

$$\chi^2=\frac{(|28-4|-1)^2}{28+4}=\frac{23^2}{32}=16.53$$

自由度=1，$p<0.001$。

如将表 3-6 的数据换成成组资料，则得列联表（表 3-7）。

表 3-7　眼癌与眼睑色素的关系

组别	眼睑无色素	眼睑带色素	合计
眼癌组	35（a）	5（b）	40（$a+b$）
对照组	11（c）	29（d）	40（$c+d$）
合计	46（$a+c$）	34（$b+d$）	80（n）

$$\chi^2=\frac{\left(35\times29-5\times11-\frac{80}{2}\right)^2\times80}{40\times40\times46\times34}=27.06$$

χ^3 值为 27.06，自由度=1，$p<0.001$。

两种检验方法的结果基本一致，但配对法 χ^2 检验法比较简便易得。

（三）OR（比数比）值

大多数病例对照研究，如用屠宰场、兽医院或诊断实验室数据的研究，由于病例总数和对

照总数都是从研究群体中抽的样本，所以不能得到研究群体中暴露组和非暴露组的发病率，也不能直接计算相对风险性（RR）。这时需用OR来估计RR，根据表3-7中的数据，可得

$$\mathrm{OR}=\frac{ad}{bc}=\frac{35\times 29}{5\times 11}=18.45$$

（四）因素控制分析法

上述病例和对照资料分析是一种最简单的情况，除所研究的因素外其他全部因素都相似。但实际上往往可能有多种因素与疾病有联系，这就需要用检验一个因素而控制其他因素（所谓混杂方法）的分析方法。这种因素控制分析方法又称为分层数据分析方法，常采用分层来控制混杂因素的作用。分层就是把样本按照某一个或多个混杂因素的暴露与否或作用强度划分为若干个组（层），分别在每一组（层）内分析暴露与患病之间的联系，即计算OR（表3-8）。因为在同一组内作为分层标志的因素对病例组和对照组的作用是一致的，所以对所研究的暴露于疾病的联系便不会发生混杂作用。这种控制混杂作用的原理与匹配是一样的，实际上也可以把1∶1匹配看成是一种最细的分层，也就是每一层只包括一个病例与一个对照。如果各层的OR具有齐性（经过齐性检验确定），则可以计算总的OR，即各层OR合并的OR，方法按Mantel-Haenszel公式进行。其可信限可按下述方法计算。

表3-8　第 *i* 层内病例与对照按暴露与否分组

组别	存在假设病因	不存在假设病因	合计
暴露	a_i	b_i	m_{1i}
未暴露	c_i	d_i	m_{0i}
合计	n_{1i}	n_{0i}	n_i

注：1. 存在；0. 不存在

$$\mathrm{OR_{MH}}=\frac{\sum(a_id_i/n_i)}{\sum(b_ic_i/n_i)} \tag{3-4}$$

分层以后计算总的卡方，称为χ^2_{MH}，做显著性检验。计算公式如下：

$$\chi^2_{\mathrm{MH}}=\frac{\left(\left|\sum a_i-\sum E(a_i)\right|-0.5\right)^2}{\sum V(a_i)}$$

$$=\left(\left|\sum\frac{a_id_i}{n_i}-\sum\frac{b_ic_i}{n_i}\right|-0.5\right)^2 \tag{3-5}$$

式中，a_i 为各层4格表中的 a 实际数值。

$$E(a_i)=\frac{n_{1i}m_{1i}}{n_i}=a_i\text{ 的期望值} \tag{3-6}$$

$$V(a_i)=\frac{n_{1i}n_{0i}m_{1i}m_{0i}}{n_i^2(n_i-1)}=a_i\text{ 的方差} \tag{3-7}$$

检验假设H_0∶OR=1，双侧备择假设H_A∶OR≠1。统计量χ^2_{MH}呈自由度为1的卡方分布。

下面简单说明因素控制分析法的原理。表3-9是从狗癫痫病病例对照研究中得到的数据。与X品种联系的风险性可以用因素控制的方法求出。这里用比数比（OR）代表相对风险性的近似值。先从表3-9提供的数据做两列导数运算。

表 3-9　狗癫痫病病例和按品种、性别及年龄对照的动物

	年龄	病例			对照			病例和对照		
		品种 X	其他品种	合计	品种 X	其他品种	合计	品种 X	其他品种	合计
		A	B	N_1	C	D	N_2	M_1	M_2	T
		(1)	(2)	(3)	(4)	(5)	(6)	(7)	(8)	(9)
公	<1 岁	3	15	18	51	401	452	54	416	470
	1～3 岁	9	27	36	59	734	793	68	761	829
	>3 岁	1	13	14	40	351	391	41	364	405
母	<1 岁	2	13	15	50	348	398	52	361	413
	1～3 岁	9	18	27	50	485	545	69	503	572
	>3 岁	1	14	15	60	381	431	51	395	446
合计		25	100	125	310	2700	3010	335	2800	3135

$\frac{AD}{T}$	$\frac{BC}{T}$
$\frac{(1)(5)}{(9)}$	$\frac{(2)(4)}{(9)}$
(10)	(11)
2.560	1.628
7.969	1.922
0.867	1.284
1.685	1.574
7.631	1.888
0.854	1.883
21.566	9.866

第（10）项由表 3-9 中 A 项和 D 项的乘积除以 T 项得来，即$\frac{(1)(5)}{(9)}$；第（11）项由 B 项和 C 项之积除以 T 项得来，即$\frac{(2)(4)}{(9)}$。与 X 品种联系的相对风险性近似值为

$$\mathrm{OR}=\sum(AD/T)/\sum(BC/T) \tag{3-8}$$

$$\mathrm{OR}=\frac{21.57}{9.87}=2.19$$

从表 3-9 还可以计算总差异（total discrepancy）：$Y=\sum(AD/T)-\sum(BC/T)=21.57-9.87=11.70$，为了计算卡方可根据表 3-9 的数据做下列导数运算：

$V(A)$

$\frac{(3)(7)}{(9)}=(12)$	$\frac{(6)(8)}{(9)}=(13)$	$\frac{(12)(13)}{(9)-1.0}$
2.068	400.068	1.764
2.953	727.953	2.596
1.417	351.417	1.233
1.889	347.889	1.595
3.257	479.257	2.734
1.715	381.715	1.471

$$\chi^2 = (|Y| - 0.5)^2 / \sum V(A) \tag{3-9}$$

$$\chi^2 = (11.70 - 0.5)^2 / 11.393 = 11.01 > 9.21 (\alpha = 0.01)$$

这样就得到了X品种与癫痫病有联系的证据。这种联系是由X品种1～3岁年龄组相对危险性增加引起的。这种联系的评价还需调查病例组和对照组是如何形成的、与其他品种相比X品种患其他疾病的流行率低的可能性，以及其他参数等。

五、病例对照研究的优缺点

病例对照研究的优点为：其所需样本量小，病例易获取，因此工作量相对小，所需人力、物力较少，易于进行，出结果快；可以同时对一种疾病的多种病因进行研究；适合于对病因复杂、发病率低、潜伏期长的疾病进行研究；在某些情况下，还可以对治疗措施的疗效与不良反应做出初步的评价。

病例对照研究的缺点为：易出现回忆偏倚；外部变量的控制可能不完全，混杂因素不好控制；选择对象时易出现选择性偏倚；暴露与疾病的时间先后难以判断；没有办法确定暴露组与非暴露组疾病的发病率；不适于研究人群中暴露比例很低的因素，因为需要很大的样本量；此外，不能计算暴露与无暴露人群的发病率，只能计算OR。

第六节　其他观测研究设计

一、追踪调查的横断面研究

如果通过抽样调查仍有一些问题搞不清楚，则有必要在一定畜群中进行队列的“从因到果”（前瞻性）或“从果到因”（回顾性）的追踪调查。定群追踪调查是依据有关学科提供的资料或描述流行病学的调查结果，针对某一动物群体与条件相同的对照动物群体，进行一定期限的追踪和观察，每次具体观察都需结合横断面研究方法，然后将两个动物群体发现的某种疾病或健康异常加以比较，以查明某种疾病或异常发生的决定因素。

二、病例对照研究的衍生类型

（一）巢式病例对照研究

巢式病例对照研究（nested case control study）又称为队列中的病例对照研究（case control study nested in cohort），嵌入式病例对照研究（panel study）是一种将队列研究和病例对照研究结合起来的研究方法。首先建立队列，然后收集每个队列的暴露信息及有关混杂的资料，以随访期内所发生的病例为病例组，并在同一列中选择未发病的对象作为对照组，进行病例对照分析。

巢式病例对照研究的优点是：①病例与对照的暴露资料均在发病或死亡前获得，暴露与疾病的时间先后顺序清楚，而且没有回忆偏倚；②病例组与对照组可比性好；③可提高统计效率和检验效率，因为队列成员的暴露率较高，而且队列成员都有共同的开始暴露时间，一般病例对照研究只取整个暴露组的一个横断面。

随着流行病学方法和其他相关学科的发展，特别是分子生物学技术和各种新的统计方法的引入，针对传统病例对照研究的各种局限性，在设计上该方法做了大胆的改进，衍生出多种改进的、非传统意义的病例对照研究方法。

1. 概念　集式病例对照研究是在队列内套用病例对照研究的一种设计，其研究对象是在队列研究的基础上确定的，以队列中所有的病例作为病例组，再根据病例发病时间，在研究队列的非病例中随机匹配一个或多个对照，组成对照组。但是其研究方法和分析方法仍与病例对照研究相同（主要是配比病例对照研究）。此种研究设计尤其适合于研究因素包括复杂的化学或生化分析的前瞻性研究，原理见图 3-6。

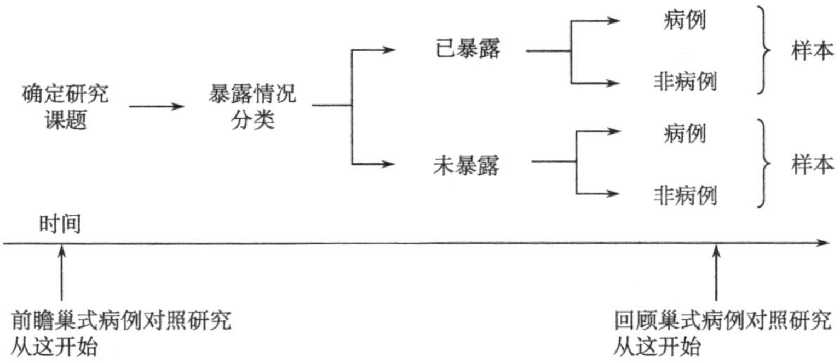

图 3-6　巢式病例对照研究（Bonita et al.，2006）

2. 研究类型　由于巢式病例对照研究是在队列研究的基础上设计和实施的，所以也有前瞻性、回顾性和双向性三类。

3. 步骤

（1）确定研究队列畜群（畜群进入队列时都没有发生所要的疾病，和队列研究相同）。

（2）收集队列内每个个体的相关信息和生物标本。

（3）预定期间的随访。

（4）确定随访期内发生的某疾病全部病例组成病例组。

（5）对随访结束时还未发生所研究疾病的畜群随机抽取一定数量组成对照组，一般采用比配的方式为每个病例抽取一定数量的对照组成对照组。

（6）对以前收集的两组成员相关生物标本进行必要的化验。

（7）统计分析，计算发病率、RR 等。

4. 特点

（1）暴露资料在疾病诊断前收集，选择偏倚和信息偏倚小。

（2）病例与对照来自同一队列，可比性好。

（3）可计算发病率。统计和检验效率高于病例对照研究。

（4）样本量小于队列研究，节约人力、物力。

（5）符合因果推论要求，论证强度高。

（二）病例队列研究

1. 概念　病例队列研究是从整个队列中采用随机或分层随机抽样的方法，抽取一定比例的样本作为对照组，观察结束时，队列中出现的所研究疾病的全部病例作为病例组，与上述随机对照组进行比较。该法是将队列研究和病例对照研究相互交叉，并融合两者优点后而形成的设计方法。

2. 步骤

（1）确定研究队列群体（注意：进入队列时都没有发生所要的疾病，与队列研究相同）。

（2）收集队列内每个个体的相关信息和生物标本。

（3）按照一定的比例在全队列中随机抽取一部分对象作为对照组（子队列）。

（4）预定期间的随访。

（5）确定随访期内发生的某疾病全部病例（包括对照组的病例）组成病例组。

（6）统计分析。

3. 特点

（1）与巢式病例对照研究相比，其特点是：对照是在随访开始之前随机选取的，不与病例进行匹配。

（2）随机对照组中的成员如果在随访期间发生所研究的疾病，既作为对照组，又同时作为病例组。

（3）可以同时研究几种疾病，不同的疾病有不同的病例组，但对照组都是同一组随机样本。

当然其本身和巢式病例对照研究一样，都具有队列研究的优点。

除了上面两种研究外，还有单纯病例研究、病例交叉研究、病例-时间-对照研究、回顾性巢式病例对照研究、前瞻性巢式病例对照研究等。

（三）回顾性巢式病例对照研究

回顾性巢式病例对照研究（retrospective nested case-control study）这种设计类型是根据研究开始之前的一段特定时间内的情况选择某一群体作为研究队列，根据现在的情况确定病例组和对照组，该方法在时间上的特点为从过去到现在。

（四）前瞻性巢式病例对照研究

前瞻性巢式病例对照研究（prospective nested case-control study）这种设计类型是在研究开始时根据一定的条件选择某一群体作为队列，然后前瞻性地随访一定的时间确定病例组和对照组，该方法在时间上的特点为从现在到将来。

（五）病例交叉研究

病例交叉研究（case-crossover study）是相对较新的病例对照研究，暴露之后的输出风险存在一个短时增加。暴露之后的风险增加期被称为风险期。在病例交叉研究中，病例被看成是它们自己的对照，并且风险期期间的暴露频率是与控制期的暴露频率相比的。由于病例作为自己的对照，这种设计有几个优点，包括消除如性别和品种特点的混杂和消除选择不具代表性对照，其结果是一种偏倚类型。此外，因为变异减少，这样的设计比传统的病例对照研究要求较少的受试者。

病例交叉研究提出了一种估算短期暴露和稀有事件风险之间关联的方法。这种研究只需要病例。对于每一个病例来说，在“指定”时间暴露（先于事件的危害或风险期）的频率应比此时间发生前较远的一段时间对照期内暴露更频繁，而对照期被称为“参照物”时间。该设计可被视为混合的病例对照和交叉设计：选择是基于结果，类似于病例对照设计。因为是内部个体比较，混杂由于非时间依赖因素而被淘汰；因为选择了适当的参照物，随时间变化的混杂因素也可以控制。

病例交叉研究已被广泛用于研究在对健康造成不良事件的风险中空气污染暴露的影响。各种不同的参照选择策略被用来实施这种设计。然而，在空气污染暴露数据方面选择一个参照计划是特别重要的。

在具有坚实结构的暴露系列中，代表性参照物更难以界定；空气污染往往是一个长期趋势，并随季节和每一周而改变。这些因素也常常与兴趣结果有关，因此，混杂是一个重大问题。此外，设计依赖跨越参照时间暴露的连续分布的假设。然而参照选择策略的选择对于一个更基础的推理而言是很重要的。某些参照计划引起典型用于估算方程的偏倚。

三、重复性横断面研究

在一定的时间内，对动物群体进行多次、重复性的横断面调查研究，就称为重复性横断面研究。例如，在采取措施若干时期后，重复进行横断面研究，根据流行率差别的比较，可以考核前段时期所施行措施的效果。

四、生态学研究

生态学研究（ecologic study）同样是一项流行病学研究，是在群体层面的研究（也称为生态研究、生态相关性的研究或聚合的研究），在一个群体、一个社区（群落）、养殖场或政治实体（县、市、国家）水平取得研究数据，往往是日常数据的收集。

生态学研究分析的单位是群体，而不是某个个体。

队列研究和生态学研究，特别是如果不同的队列分布在不同的地方，很容易混淆。所不同的是，在生态学研究的情况下，没有提供有关群体的个别成员的可比信息（如一个地区范围平均空气污染和呼吸系统疾病平均流行率的几个地区比较），而在队列研究中对应暴露（健康）的数据是每个个体的数据。

尽管生态学研究存在缺点，但其可以方便、快捷和低成本地使用一般已经可用的数据。如果观察到所关注的和强相关的生态学研究的结果可以为以后提供机会，即建立在初步观点基础上更精心的设计研究（虽然更昂贵和费时）。

生态学研究是一项观察性研究，其中至少是在群体层面有一个变量来衡量某种因素与疾病之间的关系，是以群体为观察和分析的对象，通过描述不同种群中某种因素的暴露水平与疾病的频率，分析某种因素的暴露水平与疾病的关系。而队列研究、病例对照研究、横断面研究所研究的是所有个体层面的暴露与疾病之间的关系。一个生态学研究是依据群组水平完成适当的因果关系假设的初步调查。

疾病可以通过发病率、死亡率等指标衡量。至于暴露因素也可以通过某一指标衡量，如某个地区冬季饲喂发霉草料的量。

生态学研究在收集疾病、健康状态及某因素关系的资料时，不是以个体为观察研究的单位，而是以群体为单位，这是生态学研究最基本的特征。相反，生态学研究不能获得个体水平上暴露与疾病（效应）的关系，如城市机动车数量的增长与居民肺癌发病率之间的相关性。

在生态学研究的分析中，模型具有如下不同的形式。

(1) 完全生态学研究：所有变量（结果、暴露和协变量）都是生态学的变量。

(2) 部分生态学研究：一些，但不是所有的变量都是生态学的变量。

(3) 多水平生态学研究：分析可能同时包括在同一结构中（如收入）的个体和生态变量。这可能是所谓的多层次的建模、分层回归或混合效应建模。

小　结

观察性研究可用于调查包括病因、预防和治疗疾病广泛的暴露范围。最重要的观察性研究是队列研究和病例对照研究。当对暴露知之甚少时可以采用队列研究，因为这种类型的研究，使调查人员能够研究有关暴露与许多健康效应的关系。在队列研究中，受试者要根据暴露水平和随后疾病的发生率来定义。相反，研究人员使用病例对照研究时，是针对少见的一种疾病，因为这种类型的研究，使研究人员能够研究许多与疾病有关的风险。在一项病例对照研究中，需要界定患病病例和对照，并收集和比较二者的暴露史。

横断面研究探讨有关疾病流行率在一个特定群体中某一时间点暴露与患病的关系。生态学研究考察的是发病率与一个群体水平因素的关系。与其他观测研究相比这两种类型的设计都缺乏重要的限制。在可变暴露的横断面研究中，暴露和疾病发生之间的时空关系不明确。生态学研究的问题来自群组的推论和个体发生（被称为生态谬误）水平交叉的问题（表 3-10）。

表 3-10　观察性研究汇总表

	病例报告	病例系列	横断面研究	生态学研究	病例对照研究	队列研究
对象	单个病例	大于 1；确切数字有变化	个体性地评价几个对象	个体集群	两组对象	两组对象
特征	描述有关病例的非常特点	一组病例；无对照组	健康状态或健康相关行为的“时间点”画面	经常通过地理区域研究	一组具有目的疾病；另一组没有该病	一组暴露于目的风险因素；另一组未暴露
时态	现在	现在	现在	现在	过去	将来
时间因素	快	快	快	快	快	消耗时间
成本	低成本	低成本	低成本	低成本	低成本	高成本
随访期	无	—	无	无	无	常拖延时日
目的	产生假设	产生假设	产生假设	产生假设	检验假设	检验假设
因效关系	不能解释	不能解释	不能解释	不能解释	能够建议	可以解释
疾病频率与风险的度量	无	无	流行率，相关性	相关性	比值比	流行率，发病率，相对风险，归因风险
潜在问题	—	—	不能估计季节变化	生态学谬误	召回和选择偏倚	损耗
备注					能够研究疾病的多个病因；对罕见疾病研究有效	能够研究一种暴露的多种表现

复 习 题

1. 分析流行病学与描述流行病学的主要异同点?

2. 证明疾病和因素间是否有统计学联系的主要方法是什么?各适合于何种类型的变量分析?

3. 危险性评估有何意义?常用的表示方法有哪些?

4. 观察研究中的偏倚有哪些?如何控制?

5. 试比较病例对照研究和队列研究的主要不同点?

第四章 实验研究

实验研究是指在研究者控制下判断并描述动物在试验中受到影响的程度。与观察研究不同，实验研究需要通过实施一种措施来干预一项实验研究，然后观察该措施对所得结果的干预作用。因此，实验研究也被称为干预研究。除了干预实验以外，研究中的各实验对象都要以同样的实验方法处置。

第一节 简　介

在一个实验研究中，可以选择同品种、同年龄的实验动物，以此来减小实验动物间的差异。另外，实验研究中，始终不变的实验条件在现实中一般并不存在，这意味着可能不会得出对一般群体适用的结论，如通常作为新药试用初始阶段评价的那些实验研究。如果在实验条件下能产生显著的效果，为了证明在自然条件下也能产生同样的治疗效果，随后会在自然条件下进行更深层次的研究。许多不同的实验设计都可用于实验研究。本章主要描述实验研究中一些常用的设计方法，包括全因子设计、分式析因设计、裂区设计与条区设计及交叉设计。

第二节 实验研究的设计

第三章介绍的观察性实验是兽医流行病学的基础。然而，实验研究也同等重要。实验是用来体现实验对象在多种处理中表现出的不同效果。大多数情况下，实验对象就是实验动物个体，研究人员必须将各种处理措施进行合理配置。在下面的例子中将说明实验会出现不同的可能性。

例 4-1　饲喂不同水平含量铜元素对怀孕母羊影响的比较。内在假设是羔羊出生的重量受饲喂铜元素含量的影响。研究对象是个别母羊和它的羔羊。处理方法是把两种不同水平含量的铜元素作为添加剂加入母羊每天的饲料中。该实验研究的目的是测验是否可以推翻上面提及的无效假设，即两组饲喂不同含量铜元素获得的羔羊其出生重量没有差别。可见，可选择的两种假设有很大的差异。

例 4-2　一项疾病预防性的实验，如对一个预防猪萎缩性鼻炎的疫苗效果的研究。该研究的目的是为了评价疫苗的效果，研究对象就是各组的猪。那么无效假设就是疫苗免疫组和非免疫组的猪在萎缩性鼻炎的预防上没有明显差异。

例 4-3　研究不同净化程序对猪群沙门氏菌病的影响。这项研究的目的是找出最佳的净化程序。实验对象是感染沙门氏菌的猪群。处置方法是对分组的猪群实施不同的猪沙门氏菌病净化程序。

例 4-4　研究不同措施对一条慢性疾病周期性发作的狗的治疗效果。该实验的目的是评价每种不同缓解不适的方法的效果。该研究的对象就是连续几次发生的疾病。因此，每次疾病突然发作时选择的治疗方法就是该研究的重点。

通常使用以不同浓度的药物饲喂小白鼠的方法来计算该药物的半数致死量。这样就能画出一条剂量-反应曲线并能估计出药物的致死剂量。通过这些实验估算该药对人的最低中毒剂量。这些实验通常只有在实验室里才能进行。

上述例子中所述的实验处于不同情况下，它们多属于临床试验，在以后的章节中将简要介绍。其他的实验则被称为实验室实验或田间试验。

另有一个关键问题是处理方法或干预措施如何合理配置到可利用的实验对象上。这里的关键问题是要避免各组之间存在任何未预想到的差异。如例 4-3 所示，如果仅仅将出栏生猪作为一组而母猪作为另一组进行分组实验的话，将无法区分是由生产方式不同造成的差异还是由净化程序不同引起的差异。同样，如例 4-1 所示，其中两组的年龄结构应该是相同的，以消除年轻母羊和那些年长母羊生的羔羊平均体重本来就不一致的影响。为了避免这种已知和（或）未知的系统性影响，在进行不同处理的实验对象的分组中要遵循随机的原则。

下面介绍一些常用的研究设计，每一个设计方法均有优劣，简要总结见表 4-1。研究设计的选择主要取决于研究目的。一些研究设计由于设计不完整而不允许探讨不同实验间的相互作用，而这些不完整的设计是由于排除了不连贯性造成的。研究目的就研究对象而言当然是为了缩小研究规模。这样做是有原因的，如容量限制、预算限制或研究期限等。

表 4-1　不同实验设计在应用中的优缺点

实验设计	特征	优点	缺点
析因设计	一个或多个因素分别拥有两个或多个标准	可说明各因素间可能的相互的作用	与平行组设计相比，更加复杂且涉及更多的处理方法
平行组设计	一个因素带有两个或多个标准	抽样	在研究中只有一个因素
分式析因设计	运用析因设计中的一小部分组合	与完整的析因设计相比，减少了抽样数量；根据实际设计，可揭示部分因素的相互作用	一些因素的相互作用无法被揭示
拉丁方设计	3 个因素，每个都具有相同数量的标准	与完整的析因设计相比，减少了抽样数量	不可能揭示各因素间可能的相互作用
希腊拉丁方设计	4 个因素，每个都具有相同数量的标准	与完整的析因设计相比，减少了抽样数量	不可能揭示各因素间的相互作用
裂区设计	一个因素随即与另一个因素组合	可同样精准测出次区处理影响，就像完整的随机析因设计	主区处理没有副区处理设计精准
条区设计	一个因素的标准在条图中是随机的	实际问题表明横向设计是唯一可行的	测试的因素没有完整的随机析因设计中的精准
交叉实验设计	所有研究对象以随机的顺序接受所有处理	减少研究对象间不同的差异；比较研究对象的不同处理的影响；与平行组设计相比减少了抽样数量	由于对处理的数量要进行评估，研究的持续时间会延长

第三节　全因子设计

全因子设计组成一段因子设计是非常具有权威性的，允许研究者完全调查实际能与任何因素的连接及其潜在的相互作用。理论上对一项研究同时调查不同因素的数量并没有限制，但实际上，通常用限制数量水平来调节不同因素的数目。

在统计学中，析因实验是指由两个或两个以上的因素构成设计的一项实验，其实验单位考虑到所有这样的因素在这个水平上的交叉产生可能的组合。完全析因设计也可以称为全交叉设计。这样的实验允许研究在反应变量之上每一个因素的效应，还包括因素间的交互效应。

对于绝大多数析因实验，每个因素只有两个水平。例如，两个因素均有两个水平，一个析因实验在总量上将具有 4 种处理组合，通常称为 2×2 析因设计。

析因设计也称为全因子实验设计，就是实验中所涉及的全部实验因素的各水平全面组合形成不同的实验条件，在每个实验条件下进行两次或两次以上的独立重复实验。

析因设计的最大优点是获得的信息量很多，可以准确地估计各实验因素主效应的大小，还可估计因素之间各级交互作用效应的大小；其最大缺点是所需要的实验次数最多，因此耗费的人力、物力和时间也较多，当所考察的实验因素和水平较多时，研究者很难承受。

析因设计还有三个明显的特点：其一，它要求实验时全部因素同时施加，即每次做实验都将涉及每个因素的一个特定水平（若施加实验因素时有“先后顺序”之分，一般被称为“分割或裂区设计”）；其二，各因素对定量观测结果的影响是地位相等的，即在专业上没有充分的证据认为一些因素对定量观测结果的影响大，而另一些影响小（若实验因素对观测结果的影响在专业上能排出主、次顺序，一般就被称为“系统分组或嵌套设计”）；其三，可以准确地估计各因素及其各级交互作用的效应大小（若某些交互作用的效应不能被准确估计，就属于非正规的析因设计，如分式析因设计、正交设计、均匀设计等）。

在详细介绍析因设计之前，先介绍最简单的析因设计，即平行组设计。

一、平行组设计

临床试验要有可比性，那么平行组设计是最科学的。平行组设计是最常用的临床试验设计类型，可为试验药物设置一个或多个对照组，试验药物也可设多个剂量组。对照组可分为阳性对照和阴性对照。阳性对照一般采用按所选适应证的当前公认的有效药物，阴性对照一般采用安慰剂。要以完全一致的条件，如要求对照组的安慰剂与试验组的药剂在剂型、口味、剂量上均一致，试验才能得出是否有差异的结果。试验药物是设置一个剂量组还是设置多个剂量组完全取决于试验方案。

在整个临床试验中，研究设计的类型是其中尤为重要的一个环节，所以非常有必要解释一下研究设计中常见的类型。

最常见的验证性临床试验采用平行组设计（parallel group design），即将个体随机分配到两个或多个组中的一组，每组分别施以不同的处理。这些处理包括药品的一个或多个剂量、一个或多个对照，如安慰剂或（和）阳性对照。该设计所基于的假定与其他大多数设计相比要简单得多，然而，与其他设计一样，平行组设计也存在难以分析及解释的一些特性，如协变量、重复多次测量、设计因素间的交互作用、违背研究计划、中途退出试验及失访。

另外一个重要的设计是交叉设计（cross-over design）。交叉设计中的每个个体随机化接受按两个或多个处理的不同顺序安排，是一种自身比较的试验方法。这种设计策略较受欢迎，主要是因为该方法可减少观察例数，即能达到指定的把握度所需的评定例数，有时减少的幅度还很大。

最简单的实验设计是平行组设计，在这个试验中，两个或更多的试验对象（如动物）被同时研究。除了被研究因素的水平不同外，各小组被假定的其余因素是完全相同的。通常各小组与之相关因素的水平被认为是研究中的“处理”。因此，研究对象被随机分配到诸多处理措施的一个中。

平行组实验经常被用于新药和新兽药评价的临床试验中。举个最简单的例子，在一个平行组实验中，有两不同的处理方案 A 和 B。研究对象被随机分配到这两种处理方案中的其中一个。平行组设计的一般结构可参见表 4-2。虽然研究对象被随机分到不同的小组，在每个小组中，研究对象的数目也没必要都相同。然而，随机分配确保了实验研究是平衡合理的。

表 4-2　平行组设计的一般结构

处理	影响因素水平				
	1	2	3	…	k
研究对象的数量	n_1	n_2	n_3	…	n_k

例 4-5　平行组设计的例子是一项有关一种新型洗发剂对患有慢性皮炎的犬身上马拉色属菌清除效果的研究。将这种新型洗发剂的清除效果与常规洗发剂做比较。在这项研究中，试验用的犬都患有慢性皮炎，它们被随机分成 2 组，一组犬用常规的洗发剂，另一组犬用这种新型洗发剂。除了洗发剂不同外，其他处理方式都一样。在试验过程中，一周对犬进行三次清洗。一周后，通过在犬身上特定部位的马拉色属菌数量来评价洗发剂的效果，设计描述如表 4-3 所示。

表 4-3　新型洗发剂与常规洗发剂对患有慢性皮炎的犬身上马拉色属菌清除效果的比较研究

	使用新型洗发剂的犬	使用常规洗发剂的犬
试验犬的名字	大黄	小笨
	小黑	大熊
	阳阳	大毛
	多多	小雨
	大花	欢欢
		圆圆
试验对象的数量	5	6

二、析因设计

析因设计是通过试验用药物剂量的不同组合，对两个或多个试验用药物同时进行评价，其不仅可以检验每个试验用药物各剂量间的差异，而且可以检验各试验用药物间是否存在交互作用，或探索两种药物不同剂量的适当组合。

如果试验样本量是基于检验主效应而计算的，则在估计交互作用时，检验效能将降低。

1. 析因设计的特点　同时观察多个因素的效应，提高了实验效率；能够分析各因素间的交互作用；容许一个因素在其他各因素的几个水平上来估计其效应，所得结论在试验条件的范围内是有效的。

析因设计要求每个因素的不同水平都要进行组合，因此对剖析因素与效应之间的关系比较透彻，当因素数目和水平数都不太大，且效应与因素之间的关系比较复杂时，常常使用析因设计。但是当研究因素较多，且每个因素的水平数也较多时，析因设计要求的试验可能太多，以至到了无法承受的地步。

2. 析因设计的正确应用 析因设计各处理组间在均衡性方面的要求与随机设计一致，各处理组样本含量应尽可能相同；析因设计是对各因素不同水平的全部组合的试验，故具有全面性和均衡性；析因设计可以提供如下三个方面的重要信息。

（1）各因素不同水平的效应大小。

（2）各因素间的交互作用。

（3）通过比较各种组合，找出最佳组合。

平行组设计是析因设计的一个特例，有时也被称为单向阶乘析因设计。如果需要评估更多的变量，常要使用涉及两个或更多因素的析因设计，每个因素有两个或两个以上的水平。当针对 X、Y、Z 三个因素，每种因素有两种水平来进行实验设计时，双向阶乘析因设计用来研究 X、Y 这两个因素，如表 4-4（a）所示。三向阶乘析因设计用来研究所有的三个因素，如表 4-4（b）所示。

表 4-4 各种析因设计

(a) N_{ij}是在X_i、Y_j组合中实验动物的号码		因素 Y	
		Y_1	Y_2
因素 X	X_1	n_{11}	n_{12}
	X_2	n_{21}	n_{22}

(b) N_{ijk}是在X_i、Y_j、Z_k组合中实验动物的号码		因素 Z×因素 Y			
		Z_1		Z_2	
		Y_1	Y_2	Y_1	Y_2
因素 X	X_1	n_{111}	n_{121}	n_{112}	n_{122}
	X_2	n_{211}	n_{221}	n_{212}	n_{222}

(c) N_{ij}是在X_i、Y_i、Z_j组合中实验动物的号码		因素 Z	
		Z_1	Z_2
因素组合（X，Y）	(X_1, Y_1)	n_{11}	n_{12}
	(X_2, Y_2)	n_{21}	n_{22}

（a）双向阶乘析因设计，X、Y 两种因素，共 4 种组合；（b）三向阶乘析因设计，X、Y、Z 三种因素，共 8 种组合；（c）三向阶乘析因设计的一种特例，通过使用 X、Y 因素的组合，变成分式析因设计。

这些设计可以评估各种因素间可能的相互影响。析因设计是一种功能非常强大的设计。而这种强大的功能来自于实验设计中分组的数量。例如，有 k 个影响因素，每种因素对应 i 种水平，则全析因设计所需的分组数就是

$$l_1 \times l_2 \times \cdots \times l_k = \prod_{i=1}^{k} l_i \tag{4-1}$$

实验设计必须为每个分组提供足够多的研究对象。

例 4-6 一个析因设计的例子是关于两个新食谱对身体状况影响的研究。假设，一个新食谱与标准食谱相比对身体状况有更好的影响，并进一步评价体育锻炼结合新食谱对身体状况的影响。新食谱结合体育锻炼实验设计的目的就是为探究经过一定程度的体育锻炼能否增

加食谱的效果。实验中各种组合的总数量为 3×2=6。两组平行设计用来分别评价两个因素，这只需要 3+2 组。

第四节　分式析因设计

当析因设计要求的实验次数太多时，一个非常自然的想法就是从析因设计的水平组合中，选择一部分有代表性水平组合进行试验。因此就出现了分式析因设计（fractional factorial design）。由于所有因素的相互影响中，只考虑了其中的一部分，所以分式析因设计是析因设计的一种特例。分式析因设计在实际应用中，通常将一个或多个相互影响的因素分割成多个部分，因此并非所有的相互作用都能够被评估。

一、拉丁方设计

拉丁方设计（Latin and Graeco-Latin square design）是三向分式设计的特例，其可以用于评测三个影响因素的联系。在拉丁方设计中，常用三个影响因素，所有的影响因素必须有相同数目的水平。列举一个有三个影响因素，每种因素有三个水平的拉丁方设计，具体见表 4-5（a）。从表 4-5（a）可以看出，只有 9 种组合被显示，是全部可能组合数的 1/3。如果是一个有三个影响因素，每种因素有三个水平的全因子设计，则总共有 3×3×3=27 种组合。由于并非这三个因素的所有组合都被考虑，与全因子设计相比，拉丁方设计的组合数量大大减少。这种减少组合数量的实验设计的缺点是它无法评估三种影响因素之间的相互作用。然而，各种因素的相互作用在实际的流行病学的实验研究中是很有价值的，这是拉丁方设计相对于其他实验设计局限的因素。然而，在评估新的治疗方法或药物效果的最初阶段，拉丁方设计可用于各种因素筛选，而无需使用大量的动物，减少了实验的工作量。尽管如此，拉丁方设计在实际的实验研究中很少使用。

表 4-5　拉丁方设计和希腊拉丁方设计

(a)		因素 1		
		a	b	c
因素 2	x	Ⅰ	Ⅲ	Ⅱ
	y	Ⅱ	Ⅰ	Ⅲ
	z	Ⅲ	Ⅱ	Ⅰ

(b)		因素 1			
		a	b	c	d
因素 2	1	Ⅰγ	Ⅲδ	Ⅳα	Ⅱβ
	2	Ⅳβ	Ⅱα	Ⅰδ	Ⅲγ
	3	Ⅱδ	Ⅳγ	Ⅲβ	Ⅰα
	4	Ⅲα	Ⅰβ	Ⅱγ	Ⅳδ

二、希腊拉丁方设计

在希腊拉丁方设计中，相比于三个影响因素的拉丁方设计，有 4 个因素被应用。这个实验设计中有 4 个影响因素，每种因素分别有 4 种水平，包括所有可能 256 种组合中的 16 种，具体见表 4-5（b）。

表 4-5（a）中有三个影响因素，每种因素有三个水平的拉丁方设计。因素 1 有 a、b 和 c 三种水平；因素 2 有 x、y 和 z 三种水平；因素 3 有Ⅰ、Ⅱ和Ⅲ三种水平。

表 4-5（b）中有 4 个影响因素，每种因素有 4 个水平的希腊拉丁方设计。因素 1 有 a、b、c 和 d 4 种水平；因素 2 有 1、2、3 和 4 4 种水平；因素 3 有Ⅰ、Ⅱ、Ⅲ和Ⅳ 4 种水平；因素 4 有 α、β、γ 和 δ 4 种水平。

例 4-7　利用了拉丁方设计研究放牧系统、饲料添加剂、疾病预防水平三个因素对奶牛产奶量的影响。放牧系统（a、b、c）、饲料添加剂（x、y、z）及疾病预防水平（Ⅰ、Ⅱ、Ⅲ）一同被研究。在每个组合中，随机选择 10 头奶牛。记录每种组合中奶牛一年的平均产奶量，进行比较和分析。具体的实验设计见表 4-6。这项研究使用了拉丁方设计，仅使用了全部可能的 27 种组合中的 9 种，极大地减少了实验动物用量。

表 4-6　以一个拉丁方设计来研究三个因素对奶牛产奶量的影响

		放牧系统		
		a	b	c
饲料添加剂	x	Ⅰ	Ⅲ	Ⅱ
	y	Ⅱ	Ⅰ	Ⅲ
	z	Ⅲ	Ⅱ	Ⅰ

第五节　裂区设计与条区设计

裂区试验设计（split-plot experiment design）：又称为分割试验设计，是把一个或多个完全随机设计、随机区组设计或拉丁方设计结合起来的试验方法。其原理为先将受试对象作一级实验单位，再分为二级实验单位，分别施以不同的处理。实验单位分级是指当实验单位具有隶属关系时，高级实验单位包含低级实验单位。例如，小鼠接种不同的致瘤株后，观察不同浓度的某注射液的抑瘤效果，这时接种瘤株的小鼠为一级单位，相应因素为一级处理；注射浓度为二级单位，相应因素为二级处理。当试验单位不存在明显的隶属关系时，实验单位分级可按因素的主次确定。

先选定受试对象作一级单位并分成几组，分别用一级处理的不同水平做完全随机设计或随机区组设计、拉丁方设计。每个一级单位再分成几个二级单位，分别接受不同水平的二级处理。以下以完全随机设计和随机区组设计为例。

（1）完全随机的裂区试验设计：将一级实验单位随机等分成 I 组，每组例数为 r，分别接受 A_1，A_2，…，A_i 各水平的处理；将各一级单位内的二级单位随机分配，接受 B_1，B_2，…，B_j 的处理。

（2）随机区组的裂区试验设计：将一级实验单位配成 r 个区组，每个区组内有 I 个一级实验单位；分别将各区组内的二级实验单位随机分配给 A 因素的 I 个处理；将各一级单位内的二级实验单位随机分配给 B 因素的 J 个处理。

裂区设计（split-plot design）与两因素随机区组设计近似。不同点是后者在每一区组内A、B两因素的 ab 次处理是完全随机化的。而裂区设计的每一区组内A因素先分为 a 个处理，在每一处理内B因素再分为 b 个处理。随机化过程只能在A因素的 a 个处理和B因素的 b 个处理之间进行。由A因素所划分的A个部分称为主区，每一主区再划分的 b 个部分称为次区。线性统计模型为其中 ai、bj 和 ij 代表主区，分别相应于区组（因素A）、主处理（因素B）和主区误差（AB交互作用）；gk、ik、jk 和 ijk 代表次区，分别相应于次处理（因素C）、AC、BC交互作用及次区误差（ABC交互作用）。

在析因设计中，如果一个因素在其他因素水平波动范围内被随机化，这种设计即为裂区设计。这意味着，这个因素并不可能是完全的随机化。

在裂区试验中一级处理与一级单位混杂，而二级处理与二级单位不混杂。因此，设计时将最感兴趣或最主要的因素，差异较小、要求精度较高、试验条件较少、工序较易改变的因素作为二级因素。国外的研究中应用有两个因素的裂区设计来评价线虫感染对仔猪的健康和生产性能的影响。这两个因素是：母猪线虫感染水平（无、低、高）和仔猪线虫感染水平（无、高）。在该研究中，39头母猪被随机分配到三组线虫感染水平中的其中一组。同样每窝仔猪被随机分配到两组线虫感染水平中的其中一组。通过对各组仔猪日增重的测定来评价线虫感染水平对仔猪的健康和生产性能的影响。线虫感染水平对母猪和仔猪的影响可以单独进行研究，也可以组合在一起进行研究。这样就可以分析母猪线虫感染水平和仔猪线虫感染水平之间的相互作用程度。具体的实验设计见表4-7。

表4-7 以两个因素的裂区设计来评价线虫感染对仔猪的健康和生产性能的影响

		母猪的感染水平		
		无	低	高
		各窝母猪感染水平的分布		
每窝的编码	1	√		
	2		√	
	3		√	
	4			√
	5			√
	6			√
	7	√		
		每种组合仔猪的数量		
仔猪的感染水平	无	57	63	66
	高	59	62	67

注：母猪线虫感染水平是主要影响因素，仔猪线虫感染水平是次要影响因素

条区设计也是析因设计的一种，其特征是因素的随机变化是有严格限制的。例如，研究放牧系统（三种水平）和线虫感染水平对羔羊增重（两种水平）效果的影响。这项研究是在实际的田间进行的。开展实验的这块地分为6个部分，如果采用完全随机的析因设计，则放牧系统、线虫感染水平构成的6种组合应随机分布在6个地块。然而，由于田间的实际问题，如这块地的实际情况，这6种组合无法随机被分配到6块地上。裂区设计与条区设计相

同，都存在这样的问题。

第六节 交叉设计

交叉设计是一种多因素的交叉分组设计。它不仅可检验每个因素各个水平间的差异，而且可检验各因素间的交互作用。两个或多个因素如存在交互作用，表示各因素不是各自独立的，而是一个因素的水平有改变时，另一个或几个因素的效应也相应有所改变；反之，如不存在交互作用，表示各因素具有独立性，一个因素的水平有所改变时不影响其他因素的效应。

交叉设计是按事先设计好的试验次序，在各个时期对受试者逐一实施各种处理，以比较各个处理组间的差异。交叉设计是将自身比较和组间比较设计思路综合应用的一种设计方法，可以控制个体间的差异，同时减少受试者数量。

最简单的交叉设计是 2×2 形式，对每个受试者安排两个试验阶段，分别接受两种试验用药物，而第一阶段接受何种试验用药物是随机确定的，第二阶段必须接受与第一阶段不同的另一种试验用药物。每个受试者需经历如下几个试验过程，即准备阶段、第一试验阶段、洗脱期和第二试验阶段。

每个试验阶段的用药对后一阶段的延滞作用称为延滞效应。采用交叉设计时应避免延滞效应，资料分析时需检测是否有延滞效应存在。因此，每个试验阶段后需安排足够长的洗脱期或有效的洗脱手段，以消除其延滞效应。交叉设计应尽量避免受试者的失访。

在最简单的 2×2 交叉设计中，每个个体在相继的两个处理时期分别接受两种处理，两个处理时期之间常有一个洗脱期（washout period）。最常见的扩展是在 $n(n>2)$ 个处理时期接受 n 个不同的处理。在这类设计中，每个个体都接受了 $n(n>2)$ 个处理，这类设计有多种变异可分解，如每个对象所接受 $n(n>2)$ 种处理或处理在一个患者身上重复的设计。

交叉设计有很多问题足以使其结论无效。其主要是延滞作用（carryover），即每个时期的处理在后继时期中的残余影响。在一个相加模型中，不等的延滞作用将使处理间的直接比较产生偏倚。在 2×2 设计中，从统计学上不能鉴别是延滞作用还是处理与时期的交互作用，且因为相应的对比是个体间的，故这两种效应的检验效能都不高。这一问题在高阶设计中不严重，但不能完全消除。

在进行交叉设计时，最重要的是避免延滞作用。最好在充分了解疾病与新药的有关知识的基础上有选择地精心设计。所研究的疾病应当是慢性病，且在稳定期。药物的疗效需在处理期内完全发挥出来，洗脱期必须足够长，以使药物的作用完全消退。这些条件是否满足，要利用已有信息及资料在试验前确定。在应用交叉试验时，还有一些问题需引起密切注意。最主要的是，当有病例失访时，分析和解释变得很复杂。

另外，可能的延滞作用，对在后续处理时期出现的不良事件，难以判断是何种处理所致。交叉设计一般限于预期仅有少数失访的情形。2×2 交叉设计的一个常用且满意的应用是验证同一种药物的两种不同配方的生物等效性。在对健康志愿者进行这种特定应用时，如果洗脱期足够长，则一般对相应的药物动力学变量的延滞效应不大可能出现。

然而，在分析时仍需在所得到的资料基础上验证这一假设。例如，确认在每一个处理时期的开始无药物检出。

平行组设计的一个可替代实验研究设计就是交叉设计。在交叉设计中，所有的实验动物都将按照预先计划的顺序实施全部的处理措施。该研究的实施经过一些时期，每个时期都要接受不同的处理措施。举一个最简单的例子，一项在两个阶段实施两种处理措施的实验研究，具体见表 4-8。

表 4-8　评价 A、B 两种处理措施的交叉设计

实验动物编号	时期	
	1	2
1	A	B
2	A	B
3	B	A
4	A	B
5	B	A
6	B	A
7	A	B
⋮	⋮	⋮

在交叉设计中，实验动物必须是随机分配的，并按照特定的顺序来接受处理措施。这就意味着在第一阶段一些动物接受 A 处理措施，另一些动物接受 B 处理措施。在第二阶段中，那些在第一阶段接受 A 处理措施的动物现在要接受 B 处理措施，反之亦然。通过这种方式，所有的实验动物在研究过程中接受了所有的处理措施。在这两个阶段之间应该有一个所谓的“清洗”阶段。清洗阶段的目的是为了在进行新的处理措施之前，去尽量清楚上一个处理措施所产生的影响。如果清洗阶段太短，第二阶段的处理效果可能会被第一阶段的处理所影响。这就是所谓的残留效应或者说是交叉效应。然而，如果清洗期太长，在两个阶段之间，条件可能会发生改变。实验研究实施阶段的数量取决于处理措施的数量。用两种处理措施的交叉设计，两个阶段之间必须要有一个清洗期，因此这样研究的持续时间会比平行组设计的时间长。交叉设计有两个主要的优势：第一，其比较的是对实验动物的不同处理方式而不是比较实验动物；第二，交叉设计要求动物的样本数量小于平行组设计。其主要缺点是假设在两个阶段之间没有处理措施的残留效应，那么第二阶段的处理效果就不会被第一阶段的处理措施所影响。例如，如果患病的实验动物在第一阶段经过 A 治疗措施已经被治愈了，那么后续的治疗措施 B 就毫无意义了。

例 4-8　马匹进行组织或器官扫描检查经常需要使用镇静剂使其保持平静，以便于获得一个真实的扫描结果。然而，镇静剂也会对调查结果产生影响。因此，为了评估不同类型的医用镇静剂对马心功能的影响开展了实验研究。就像马个体差异常常用来测试治疗的效果，在研究中常使用交叉实验设计是为了减少马个体间差异的影响作用。常用的三种镇静药物是罗米非定、地托咪定和乙酰丙嗪。通过超声心动描记术可以评估这些药物对 6 组马的治疗效果。这些马被随机分组，并按照一定顺序进行处理措施（表 4-9）。

表 4-9　一项研究镇静药物对马心功能影响的交叉设计

处理措施的顺序	阶段		
	1	2	3
1：A—B—C	A	B	C
2：A—C—B	A	C	B
3：B—C—A	B	C	A
4：B—A—C	B	A	C
5：C—A—B	C	A	B
6：C—B—A	C	B	A

第七节　临床试验、实验室实验和田间试验

尽管要注重实验研究的不同设计，但在选择确切的实验设计之前也要考虑其他一些因素。这些因素包括与研究类型相关的一些特征。这里简单列出一些实验研究的不同类型。

一、实验室实验研究

实验室实验（laboratory test）研究是在实验条件控制良好的实验室中进行的一项实验，是模拟实际使用条件或在规定的工作及环境条件下进行的试验。

实验室实验的目的是为了评价各种处理措施（如治疗等）的效果。通常使用啮齿动物或其他小动物，如大鼠、小鼠、家兔和狗。这里所谓的实验室是指研究条件和能被笼养的动物。在可以控制的条件下进行实验，从而最大限度地降低实验动物之间的差异对实验研究结果的影响。减少实验动物间的这种差异是通过使用同一窝交配繁殖的仔畜，同时对所有的实验动物使用相同的饲养条件和设施，如喂食、笼子等。实验动物之间差异的减小，将使处理措施的效果更客观、真实。然而在实验室条件下从实验动物上获得的数据不能充分代表该动物种群。

例 4-9　麻醉对大鼠的心率有一定影响。为了评估不同麻醉方法对大鼠心率影响的程度，设计一项实验，用 10 只相同的大鼠对两种不同麻醉方法与空白对照组进行比较。实验研究中的空白对照组实验是为了确定实验操作对老鼠心率的影响程度。使用交叉设计来进行该实验研究。按照随机的顺序将实验大鼠分成三组，两组大鼠采用两种不同的麻醉方法，另一组给予安慰剂作为空白对照组。在注射处理前 10min 到注射 1h 后，连续记录实验动物的心率。将两种不同麻醉方法的效果分别与相空白对照组进行比较。

二、临 床 试 验

临床试验是用来证实或揭示一种或多种药物或处理措施对人或动物治疗效果的一种前瞻性研究。传统的“临床试验”这个术语是针对患者或患病动物而言的。然而，现在的疫苗研究及其他一些涉及预防措施方面的试验也同样被称为临床试验。

实验和临床试验的区别在于所研究对象的不同，临床试验是实验研究的一个特例。如果实验是关于治疗或疾病预防研究，那么我们称这种研究为临床试验。相反，如果只涉及其他方面的动物实验研究，就称为实验。

临床试验涉及的动物通常由疾病表现出机体的不适。出于动物福利的考虑，在这种试验

中对动物进行密切的监测是十分必要的。因此，临床试验应该有非常严谨的计划，同时必须设计试验流程。在正式开始进行临床试验前要经过权威专家的论证。这是为了保证选择正确的实验设计，用最少的动物数量来满足科学问题研究的需要。同时，需明确一个根本原则，即避免动物不必要的痛苦。

通常试验的病患，在疾病确诊后已有一段时间。因此，研究目标的数量是渐增的。这就限制了对实验研究设计的选择，往往只选择一些更简单的设计。临床试验的最终目标是从目标动物身上获得有价值的数据和信息，该选择过程可能会影响一些实验结果的普遍性。

临床试验是医学研究和药物开发中的一组程序，在安全性保障下运行（或者更具体地说，有关药物不良反应和其他治疗方法不良影响的信息），且有效地收集卫生措施（如药物、诊断设备、治疗方案）数据。只有在非临床安全性质量方面获得满意的信息之后、在试验操作国家的卫生部门（伦理委员会）批准被授权后，这些试验才可以进行。

根据产品类型和发展阶段，研究人员最初从实验动物中进行小规模试点研究，之后进行较大规模推广，比较新产品与目前处方治疗。从安全性和有效性数据收集考虑，通常要增加患者数量。临床试验可以大小不等，从一个国家的单一中心到多个国家的多中心临床试验。

由于全系列的临床试验可能产生相当大的成本，支付所有必要人员和服务的费用通常由赞助人（他们可能是政府组织、制药或生物技术公司）承担。由于角色的多样性，可能会超过赞助商的资源，往往一项临床试验的管理要借助外包合作伙伴，如在学术界的合同研究组织或临床试验单位。

三、田 间 试 验

田间试验（field test）也称为现场试验，是一项在区域动物或现场环境进行的试验。为了评价处理措施的效果，对动物进行田间试验是十分有必要的。动物在田间实际上是指将动物自然地暴露在感染的环境下，这种环境就是其平时饲养的环境。通常一些新研制的动物疫苗等在前期实验室实验研究取得良好结果的基础上，都要进行田间试验。由于涉及实际的动物饲养场，通常要取得进行实验的动物饲养企业的同意和配合。田间试验通常可以用来验证实验室实验和临床试验的有效性。注意事项如下所述。

1. 田间试验的误差

（1）田间试验的误差来源。

（2）控制田间试验误差的途径。

2. 田间试验的原则

（1）重复：一套完整的试验处理为一个重复（区组），两次以上的重复试验可以估计试验误差，因为同一个处理有两个以上的资料，它们之间的差异为试验误差；重复试验可降低试验误差。误差的大小与重复次数的平方根成反比，多次重复试验的结果较精确。

（2）随机排列：是指一个区组中每一个处理有相同的机会设置在任何一个试验位置，以避免任何主观的影响。随机与重复可无偏估计试验误差。

（3）局部控制：就是将整个试验环境分成若干个相对较为一致的小环境，并在小环境内设置整套处理，使试验条件最大限度地保持一致，控制误差。

（一）顺序排列的试验设计

（1）对比法设计（contrast design）：直接与对照进行比较，重复较多。往往在处理较少的情况下采用，如品种对比试验、农药试验等常用此法。其优点是直观。

(2) 间比法设计 (interval contrast design)：处理较多时往往采用此方法，如育种试验的初级试验。

(3) 顺序排列的优缺点：顺序排列设计简单，操作方便，可按植株生育特性安排试验材料，减少边际效应，但无法无偏估计误差，理论上不能进行显著性测定。

(二) 随机排列的试验设计

(1) 完全随机区组设计：将所有处理完全随机地分配到各个试验单元中。一般适用于实验室等条件一致的试验。随机数据来源：计算机给出、抽签、查表等方法。

(2) 随机区组设计（完全随机区组设计)：根据局部控制的原则，将所有处理分配到一个区组中，区组内各处理排列完全随机，是最基本的农业试验设计。

(3) 拉丁方设计：拉丁方试验中的处理数与重复数相等。可双向控制土壤肥力，具有较高的试验精度，但缺乏伸缩性。

(4) 裂区设计：多因素试验中常用到的试验设计。有主区和副区，一般根据处理方便程度来安排主区和副区。以下几种情形常用裂区试验。

例 4-10 当一个新的预防药物或治疗药物即将上市时，是要经过大量不同实验进行评价的，如猪的胸膜炎疫苗。实验的第一步通常是在实验室实验测其毒性和可接种的单只药物剂量；第二步，是通过最初的临床试验的调查数据来评估测定其治疗效果；第三步，进行大规模的临床试验；第四步，要在自然条件下进行田间试验来评估测定这种新药。

小　结

本章主要介绍了实验研究中一些常用的设计方法，包括全因子设计、分式析因设计、裂区设计与条区设计及交叉实验设计等。在实际的研究工作中，要根据实际情况和实验研究的需要来选择适合的实验设计。

复 习 题

1. 实验研究主要应用哪些设计方法？
2. 全因子设计有哪些主要特点？
3. 临床试验与田间试验有哪些区别点？

第五章　疾病频率的度量

为了掌握瞬息万变的群体疾病发生、发展、消退的动态变化规律，必须了解疾病在空间、时间和群体间的变动和分布（distribution）情况，即三间分布状态。三间分布主要采取两类方法来说明：一类是发生数（incidence），就是观察一定时间（期间）内新发生的健康相关事件的频率；另一类是流行数（prevalence），为某时间的横断面发生事件的频率。结合发生数和流行数能够从数量角度掌握事件发生的全貌。

分布是“流行”和“不流行”两种状态连续不断的过程，而“三间分布”是疾病在动物群体之间、时间和空间分布的立体表现，它同时受环境、致病因子和宿主本身的影响，呈动态变化。

兽医流行病学采用不同的办法，提供一些研究（回答研究问题），即诊断性研究、病因诊断（etiological diagnosis）研究和预后诊断（prognostic）研究的结果。疾病事件可以通过频率描述上述结果。频率是指在一个单位时间内重复事件发生的数量。它主要是指在一段时间内定期的和规律性的变化。在流行病学的研究中，频率含义略有不同。这里主要介绍在流行病学中常用的频率和真正流行病学研究过程中的应用方法。

第一节　简　　介

兽医流行病学研究的一个根本任务就是量化疾病的发生和给出或描述疾病的发生与个体特征之间的关系。这可以通过计算受到影响的个体数量来完成。为了比较各个体组群、时限和地点的疾病水平，需要考虑计数在这些出现事件的群体规模的背景下发生的病例数。

量化各级动物疾病在群体中的水平非常重要，因为它能够：①确定哪些疾病在经济上更为重要；②为疾病控制活动提供优先使用资源的事项；③计划、实施和评价疾病的控制方案；④满足国际组织（如 OIE，即国际兽疫局）的报告要求；⑤证明无疾病的贸易伙伴。

明确发病率和流行率之间的区别是必要的，疾病性质的对比被认为是概念上的。例如，糖尿病和流行性感冒（流感）提供了一个鲜明的对比实例。糖尿病是一种慢性的非传染病，是一种目前不可治愈的疾病，其转归需要经过长时间才能够得到表现（死亡为结局）。相比之下，流感作为一种急性传染病，其转归能够迅速出现结果（无论是在健康的情况下还是在死亡的情况下）。基于这些特点，糖尿病患者与流感患者相比，其发病率相对较低，但却有相对高的流行率。每年虽然只有少数糖尿病的新发病例，但仍能够维持着群体的聚集；相反，流感具有相对高的发病率，但是流行率较低。由此可见，流感病例事件频繁出现，但是并不持久。

第二节　比例、比率和比

从数学的角度来看，疾病的发生频率可以通过静态率和动态率度量。

静态率度量包括比例（proportion）和比率（rate）。比例是一个分子包括在分母之内的分数。它是无量纲（大小）的，是没有或没法用具体的单位去量化的指标，在 0 到 1 之间变动，往往以百分比表达（×100）。而比率是一个分子不包括在分母之内的分数，可以是有量纲（大小）的也可以是无量纲（大小）的。

动态率的度量包括代表一个单位数量在另一个数量之中变化（通常是时间）的瞬时变化率。它们不是无量纲（大小）的，没有固定的上限。疾病频率的度量只能以新的事件、病例或不必区分新老疾病的病例为根据。图 5-1 显示了发病率度量背后的原则。研究期间开始时，它们获得的是没有动物疾病的数据。这些动物随着时间的推移从无病到有病，开始出现症状（如跛行），或直至观察期结束（如出售或研究结束）。

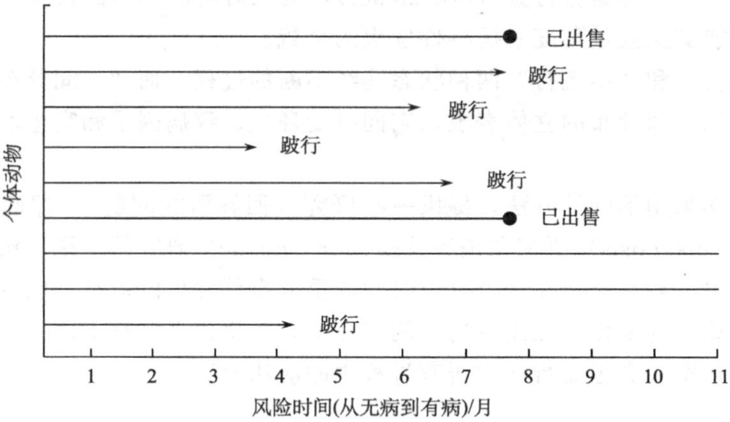

图 5-1　疾病的发病率

一、比　　例

比例表示同一事物局部与总体之间数量上的比值，分子和分母的单位相同，而且分子包含在分母中。常用 $P=a/(a+b)$ 来表示。假设有一个 100 头牛的群体，在 12 个月期间确定了 58 只患病动物，患病动物的比例为 58%。

比例有两类：一类是反映事物静止状态下内部构成成分占全体的比例，通常也称为构成比例，它是可以反映某种概率的数值。另一类是与动态的发生变化概率密切相关的比例，也称为发生频率比例，它反映在一定时间内发生某种变化者占全体的比例。该指标总是和时间区间联系在一起，是动态发生变化者占原来全体的频率，反映了在该时间区间内发生某种变化的概率。

比率和发生比例都是用来描述变量随时间变化的动态指标。区别是前者可在 0 到 1 之间取任何值，是反映动态过程的一个参数；而后者是一个总体中各个部分的数量占总体数量的比例，用于反映总体的构成或结构。两种相关联的量，一种量变化，另一种量也随着变化。两者不相同但互相联系。

二、比　　率

比率是由三项信息计算得出的。①分子：患病或死亡个体数；②分母：研究群体和（或）时间内的全部动物（或动物时间）；③一个特定的时段。

三、比

比（ratio）是两个变量的数值之商，定义为分母除分子，表示两个量的相对大小。它表示分子和分母之间的数量关系，而不管分子和分母来源的总体如何。分子和分母是两个彼此分离的互不重叠或包含的量。分子和分母本身可以是绝对数，也可以是比率、比例或比。

简单地说，比就是一个数除以另一个数的值。比率通常表示为在一个指定时间内的百分比。所以，比率也是比，但是比不一定是比率。例如，一个常用的比是病畜数比非病畜数，这个比称为疾病的比数比。上述 100 头牛牛群的疾病比是 58∶42 或 1.4∶1。

发病率是测量随着时间的推移，被观察易感个体最初如何频繁地成为病例的频率。当一个个体从易感动物转变成患病动物时，表明一个病例发生。发病病例数是指在指定的时间内，一个特定群体发生这种事件的数量。表达发病率的方式有两种：发病风险和发生率。

第三节　流　行　率

一、定　　义

流行率即患病率（prevalence），是指在某个特定时间点病例数占动物群体总数的比例。

$$\text{流行率}=\frac{\text{现有病例数}}{\text{群体动物总数}}\times 100\% \tag{5-1}$$

流行率可以解释为一个群体中的某个个体在一特定时间点患某种疫病的概率。

对于慢性病来讲流行率高于发病率，根据观察时间，流行率分为时点流行率（point prevalence）和期间流行率（period prevalence），受发病率和病程的影响。

时点流行率较常用。通常流行率时点在理论上是无具体长度的，一般不超过一个月。而期间流行率所指的是特定的一段时间，大多超过一个月。

$$\text{时点流行率}=\frac{\text{某一时点畜群中动物数一定畜群中患某病的新旧病例数}}{\text{该时点畜群中的动物数(被观察畜群的动物数)}}\times 100\% \tag{5-2}$$

$$\text{期间流行率}=\frac{\text{某观察期间一定畜群中现患某病的新旧病例数}}{\text{同期的平均畜群动物数(被观察畜群的动物数)}}\times 100\% \tag{5-3}$$

期间流行率实际上等于某一特定期间开始时的流行率加上该期间内的发病率。

时点流行率是指疾病的发生时间和点流行期间，仅着眼于单个时间点，使用的流行病例包括新旧病例。计算中没有固有的时间序列。这意味着它不可能知道这些动物成为患病动物的具体时间。如果疾病和累计发生的平均时间是已知的，其结果可用于计算流行率。这里举一个流行率计算的例子。例如，对来自牛群的 173 头奶牛的血液样本进行新孢子虫感染频率评估。如果有 15 头被检验为阳性，流行率可以计算为 15/173，时点流行率计为 0.09（9%）。这意味着在这个群体内每头奶牛有 9%的机会在这个时间点被感染。

二、影响流行率升降的因素

（1）流行率升高的影响因素包括：①病程延长；②未治愈动物存活时间延长；③新病例

增加（发病率增加）；④病例迁入；⑤健康动物迁出；⑥易感动物迁入；⑦诊断水平提高。

（2）流行率降低的影响因素包括：①病程缩短；②病死率高；③新病例减少（发病率下降）；④健康动物迁入；⑤病例迁出；⑥治愈率提高。

三、流行率与发病率、病程的关系

流行率取决于两个因素，即发病率和病程。因此流行率的变化可反映发病率的变化，或疾病结果的变化，或两者兼有。例如，由于治疗的改进，病畜免于死亡但并未恢复，这可导致流行率增加。流行率下降可以由发病率下降，也可由病畜恢复快或死亡快、病程缩短所致。如果病程缩到很短，尽管发病率提高，但流行率仍可降低。

发病率的重点在事件上，流行率则偏重于疾病状态。换句话说，流行率是在给定时间的条件下，患病群体所占的比例。除了原有的群体，设想一个亚群——所有患病的群体。有时，这种亚群被称为患病池或患病水库，每个个体都有机会退出患病池或患病水库，不仅是因为死亡的原因，也有可能是由于患病个体从疾病中恢复过来。这和稳定状态有关。如果个体进入患病池就相当于正在从正常群体退出，患病池就保持了平衡。

图 5-2 说明在流行率（prevalence）这样一个蓄水池（如水库）中，当流出量一定，且水源（发病率，incidence）流入量大时，则蓄水池水量增高，即流行率增高。若流入量（发病率）减少，则流行率降低。当流入量一定，而流出量增大（如死亡增加或痊愈及康复加快）时，则蓄水量（流行率）也就降低。可见流行率水平（所有病例）是随着发病率（新病例）增加而增高，并随着疾病恢复的加速或死亡的加速而下降。

图 5-2 发病率和流行率的关系（Baker，1998）

设 N 为群体总数，令 P 代表患病池的大小（患病群体）。则在时间区间 $[t_1, t_2]$ 进入患病池的一些个体数量为

$$N_{进入} = 发病率(进入) \times (t_2 - t_1) \times (N - P) \tag{5-4}$$

个体退出患病池被定义为

$$N_{退出} = 发病率(退出) \times (t_2 - t_1) \times P \tag{5-5}$$

式中，发病率（退出）为在流行池内的群体发病率。作为一个处于稳定状态的发病率的倒数等于疾病发生前的平均病程，患病池内群体发病率的倒数就是发病的平均时间。

当某地某病的发病率和该病的病程在相当长时间内保持稳定时，流行率、发病率和病程

三者的关系为

$$P = ID \tag{5-6}$$

式中，P 为流行率；I 为发病率；D 为病程。

式（5-6）可用于推算某些疾病的病程。例如，有人曾调查美国明尼苏达州癫痫的流行率为 376/10 万、发病率为 30.8/10 万，则病程为 12.2 年。

流行率通常用来表示病程较长的慢性病的发生或流行情况，如结核、布鲁菌病等。其多用于医疗设施规划，评估卫生设施及人力、医疗质量和医疗费用等。兽医应用较少，原因在于畜禽的养殖期较短，即使是慢性病，也没有足够的观察期。

第四节　发　生　率

一、累积发病率

量化新疾病发生风险使用的是累积发病率（cumulative incidence），也称为发病风险（incidence risk）。累积发病率是指已知无某种疾病的群体，经过一段特定的观察期之后，发生某病的频率。

分子是在某一特定观察期内发生的某病新病例数，分母是观察开始时的暴露动物数，主要应用于慢性病。值得注意的是，那些动物在观察期开始时必须是无病的，包括在此计算的分子或分母。它被解释为在风险期的范围内感染疾病的个体风险。发病风险是无量纲的数量，范围为 0～1，总是需要一段时间的指示物。

$$\text{累积发病率} = \frac{\text{在某一特定观察期内发生的某病新病例数}}{\text{观察开始时的暴露动物数}} \tag{5-7}$$

如果有一个具体的可能的概率（风险），某个体将会在指定的时间内发病，累积发病率是评估平均风险的度量。比起发病率，这种类型的度量更常用。其原因是它具有简单的解释性。但是，需要注意的是，累积发病率的条件是没有其他死亡的风险存在。

这里举一个例子，对去年一个 121 头牛的牛群使用的结核菌素试验进行了检测，所有检测结果呈阴性。今年，对同样的 121 头牛再次检测，有 25 头检测呈阳性反应。该 25 头牛超过了 12 个月内的累积发病率，然后将计算为 25/121，即 0.21。因此，该群的动物个体在 12 个月内具有 21%的感染概率。

封闭群发病风险的计算很简单。分母仅仅是在随访期间开始存在的无某病个体数量。开放群的发病风险计算略为复杂，需要考虑整个随访期期间那些进出群体的个体。要做到这一点，需要考虑开始个体的数量，加上在随访期间进入群体数量的半量（如出生和购买），减去一半流失的数量（因与疾病无关的原因离开群体的个体）。实际上这就给出了在随访期中点（假设个体以恒定速率进出群体）的群体体积。如果一个个体只能经历疾病的一个阶段，那就应该包括患病的离群个体（它们一旦从这个风险群体被移出，就成为病例）。

当种群为封闭状态，并且其所含个体在整个研究期间保持不变时，可计算发病风险。当种群为开放状态时，无法直接计算其发病风险，但可按如下任一方法对公式的分母进行调整，来推算出发病风险。

$$\text{风险数} = \text{在随访期中点时的群体体积} \tag{5-8}$$

$$\text{风险数} = \text{开始数} + \text{半量增加数} - \text{半量移出数} \tag{5-9}$$

$$风险数 =（开始数 + 半量增加数）- 半量 \times（移出数 + 病例数） \quad (5-10)$$

该方法是假定每个个体考虑只有一个疾病的情况下的方法，其假定每个个体只能计一次病例。

一个养猪场有125头母猪。在这个养猪场，3月10日诊断出放线杆菌性胸膜肺炎的第一个病例。在3月10日至7月12日（124天）共有68头猪出现放线杆菌性胸膜肺炎感染的临床症状并被治疗，而这68头猪中有24头需要重复治疗（也就是说，它们从第一次治疗疾病中恢复几个星期后再次生病，需要第二个疗程的治疗）。在暴发中有4头感染猪死亡。计算在随访期间猪放线杆菌性胸膜肺炎的发病风险。在这里，任意做出决定，将感染猪的数量作为输出结果（对应放线杆菌病个案数）。一旦猪成为一个病例，它对该病不再易感。

$$风险数 = [125 + (0.5 \times 0)] - 0.5 \times (0 + 68)$$

$$风险数 = (125 - 34) 头猪$$

$$风险数 = 91 头猪(125 头猪中)$$

124天随访期间每100头猪中处于风险的受影响猪为（68÷91）×100=75头。

二、发 病 率

（一）概　　念

发病率（incidence rate）又称为发病密度（incidence density），是指在一定随访期发生在风险群体中的个体单位转变为新病例的数量。换句话说，发病率是指在一个指定的时间内，风险群体中新的病例在风险群体中所占的比率。当动物出现死亡或移出时，分母可以选择起始动物数加期末动物数除以2，即同期该群动物平均数。

$$发病率 = \frac{一定期间内某畜群中某病新病例数}{同时期具有发病风险的畜群动物数(T)} \times 100\% \quad (5-11)$$

式中，T 为每个个体处于高发病风险时期的时间，而被观察的个体是处于风险群体之中的动物。有时它被称为发病密度。

发病密度（也称为真正的发病率、风险率、发病力或死亡率）被确定为在时间 t 内无病群体的大小，在单位时间内同时变化为疾病状态的潜力。分子包含以上时间观察期的新发病例数，分母是所有风险个体时间（处于风险群体的时间）积累的总和。这项度量在一个动物个体水平无法解释。它表示在1个单位时间内的单位，可以超过1。有两种常用计算方法：一种是使用一个精确的计算，分母为单位时间动物的总和，在此期间，每个动物处在风险之中；另一种是在开始的一段时间，根据无病动物总数使用一个近似的分母，从中减去1/2患病动物和1/2的离群动物。作为一个瞬间的速率，它表示单位时间内疾病发生的潜在性。下面的例子说明发病密度的计算原则。

最初一个村庄共100奶牛，对12个月内确定的奶牛死亡率进行了一项研究。

2个月后5头奶牛死亡，这意味着它们是5×2=10个动物风险月。

5个月后2头奶牛死亡，这意味着它们是2×5=10个动物风险月。

8个月后3头奶牛死亡，这意味着它们是3×8=24个动物风险月。

这意味着共有10头奶牛死亡，根据风险计算（5×2 + 2×5 + 3×8），这些奶牛经历了44个风险月，这意味着过去的研究期间90头奶牛存活，它们分别为90×12个月= 1080个月的风险，即1080个动物风险月。因此，这个村庄里奶牛死亡率的发病密度的计算公式为 10 / 1124 ＝每个风险月 0.009 头动物死亡。

由于分母是以处于风险的那些移出和丢失的个体动物单位表示的，随访容易说明。考虑对 5 头奶牛临床型乳腺炎的研究超过 12 个月，如表 5-1 所示。

表 5-1　假设乳腺炎数据

ID（序号）	细节	事件数/件	处于风险天数/天
1	牛 1/8，15/8 乳腺炎，15/9 乳腺炎，15/10 乳腺炎，11 月卖出	3	106*
2	牛 1/8，15/11 乳腺炎，5 月为干乳期	1	365
3	1/12 购入，翌年 1 月乳腺炎，5 月为干乳期	1	243
4	牛 1/8，11 月 16 日卖出*	0	107
5	牛 1/10，10 月 5 日死亡	0	4

*8 月 1 日至 11 月 15 日 106 天。

资料来源：Stevenson，2011

在表 5-1 所示数据的基础上，12 个月期间的临床乳腺炎发病率为 825 天 5 例的风险奶牛（临床乳腺炎的每头牛年风险相当于 2.2 例）。

对于封闭群，经历疾病风险的量（分母）是随访开始时就存在的无病个体数量，随着后续期延长而增加。对于开放群，经历疾病风险的量（分母）是开始的数量，加上一半随防期入群的数量，再减去后续期离群数量的一半（和计算开放群体发病风险一样）。

这里说的特定时段可以是任意确定的（如 5 年乳腺炎的发病风险），或个体间可存在差别。在对地方疫情进行调查时，这个特定时段往往是指疫情发生的时间。

只有研究起始之时无病的个体，才可以计入式（5-11）的分子或分母。

必须确定所指风险的时段。

结果为无量纲数，范围为 0～1。

观察时间单位可根据所研究的疾病病种及研究问题的特点决定，通常多以年表示。

（二）分子与分母的确定

分子是畜群中一定期间内的新发病例数。若在观察期间内一个动物多次患病，则应分别计为新发病例数。但对发病时间难确定的一些疾病可将初次诊断的时间作为发病时间。分母中所规定的暴露畜群数是指可能会发生该病的畜群，对那些不可能患该病的动物（传染病的非易感动物、已接种疫苗有效动物），不计入分母内。

发病率可按不同特征（如年龄、畜别、病因等）分别计算，此即发病专率。由于发病率的准确度可受很多因素的影响，所以在对比不同资料时，应考虑年龄、畜别等的构成，进行发病率的标准化。

（三）应　　用

在流行病学中，发病率可用来描述疾病的分布，反映疾病发生的比率，它的变化意味着病因因素的变化。这种变化既可能是某些自然发生的波动，也可能是采用某些有效预防措施的结果。常通过比较不同畜群的某病发病率来帮助确定可能的病因，探讨发病因素，提出病因假说，评价防治措施的效果。发病率的准确性取决于疾病报告、登记制度和正确诊断。

三、流行率、发病率和发病风险之间的关系

（一）流行率、发病率和发病风险之间的比较

比较累积发病率（发病风险）和流行率，首先要认识到，只有前者（累积发病率）包括一个时间序列。累积发病率只包括列举的新病例，而流行率不区分新老病例。累积发病率预计疾病将在未来发生的概率，类似的个体将在未来发展的条件。做出有关预防措施，如接种疫苗的决定，这是有用的。流行率描述了一组个体之间有一个时间点的疾病的概率。每一个临床兽医在临床决策过程中可以直接使用这些信息。这两种度量可以用来比较接种和未接种疫苗的动物疾病的流行率等之间风险因素的比较。表 5-2 列出了三种方法表达发病的频率比较。

表 5-2　流行率、发病风险和发病率之间的比较

比较项	流行率	发病风险	发病率
分子	将单一时刻存在的所有病例都计入	特定跟踪时段发生的新病例	特定跟踪时段发生的新病例
分母	研究的所有个体，包括病例及非病例	研究开始存在的所有易感动物	是所有个体可能发生疾病的时间总和
时间	单个时间点或时间段	确定的时间段	要测定每个个体从研究开始
研究方法	横断面研究	前瞻性队列研究	前瞻性队列研究
解释	是在一个时间点患疾病的概率	在确定时段内发生疾病的风险	在确定时段新发病例产生的速率

假定发病率恒定，流行率可按如下方法根据发病率来推算：

$$流行率=(发病率\times 疾病持续时间)\div(发病率\times 疾病持续时间+1) \qquad (5\text{-}12)$$

（二）疾病发生度量的计算

疾病发生通过采取不同的度量方法进行计算。如图 5-3 所示，计算是根据在观察期开始所有 10 只无病动物群体和超过一年的随访完成的。每月对疾病状态进行一次评估。动物 A 在 5 月出现发病，因此在 1～4 月处于风险状态。动物 C 在 8 月离开群体，这意味着它在 1～7月处于患病风险。12 月和 6 月点流行率的计算评价会是 50%和 33%。因此，如果疾病过程受季节性和病程短的影响，点流行率将有很大的差别，这取决于何时对处于风险的群体进行检查。离群将会引起何时计算发病率的问题。累积发病率计算被排除在外，并在发病密度近似和精确计算的情况下造成了非常相似的评价。解释发病率应考虑风险期，在本例中风险期是一年。

四、动态群体及其相关概念

（一）风险群体

风险群体可以是封闭的也可以是开放的。封闭的种群是指在整个研究过程中没有增加，也没有或少有减少。开放的种群是指在研究过程中有所增加（如新生个体或新购进个体）及减少（如个体死亡或被出售）。

动物	1月	2月	3月	4月	5月	6月	7月	8月	9月	10月	11月	12月	是否患病?	危险月份数?
A					疾病								是	4
B													否	12
C								撤出					否	7
D		疾病											是	1
E													否	12
F						疾病							是	5
G											疾病		是	10
H													否	12
I													否	12
J						撤出							否	5
总共													4	80

图 5-3　疾病发生度量的计算（Stevenson，2011）

（二）封闭群体

封闭群体定义为在随访期间没有个体数量上的增加或移出发生的群体。

（三）开放群体

开放群体是在随访期间发生个体的补充（如出生或购入）和移出（如销售或死亡）。在医学和兽医实践中的群体大多是开放的。

（四）固定群体和动态群体

固定群体和动态群体需要用不同的方法来计算发病率。第一个算法以最初的群体为基础（无额外成员进入），第二个算法主要是以特征性定义的（包括额外的群体）。

在研究开始时，动物群体数量和时间（包括所有群体的成员）要固定，直到第一次发病出现时研究停止。在动态群体的情况下，不仅要报告比例的发生，而且还要报告风险群体中新病例出现的时间。在开始研究时，动物个体的数量与群体数量或分母是没有关系的。

如果进入群体动物的数量与退出此群体动物的数量是保持平衡的，可以认为此群体处于一个稳定的状态。

（五）流动畜群

流动畜群对疾病的暴发流行起着加剧作用，这为疾病的防制工作提出了一个亟待解决的新问题。我国就曾经因为畜群大流动引起一些传染病的暴发和流行。

流动畜群是传染病暴发流行的高危畜群。由于畜群免疫水平低、卫生防护措施差、兽医防疫机构不健全，所以这些动物极易发生传染病的暴发流行，同时也对周围畜群构成了威胁；流动畜群是疫区与非疫区间传染病的传播纽带；流动畜群对传染性疾病传播起着不可忽视的作用。

第五节　疾病发生的其他度量

在兽医流行病学研究中，除了流行率、发病风险、发病率之外，对疾病发生的频率还具有许多度量方法，如动态率或静态率的其他度量。属于动态率的有以下几种。

(1) 罹患率 (attack rate)。该指标和发病率一样，也是畜群新病例数的指标。通常多指在某一局限范围短时间内的发病率，观察时间可以日、周、旬、月为单位，适用于局部地区疾病的暴发，传染病及因饲料、药物等中毒等暴发流行的情况。其优点是可以根据暴露程度精确地测量发病概率。

(2) 续发率 (secondary attack rate，SAR)。是指在传染病最短潜伏期到最长潜伏期之间，易感被接触畜群中发病的动物数占所有易感被接触畜群动物总数的百分率。

$$续发率=\frac{一个潜伏期内被接触畜群中发病动物数}{接触畜群动物总数}\times 100\% \tag{5-13}$$

在一个畜群中首例传染病病例发生后，在该病最短与最长潜伏期之间的病例称为续发病例，有时称为二代病例。续发率多指以续发病例为分子，以接触动物总数为分母计算百分率。

应注意在进行续发率的计算时，须将原发病例从分子及分母中去除。

(3) 死亡率 (motality rate)。表示在一定期间内，在一定畜群中，死于某病（或死于所有原因）的频率。它是测量畜群死亡风险最常用的指标。其分子为死亡动物总数，分母为发生死亡事件的畜群动物总数，常以年为单位。

$$死亡率=\frac{某动物群体某个期间内(因某病)死亡动物总数}{同期该群的动物平均数}\times 100\% \tag{5-14}$$

死于所有原因的死亡率是一种未经过调整的死亡率，也称为死亡粗率 (crude death rate)。某病死亡率对致死程度不同的疾病意义不同，如对猪瘟、新城疫、高致病性禽流感等的流行病学研究就有很大价值。但对于很少致死的传染病，死亡率缺乏足够的流行病学研究价值，如猪轮状病毒感染、猪流感、牛病毒性腹泻（黏膜病）等。

(4) 病死率 (fatality rate)。是表示一定时期内（通常为一年），患某病的全部动物中因该病死亡动物的比例。

$$病死率=\frac{某时期内因某病死亡的动物数}{同期患该病的动物数}\times 100\% \tag{5-15}$$

病死率也可用死亡和发病的专率被推算出来，前提是某病两项专率处于稳定状态。

$$病死率=\frac{某病死亡专率}{某病发病专率}\times 100\% \tag{5-16}$$

病死率是表示某特定（确诊）疾病的死亡概率，它可表明某疾病的严重程度，也可反映出对该病的诊治防控能力，多用于急性传染病，较少用于慢性病。一种疾病的病死率在不同疾病的流行中可因病原体、宿主和环境之间的平衡发生变化而升降。例如，在口蹄疫发生时，由于发病率达到100%，病死率等于死亡率。

属于静态率的有以下几种。

(1) 感染率 (infection rate)。是指在某段时间内能检查的整个畜群样本中，某病现有感染动物数所占的比例。感染率的性质与流行率相似，属于静态率。

$$感染率=\frac{受检畜群中检出的阳性动物数}{受检动物总数}\times 100\% \tag{5-17}$$

某些传染病感染后并不发病，但可以通过微生物学、免疫学、分子生物学等技术发现感染畜群并证明畜群处于感染状态。感染率常用于研究某些传染病或寄生虫病的感染情况和分析防制工作的效果，可用来估计某病的流行态势，也可为制定防制措施提供依据。

感染率是评价畜群健康状况常用的指标。兽医流行病学工作中对这一指标的应用甚为广泛，特别是对那些隐性感染、病原携带者，以及轻型和不典型病例的调查应用较多，如牛结核、鸡白痢、牛病毒性腹泻/黏膜病、寄生虫病等。

需要注意的是，血清学检验阳性只能证明存在某种病原体和（或）其抗原成分的抗体，不能完全证明和区分是自然感染还是人为接种感染（如弱毒疫苗接种），或人为免疫抗原诱导产生（如灭活苗）。具体内容详见血清流行病学章节。

（2）携带率（carrier rate）。其与感染率的概念相似，分子为携带某种病原体动物数，分母为被检动物总数。与感染率不同的是其只检测病原体。携带率根据病原体的不同又可分为带菌率、带毒率、带虫率等。

小　　结

本章以流行率、发生率为主线，介绍常用的比率、影响流行率升降的因素，以及流行率与发病率、病程的关系；在兽医流行病学研究中，除了对流行率、发病风险、发病率进行说明之外，对疾病发生的频率，包括动态率和静态率等度量方法也做了说明。

复　习　题

1. 简述流行率与发病率和病程的关系。
2. 什么是发病率？
3. 流行率、发病率和发病风险之间的关系包括哪些内容？
4. 简述动态群体。

第六章　相关与效应的度量

本章介绍了一些频繁用于决定风险因素与疾病之间关系的度量及评估效果的方法，即风险因素对研究对象与目标对象的重要性。

第一节　简　　介

通常流行病学研究所关注的是评估具有特定特点的动物携带特定疾病的机会。这些特征可能是特定的性别、年龄或体重的内在风险因素或居住条件、管理相关问题的外在风险因素。疾病的风险被定义为健康动物由于暴露于风险因素而致病的机会。虽然这种风险是疾病和风险因素之间一个有用的总结，但是对评估风险因素的重要性而言却意义不大。暴露于某个致病因素的群组的高发病率并不能表明这个因素是可能的风险因素，除非另一个未暴露于该因素的相似的动物群组发病率很低。

第二节　2×2 表格

为了叙述简单明了，本章节其余部分将以表 6-1 所示将数据按照 2×2 表格的方式重点说明。很多时候能够从观察研究，即一个横断面、一个队列或病例对照研究中获得这种数据。此处简要地阐述如何从不同的研究类型中获得数据。

表 6-1　组合和效果的 2×2 计算表格

风险因子状态	疾病状态		总计
	患病	未患病	
暴露	a	b	$a+b$
未暴露	c	d	$c+d$
总计	$a+c$	$b+d$	n

在一个横断面研究中，最主要的目的是估计疾病的流行程度。从研究对象中随机选择 n 个动物获得样本（不考虑暴露或疾病状态），之后按类别界定将它们放入表6-1所示的 4 个（①患病＋暴露；②未患病＋暴露；③患病＋未暴露；④未患病＋未暴露）中的一个。

由于在一段时间内我们不能一直跟踪动物，所以并不能估计发病可能性；然而，可以估计暴露组［$a/(a+b)$］和未暴露组［$c/(c+d)$］的疾病可能性（群组动物的流行率）。这种风险有时是指患病流行风险。本质上它就是前面章节提及的流行率的量度。然而，此处加上风险这个词条是为了确认暴露或未暴露于某个风险因素的动物之间的流行率。

在队列研究中，将最初未患病的两组动物作为样本，一组暴露于疑似风险因素，另一组不暴露。跟踪两组动物，用 $a/(a+b)$ 和 $c/(c+d)$ 能够分别估计暴露组和未暴露组产生疾病的风险（发病风险）。因此，在队列研究中定义逐行组，这样能够使计算和解释逐行。

在病例对照研究中逐列取样。选择发病组动物（病例）和对照组动物（对照），再根据暴露情况将它们分别随机分为两个组。这表明在先前的研究中不能合理地解释相同类型风险的计算：选择逐列研究就不能利用逐行研究的计算方法，因为没有理由假设样本中发病动物的比例与总体的相同。然而，可以计算发病组和未发病组暴露于风险因素的暴露率［$a/(a+c)$ 和 $b/(b+d)$］，但是这些度量通常很少有很直接的关系。横断面研究中可以计算暴露风险，但是没必要这样做。因为病例对照研究不用风险作为度量，而用一些其他的度量，即可能性。然而在转向这种选择之前应该更关注风险度量。

第三节　相关的测量

一、风险和相对风险

本章采用与以前一些章节的发病风险定义有些不同的定义。风险（r）定义为

$$r=\frac{\text{动物状态(患病或暴露)}}{\text{群体动物(或暴露组)}} \tag{6-1}$$

通常会区分先前部分章节提及的发病风险、患病风险和暴露风险。假如将数据放入2×2表格（表6-1），式（6-1）的定义对三种情况或三种风险（发病风险、患病风险和暴露风险）都是可行的。然而只要数据允许，都应继续使用先前部分章节阐述的计算发病风险的方法。

在队列研究中需要将暴露组和未暴露组结合起来，并在样本中用$(a+c)/n$计算总的发病风险（但是要注意这并不一定反映目标群体的发病风险）。风险是疾病与暴露情况之间联系的不太精确的度量，这种风险需要与未暴露的一个相似的组相比较。相对风险（RR）可定义为

$$\mathrm{RR}=\frac{\dfrac{a}{a+b}}{\dfrac{c}{c+d}}=\frac{a(c+d)}{c(a+b)} \tag{6-2}$$

即暴露组相对于未暴露组的风险。这样进行定义仅对队列研究或横断面研究中的相对风险有意义，正如我们在队列研究中举的例子。当RR值大于1时，暴露组的疾病风险增加；小于1时表明所暴露的因素有保护性。根据定义，风险（r）是种可能性（比例），因此根据一般统计规律（假如这个比例是正态分布），标准误差（本身）被定义为

$$\mathrm{SE}(\gamma)=\sqrt{\frac{\gamma(1-\gamma)}{n_{\gamma}}} \tag{6-3}$$

$(1-\alpha)$ 100%的置信区间为

$$\gamma \pm Z_{1-\alpha/2}\mathrm{SE}(\gamma) \tag{6-4}$$

用$Z_{1-0.05/2}=1.96$来计算95%的置信区间。在式（6-3）中，将n记为n_{risk}，表明相关动物数量的估计依赖于自身的估计（如暴露组的风险$n_{\text{risk}}=a+b$；而对整个样本，$n_{\text{risk}}=a+b+c+d=n$）。

相对风险的置信区间计算起来更加复杂，可将相对风险看成是两个近似正态分布的比。它本质上不是一个正态分布。然而，已证明特定比例的相对定义风险经转化后服从正态分布。在Katz等研究的对数表中相对风险的标准误差为

$$SE(\ln RR)=\sqrt{\frac{1}{a}-\frac{1}{a+b}+\frac{1}{c}-\frac{1}{c+d}} \tag{6-5}$$

运用式（6-5）能够直接为式（6-4）的对数变换变量建立置信区间，反过来为相对风险自动生成置信上限（U_{RR}）和下限（L_{RR}）：

$$U_{RR}=\exp[\ln RR+Z_{1-\alpha/2}SE(\ln RR)] \tag{6-6}$$

$$L_{RR}=\exp[\ln RR-Z_{1-\alpha/2}SE(\ln RR)] \tag{6-7}$$

例 6-1 缺乏运动可能是猫髋关节发育不良（HD）的一个风险因素，在表 6-2 中从一个假设的研究得到数据以显示猫的 HD 和它们运动选择的关系，即猫是允许外出或是养于室内。

表 6-2 根据猫髋关节发育不良和运动选择的联系的研究得到的假设数据

	髋关节发育不良		猫总数
	+	−	
室内	50 (*a*)	150 (*b*)	200
室外	20 (*c*)	780 (*d*)	800
总计	70	930	1000

注：括号中的字母是指表 6-1 中的字母

此例会贯穿于本章全文，运用不同的研究方法变换不同的研究设计。目前认为对观察 5 年的猫（原本健康）而言已获得队列研究的数据。

此种研究中每组均可计算发病风险和相对风险。暴露组（室内）和未暴露组（室外）HD 的发病风险（I_{risk}）分别为

$$I_{risk}^{I}=\frac{50}{200}=0.25,\quad I_{risk}^{O}=\frac{20}{800}=0.025$$

相对风险（RR）为

$$RR=\frac{\frac{a}{a+b}}{\frac{a}{c+d}}=\frac{I_{risk}^{I}}{I_{risk}^{O}}=\frac{0.25}{0.025}=10$$

这表明室内喂养的猫 HD 的发病风险（原本健康的猫在 5 年的时间里患 HD 的风险）为室外喂养猫的 10 倍，然而，表 6-2 的数据是通过横断面研究获得的，那么 RR=10 应解释成猫中发现 HD 的风险，室内喂养的比户外喂养的高 10 倍。

为计算相对风险的置信区间，用式（6-5）计算对数转换相对风险的标准误差：

$$SE(\ln RR)=\sqrt{\frac{1}{a}-\frac{1}{a+b}+\frac{1}{c}-\frac{1}{c+d}}=\sqrt{\frac{1}{50}-\frac{1}{200}+\frac{1}{20}-\frac{1}{800}}=0.25$$

将其代入式（6-6）和式（6-7）获得下面相对风险的 95%置信区间：

$$U_{RR}=\exp[\ln RR+Z_{1-0.05/2}SE(\ln RR)]=\exp(\ln 10+1.96\times 0.25)=16.4$$

$$L_{RR}=\exp[\ln RR-Z_{1-0.05/2}SE(\ln RR)]=\exp(\ln 10-1.96\times 0.25)=6.1$$

即 95% CI：[6.1；16.4]。

二、比值及比值比

风险，即可能性，并不是机会的唯一量度。还有比值（odd）：

$$比值=\frac{发病动物(暴露)}{未发病动物(未暴露)} \tag{6-8}$$

用 P 代表疾病（或暴露）的可能性，那么比值与 P 之间的关系为：比值$=P/(1-P)$，与风险相比，比值的定义有些不太直观。

运用某种度量，如比值的动机并不在于比值本身，而更多地在于两个不同比值之间的比，即比值比。在队列研究中，疾病的比值比（OR_{CO}）用暴露组和未暴露组比值之间的比估计：

$$OR_{CO}=\frac{\frac{a}{b}}{\frac{c}{d}}=\frac{ad}{bc} \tag{6-9}$$

即暴露组的疾病比值相对于未暴露组的疾病比值。

然而在病例对照研究中，对于患病组和未患病组比值的定义分别是暴露组和未暴露组的比。因此，病例对照研究中比值比（OR_{CC}）的定义为

$$OR_{CC}=\frac{\frac{a}{c}}{\frac{b}{d}}=\frac{ad}{bc} \tag{6-10}$$

即患病动物组暴露于风险因素相对于未患病动物组暴露于风险因素的比值。

要注意虽然病例对照研究和队列研究中比值比的定义不同，但是计算方法是相同的。在病例对照研究中，比值比的两种计算方法都可行，不过通常首选式（6-9）。因此，可以用比值比比较不同研究类型的结果。此后可以将比值比简称为 OR 并省略下标。

虽然各种类型的研究均可计算 OR 值，但是要注意与队列研究和横断面研究相比，病例对照研究中的 OR 值的释义是不同的。原因是在病例对照研究中不能逐行推理，因为数据是逐列处理的。因此在队列研究中 OR=3 表示暴露于疑似因素患病的比值比未暴露组高 3 倍，而在病例对照研究中 OR=3 表示患病组已暴露于疑似因素的比值比未患病组高 3 倍。因此，为解释病例对照研究中暴露于风险因素的 OR 值，应确定暴露和结果之间的因果关系。

另一个采纳 OR 的原因是计算的方便（在线性回归和分析中）。但是在队列研究和病例对照研究中应计算相对风险，因为它是以概率计算表示的参数的更直观的解释。

研究中几乎不引用比值本身，因为它们没有意义。因此，忽略这些置信区间的计算，仅需关注比值比。有研究显示，在标准误差下对数变换能够更好地逼近正态分布：

$$SE(\ln OR)=\sqrt{\frac{1}{a}+\frac{1}{b}+\frac{1}{c}+\frac{1}{d}} \tag{6-11}$$

OR 本身的置信限可类似推导到相对风险［式（6-6）］

$$U_{OR}=\exp[\ln OR+Z_{1-\alpha/2}SE(\ln OR)] \tag{6-12}$$

$$L_{OR}=\exp[\ln OR-Z_{1-\alpha/2}SE(\ln OR)] \tag{6-13}$$

例 6-2　研究由例 6-1 得到的表 6-2。这些数据的 OR 为

$$OR=\frac{ad}{bc}=\frac{50\times780}{150\times20}=13$$

对数转换 OR 的标准误差 [式 (6-11)]为

$$SE(\ln OR)=\sqrt{\frac{1}{50}+\frac{1}{150}+\frac{1}{20}+\frac{1}{780}}=0.28$$

95%置信区间 [式 (6-12) 和式 (6-13)]为

$$U_{OR}=\exp[\ln OR+Z_{1-0.05/2}SE(\ln OR)]=\exp(\ln13+1.96\times0.28)=22.5$$

$$L_{OR}=\exp[\ln OR+Z_{1-0.05/2}SE(\ln OR)]=\exp(\ln13-1.96\times0.28)=7.5$$

若依然假设是从队列研究中得到的数据（忽略此种情况下不计算 OR 值），可将 OR=13 解释成：与户外放养的猫相比，室内喂养的猫得 HD 的 OR 高 13 倍。

然而若是数据得自病例对照研究，那么 OD=13 的意义为对室内养殖的猫而言，得 HD 的猫比不得 HD 的猫高 13 倍。当解释比值比的时候应注意这种区别。

每当怀疑疾病罕见时，例 6-1 和例 6-2 是对用 OR 值作 RR 值的近似计算很好的说明。至于表 6-3，因为流行率 [$(a+c)/n$] 较低，所以数字 a 和 c 很小，因此遵循：

$$a+b\approx b \tag{6-14}$$

$$c+d\approx d \tag{6-15}$$

表 6-3 当用比值比估计相对风险时，例 6-3 的数据说明在病例和对照组疾病罕见的需要

风险因素状态	疾病状态		总计
	患病	未患病	
暴露	3	3	6
未暴露	5	989	994
总计	8	992	1000

结合式 (6-9) 与式 (6-2) 得

$$OR=\frac{ad}{bc}\approx\frac{a(c+d)}{(a+b)c}=RR \tag{6-16}$$

然而对暴露组和未暴露组而言，罕见的假设必须是真实的，如例 6-3 所示。

例 6-3 研究表 6-3 的数据。此处有一例，每 1000 例中仅有 8 例患病。但是 RR 值和 OR 值分别为

$$RR=\frac{\frac{3}{6}}{\frac{5}{994}}=99,\qquad OR=\frac{3\times989}{3\times5}=197$$

即 OR 值比 RR 值近乎大了 2 倍，因为暴露组有相对较高的疾病发生率，虽然总体发病率很小。要注意表 6-3 是一个糟糕的研究设计的例子，在总计 1000 个研究单位中仅 6 例暴露、8 个案例。

第四节 效应的测量

通过相对风险和比值比能够建立风险因素与疾病之间的相对重要性或联系。然而，这并不代表风险因素的整体重要性。为达到此目标，一定要有一个能够将相对风险和风险因素的发生比例相结合的量度（风险因素的流行率）。可以采用归因风险度（attributable risk）。因为即使动物未暴露也有可能患病。暴露组和未暴露组患病风险的不同表现在归因风险度（AR）：

$$AR=\frac{a}{a+b}-\frac{c}{c+d} \tag{6-17}$$

要注意这是一种绝对的量度。运用相对当量可能会简单一点，即涉及被暴露物体暴露组的总风险的份数（比例），这种度量为归因分数（attributable fraction，AF）：

$$AF=\frac{\frac{a}{a+b}-\frac{c}{c+d}}{\frac{a}{a+b}}-\frac{AR}{\frac{a}{a+b}}=\frac{RR-1}{RR} \tag{6-18}$$

式（6-18）的最后一部分表明一个近似值总能用在病例对照研究中。结果是估计归因分数（estimated attributable fraction，AF_{Est}）：

$$AF_{Est}=\frac{OR-1}{OR} \tag{6-19}$$

这种形式的有效性与用比值比代替相对风险基本相同，即若 OR 是 RR 糟糕的估计，则 AF_{Est}也是 AF 糟糕的估计。在能够直接计算 AF 值的情况下应该这么做。

可以计算 AF 的置信区间，但是计算公式相当繁琐，此处省略。

例 6-4 继续代入表 6-1 的数据（表 6-2）。假设数据得自队列研究，那么根据式（6-17）得 AR 值：

$$AR=\frac{a}{a+b}-\frac{c}{c+d}=\frac{50}{200}-\frac{20}{800}=0.225$$

即在总风险为 0.25 的情况下室内喂养的猫患病风险占 0.225。根据式（6-18）得

$$AF=\frac{RR-1}{RR}=\frac{10-1}{10}=0.9$$

因此室内喂养的猫 90%得 HD 是由于它们被喂养在室内（因为缺少合适的锻炼）。AF_{Est}仅应用于病例对照研究，此处给出以作对比：

$$AF_{Est}=\frac{OR-1}{OR}=\frac{13-1}{13}=0.92$$

与真实的 AF 相比仅有轻微的不同。

在横断面研究或样本能够明显代表目标总体时，不仅可以估计结果，还可以估计群体中风险因素的重要性。利用群体归因风险度（population attributable risk，PAR）来比较未暴露组中高危群体的风险可达到此目的：

$$PAR=\frac{a+c}{n}-\frac{c}{c+d}=\frac{a+b}{n}AR \tag{6-20}$$

它与式（6-17）定义的 AR 完全相似，PAR 是指可能会暴露于风险因素的群体的风险。当被理解为总风险的一小部分时解释其重要性可能会更容易一些。因此，引入群体归因分数（population attributable fraction，PAF）：

$$PAF=\frac{\frac{a+c}{n}-\frac{c}{c+d}}{\frac{a+c}{n}} \tag{6-21}$$

即由于风险因素的比例，利用群体 OR（此处未定义，见表 6-4）可以估计 PAF 值，由于这些几乎很少完成，故可忽略这些计算。

表 6-4 病例对照研究中关联、影响和重要性的度量

			疾病状态		总计	
			+	−		
总结	暴露	+	a	b	$a+b$	
		−	c	d	$c+d$	
	总计		$a+c$	$b+d$	n	
关联的度量						
比值比			$OR=\frac{ad}{bc}$			逐列说明
群体相比值比			$OR_{pop}=\frac{d(a+c)}{c(b+d)}$			只有当对照组被抽样时被使用，暴露组和非暴露组之比代表了目标群体
影响的度量						
估计归因分数			$AF_{Est}=\frac{OR-1}{OR}$			只有当 OR 近似等于 RR 时，也就是在暴露组和非暴露组的患病数非常少时才被使用
重要性的度量						
群体估计归因分数			$PAF_{Est}=\frac{OR_{pop}-1}{OR_{pop}}$			只有当 OR_{pop} 可以计算时才使用

例 6-5 假设例 6-1 的数据（表 6-2）得自横断面研究，则我们可以计算效应的测量，即群体归因风险度和群体归因分数［式（6-20）和式（6-21）］：

$$PAR=\frac{a+c}{n}-\frac{c}{c+d}=\frac{70}{1000}-\frac{20}{800}=0.045 \tag{6-22}$$

$$PAF=\frac{\frac{a+c}{n}-\frac{c}{c+d}}{\frac{a+c}{n}}=\frac{\frac{70}{1000}-\frac{20}{800}}{\frac{70}{1000}}=0.64 \tag{6-23}$$

室内喂养的猫患 HD 的风险为 0.045，所以，假如所有的猫都有机会进行户外锻炼，群体中患 HD 的总风险（70/1000=0.07）将降低 0.045［要注意这样总的风险将降低至户外水平（0.025）］。PAF 值为 0.64 表明 64%的 HD 是由于室内喂养。

第五节 度量总结

表 6-4 至表 6-6 所示分别为对横断面研究、队列研究和病例对照研究的总结。为保持完整性，以前的介绍中已排除的某些元素包含其中。

表 6-5 横断面研究中关联、影响和重要性的度量

总结			疾病状态 +	疾病状态 −	总计	
	暴露	+	a	b	$a+b$	
		−	c	d	$c+d$	
	总计		$a+c$	$b+d$	n	
关联的度量						
相对风险度	$\mathrm{RR}=\dfrac{\frac{a}{a+b}}{\frac{c}{c+d}}$					相对风险度是疾病流行程度风险的度量
比值比	$\mathrm{OR}=\dfrac{ab}{bc}$					逐行说明的，可能的情况下多使用相对风险度
群体相对风险度	$\mathrm{RR}_{pop}=\dfrac{\frac{a+c}{n}}{\frac{c}{c+d}}$					注意风险不是独立的，如 c 和 d 在风险分析中都被使用
群体比值比	$\mathrm{OR}_{pop}=\dfrac{d(a+c)}{c(b+d)}$					可能的情况下使用 RR_{pop}
影响的度量						
归因风险度	$\mathrm{AR}=\dfrac{a}{a+b}-\dfrac{c}{c+d}$					这是影响的一个绝对的度量
归因分数	$\mathrm{AF}=\dfrac{\mathrm{AR}}{\frac{a}{a+d}}=\dfrac{\mathrm{RR}-1}{\mathrm{RR}}$					这是影响的一个相对的度量
重要性的度量						
群体归因风险度	$\mathrm{PAR}=\dfrac{a+c}{n}-\dfrac{c}{c+d}=\dfrac{a+b}{n}\mathrm{AR}$					这是重要性的一个绝对的度量
群体归因分数	$\mathrm{PAF}=\dfrac{a+c}{n}-\dfrac{\frac{c}{c+d}}{\frac{a+c}{n}}$					这是重要性的一个相对的度量

表 6-6　队列研究中关联、影响和重要性的度量

总结

		疾病状态 +	疾病状态 −	总计
暴露	+	a	b	$a+b$
	−	c	d	$c+d$
总计		$a+c$	$b+d$	n

关联的度量		
相对风险度	$RR=\dfrac{\frac{a}{a+c}}{\frac{c}{c+d}}$	相对风险度是疾病发生率风险的度量
比值比	$OR=\dfrac{ad}{bc}$	逐行说明的，可能的情况下多使用相对风险度
群体相对风险度	$RR_{pop}=\dfrac{\frac{a+c}{n}}{\frac{c}{c+d}}$	只有队列被抽样时使用，暴露组和非暴露组之比代表了目标群体
影响的度量		
归因风险度	$AR=\dfrac{a}{a+b}-\dfrac{c}{c+d}$	这是影响的一个绝对的度量
归因分数	$AF=\dfrac{AR}{\frac{a}{a+b}}=\dfrac{RR-1}{RR}$	这是影响的一个相对的度量
重要性的度量		
群体归因风险度	$PAR=\dfrac{a+c}{n}-\dfrac{c}{c+d}=\dfrac{a+d}{n}AR$	重要性的一个绝对的度量。只有当抽样中疾病的流行程度代表群体的疾病流行程度时才使用
群体归因分数	$PAF=\dfrac{\frac{a+c}{n}-\frac{c}{c+d}}{\frac{a+c}{n}}$	重要性的一个相对的度量。只有当抽样中疾病的流行程度代表群体的疾病流行程度时才使用

然而，也有在介绍和表格中均忽略的度量，如疾病发生率之比（incidence rate ratio），即暴露组和未暴露组发病率的比值。发病率之比的运用在本质上还是相对风险，但是是比值的形式。这导致有时解释没那么直观。此外，与相对风险相比，相关统计检验的意义和置信区间的计算相当困难。其他类似的度量可能存在，但是通常情况下建议读者采用此处介绍的度量。深入的讨论和其他的选择，可参见 Kleinbaum 等的研究。

每当怀疑研究设计时，读者可以使用比值比来检验。然而正如文中强调的那样，研究设计类型的不同可导致释义的不同。作为起点，不管研究设计是逐行、逐列还是两者的累积，表 6-4 至表 6-6 所示的每个均显示了一个 2×2 表格。

小　结

本章介绍了一些频繁用于决定风险因素与疾病之间关系的度量，以及评估效果的方法。

复 习 题

1. 相对风险是如何计算的？
2. 简述比值比。

第七章　样本容量和抽样方法

在流行病学研究中，核心问题是建立多大的样本容量。如果样本容量过小，样本就缺乏代表性，使抽样误差增大而统计推断的精确性下降；样本容量过大，虽降低了抽样误差，却有可能增大过失误差，增加了工作量。另外，样本容量与抽样误差之间并不是直线关系，当样本容量增大到一定程度，抽样误差减小的工作程度明显降低。

第一节　简　　介

一、抽样推断的一般概念

抽样推断是按随机原则从全部研究动物群体中抽取部分单位进行观察，运用统计学方法，并根据样本的实际数据对总体某一特征的数量性状做出具有一定可信度的估计判断。抽样推断是运用概率估计由部分推算整体的一种认识方法，建立在随机抽样的基础之上，其误差可以事先计算并加以控制。

抽样推断的主要内容为参数估计和假设检验。

二、抽样的基本概念

（一）全及总体和样本总体

全及总体是指所要研究对象的全部，而样本总体则是指所要观察对象的一部分，两者既有区别又有联系。全及总体又称为母体，简称为总体，它是指所要认识的、具有某种共同性质的许多单位的集合体，即所要认识的研究对象全体。总体单位总数通常用“N”表示。

样本总体又称为子样，简称为样本，是指从全及总体中随机抽取出来，用以代表全及总体的那部分单位的集合体。样本的单位数称为样本容量，一般用“n”来表示。随着样本容量的增大，样本对总体的代表性随之增高，并且当样本单位数足够多时，样本平均数趋于接近总体平均数。

一次抽样调查，如果全及总体是唯一确定的，那么样本就不是这样，即样本是不确定的，一个全及总体可能抽出很多个样本，样本的个数和样本的容量有关，也与抽样方法有关。

（二）全及指标和抽样指标

根据全及总体各个单位的标志值或标志属性计算的、反映总体某种属性或特征的综合指标称为全及指标。常用的全及指标有总体平均数、总体标准差（或总体方差）。

由样本各单位标志值计算出来反映样本特征，用来估计全及指标的综合指标称为抽样指标（统计量）。统计量是样本变量的函数，用来估计总体参数，因此与总体参数相对应。统计量有样本平均数、样本标准差（或样本方差）。

对于一个问题全及总体是唯一确定的，所以全及指标也是唯一确定的，全及指标也称为参数，它是待估计的数。而统计量则是随机变量，它的取值随样本的不同而变化。

（三）样本容量和样本个数

样本容量是指一个样本所包含的单位数。一般将样本单位数不少于30个的样本称为大样本，不到30个的称为小样本。样本个数是指从一个总体中可能抽取的样本个数。一个总体有多少样本，则样本统计量就有多少类取值，从而形成该统计量的分布，基于该分布可以完成抽样推断。

（四）重复抽样和不重复抽样

重复抽样又称为回置抽样，每次从总体中抽取的样本单位，经检验之后又重新放回总体，参加下次抽样，这种抽样的特点是总体中每个样本单位被抽中的概率是相等的。不重复抽样又称为不回置抽样。

（五）误　　差

误差是指用绝对值形式表示样本与总体指标偏差的可允许的最大范围，表示估计的总体指标有希望处于一个以样本指标为基础的可能范围，是由抽样指标变动可允许的上限或下限与总体指标之差的绝对值求出的。

三、抽样误差

抽样误差又称为随机误差，是由随机抽样的偶然因素，使样本各单位的结构不足以代表总体各单位的结构，从而引起抽样指标和全及指标之间的绝对离差。不包括登记误差，也不包括系统性误差。

影响抽样误差的因素有总体各单位标志值的差异程度、样本的单位数、抽样的方法、抽样调查的组织形式。

（一）抽样平均误差

抽样平均误差是抽样平均数的标准差，反映抽样指标与总体指标的平均误差程度。多数样本指标与总体指标都存在误差，抽样平均误差就是将所有的误差综合起来，再求其平均数，所以抽样平均误差是反映抽样误差一般水平的指标。抽样平均误差的作用在于能够说明样本指标代表性的大小。平均误差大，说明样本指标对总体指标的代表性低；反之，相反。

（二）抽样极限误差

抽样极限说明样本指标对总体指标的代表性高。平均误差说明样本指标与总体指标差别的一般范围，这个范围实际上就是抽样极限误差。抽样平均数的平均误差表示为

$$\mu_x = \frac{\sigma}{\sqrt{n}} \tag{7-1}$$

1. 重复抽样　　式（7-1）说明，抽样平均误差与总体标准差成正比，与样本容量成反比（当总体标准差未知时，可用样本标准差代替）。

通过例题可说明以下几点。

（1）样本平均数的平均数等于总体平均数估计值。

（2）抽样平均数的标准差仅为总体标准差。

（3）可通过调整样本单位数来控制抽样平均误差。

例 7-1　假定抽样单位数增加 2 倍、0.5 倍，此时抽样平均误差如何？

$$\mu_x = \frac{\sigma}{\sqrt{1.5n}} = \frac{1}{\sqrt{1.5}} = 0.8165$$

$$\mu_x = \frac{\sigma}{\sqrt{3n}} = \frac{1}{\sqrt{3}} = 0.577$$

抽样单位数增加 2 倍，即为原来的 3 倍。

即当样本单位数增加 2 倍时，抽样平均误差为原来的 0.577 倍。抽样单位数增加 0.5 倍，即为原来的 1.5 倍。

$$\mu_x = \sqrt{\frac{\sigma^2}{n}\left(1 - \frac{n}{N}\right)} \tag{7-2}$$

即当样本单位数增加 0.5 倍时，抽样平均误差为原来的 0.8165 倍。

2. 不重复抽样　　式（7-2）表明：抽样平均误差不仅与总体变异程度、样本容量有关，而且与总体单位数的多少有关。

由于总体平均数和总体成数是未知的，它要靠实测的抽样平均数成数来估计。所以抽样极限误差的实际意义是希望总体平均数落在抽样平均数的范围内，总体成数落在抽样成数的范围内。

四、抽样估计方法

抽样估计就是利用实际调查计算的样本指标数值来估计相应的总体指标数值。抽样估计有点估计和区间估计两种。

参数点估计的基本特点：根据总体指标的结构形式设计样本指标作为总体参数的估计量，并以样本指标的实际值直接作为相应总体参数的估计值。点估计的优良标准是无偏性、一致性和有效性。

抽样估计的置信度是表明抽样指标和总体指标的误差不超过一定范围的概率的大小。

参数区间估计的基本特点为：总体参数区间估计根据给定的概率保证程度的要求，利用实际抽样资料，指出被估计值的上限和下限，即指出总体参数可能存在的区间范围，而不是直接给出总体参数的估计值。总体参数区间估计必须同时具备估计值、抽样误差范围和概率保证程度三个要素。

区间估计的内容包括总体平均数的估计和总体成数的估计。

第二节　抽 样 调 查

抽样调查（sample survey）是一种非全面性的调查，它是从全部调查研究对象中抽选一部分单位进行调查，并据此对全部调查研究对象做出估计和推断的一种调查方法。显然，抽样调查虽然是非全面性调查，但目的却在于取得反映总体情况的样本的信息资料，因而，在一定程度上具有全面调查的作用。

根据抽选样本的方法，抽样调查可以分为概率抽样和非概率抽样两类。概率抽样是按照概率论和数理统计的原理，从调查研究的总体中随机抽选样本，在数量上对总体的某些特征做出估计推断，对推断可能出现的误差从概率上加以控制。习惯上将概率抽样称为抽样调查。

在确定样本含量时，要具备以下几个参数。

(1) 所容许的误差 (d)。如果调查均数，则先确定样本的均数 (x) 和总体均数 (μ) 之间最大的误差为多少；如果调查率，则确定样本的率 (p) 和总体率 (P) 的最大容许误差为多少。容许误差越小，需要样本量越大。

(2) 确定控制容许误差的概率 α，根据需要一般为 0.05 或 0.01。α 越小，所需样本量越大。

(3) 总体标准差 (σ)，如不了解，则需要根据以往资料或小规模预调查的结果进行估计。

在一定的抽样方式下，建立置信区间所需样本容量的大小取决于以下几个因素。

(1) 置信度，即总体参数真值落在置信区间内的可靠程度。要求较高的置信度，就需要较大的样本容量，置信度越高，样本容量就越大。

(2) 估计的精度，也就是置信区间的宽度。要求较高的置信度，就要扩大置信区间的宽度，从而降低估计的精度。因此，既要提高估计的精度，又不降低估计的可靠性，就必须增加样本容量。

(3) 建立置信区间的费用。虽然增加样本容量可以提高置信区间的可靠性和估计的精度，但并不是样本容量越大越好。因为增加样本容量，就会增加调查时间、工作量和成本，还可能增大调查误差。

一、平均数估计的样本大小

（一）总体均数的估计

使用表 7-1 的数据，计算随机选自一个大型农贸市场的 150 只鸡的样本平均质量为 1.3824kg。因为随机选择鸡只，同样的数据能被用来获得抽取样本群体的常规状态。我们想研究所有在市场销售的选择样本鸡只平均质量的结果的精确性。

表 7-1　在一个大市场随机选择 150 只鸡，在其中已售出约 4000 只鸡的活重

（单位：kg）

1.40	1.09	1.74	1.48	1.82	1.09	1.52	1.41	1.83	1.22
1.34	1.68	1.25	1.65	1.14	1.33	1.06	1.71	1.17	1.51
1.36	1.34	1.03	1.24	1.06	1.12	1.15	1.57	1.38	1.40
1.39	1.31	1.50	1.10	1.45	1.34	1.38	1.35	1.49	1.58
1.25	1.42	1.64	1.57	1.53	1.18	1.39	1.34	1.13	1.23
1.17	1.88	1.30	1.27	1.01	1.63	1.47	1.23	1.48	1.48
1.37	1.42	1.22	1.47	1.31	1.05	1.61	1.41	1.17	1.45
1.43	1.22	1.40	1.14	1.53	1.25	1.02	1.30	1.35	1.37
1.69	1.37	1.11	1.30	1.05	1.19	1.36	1.63	1.44	1.29
1.35	1.59	1.94	1.51	1.78	1.37	1.11	1.38	1.53	1.44
1.47	1.39	1.55	1.76	1.43	1.37	1.67	1.36	1.31	1.41
1.36	1.26	1.17	1.15	1.79	1.46	1.35	1.29	1.50	1.26
1.36	1.41	1.36	1.32	1.08	1.28	1.33	1.29	1.42	1.50
1.32	1.39	1.20	1.68	1.20	1.35	1.56	1.57	1.37	1.27
1.25	1.38	1.56	1.60	1.74	1.40	1.11	1.60	1.21	1.44

初看上去，样本平均体重应该类似于绘制整个群体的平均体重，但样本均值几乎不能与总体均值完全相同。从总体 4000 只鸡中有数以百万计的不同的每个 150 只鸡的可能样本，每个 150 只鸡的样本可能都会有自己的平均值。这些样本均值绝大多数是不同的。我们能确保在任何特定情况下所关注的总体均值与样本均值的相近程度。

此外，统计分析方法虽然不能消除这种不确定性，但可以通过统计推断理论提供的手段来衡量它。例如，能够说："可以 95%肯定，真正的总体平均体重为 1.3521～1.4127kg"或"可以有 99%的把握，真正的总体平均体重的置信区间为 1.3425～1.4223kg"。关于总体均值状态可能总是会提供获自一个相当大的随机抽样的信息——样本含量大于 50 应该是足够的。

（二）估计总体均数时样本容量的确定

为了在给定精确度的情况下估计总体均数，须建立一种方法去判断可能需要多大的样本容量，至少在随机抽样方法的情况下。下面将通过一个假设的例子展示，在这之后，将给出一般程序的原则。

例如，假设在某一天来到农贸市场，并试图以 95%置信区间这样的方式估计鸡活重均值，估计平均值将不会与真正的平均值相差超过 0.02kg。如上所述，对于一个简单的随机抽样，在这个区间真正的平均值 95%可信：样本均值±1.96×样本均数的标准误（standard error，SE）。

换句话说，我们可以有 95% 的把握，样本均值和真正均值之间的差异不会大于1.96×SE。

在上个例子中，需要这种差异不应大于 0.02kg。如果发现样本量为 1.96 × SE = 0.02kg，那么我们会知道，至少这么大的样品将符合规范。

对于一个简单的随机抽样，使样本均值的标准误为

$$\mathrm{SE}=S\sqrt{\frac{1-f}{n}} \tag{7-3}$$

式中，S 为鸡重量的标准差；n 为样本容量；f 为总体被抽样的部分。

因此，必须解决的公式为

$$196\times S\sqrt{\frac{1-f}{n}}=0.02$$

如果抽样的部分原来不到 10%，将假设在这种情况下其可以忽略不计。公式可以简化为

$$1.96\times\frac{S}{\sqrt{n}}=0.02$$

或

$$1.96^2\times S^2=0.02^2\times n$$

$$n=\frac{1.96^2\times S^2}{0.02^2}$$

这里如果不知道 S 的值，则不能估计所需的样本大小，只能采取最大样本研究。在目前的例子中，将 $S-0.1931$ 代入上述公式，可得

$$n=\frac{1.96^2\times 0.1931^2}{0.02^2}=358.11$$

样本大小约为 360。

如果在开展这项研究时只有 3000 只鸡，此样本将占总量相当大的比例（大于 10%），

然后适当使用更精确的公式：

$$n=\frac{3000\times1.96^2\times0.1931^2}{3000\times0.02^2+1.96^2\times0.1931^2}=320$$

在一般情况下有两个公式可以说明。

近似公式：

$$n=\frac{\text{multiplier}^2\times S^2}{d^2} \tag{7-4}$$

提取公式：

$$n=\frac{N\times\text{multiplier}^2\times S^2}{N\times d^2+\text{multiplier}^2\times S^2} \tag{7-5}$$

式中，d 为样本均值和真实均值之间的最大差值极限；N 为总体容量。

请注意，应用任何上面提供的公式，S（标准差）值在研究进行之前必须清楚。如果它是当时条件下的一个特定变量的第一项研究，在这种情况下不可能建议要一个合理的 S 值。在这种情况下，具有一个给定的置信水平并提供精度，尚无办法确定需要多大样本。

进一步说明，只有当通过简单随机抽样选择抽样单位时，才与公式有关。如果为整群抽样，估计样品容量应通过单位总数粗略估计。

二、比例估计的样本大小

采用简单随机抽样时，下述公式可用于得出估测群体参数（群体的总数、平均数和比例）的适合的样本数量。

总数：

$$n\geqslant\frac{z^2\text{SD}^2}{\varepsilon^2} \tag{7-6}$$

平均数：

$$n\geqslant\frac{z^2\text{SD}^2}{\varepsilon^2} \tag{7-7}$$

比例：

$$n\geqslant\frac{z^2(1-P_y)P_y}{\varepsilon^2} \tag{7-8}$$

式中，z 为可靠性系数（如在 α 水平为 0.05 时，$z=1.96$）；ε 为估计值和群体未知真值之间的最大相对差异；P_y 为未知的群体比例；SD 为变量的总体标准差。

例 7-2 估计一个农场鹿的平均体重，预测农场中该年龄段鹿体重的标准差为 30kg。将可能 95%确定，估计值在真实均值的 10kg 范围之内。那么多少鹿将包括在样本内？

SD=30

$\varepsilon=10$

$n=(z\times z\times\text{SD}\times\text{SD})/(\varepsilon\times\varepsilon)$

$n=(1.96\times1.96\times30\times30)\div(10\times10)$

$n=34$

需要 34 头鹿作为样本。

例 7-3 要估计一群牛的布鲁菌病血清阳性率，期望流行率为 15%，将取足够的样本确保估计值在实际疾病流行率的 20%之内。那么多少头牛将包括在样本内？

$z=1.96$

$P_y=0.15$

$\varepsilon=0.20\times0.15=0.03$

$n=[z\times z\times(1-P_y)\times P_y]/(\varepsilon\times\varepsilon)$

$n=[1.96\times1.96\times(1-0.15)\times0.15]\div(0.03\times0.03)$

$n=544$

需要 544 头牛的样本。

例 7-4　假设要对一个省的 2500 家零售兽药店进行调查。调查目的是估计一种常见药 20 片剂的平均零售价格。对该省此药片剂平均零售价格得出的估计格必须在其真实价格的 10%以内。通过粗略猜想，估计有 95%的价格将位于 4.20～9.80 元。需要调查多少家药店才能有 95%的确信保证调查得到的价格与该省零售价格的真实值相差在 10%以内?

估计值的 95%置信区间范围是 9.80 元－4.20 元＝5.60 元。假设 95%的置信区间范围等于 4 倍的群体标准差，那么群体标准差估计值为 5.60 元÷4＝1.40 元。

群体方差估计值为 1.40×1.40＝1.96。

群体平均数估计值为 7.00。

$V^2=1.96/(7\times7)=0.04$。

样本数量＝(4×0.04)/(0.1×0.1)＝16。

抽取 16 家药店组成样本即可满足调查需求。

（一）由简单随机抽样估计总体比例或比率

在许多方面，估计一个群体的比例或比率类似于估计总体平均值。比例或比率在流行病学调查中发挥核心作用，在其估计中要避免一个或两个比较特殊的陷阱。下面的讨论将仅限于估计点流行率（P）和罹患率（a）。

先估计一个流行率，它在整个目标群体中的真实值为 P（0～1 的一个部分）。例如，假设随机选择 850 只动物，其中 62 只被发现病变。样本流行率（p）将用来估计总体流行率（P），届时：$p=62/850=0.0729$。

这个估计流行率的标准误（SE）可以从如下公式获得

$$\mathrm{SE}=\sqrt{\frac{(1-f)p(1-p)}{n}} \tag{7-9}$$

式中，n 样本大小为随机抽样得到的，抽取样品前就是固定的；f 为抽样总体的一小部分。

因此

$$\mathrm{SE}=\sqrt{\frac{(1-f)\times0.0729\times0.9271}{850}}$$

如果 f 小于 10%，信息丢失少，该因素（$1-f$）可以忽视。SE 则为 0.0089。必须确定希望的真实值在 90%（或 95%或 99%）的置信区间。每个置信水平都对应采用的乘数（表 7-2）

表 7-2　乘数给出了说明包括真实总体均值在内的间隔 90%、95%、99%和 99.9%置信度

置信度	90%	95%	99%	99.9%
乘数	1.64	1.96	2.58	3.30

例如，由一个真正流行率的 95%置信区间可得：估计流行±1.96×估计的标准差，即 0.0729 ± 1.96×0.0089 或 0.0729 ± 0.0174。

因此，真正的流行率 95%的置信区间在 0.0555 和 0.0903 之间。以 5.55%和 9.03%的比例计算的限制是较常见的状态。这些限制与研究的目的相距甚远，样本规模太小。

一个群体罹患率（A）可以采取类似的方式估计。例如，假设在一个 18 000 只动物的动物群体中，随机选择了 1500 只健康动物，观察期结束时发现，其中 437 只动物患有相关疾病。估计罹患率（a）将为：$a=437/1500=0.2913$ 或 29.13%。

抽样比 1500/18 000=0.0833，刚刚超过 8%。估计的标准误为

$$SE=\sqrt{\frac{a(1-a)\times(1-f)}{1500}}\sqrt{\frac{0.2913\times0.7087\times0.9167}{1500}}=0.0112$$

如果我们忽视了因素 $1-f$，计算出的标准误为 0.0117，与前面一致，即若采样低于总体的 10%，可以忽略该因素。

需要注意的是，从一个简单的随机抽样中对总体比例或比率的正确估计取决于样本中足够数量的事例发生。然而，研究动物的数量是大样本，如果发现整个数量少于 5 例，可靠的估计是不可能的。

（二）从整群抽样估计率或比例

表 7-3 显示了从包含风险总体在内的 943 个农场，随机选择 12 个农场抽样数量和患病动物数量。

表 7-3　以随机抽样方式从 943 个农场提供的 12 个农场的调查结果

农场	动物总数（N）	患病数	患病比例
1	183	22	0.120
2	92	12	0.130
3	416	37	0.089
4	203	23	0.113
5	107	17	0.159
6	388	32	0.082
7	79	36	0.456
8	243	29	0.119
9	314	24	0.076
10	83	17	0.205
11	113	59	0.522
12	294	26	0.088
合计	2515	334	

如果忽视了这样一个事实，以整群方式收集数据，将得出以下结论。

（1）估计的流行率 $P=334/2515=0.133$。

（2）估计的标准误为

$$SE=\sqrt{\frac{p(1-p)(1-f)}{2515}} \tag{7-10}$$

这里有一个不严重的问题，我们不知道 f，即属于 943 个农场的完整群体的一小部分可用动物。然而，既然我们选择了 943 个农场中的 12 个，即 1.3%，可以推测，抽样的 2515 只动物是总量的 10%完成的，因此，可以放心地忽略因素 $1-f$：

$$SE=\sqrt{\frac{p(1-p)}{2515}}=\sqrt{\frac{0.133\times 0.867}{2515}}=0.0068$$

(3) 一个真正的总体流行率的 95%置信区间将为 $0.133 \pm 1.96\times 0.0068$。

此过程是不正确的。样品的聚集性必须以不同的方式计算标准误。这一点经常被误解，尤其是当估计比率和比例时。

正确的做法包括如下三个步骤。

(1) 估计流行率：P＝总体发病/总体被检＝334/2515＝0.133，与前面一样。

经常发现通过计算抽样猪群某病的流行率平均值去发现或寻找正在被抽样群体的流行率，从而得到

$$p=(0.120+0.300+\cdots+0.522+0.088)/12=0.180$$

如果这样做，则真正的流行率被估计为 18%，而不是先前估计的 13.3%。请注意，取样猪群流行率的平均值会产生一个误导，除非这些猪群都是同样大小或猪群流行率大致相等。

(2) 为获得标准误，首先要计算如下三个量。

牲畜头数（herd size，H）的平方和：

$$H^2=183^2+92^2+\cdots+113^2+294^2=688\ 191$$

每一个畜群中个案事例（case，C）数量的平方和：

$$C^2=22^2+12^2+\cdots+59^2+26^2=10\ 998$$

个案数量（HC）乘以每个畜群规模的获得结果的总和：

$$HC=183\times 22+92\times 12+\cdots+113\times 59+294\times 26=72\ 575$$

这三个量结合在一起估计的流行率（P）形成一个单一的值（W），公式如下：

$$W=p^2\ H_2^2-2p\,HC+C^2 \tag{7-11}$$

$$W=0.133^2\times 688\ 191-2\times 0.133\times 72\ 575+10\ 998$$
$$=3866.46$$

估计流行率的标准误，然后可以计算：

$$SE=\frac{m}{\text{样本动物总数}}\times\sqrt{(1-f)\times\frac{W}{m(m-1)}} \tag{7-12}$$

式中，M 为样品中的集群数（在我们的例子中为第 12 号）；F 为采样集群的一部分。

由于在这种情况下 f 足够小，可以忽略，标准误为

$$SE=\frac{12}{2515}\times\sqrt{\frac{3866.46}{12\times 11}}=0.0258$$

（3）正确的真正的流行率 95%的置信区间为 $0.133 \pm 1.96 \times 0.0258$，即 0.0824～0.1836。

请注意，如果分析数据中忽略了取样的聚集性质，我们将得出错误的结论，以 95%的置信水平，则整群疾病的流行率为 12%～14.6%。如果样本分析正确，流行率为 8.2%～18.4%，这是一个更广泛的间隔。

已经发生因为聚类而增加近 4 倍的标准误。每当流行率或罹患率明显地从一群到另一群多重组和时，能够被预期到这将大幅度地增加标准误，当畜群可能处在完全免疫或几乎完全感染两种状态之一时，对高度传染性疾病将特别难以处理。

这提示采取整群抽样时，一个流行率或罹患率的可靠估计所需的最低数量将大于建议的 5 例数倍，这对一个简单的随机抽样是充分的。其所需数量最低是 20 例，但如果 20 例都在同一个畜群则会出现问题。

第三节 检测疾病的抽样

兽医经常检测动物群组，以确定动物群中不存在疫病。在给定的置信水平上确保能发现疫病所应检测的动物数量可由下述公式得出：

$$n=(1-\alpha^{\frac{1}{D}})\times\left(N-\frac{D-1}{2}\right) \tag{7-13}$$

式中，N 为群体总数；α 为1－置信水平（通常 $\alpha=0.05$）；D 为群体中患病动物的最小估计数（群体总数×最小预期流行率）。

例 7-5 在某个动物总数为 200 只的畜群中，置信水平为 95%，如果某种疫病的预期流行率为 20%，能发现一个患病动物，从而可以确定大概应检验动物的数量。

$N=200$

$\alpha=0.05$

$D=0.20\times200=40$

$n=(1-0.05^{1/40})\times[200-(40-1)/2]=0.072\times180.5=13$

至少需要检测 13 只动物。

如果真是这样（检验敏感性为 1），则上面的公式假设所用检验具有完善的能力检测一只患病动物。考虑到测试过程不完善，被测试的数量可以调整，乘以从“标准”的测试灵敏度的倒数方程得到的结果。

在上面的例子中，有 13 只动物需要以 95%的置信水平进行检测，如果预期的疾病流行率为 20%，会发现至少一个患病动物。如果诊断检测的灵敏度为 0.90 应检测多少只动物？

$n=13$

$\mathrm{Se}=0.90$

$n'=n\times(1/\mathrm{Se})=13\times(1/0.90)=14$

使用诊断检测灵敏度为 0.90 时，最少需要检测 14 只动物。

第四节 群体间差异的抽样检测

由于对变量或资料采用的检验方法不同，具体设计方案的样本量计算方法各异，只有通过查阅资料，借鉴他人的经验或进行预实验确定估计样本量决定因素的参数，才可进行估算。

一、假设检验的能力

假设检验也称为“显著性检验”（test of statistical significance)，是用来判断样本之间及样本与总体之间的差异是由抽样误差引起的还是由本质差别造成的统计推断方法。其基本原理是先对总体的某一特征做出某种假设，然后通过抽样研究的统计推理，对此假设应该被拒绝还是被接受做出推断。

生物现象的个体差异是客观存在的，以致抽样误差不可避免，所以不能仅凭个别样本的值来下结论。当遇到两个或几个样本均数（率）、样本均数（率）与已知总体均数（率）有大有小时，应当考虑到造成这种差别的原因有两种可能：一是这两个或几个样本均数（率）来自同一个总体，其差别仅仅由抽样误差，即偶然性所造成；二是这两个或几个样本均数（率）来自不同的总体，即其差别不仅由抽样误差造成，而主要是由实验因素不同所引起的。假设检验的目的就在于排除抽样误差的影响，区分差别在统计上是否成立，并了解事件发生的概率。

假设检验有 Z 检验、T 检验、配对检验、比例检验、秩和检验、卡方检验等。假设检验的基本思想是小概率反证法思想。小概率思想是指小概率事件（$P<0.01$ 或 $P<0.05$）在一次实验中基本不会发生。反证法思想是先提出假设（检验假设 H_0），再用适当的统计方法确定假设成立的可能性大小，如可能性小，则认为假设不成立；若可能性大，则还不能认为假设不成立。

（1）提出检验假设（又称为无效假设，符号是 H_0）和备择假设（符号是 H_1）。H_0：样本与总体或样本与样本间的差异是由抽样误差引起的；H_1：样本与总体或样本与样本间存在本质差异。

预先设定的检验水平为 0.05。当检验假设为真，但被错误地拒绝的概率，记作 α，通常取 $\alpha=0.05$ 或 $\alpha=0.01$。

（2）选定统计方法，由样本观察值按相应的公式计算出统计量的大小，如 χ^2 值、t 值等。根据资料的类型和特点，可分别选用 Z 检验、T 检验、秩和检验和卡方检验等。

（3）根据统计量的大小及其分布确定检验假设成立的可能性 P 的大小并判断结果。若 $P>\alpha$，结论为按所取 α 水平不显著，不拒绝 H_0，即认为差别很可能是由抽样误差造成的，在统计上不成立；如果 $P\leqslant\alpha$，结论为按所取 α 水平显著，拒绝 H_0，接受 H_1，则认为此差别不大可能仅由抽样误差所致，很可能是实验因素不同造成的，故在统计上成立。P 值的大小一般可通过查阅相应的界值表得到。

二、均数间差异检验的样本大小

流行病学研究的目标之一是比较同一物种的两个不同的群体。例如，想研究一个给定的疾病在两种不同的管理系统或预防性制度下能否同样流行，或者可能要检验调查驱虫药治疗的动物增重是否比那些忘记治疗的可能更迅速地产生经济效益。

（一）两个均值区别的检验

假设进行一个实验，在同一时间内保持相同的管理系统，比较 50 头驱虫药治疗猪与同品种和年龄的 63 头未经治疗猪的增重。分别计算各组平均增重和增重标准差（表 7-4）。平均起来，治疗后的猪样本比未经治疗的猪样本增重更多。难道这是由于每个样本偶然选择的猪的特殊而独自的特点？怎样才能确定增重是因为治疗还是一个偶然现象？

表 7-4　两组猪的增重，其中一组被驱虫治疗

	治疗组	非治疗组
动物数/头	50	63
平均增重/kg	6.0	5.3
标准差	1.6	1.9

首先，必须估计治疗猪的平均额外增重。平均差（MD）很容易按公式计算为

$$\mathrm{MD}=6.0-5.3=0.7(\mathrm{kg})$$

其次，需要计算估计平均差的标准误（$\mathrm{SE_{MD}}$）。我们可以通过下面的公式完成：

$$\mathrm{SE_{MD}}=\sqrt{\frac{(n_t-1)S_t^2+(n_u-1)S_u^2}{n_t+n_u-2}\times\left(\frac{1}{n_t}+\frac{1}{n_u}\right)} \tag{7-14}$$

式中，n_t、n_u 分别为治疗和未治疗动物的数量；S_t、S_u 分别为治疗和未治疗动物各自群体增重的标准差。

因此，我们有

$$\mathrm{SE_{MD}}=\sqrt{\frac{49\times(1.6)^2+62\times(1.9)^2}{50+63-2}\times\left(\frac{1}{50}+\frac{1}{63}\right)}=\sqrt{0.1129}=0.34$$

请注意，简单随机抽样选择只有两个样本，所以这是计算 $\mathrm{SE_{MD}}$ 唯一正确的方法。更常见的方法将在后面给出。

现在提出一个工作假设，即统计学家所谓的零假设，通常希望可以证明它是错误的。比较两个均值或比例时，工作假设两个群体中的两个均值或比例永远是相等的。为了检验这一假设，需要知道检验统计量 Z 的值，其可以通过平均差除以估计平均差的标准误（$\mathrm{SE_{MD}}$）计算：

$$Z=\frac{\mathrm{MD}}{\mathrm{SE_{MD}}}=\frac{0.7}{0.34}=2.059 \tag{7-15}$$

下一步取决于试图证明的实验假设，即统计学家所谓的备择假设，有两种可能性。第一是提前知道哪一个均值或比例可能较大；第二是在实例中预期或至少是希望治疗的动物会更好。这是单侧备择假设。

为了说明为什么假设是单侧的，绘制一条两个增重均值线（表 7-5）。

表 7-5　平均增重情况　　（单位：kg）

未治疗	已治疗
5.3	6.0

治疗组均值在未治疗组右侧，也就是说，它有一个较大的值。如果它一直在左侧，即治疗产生较高的增重平均值的可能性小于未经治疗动物的均值，但一直没有实验支持这一假设。

这种限制将会有不恰当的场合。例如，在某一特定领域可能有两种类型的经营管理，不

妨来检验一种疾病的罹患率是否与管理制度相关。如果罹患率充分不同，这将是真实的，无论是在第一个管理系统下放在左边（较小），还是在第二个管理系统下的罹患率，或放在右侧（较大）。这是一个双侧实验假设，并在下一环节给出一个例子。

如果治疗猪的样本均值较低，则该分析没有任何证据最后证明驱虫药有助于增重。如果治疗后的样本更好些，则需要评估通过抽样变动可以很容易解释是否明显地改善或证据是否非常有力以至于偶然机制不太可能解释。问题的关键是检验统计量 Z 必须与一个固定数值比较，这称为检验统计量的临界值（表 7-6）。

表 7-6　比较均值或比例的 Z 的临界值

假设	显著性水平			
	10%	5%	1%	0.1%
单侧	1.28	1.64	2.33	3.09
双侧	1.64	1.96	2.58	3.30

注意：只有当样本量足够大时才应该使用此表。

在例子中，已经使用了一个单侧的实验假设，因为我们正在调查驱虫药是否会增加增重率。因此，我们会查询表 7-6 的第一行。该行的第一个数字小于数据产生的检验统计量的值。如果检验统计值均大于 1.28，说明平均增重的差异并不显著。如果大于 1.28，但比 1.64 小，可以说，平均增重在 10%的水平差异显著，但在 5%的水平不显著等。在本例中，Z 为 2.059，大于 1.64，但比 2.33 小，所以可以说平均增重在 5%的水平差异显著，而不是在 1%的水平差异显著。检验统计量的值越大，差异就越显著。

这是历史统计数据一个不幸的反常，导致 5%的显著性水平比 10%的显著性水平“更显著”。显著性水平是任何明显的差异的概率，完全是由于样本偶然性特点。显然，这种概率越小，实验假设的支持就越强。如果有 5%的概率明显的差别是一个随机的效果，我们可以有 95%的把握认为该差异是一个真实的效果。如果有一个概率，随机抽样的差异是 1%，就有 99%的把握认为这是一个真正的效果。正是由于表 7-2 中值的这种显著性和置信水平之间的一致是与表 7-6 的底行的值是相同的。

如果假设检验表明，差异的证据是一个差别大小可像往常一样估计的 95%置信区间：平均差$\pm 1.96\times SE_{MD}$，即 $0.7\pm 1.96\times 0.34$。

因此，可以说有 95%的把握认为在这个实验中猪使用的驱虫药与在有关时间内每头牲畜体重 0.034～1.366kg 的增加关联。

（二）两个比例差异的检验

假设是两个非常大的畜群，根据不同的养殖管理系统，从第一群随机抽样 45 只动物，从第二群随机抽样 58 只动物，雨季开始前被选定为哨兵组，普通雨季疾病的罹患率为各组所记录（表 7-7）。

表 7-7　一个雨季在两个不同畜牧系统管理的动物样本群体的罹患率

	易感动物数/只	感染动物数/只	罹患率
畜群 1	45	18	18/45
畜群 2	58	15	15/58

畜群 1 的估计罹患率为 $P_1=18/45=0.4000$，畜群 2 的估计罹患率为 $P_2=15/58=0.2586$。检验统计量（Z）适合于在两群具有同样罹患率的工作假设前提下获得

$$Z=\frac{\text{两样本群体罹患率差值}-\frac{1}{2}\left(\frac{1}{n_1}+\frac{1}{n_2}\right)}{\sqrt{P(1-P)\left(\frac{1}{n_1}+\frac{1}{n_2}\right)}} \tag{7-16}$$

样本罹患率之间的差异是通过从较大的估计罹患率减去较小的估计罹患率计算的；n_1 和 n_2 是两个样本容量；P 值为感染动物数量除以样本容量，即 $P=33/103=0.3204$。

将所有这些值代入式（7-16）：

$$Z=\frac{(0.4000-0.2586)-\frac{1}{2}\left(\frac{1}{45}+\frac{1}{58}\right)}{\sqrt{0.3204\times0.6796\times\left(\frac{1}{45}+\frac{1}{58}\right)}}=1.31$$

如果事先没有理由怀疑罹患率在两个研究的管理系统之一中会更高，我们只是想调查是否存在区别，正确的实验假设是：猪群罹患率可能会有所不同。这是一个双面的假设，因为任何系统可能会给予较高的罹患率，通过表 7-6 第二排的 Z 的临界值比较来检验假设。因为 $Z=1.31$ 的计算值小于表 7-6 的列值 1.64，可以得出结论，罹患率的明显差异可能完全由于选择样本中的随机差异，且罹患率在这两个猪群中可能是相同的。

如果检验表明了一个可能差异，可以计算出如下的、一个差异大约 95％的置信区间：

$$(P_1-P_2)\pm\left[Z\times\sqrt{\frac{P_1(1-P_1)}{n_1}+\frac{P_2(1-P_2)}{n_2}}+\frac{1}{2}\left(\frac{1}{n_1}+\frac{1}{n_2}\right)\right] \tag{7-17}$$

乘数选自表 7-2。尽管没有发现有显著性差异的真实证据，如果进行计算，得到的区间是 $(0.4000-0.2586)\pm\left[1.96\times\sqrt{\frac{0.4\times0.6}{45}+\frac{2586\times0.74141}{58}}+1/2\ (1/45+1/58)\right]$，即 $-0.061\sim0.343$。该区间包括 0 值，表明存在没有真正差异的可能性，是已经通过检验假设得出的结论。

该过程描述了为了检验在两个样本通过简单随机抽样正确抽样的假设前提下，一个变量的均值或病例的比值，以及两群之间的变化是否正确。提供了对每群相关量的一个估测和业已正确计算完成这些估测的标准误的情况下，拓宽到更为复杂的抽样方案并不困难。可以计算出差异的标准误（SE_D）：

$$SE_D=\sqrt{(\text{离群 1SE})^2+(\text{离群 2SE})^2} \tag{7-18}$$

请注意，平方根符号下有一个加号。检验统计量（Z）的计算公式为

$$Z=\frac{\text{离群 1 估值}-\text{离群 2 估值}}{SE_D} \tag{7-19}$$

如果样本规模相当大，检验可以比较表 7-6 的临界值。

（三）前瞻性研究和横断面研究中两个比例之间差异检验的样本大小

两个比例之间差异的检验往往是兽医流行病学研究的目的之一。比例可以是在一个横断面研究中的流行率，在队列研究中的罹患率或发病率等。但是，所需的样本容量将取决于这两个比例的真实值，以及将要进行检验的显著性水平和将被检验的差异需要的置信度。

一个计算各组所需样本大小（N）的近似公式为

$$N=\frac{\left[C_1\sqrt{2\overline{P}(1-\overline{P})}+C_2\sqrt{P_1(1-P_1)+P_2(1-P_2)}\right]^2}{(P_2-P_1)^2} \tag{7-20}$$

式中，P_1、P_2 分别为要比较的两个群体的比例的真实值；

$$\overline{P}=\frac{1}{2}(P_1+P_2) \tag{7-21}$$

C_1 为所需的显著水平临界值（从表 7-6 的底行选择）；C_2 为愿意接受失败在检验这种类型差异的偶然性临界值（从表 7-6 的顶行选择）。

例如，假设我们要尝试一个新的农场管理办法，希望它会降低一种常见病的发病率。倾向于从“标准”系统管理的动物和另一个新系统管理的动物中采取样本。据以往的经验，预计第一组约 20%的罹患率（$P_1=0.2$）。希望发现是否可以减少罹患率到 15%（$P_2=0.15$）。

假设在 5%的置信水平差异显著（$C_1=1.96$），倾向于接受不会被检测到差异的概率只有 1%（$C_2=2.33$）。我们发现，$N=2120$，这意味着，样本总数为 $2\times2120=4240$。可以减少动物数，即增加至无法检测到差异的 5%的概率，那么得到 $N=1494$，样本总数 $2\times1494=2988$，接近 3000。

样本容量主要取决于检验差异的量值。如果 P_2 降低到 0.1，那么现在要检验的罹患率之间的差异是 20%和 10%，可见，$N=328$，样本总数从 2988 下降到 656。

在动物不配对研究中，上述公式对样本大小将略有低估，而在动物配对研究中，上述公式对样本大小将略微高估。然而，给定了通常将会涉及真实比例假设值的随意程度，可以预料指定样本大小决不会比粗略估计更好。

（四）回顾性研究中两个比例之间差异检验的样本大小

在病例对照研究中估计所需样本大小的过程类似于上面所描述内容。然而，有一个重要的例外：不同于队列研究，其是比较两组中的疾病比例，即一个具有决定因素和一个没有决定因素，病例对照研究是两组之间比较的是具有决定因素的比例，即病（例）组和无病（对照）组。

在这些研究中所需要的样本大小的计算公式与（三）中给出的相同，只有 P_1 和 P_2 例外，其需要考虑的是决定因素在两个群体中的比例。

（五）同时检验几组之间罹患率的差异

可能要考虑几个畜群或其他动物群体是否罹患来自一个给定疾病同样的流行率问题。该技术将在使用一个涉及三个组的例子时经受考验，但它可以根据需要很容易扩展到许多组群使用。从表 7-8 中可见，来自三个畜群的样本的流行率是不完全相等的，即使畜群的流行率是相同的，也不能说明样本的流行率是完全相等的，因为在随机抽样中存在波动。

表 7-8　取自三个不同畜群的动物样本中一种疾病的流行率

	畜群 1	畜群 2	畜群 3	总计
样本大小/只	68	52	73	193
感染动物数量/只	12	11	20	43
样本流行率	0.176	0.212	0.274	0.223

问题是样本间差异是否大到足以表明抽样畜群中的真实差异。为回答这个问题，必须首

先呈现与表 7-9 中略有不同形式的数据，其中总体样本的每个动物促成表格中的一个单元格，只有一个单元格。这样一个频率计数表通常被称为列联表。

表 7-9　基于表 7-8 数据的列联表　（单位：只）

	畜群 1	畜群 2	畜群 3	总计
未感染动物数量	56	41	53	150 (r_1)
感染动物数量	12	11	20	43 (r_2)
总数	68 (c_1)	52 (c_2)	73 (c_3)	193 (N)

现在计算希望在该表看到不同单元格的数字，在所有 43 只感染动物和 150 只未感染动物中的 68 只、52 只和 73 只动物，分别来自具有同样疾病流行率的三个畜群。这些数量被称为期望频率（表 7-10），它们一直使用以下简单的规则计算。

表 7-10　表 7-9 的预期频率　（单位：只）

	畜群 1	畜群 2	畜群 3	总计
未感染动物数量	52.8	40.4	56.7	150 (149.9)
感染动物数量	15.2	11.6	16.3	43 (43.1)
总数	68.0	52.0	73.0	193

注：期望频率的行和列总数将与观察频率的原来的列联表相同，除了小的舍入误差以外

获得期望频率 $e_{i,j}$ 为在第 1 行和第 j 列的表中的单元格通过第 i 行总数；r_i 为乘以第 j 列总数；C_j 为除以符号 N 的总计数，可以写为

$$e_{i,\ j}=(r_i \times c_j)/N \tag{7-22}$$

例 7-6　在表 7-10 中的第一行和第二列的单元格的期望频率是

$$e_{i,\ j}=(r_1 \times c_2)/N=(150 \times 52)/193=40.4$$

这与观察频率 $O_{1,2}$ 非常类似，在表 7-9 的同一单元格是 41。

例如，行总数似乎是 149.9，而不是 150，但这是因为我们所有的期望频率四舍五入到小数点后一位。

下一步计算来自每个单元格期望频率的观察频率偏差的度量。将观察频率和期望频率之间的平方差除以该单元内的期望频率所得的结果，即

$$偏差=\frac{(观察频率-期望频率)^2}{期望频率}$$

在第一行的单元格和表 7-10 的第一列的偏差，使用这个公式得

$$(56-52.8)^2/52.8=0.19$$

表 7-11 显示了表 7-9 中的所有单元偏差。

表 7-11　表 7-9 的偏差

	畜群 1	畜群 2	畜群 3	总计
未感染动物	0.19	0.01	0.24	0.44
感染动物	0.67	0.03	0.84	1.54
总数	0.86	0.04	1.08	1.98

工作假设是畜群的流行率实际上是相同的，而实验假设是畜群之间存在一些差异。检验统计量是总的偏差，即 1.98。照例，这将必须与一系列临界值相比较，反过来，要根据所谓自由度（df）大小来比称。对于任何表格，这个数量计算公式如下：

$$df=(行数-1)\times(列数-1)$$

根据表 7-11 得

$$df=(2-1)\times(3-1)=1\times2=2$$

检验统计量的临界值，称为卡方统计，见表 7-12。

表 7-12 卡方统计的临界值

df	显著性水平			
	10%	5%	1%	0.1%
1	2.71	3.84	6.63	10.83
2	4.61	5.99	9.21	13.82
3	6.25	7.80	11.34	16.27
4	7.78	9.49	13.28	18.47
5	9.23	11.07	15.09	20.52
6	10.64	12.59	16.81	22.46

源自列联表的值是具有 2 自由度的 1.98。如果查询表 7-12 的第二行可以看到，1.98 小于 10%的值 4.61，可见实验假设的数据没有提供足够的支持，为获得更进一步的数据，必须假设群体流行率可能相等。例如，如果卡方值为 5.99～9.21，将会发现畜群的流行率在 5%的显著性水平存在差异。如果一些期望值相当小，检验可能是无效的。一个有用的准则就是每一个单元的期望值至少应为 5。

对基于源自不同动物群体的简单随机样本的罹患率或任何其他率或比例，可以进行类似的分析。卡方检验的问题是，如果指明差异并没有统计学家的帮助，估计差异的范围是相当困难的。

利用卡方检验检验表 7-7 给出的两个罹患率是否相等。表 7-13 是根据表 7-7 形成的 2×2 表格。括号中的数字为每个单元格的预期值。

表 7-13 基于表 7-7 的 2×2 表格

	畜群 1	畜群 2	总计
未感染动物数	27 (30.6)	43 (39.4)	70
感染动物数	18 (14.4)	15 (18.6)	33
总数	45	58	103

当列联表中只有 2 行 2 列时，稍微修改就可以进行卡方统计。计算每个单元的偏差是通过发现如先前观察值和预期值之间的差异，但现在总是大的数值减去小的数值。在差值被平方之前，它减少了 0.5。其余部分的计算同以前完全一样。

一个 2×2 表需要注意的一点是：观察频率和期望频率之间的差异（无关特征）所有 4 个单元是相同的。在例子中，它为每个单元 3.6。这要减少 0.5，即 3.6－0.5＝3.1。每一个单元余数的平方除以预期值的和即获得偏差。然后总结 4 个偏差从而给出卡方统计值：

$$\frac{3.1^2}{30.6}+\frac{3.1^2}{14.4}+\frac{3.1^2}{39.4}+\frac{3.1^2}{18.6}=1.74$$

三、病例对照研究的实施步骤

（1）提出假设。根据以往疾病分布的记录或现况调查的结果，结合文献复习，提出该疾病的病因假设。

（2）制订研究计划。主要考虑下述几个方面：选择病例与对照比较的方法；病例与对照的来源和选择方法及病例的诊断方法；样本大小的估计；根据病因假设与研究所具备的条件，确定调查因素的种类、数量级及其检测方法，并考虑调查因素中的混杂因素；设计调查表；整个研究过程中可能出现的偏倚及质量控制措施；调查的实施与期中分析；资料整理与分析的方法；所需费用的概算；人员分工与需要的协作单位。

（3）培训调查员与预调查。

（4）实施调查。

（5）资料的整理与分析。

（6）提出研究报告。

第五节　抽样与匹配的方法

为准确地估测疫病，必须能够有效地测量畜群。如果对畜群中的每一个动物进行检测（并且如果没有测量误差），将会获悉畜群确切的疫病水平，这项技术称为普查。然而，多数情况下普查是不可行的和（或）成本过高。通常检测畜群中的部分动物（样本）就能够对畜群的疫病水平进行准确的估测。

一、简单随机抽样

概率抽样是指对畜群中的每一个个体都有已知的、非零的并被包含到样本中的概率。

简单随机抽样（simple randon sampling）是指畜群中的每个个体具有相同的被抽到的概率。如果需要 5 头奶牛作为样本，从 1～10 中产生 5 个随机数字，根据产生的随机数字选择相应奶牛。

二、系统随机抽样

系统随机抽样（systematic random sampling）是指按照预先设定的、相等的间隔（称为抽样间隔）选择抽样单位。当抽样时抽样单位的总数是处于未知的情况下经常使用该方法。例如，在一个研究中，需要抽取在一个给定的日子进入兽医门诊的病畜——在研究的初始阶段，不知道在结束时间能够见到病患的总数是多少。

假设正在调查当前在院病畜的病历卡以进行详细的审核。在抽样前是不可能提前知道病历卡总数的，这是因为当前就诊病患的数量是动态变化的（因此不能采用简单随机抽样方法）。然而，可以估测在每个时期内可以获取的病历卡的大概数量，然后从每 k 个病历卡中抽取一个病历卡作为样本。

在 12 个月内共需要 300 个病历卡来完成研究工作。如果每天平均产生 10 个新病历卡，那么每年可以获取的病历卡总数可以估计为：10×365＝3650 个。以获取每年所需数量的病历卡数来构成样本，抽样间隔 k 应为 3650÷300 的最大整数。由于商值为 12.17，抽样间隔 k 应为 12。因此，将从每 12 个病历卡中抽取一个作为样本。实施该抽样程序的一个方法是用连续数字来标明每个病历卡。在研究之初，从 1～12 中随机选择一个数字作为起始点。接下来，起始点病历卡和其后的每 12 个病历卡被抽取作为样本。如果选择的随机数字是 4，那么组成样本的病历卡应为 4、16、28、40、52……

三、分层随机抽样

分层抽样是指将样本框分成不同的群体（层），并从每层随机抽取样本。常采用分层随机抽样（stratified random sampling）来确保最终抽取的样本能够充分代表整个畜群中所有不同的群体。最简单的形式是成比例分层随机抽样，即从每层抽取的样本数量与该层的个体总数是成比例的。

假设想要确定某个地区猪群的疫病流行率。以前的调查显示，该地区 70%的猪分布在规模非常大的、集约化的猪场中，20%的猪来自较小规模的猪场，其余的 10%存在于城镇周边的一些小散养户中。采用成比例分层抽样方法，从每层中随机抽取样本组成样本集。该样本集中 70%的样本是从大规模集约化猪场抽取的，20%的样本来自较小规模的猪场，剩余 10%的样本取自城镇周边的小散养户中。

在一些情况下，从某个特殊的层中获取样本是比较困难的，或比从其他层中取样花费更多。在上述示例中，从城镇周边的小散养户中抽样可能要耗资更多，这可能缘于小散养户不完善的登记注册情况，难以与猪的主人联系来安排合适的走访时间，也许还需要额外的旅费。在这种情况下，可以采用非比例抽样技术。

分层抽样的优点是可以提高参数估计值的精确度。如果一个畜群能被分成若干个逻辑层，每层内的变异程度较之层间的变异程度为小，那么就将获得更为精确的估计值。想要确定某个地区奶牛泌乳期平均总产奶量（总共多少升），而该地区有两种奶牛，一种是弗里斯兰奶牛（黑白花奶牛），其特点是产奶量大但乳固体浓度低；另一种是泽西奶牛，其特点是产奶量小但乳固体浓度高。根据品种畜群分成不同的层并从每层中抽样，则可以对每个品种奶牛泌乳期平均总产奶量进行准确估计。根据每层的产奶量平均值和每层中奶牛的数量可以计算加权平均值，从而也可以估测出该地区奶牛的平均产奶量。

四、整群抽样

整群抽样（cluster sampling）是指将样本框分成不同逻辑集（群），并随机选择“群”。接下来对选定“群”中所有单个样本单元（也称为初级样本单元）进行检测。可以在空间或时间上进行分“群”。例如，一头母猪生产的一窝小猪可以看成是一个“群”，农场中的一群奶牛也是一个“群”，一队渔船在空间上也组成一个“群”（也就是在一个港口）。

尽管整群抽样有其自身的优点（包括费用比较经济的优点），但也有固有的缺点，那就是与其他抽样设计抽取同样数量的样本来获取估计值相比，整群抽样估计值的标准误常常较高。造成这一点的原因是处于同一“群”的个体要比来自不同群的个体更为类似。有两种类型的整群抽样：一级整群抽样是指当采用简单随机抽样方法抽取“群”后，接下来对所抽取群的所有个体进行检查；二级整群抽样是指当采用简单随机抽样方法抽取群后，再采用随机方法从每个群中抽取个体进行检查。当每个群含有同样数量的个体时，对群体特征的估计是比较简单的。当每个群中含有不同数量的个体时，对群体特征的估计就不简单了（在这种情况下需要请教统计学家)。用来抽样的群数和每个群中进行抽样的个体数量将取决于所关切因素在群间的相对变异程度(与群内相对变异程度相比)及抽取群的相对费用(与抽取个体的费用相比)。当群间的变异程度大于群内的变异程度时,需要抽取更多的群来获取一个精确的估计;当群间的变异程度小于群内的变异程度时,需要从每个群中抽取更多的个体来获取一个精确的估计。

五、多级抽样

多级抽样(multistage sampling)在大型流行病学调查中,常结合使用几种抽样方法。

先从总体中抽取范围较大的单元,称为一级抽样单元,再从每个抽得的一级单元中抽取范围较小的二级单元,依次类推,最后抽取其中范围更小的单元作为调查单位。其优点为:可以充分利用各种抽样方法的优势,克服各自的不足,并能节省人力、物力。其缺点为:在抽样之前要掌握各个畜禽的资料及特点。

六、非概率抽样

当从一个群体中抽取到某个个体的概率是未知的,以及该群体中的一部分个体被抽取的可能性高于或低于该群体中其他个体被抽取的可能性时,这种情况下的抽样称为非概率抽样(no-probability sampling)。非概率抽样方法有如下几种。

便利抽样:是指选择最易获取的抽样单位的方法。

立意抽样:是指选择最期望得到的抽样单位的方法。

偶遇抽样:是指不采用特定方案或方法来选择抽样单位的方法。这种类型抽样方法存在的问题是:可能影响抽样工作人员,导致其在抽样时采用一种“平衡”样品的做法。例如,刚刚已经抽取到一头成年动物,当进行下一次抽样时会更加倾向于幼龄动物。非概率抽样将对群体产生偏误估计,并且无法对偏差的程度进行定量。

七、抽样方法组合

以下为各种抽样方式下的样本单位数的计算方法。

(1)简单随机抽样:是指对总体中所有单位不进行任何组合,仅按纯随机原则直接从 N 个单位中抽取 n 个作为样本的抽样方法。

(2)分层抽样(或称为分类抽样、类型抽样):是指根据总体单位具有的某种标志将所有单位分成若干类型,再在各类型中随机抽取必要数目样本单位的一种抽样方式。

对于分层抽样,各组样本单位数可按等比例或不等比例由总样本单位数分配。

(3)整群随机抽样:是指将总体各单位按照一定的属性或条件分成若干群,并以群为单位从中抽取样本的一种抽样方式。

整群抽样是对选中的群进行全面调查,所以只存在群间抽样误差,不存在群内抽样误差。

(4)系统抽样(或称为机械抽样、等距抽样):是指将总体各单位按某一标志排列,并依一定的固定顺序或间隔来抽选调查单位的一种抽样方式。其抽选顺序或间隔可以用一定方法计算,也可随机确定,其确定可以是有关标志,也可以是无关标志。有关标志等距抽样所需样本单位数,可以采用类型抽样的样本单位数目公式确定;无关标志等距抽样,可以采用简单随机抽样的样本单位数目公式确定。

八、块　随　机

块随机（random block）即随机区组设计，又称为随机单位组设计、配伍组设计。

块随机实际上是配对设计的扩展，也可看成是 1∶m 对设计。通常是将受试实验动物按性状（如动物的性别、体重，病畜的病情、性别、年龄等非实验因素）相同或相近者组成 b 个区组（或称为单位组、配伍组），每个区组中的 k 个受试实验动物分别随机分配到 k 个处理组中。其区组因素可以是第二个处理因素，也可以是一种非处理因素。

随机区组设计的优点是每个区组内的 k 个受试动物有较好的同质性，因此，组间均衡性也较好。与完全随机设计相比减少了误差，因而更容易察觉处理组间的差别，提高了实验效率。缺点是要求区组内受试动物数与处理数相等，实验结果中若有数据缺失，统计分析较麻烦。

小　　结

本章主要就兽医流行病学常见的抽样调查方法加以概述，包括检测疾病的抽样、群体间差异的抽样检测及抽样与匹配方法中的 8 种，即简单随机抽样、系统随机抽样、分层随机抽样、整群抽样、多级抽样、非概率抽样 、抽样方法组合和块随机。

复　习　题

1. 简述抽样推断。
2. 什么是抽样调查？
3. 简述检测疾病的抽样。
4. 抽样与匹配有哪几类方法？

第八章　诊断试验评价

临床兽医的一个关键作用是作出诊断。除非一些特异临床特征，有必要运用一些技术手段来完成最后诊断。这些技术手段被称为诊断试验。事实上临床检验本身也可以被视为诊断试验。

临床兽医根据临床症状完成临床诊断。而微生物学家则以检测一个特异性病原体提供一个病因学诊断。

预防兽医学的一个关键因素是在群体中确定疾病状态，或预后判断及各种病原体或病理状态的筛检。诊断不等同于筛检，诊断是进一步把患病动物与可疑患病但是实际无病者区别开来。正确的临床诊断是临床兽医有针对性地选择治疗与预防措施的基础。

第一节　简　　介

一、诊断试验的评价标准

关于诊断试验的评价，加拿大麦克马斯特大学的流行病学专家提出了以下 8 条评价标准。

（1）是否与公认的可靠的标准方法采取了盲法的对照比较。

（2）所观察的病例是否包括了多种不同的临床情况，如轻的、重的、治疗过的和未治疗过的，以及包括哪些容易混淆的其他疾病。

（3）是否介绍了观察组和对照组病例的来源，如何选择病例。

（4）该试验测定的重复性与精确性，以及其观察误差的大小。

（5）正常值的确定是否合理。

（6）如该试验是作为一组试验或作为序列试验之一，应当检验该试验在该组试验总的效力中的作用。

（7）对该试验的操作方法及注意事项是否做了详细介绍。

（8）该试验是否经过效用分析。

二、诊断试验评价的主要内容

一个诊断试验的优劣受到许多条件因素的影响，这些影响因素可以源于诊断方法本身的优劣，也可以是人类行为或环境条件。临床诊断试验的合理利用，需要对诊断试验的正确评价。诊断试验的评价依赖于与“金标准”做比较，选择适合数量的研究对象，盲法收集试验结果资料，评价分析诊断试验的真实性、可靠性和收益，掌握诊断试验评价的原则。

流行病学资料涉及动物群体的有病个体和无病个体的划分，这就必然存在选用什么诊断方法划分的问题。诊断评价主要包括诊断指标和标准、敏感性和特异性、可靠性和真实性。

当防控畜群的疾病时，需要考虑两方面的因素：传染性疾病与非传染性疾病。对于这两类不同的疾病，需要不同的诊断标准。诊断标准要准确、特异；如果需要群体间的交叉比较，必须确保诊断标准在两个群体间都适合。对于一些疾病，诊断标准要直接简单。然而，有时候很难定义一种病，尤其是在存在种群交叉时。

随着先进技术的发展，各种诊断试验（包括诊断设备、试剂、方法等）层出不穷，但并不是每一种诊断试验肯定比常规试验或旧试验好，经过一段时间的临床应用，不少试验将被淘汰。

第二节　诊断试验的类型

在兽医临床实践中，检验往往采用两种方式。筛检试验是从一个动物群体的健康成员中检测出疾病、致病因子或亚临床疾病的方式。通常情况下，针对这种检验，那些转为阳性的动物都有待进一步深入的诊断工作。诊断试验则用以确认或划分疾病状态，为选择治疗方法提供指导或预后。在此设置内，所有的动物都是“异常的”，关键是如何做出正确的诊断。

为了准确，一项检验并不总是需要接近真实值，但如果反复进行检验，结果的平均值应该接近真实值。一项准确的检验将不超过真实值。如果不准确的程度可以度量和检验结果并相应做出调整，检验的结果可以被“纠正”。

检验的精确涉及检验的结果是高度一致的。如果检验总是给样本相同的值（不管它是否是正确的值），就可以说是精确的。

一、筛　　检

（一）筛检的概念

筛检（screening）是指应用快速、简便的试验、检查或其他方法，将表现健康的动物群体中患有某病的动物与非患病动物区别开来的一种措施。筛检不仅应用于早期发现病患、早期治疗，而且还应用于发现处于高风险的动物，以便能及早采取措施，消除这些风险因素，达到早期预防的目的。筛检并不能对疾病做出诊断。筛检试验只是把动物划分为两部分：阴性结果为健康，阳性结果为可疑病例。对于筛检发现的阳性个体，尚需做进一步的诊断。

（二）筛检试验的对象

（1）无某病的健康动物。

（2）可疑有某病但实际无某病的动物。

（3）确有某病的动物。

（三）筛检的分类

根据筛检对象不同，可分为整群筛检（mass screening）和目标化筛检（targeted screening）。整群筛检是在疾病发病率较高时，对一定范围动物群的全部个体进行普遍筛查，找出其中患该病可能性较大的个体，然后对其进一步诊断及治疗；目标化筛检或定期健康检查（periodical health examination）是根据流行病学特征选择高风险畜群进行定期的健康检查。

按检查所用筛检方法的数量多少，筛检可分为单项筛检和多项筛检。单项筛检（single screening）是指用一种筛检试验检查某一种病；多项筛检（multiple screening）是指同时用多项筛检试验方法筛检疾病。例如，可用同一份猪的血清进行猪瘟、猪繁殖和呼吸障碍综合征等疾病的筛检，犹如猪瘟的筛检可以同时使用直接免疫荧光、RT-PCR和病毒分离技术进行筛检。

（四）筛检的目的与意义

筛检的目的首先在于早期发现某些可疑病例，通过早诊断、早治疗，使其康复或延缓其发展，以实现二级预防的目的。

其次是筛检疾病的危险因素，用以保护风险畜群。

最后是用来了解疾病的自然史或开展流行病学监测。

（五）筛检试验或诊断试验的研究方法

（1）确定“金标准”。以当前临床公认最好的、准确性高的、可靠的诊断方法作为比较的尺度，或者以一种被广泛接受或认可的具有高度敏感性和特异性的诊断方法作为“金标准”（gold standard）。通常一种疾病有一个金标准，活体病理组织检查、手术探查、尸体解剖、病原分离鉴定等均可看成是具有普遍意义的金标准；也可以将通过专家制定并得到公认的临床诊断标准作为金标准。

（2）选择研究对象。筛检试验和诊断试验的研究对象包括：用金标准将所研究疾病诊断为“有病”的病例组及“无病”的对照组。但“无病”的对照组是指没有患所研究疾病的动物，并非完全无病的健康动物。

（3）样本量的估计。筛检试验和诊断试验的评价需要选择适宜的、足够的样本量（sample size）。样本量的估计方法，可按照抽样调查时计算样本含量公式的方法或查相应样本量表的方法进行。

（4）确定正常值。确定正常值时，可将被评价的筛检试验或诊断试验的检查结果与金标准进行比较而获得，一般选择检查结果最接近金标准判断结果的界值作为正常值标准。确定正常值的常用方法一般包括标准正态分布法、对数正态分布法和百分位数法三种，详细方法可参考有关医学统计学书籍。值得提醒的是，正常值的确定是否恰当，将对诊断试验或筛检试验的真实性产生明显影响。

（六）筛检试验的基本条件

（1）安全可靠，筛检试验不对被检查动物造成损伤或疾病。

（2）筛检试验方法敏感性和特异性较高，能有效地区别某病患病动物和非患病动物。

（3）快速、简单易行、价廉。

二、诊　断

（一）诊断的概念

诊断（diagnosis）的定义是广义的，不仅包括各种实验室检查，也包括临床资料、X射线、超声诊断等各种公认的诊断标准，并且利用这些资料和技术标准对疾病和健康状况做出确切的结论。掌握诊断试验（diagnosis test）的评价方法可为其选择合理的诊断方法奠定基础，从而避免单凭经验诊断造成误诊或漏诊。

诊断试验是指应用物理学、生物化学、免疫学检查、临床检查、病理学和医疗仪器设备检查，对患病动物的疾病和健康状况做出诊断的试验。随着自然科学的发展，兽医学领域的诊断方法也在不断更新。诊断试验的评价是临床兽医流行病学中重要组成内容之一，应用临床兽医流行病学的方法对新的诊断试验进行评价研究，将有助于正确选用各种诊断试验，科学地解释诊断试验的各种结果，从而提高诊断水平。

由于筛检与诊断都是试验或检查，在方法学和评价方面具有相似性，只是诊断试验要求有更高的敏感性和特异性，而筛检试验则更侧重快速、高效和收益。筛检试验一般是在诊断试验之前用来鉴别有病的个体，对筛出的患病畜禽进行及时治疗和迅速改善其生存状态。因此，临床兽医要权衡筛检试验与诊断试验的侧重点，以提高临床诊断的质量。

诊断试验不同于筛检试验之处是，筛检试验是把病畜及可疑病畜与无病动物区别开来；诊断试验则是进一步把患病动物与可疑患病但实际无病的动物区别开来。

（二）诊断方法

1. 诊断指标

（1）半主观指标：是指由被诊断动物的畜主主诉而确定的，如进食、精神状态、行为、体态、姿势、被毛等。这些指标最容易受畜主的主观影响而改变。因此，仅凭畜主主观认识的指标，常常受到畜主文化水平和技术水平所影响，在兽医临床甚少应用，作为诊断指标很难反映真实情况。

（2）半客观指标：是指根据诊断者的感觉而加以判断的指标，如肿物的硬度大小，肺部啰音的强弱，可视黏膜的颜色、体征等。因为由诊断者主观判断，常因诊断者的差异而有不同的判断。应用时，必须严格规范诊断标准。

（3）客观指标：是指用仪器客观测量的指标。很少依赖诊断者的主观意识判断，所以比较可靠。用仪器测定的结果，如体温计测的体温、胸部透视观察肺部病变、用血压计测定血压等。这些都是客观记录下来的，但其结果仍需要兽医去判断，虽然各兽医之间的差别较小，但也存在差异。因此在应用一般客观指标时，也应该严格规定操作规范，调校好仪器标准，以便得到可靠的结果。

2. 诊断标准　诊断标准又称为诊断界限（diagnostic criteria），诊断指标确定之后，就应该确定一个诊断标准用以区别健康动物与患病动物，更准确地说是用来区分患某种疾病的动物和未患该病的动物，诊断标准对某些疾病的判断是相对的标准，如因动物之间的差异。由于调查或筛检的结果经常以发病率、流行率、死亡率来表示，而这些率的分子是发病动物数或因某病而死的动物数。如果诊断不正确或诊断标准不一致，则所得出的率就不一样。

3. 贝叶斯公式　对于诊断试验（diagnostic test）的评价，首先应知道受试动物的真实类别，即哪些属于对照组，哪些属于病例组。划分病例与对照这两个组的标准就是上述的金标准。

尽管金标准不需要十全十美，但是它们应比所评价的诊断试验更加可靠，且与评价的诊断试验无关。对于按金标准确定的二项分类总体，如病例与对照，采用诊断试验检测的结果可分别写成阳性与阴性，资料可列成表 8-1 所示的 2×2 表格形式。表 8-1 中有 4 个可能结果，其中两个是正确的，即病例被诊断为阳性［真阳性（true positive，TP)］和对照被诊断为阴性［真阴性（true negative，TN)］；两个是错误的，即病例被诊断为阴性［假阴性（false negative，FN)］和对照被诊断为阳性［假阳性（false positive，FP)］。

表 8-1 诊断资料 2×2 表格

诊断结果（T）	金标准		合计
	病例（D+）	对照（D−）	
阳性（T+）	TP（真阳性）(a)	FP（假阳性）(b)	TP+FP ($a+b$)
阴性（T−）	FN（假阴性）(c)	TN（真阴性）(d)	FN+TN ($c+d$)
合计	TP+FN ($a+c$)	FP+TN ($b+d$)	N ($a+b+c+d$)

$$P(\mathrm{D}+ \mid \mathrm{T}+) = \frac{P(\mathrm{T}+ \mid \mathrm{D}+) \times P(\mathrm{D}+)}{[P(\mathrm{T}+ \mid \mathrm{D}+) \times P(\mathrm{D}+) + P(\mathrm{T}+ \mid \mathrm{D}-) \times P(\mathrm{D}-)]} \tag{8-1}$$

式中，D+为先验概率（prior probability），它不依赖于其他变量的改变而变化，称为流行率，此概率一般可从各种有关报道或参考书中获得，也可通过流行病学调查得到；TP 为病例组中诊断试验检测结果为阳性的概率，也就是后面提到的敏感性（sensitivity，Se）或真阳性率；TN 为对照组中诊断试验检测结果为阴性的概率，也就是后面提到的特异性（specificity，Sp）或真阴性率；FP 为对照组中诊断试验检测结果为阳性的概率，也就是后面提到的（1−特异性）或假阳性率；T+为后验概率（posterior probability），也就是后面提到的阳性预测值，一般情况下该指标难以直接得到，需要采用贝叶斯公式计算。

根据调查得知，某鸡群 2000 只祖代母鸡中有 1 只患有鸡白痢。如果选择全血凝集实验作为诊断工具，金标准确诊的鸡白痢病例组中 98%为白痢阳性，未患该病的对照组中 1%为白痢阳性，那么全血凝集实验诊断为阳性时祖代母鸡实际感染鸡白痢的概率是多少？

已知 P（D+）=1/2000=0.0005，P（T+ | D+）=98%=0.98

$$P(\mathrm{T}+ \mid \mathrm{D}-) = 1\% = 0.01,\ P(\mathrm{D}-) = 1 - P(\mathrm{D}+) = 1 - 0.0005 = 0.9995$$

根据式（8-1）有

$$P(\mathrm{D}+ \mid \mathrm{T}+) = P(\mathrm{T}+ \mid \mathrm{D}+)/P(\mathrm{D}+)P(\mathrm{T}+ \mid \mathrm{D}+)\ P(\mathrm{D}+) + P(\mathrm{T}+ \mid \mathrm{D}-)\ P(\mathrm{D}-)$$

$$= \frac{0.98 \times 0.0005}{0.98 \times 0.0005 + 0.01 \times 0.9995} = 0.0467$$

由此得到诊断为阳性时祖代母鸡实际感染鸡白痢的概率为 4.67%，这全血凝集实验阳性提供的感染鸡白痢信息很少，全血凝集实验用于该鸡群的诊断价值很低。

但在临床上，全血凝集实验仅仅用于怀疑感染鸡白痢的鸡，这样先验概率 P（D+）较高，获得的后验概率 P（D+ | T+）将比以上要高得多。例如，当 P（D+）=10%=0.1 时，得到 P（D+ | T+）=91.59%，因此在临床上全血凝集实验具有较好的诊断价值。

第三节 诊断水平的计量

诊断试验的评价是指运用科学的方法制定出某些标准，并运用这些标准来评价各种诊断试验。除考虑方法本身的安全和操作上简单、快速、方便及价格低廉等因素外，还要从真实性、可靠性和效益三个方面考虑。

一、真 实 性

真实性（validity）又称为有效性，是指测量值与实际值符合的程度，即该项诊断试验能正确反映客观事物的程度。评价试验真实性通常有两个指标：敏感性和特异性，又因假阳性率与上述两个指标是互补的，因此敏感性、特异性、假阳性率、假阴性率都是较稳定的评价指标。在考核一种试验标准时，常用同一种试验方法分别对一组已知有病和另一组无病的畜禽进行检查，然后通过比较二者的结果来确定这几个指标。

一项理想诊断试验的敏感性和特异性都应该非常高。然而，当诊断试验的测量指标是连续变量时，不同的阳性标准有不同的敏感性和特异性。若提高其敏感性，必然导致特异性下降，反之亦然。

二、可　靠　性

可靠性（reliability）又称为重复性，是指在相同条件下重复试验获得相同结果的稳定程度。影响试验可靠性的因素如下。

（1）试验对象的个体生物学变异。例如，测量某一动物血压时，即使用同一方法，同一测量者，因不同的测量时间或试验对象应激等因素，会出现血压值的变异。又如，用同样方法多次测定同一动物的血清抗体水平也会有差异。

不同季节和一日内的不同时间个体内部的生物学状态不断地发生变化，也就是产生变异。某个时间点得到的某生物学现象的测量值只能是该时段若干次测量的一个数值，并不能反映各次测量的真实数值，如体温一天内的变化。此外，不同个体的生物学状态不同，产生测量值的变化。

（2）观察者差异。这包含观察者自身的生物学差异和观察者之间的差异。

（3）试验方法或仪器本身的差异。试验方法可受药物试剂质量、配制方法因素影响，检验室的环境因素都可对试验结果产生影响。仪器如果未经校正，可造成测量结果的系统误差。仪器还会受外环境因素影响，使测量值产生误差。

影响可靠性的因素很多，在开展工作前必须注意试验方法的可靠性，包括测量条件的规定、试验方法的标准化、操作者的技术和责任心及试验人员培训等。

三、似　然　比

诊断试验经常用来帮助决定某个体是否患病。

由于诊断试验方法不完善（假阳性和假阴性发生），应该去除“检验阳性＝疾病阳性”和“检验阴性＝疾病阴性”的观念模式，应该把检验看成是一个在群体内部疾病存在的概率估计的过程。似然比提供了该手段。

（一）似然比简介

似然比（likelihood ratio，LR）是指患病动物中出现某种试验结果的概率与非患病动物中出现相应结果的概率之比，说明患病动物出现该结果的机会是非患病动物的多少倍。由于检验结果通常分为阳性和阴性，所以，似然比也相应地分为阳性似然比（positive likelihood ratio，＋LR）和阴性似然比（negative likelihood ratio，－LR）。

与敏感性和特异性一样，似然比是一个相对稳定的综合性评价指标，它不受流行率的影响，在选择诊断试验时应选择阳性似然比较高的方法。

（二）阳性似然比

阳性似然比是指真阳性率与假阳性率之比，说明患病动物中某种试验出现阳性结果的机

会是非患病动物的多少倍；比值越大说明患病的概率越大，试验结果的诊断价值越高，则

$$+LR = 真阳性率 / 假阳性率 = [a/(a+c)]/[b/(b+d)] \tag{8-2}$$

检查结果呈阳性的似然比提示，与非患病个体的阳性检测结果相比，在患病个体检出阳性检验结果的可能性的大小。检查结果呈阳性的似然比等于敏感性除以（1－特异性）：

$$+LR = Se/(1-Sp) \tag{8-3}$$

式中，Se 为敏感性（0～1）；Sp 为特异性（0～1）。

（三）阴性似然比

阴性似然比是假阴性率与真阴性率之比，说明非患病动物中某种试验出现阴性结果的机会是非患病动物的多少倍；比值越小，试验结果的诊断价值越高，因此

$$-LR = 假阴性率 / 真阴性率 = [c/(a+c)]/[d/(b+d)] \tag{8-4}$$

阴性的似然比提示，相比在非患病个体检出阴性检验结果，要检出一个患病个体的阴性检验结果的可能性有多大。检验结果呈阴性的似然比等于（1－敏感性）除以特异性：

$$-LR = (1-Se)/Sp \tag{8-5}$$

似然比（LR）可以使用单一临界值计算，所以我们有一对似然比：一个是阳性的(＋LR)的检验结果，另一个是阴性的（－LR）检验结果。运用多级似然比从诊断试验中可获取更多的信息。在这种情况下，检验结果的范围将与似然比值有关。

为增加在个体疾病状态下使用的诊断检验的可信度，第一步，要确定预测个体患病的概率。第二步，应用诊断检验某些特征（阳性似然比和阴性似然比）。第三步和最后一步是使用验前概率（pretest probability）和似然比获得给定检验结果的个体疾病的验后概率(post-test probability)。

要做到人工计算，需要将疾病的验前概率转换成为验前概率比（pretest odds)，验前概率比乘以相应的似然比，然后给出验后概率比。最后，验后概率比（post-test odds）转换为验后概率。概率比和概率之间的关系如下：

$$事件概率比 = \frac{1-事件概率}{事件概率} \tag{8-6}$$

即

$$验前(验后)概率比 = \frac{1-验前(验后)概率}{验前(验后)概率}$$

$$事件概率 = \frac{1+事件概率比}{事件概率比} \tag{8-7}$$

即

$$验前(验后)概率 = \frac{1+验前(验后)概率比}{验前(验后)概率比}$$

单头奶牛体细胞数（ICSCC）被用作存栏奶牛亚临床乳腺炎的筛检试验。一群奶牛发生隐性乳腺炎（真实）的流行率被估计为 5%。经过权威机构检测，牛群 ICSCC 为 300～400 个体细胞/ml 细胞计数的阳性似然比为 14.50。

从这个牛群中检查一头牛，发现 ICSCC 为 32 万个细胞/ml。这头牛真正患有乳腺炎的

概率是多少？这头奶牛乳腺炎的验后概率确定如下。

（1）乳腺炎的验前概率：50÷1000＝0.05。

（2）乳腺炎的验前概率比：0.05/（1－0.05）＝0.053。

（3）给定阳性检验结果的乳腺炎的验后概率比：验前概率比×LR（＋）＝0.053×14.5＝0.76。

（4）给定阳性检验结果的乳腺炎的验后概率：0.76/（1＋0.76）＝0.43。

ICSCC 为 32 万个细胞/ml 奶牛的验后概率大约为 43％。

列线图为计算疾病的验后概率提供了一个捷径（图 8-1）。

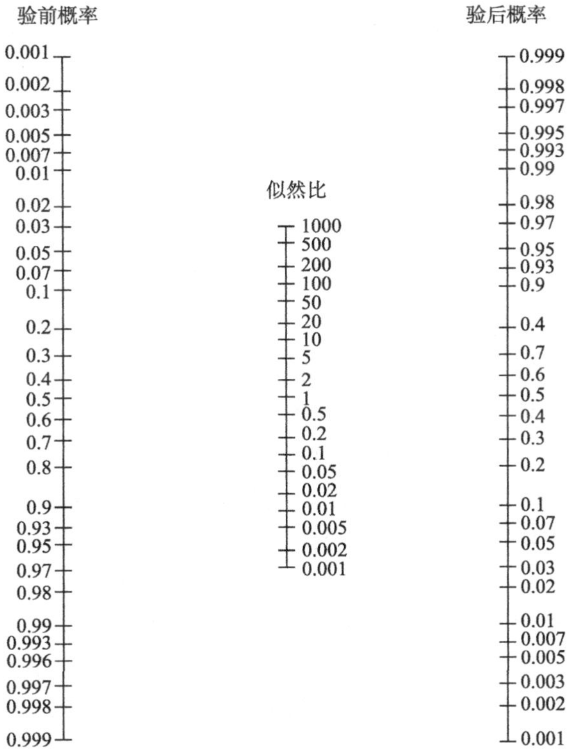

图 8-1　运用阳性试验结果的似然比对验后概率计算的列线图

列线图是由三条鳞状平行线组成的一个图表。左侧的线，标记对应疾病验前概率的一个位置。中央行标记的是所用试验的阳性（或阴性）似然比。如果从验前概率估计绘制一条直线在中央线的位置通过似然比，那么可以从右侧线读出疾病的验后概率。

这种评估诊断测试信息方法的一个不错的功能，就是序贯检验（sequential test），易于操作。在这种情况下，第一轮试验的疾病验后概率变成为第二轮试验的验前概率。

接上面所述的乳腺炎实例的设想去检验牛，作为检验工作的一部分，使用快速乳腺炎试验（RMT）（美国加利福尼亚州乳腺炎检验 CMT 法）检验每个乳区的牛奶（图 8-2）。已知 RMT 的敏感性和特异性分别为 0.70 和 0.80。通过 RMT 检验，这头牛转为阳性结果。这种牛患乳腺炎的概率给定额外的信息是什么？

RMT 的阳性似然比是 0.70/（1－0.80）＝ 3.5。如果疾病的验前概率是 43％，可以使用列线图估计疾病的验后概率，给予阳性试验结果高达 72％。现在可以确定这头牛有 72％的可能患有乳腺炎。

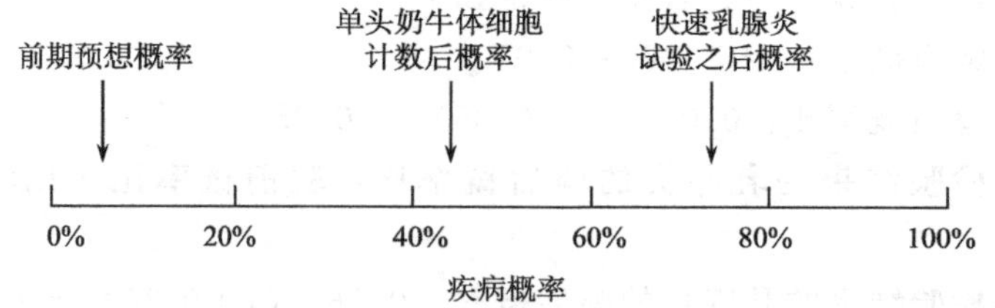

图 8-2 线图显示在应用一系列诊断试验之后如何评价疾病改变的概率

在上述牛乳腺炎的例子中，预想一头牛患乳腺炎的概率是5%。在考虑ICSCC检验结果之后，概率增加到43%。从应用快速乳腺炎试验（RMT）检验后得到的一个阳性结果，这头牛患有乳腺炎的概率增加到72%。

试验解释的似然比方法的优点是可以更好地评价所应用（在上面的例子中，ICSCC比RMT提供更多的诊断信息）的每种诊断方法所提供的值（验后概率增加）。如果试验所用成本是已知的，可以决定验后概率增加的单位成本，就能更加客观地使用诊断资源。

四、预　测　值

在用血清学试验或筛检试验确定动物群体中是否存在疾病之前，知道检测结果阳性的动物实际有病的概率（predictive value），或是检测结果阴性的动物实际无病的概率很重要。这些概率就是试验的预测值。最常用的试验预测值是阳性试验结果中的预测值。

预测值取决于试验的特异性、敏感性和群体的流行率。敏感性和特异性是试验本身的特征，它们是不变的，但被测群体的流行率会影响实际有病的试验阳性动物在试验结果中的预测值。

预测值取决于试验方法的特异性、敏感性及疾病现患率。现患率一定时，随着敏感性的升高，特异性下降，假阴性率下降，阴性预测值升高，阳性预测值下降；随着特异性的升高，敏感性下降，假阳性率下降，阳性率升高，阴性预测值下降。当敏感性、特异性一定时，随着现患率的升高，阳性预测值升高，阴性预测值下降；随着现患率的下降，阴性预测值升高，阳性预测值下降。所以，在评价诊断试验时，应充分考虑以上诸因素的影响。

（一）阳性预测值

阳性预测值（positive predictive value）是指检出阳性结果的动物占患病动物的比例。

$$阳性预测值 = a/(a+b) \tag{8-8}$$

阳性预测值是：①阳性检查结果的预测值；②阳性检查结果之后的疾病的验后概率；③阳性检查结果之后的疾病的后验概率。

检验临界值由垂直的实线表示：结果低于临界值的个体被诊断无病，结果大于临界值的个体被诊断为有病。使用这种诊断检验，无病个体的检验结果大于临界值（“A”，图8-3左图）的判断为假阳性。患病个体的检验结果低于临界值（“B”，图8-3右图）判断为假阴性。

（二）阴性预测值

阴性预测值（negative predictive value）是指没有该病的被检动物检验结果呈阴性的比例。

$$阴性预测值 = d/(c+d) \tag{8-9}$$

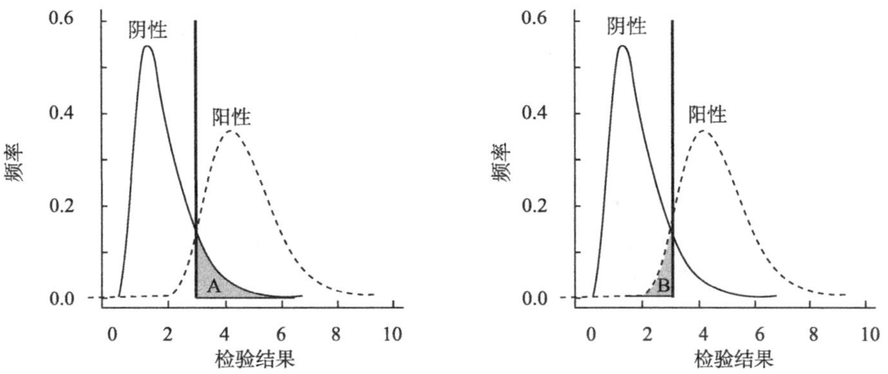

图 8-3　在连续标度上衡量检验结果，呈现可能取自健康和疾病个体结果的分布

阴性预测值是：①阴性试验结果的阴性预测值；②阴性试验结果的无病的验后概率；③阴性试验结果的无病的后验概率。

为正确识别所关注的一个特定动物的条件，预测值量化的是检验结果的概率。预测值的估计需要关于群体中的疾病敏感性、特异性和流行率的知识。在预测值方面，流行率的影响是相当大的。给定一个群体疾病的流行率在30%左右，使用一个敏感性为0.95和特异性为0.90的试验方法，检查出阳性结果的阳性预测值为0.80、阴性预测值为0.98。如果疾病的流行率只有3%且检验的特性保持不变，则阳性预测值和阴性预测值分别为0.23和0.99。

五、可 重 复 性

可重复性是可靠性的表现，受多方面因素影响，如仪器的校正、试剂的标准化程度、检验者操作的熟练程度等。两个研究人员用同一份血清样品进行同样的检测，可能会得到不同的结果。因此，由同一动物在不同时间采的血清样品间抗体滴度的2倍差异，可以反映滴度的真实变化或反映滴度相似而重复性较低。

六、受试者工作特征曲线

受试者工作特征曲线（receiver operator characteristic curve，ROC）是用真阳性率和假阳性率作图所得出的曲线（图 8-4），它可表示敏感性和特异性之间的相互关系。ROC 常被用来决定最佳临界点 A，仅靠一两次试验想要找到一个敏感性和特异性皆好的临界点是不可能的。ROC 也可用来比较两种和两种以上诊断试验的诊断价值，从而对诊断试验做出最佳选择。

ROC 方法简单、直观；可通过图形观察分析方法的临床准确性；可准确反映某种分析方法的敏感性和特异性的关系；其评价方法不受群体发病率的影响。但其局限性是，ROC 图上显示的不是真正的判断值，作图和显著性检验比较繁琐。不过，这些内容可以通过 SPSS、SAS 等统计软件完成。

ROC 是受试者工作特征（receiver operating characteristic）或相对工作特征（relative operating characteristic）的缩写词。ROC 分析起源于 20 世纪 50 年代的统计决策理论，后来被用于雷达信号观察能力的评价。60 年代中期大量成功地用于实验心理学和心理物理学研究。从 80 年代起该方法广泛用于医学诊断性能的评价，如用于诊断放射学、实验室医学、

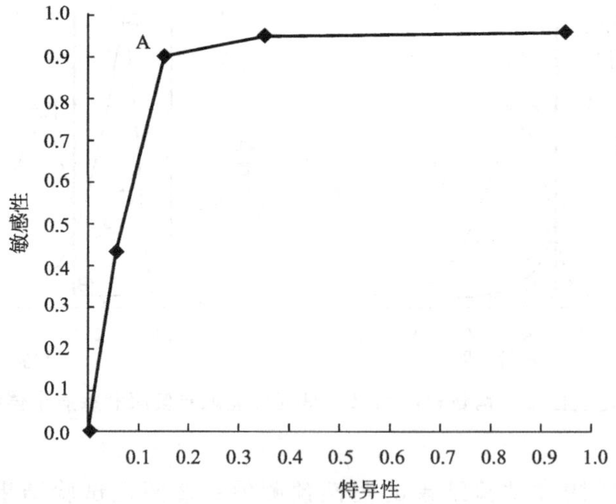

图 8-4　用 ELISA 检测犬的新孢子虫抗体的 ROC

癌症的筛选和精神病的诊断，尤其是用于医学影像诊断准确性的评价。

1. ROC 的构建　以假阳性率（FPF）为横轴、真阳性率（TPF）为纵轴。横轴与纵轴长度相等形成正方形。将图中 ROC 工作点标出，连接各相邻两点形成光滑的 ROC。曲线需要假设对照组和病例组服从某种分布，用曲线拟合技术估计参数，或直接用参数产生；也可采用目测完成光滑曲线。

无论资料类型如何，曲线一定通过（0，0）和（1，1）这两点，这两点分别相当于敏感性为 0 而特异性为 1 和敏感性为 1 而特异性为 0。理论上，完善的诊断有 TPF＝1、FPF＝0，图中 ROC 从原点垂直上升到图的左上角，然后水平到达右上角。完全无价值的诊断有 TPF＝FPF，是一条从原点到右上角的对角线。一般 ROC 位于正方形的上三角。

ROC 对诊断的准确性提供直观的视觉效果，并描述两种相反状态间诊断系统的判别能力。曲线上的每一点相应代表随着病例诊断阈值或置信阈变化的敏感性与特异性的折中。严格的标准产生较低的敏感性和较高的特异性，ROC 点位于曲线的左下方；宽松的标准产生较高的敏感性和较低的特异性，ROC 点位于曲线的右上方。如果比较的诊断系统曲线不交叉，则较高的 ROC 具有较好的诊断性能。如果曲线交叉，可在考虑费用与效益的前提下结合统计学检验判断其诊断性能。

2. ROC 分析的准确性评价指标　一般用“ROC 下面积”反映诊断系统的准确性。理论上这一指标取值范围为 0.5～1，完全无价值的诊断为 0.5，完善的诊断为 1。该指标及其标准误的计算目前有非参数方法、半参数方法和参数方法。其中得到广泛应用的方法有 Wilcoxon 非参数法和最大似然估计双正态参数法。

3. 最佳工作点的选择　阳性似然比为真阳性率与假阳性率之比，即等于 TPF/FPF；约登（Youden）指数为真阳性率与假阳性率之差，即等于 TPF－FPF。一般选择阳性似然比或约登指数最大者为最佳工作点。

也有人采用 C/B ［(1－P)/P］计算最佳工作点的斜率。表达式中 C、B 和 P 分别表示花费、收益和流行率。在假定对病例组实施治疗而对对照组不治疗的前提下，这一表达式表示治疗疾病的花费（cost）和收益（benefit）之比与（1－流行率）和流行率（prevalence）

之比的乘积。在 ROC 上，从（FPF，TPF）＝（0，0）到（1，1），工作点斜率从大到小单调改变。从表达式可以看出，如果疾病治疗花费多，收益少，或流行率低，则斜率大，最佳工作点接近（0，0），确保了假阳性的减少；如果疾病治疗花费少，收益多，或流行率高，则斜率小，最佳工作点接近（1，1），确保了假阴性的减少。

4. 决策树 诊断试验应用于实际当中，能否获得较好的社会效益和经济效益，需要根据每种结局发生的概率及其可能的治疗成本（包括给可疑病例带来的不便）、阳性预测值、阴性预测值、易感群体的流行率等情况，利用决策树（decision tree）进行决策分析。

临床决策分析是指临床兽医在诊断、治疗时做出的决定。这些临床决定就是临床决策（clinical decision）。所谓决策（decision making）就是为达到同一目标在众多可以采取的方案中选择最佳方案。在临床处理病情时，由于疾病临床表现复杂多变、诊治方法多种、有些药物还可能产生一些不良反应等，促使兽医在考虑上述情况后做出全面和合理地选择。

临床决策分析的基本步骤有以下 4 步。

（1）临床选择的治疗方法有时很多，此时筛除一些“差”的决策，利于下一步的分析。

（2）确定各决策可能的后果，并设置各种后果发生的概率。

（3）确定决策人的偏爱，并对效用赋值。

（4）在以上三步基础上选择决策人最满意的决策，即期望效用最大的决策。

第四节 真实和表面流行率

一、流行率估计

在不完善的试验方法的基础上，要确定疾病流行率估计被称为表面流行率（apparent prevalence，AP）。表面流行率是在所有动物中给定阳性检验结果动物所占的比例，即用选定的诊断方法抽取样本进行检测，阳性动物在样本中所占的比例。

表面流行率可以多于、小于或等于真实流行率（true prevalence），真实流行率即患病动物的实际比例，其真实值往往难以确定。如果试验的敏感性和特异性是已知的，真实流行率可使用公式，通过表面流行率来估算［式(8-10)，图 8-5］。

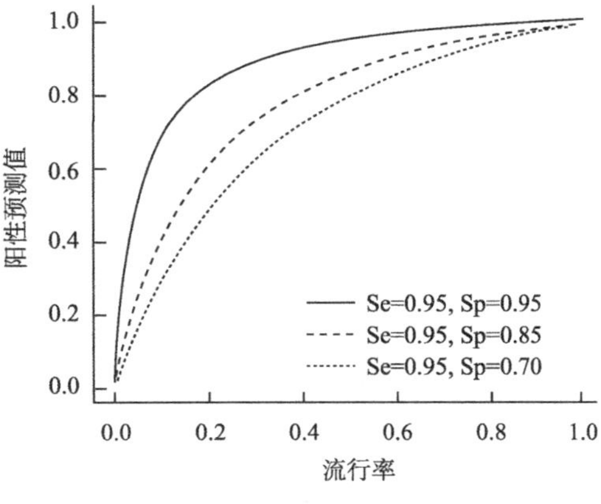

图 8-5 在不同敏感性和特异性试验中流行率和阳性预测值的关系

$$p(\mathrm{D+})=\frac{\mathrm{AP}-(1-\mathrm{Sp})}{1-[(1-\mathrm{Sp})+(1-\mathrm{Se})]}=\frac{\mathrm{AP}+\mathrm{Sp}-1}{\mathrm{Se}+\mathrm{Sp}-1} \tag{8-10}$$

式中，AP 为表面流行率；Se 为敏感性(0～1)；Sp 为特异性（0～1)。

ICSCC 被用来在牛群中筛检亚临床乳腺炎。该试验的敏感性为 0.90，特异性为 0.80。运用筛检试验，得出这群奶牛的乳腺炎的表面流行率（AP）为 100 头牛 23 例阳性。真实流行率 p（D+）按如下方法计算：

$$AP = 0.23$$

$$Se = 0.90$$

$$Sp = 0.80$$

$$p(D+) = (AP + Sp - 1) / (Se + Sp - 1)$$

$$p(D+) = (0.23 + 0.80 - 1) / (0.90 + 0.80 - 1)$$

$$p(D+) = 0.03/0.70$$

$$p(D+) = 0.04 \tag{8-11}$$

在这个牛群中乳腺炎真实流行率为每 100 头奶牛 4 例。

二、诊 断 策 略

提高诊断质量就是提高诊断方法的质量与可靠性。此时必须注意：①选择合适而正确的指标，对计量指标则应选择恰当的截断点；②尽量运用客观指标；③对指标的测量，要把方法及可能影响结果的步骤和条件都进行标准化。

临床实践中，许多诊断试验不够完善，将一项诊断试验用于流行率低的群体，则阳性预测值较低；但若将其用于高危群体，则可明显提高阳性预测值。高敏感性与高特异性往往不能兼顾，这就需要由两个或两个以上的试验联合来进行诊断。两种主要的联合形式是串联（series）与并联（parallel）。

临床兽医通常对病畜实行多项检验，以增加对病畜具有一个特定诊断的确定性。当多项检验被完成之后，并且所有的结果都是阳性时，很容易解释：目前患病的概率是相当高的。然而，更有可能的是，在一些项目试验中是阳性结果，在其他试验项目中将是阴性结果。可以通过并联或串联处理试验结果并解释这个问题。

并联试验（parallel test）又称为平行试验。这种方法是同时做几项诊断试验，只要其中一项为阳性就可诊断患某病。与单项诊断试验比较，并联试验可提高敏感性和阴性预测值，却使特异性和阳性预测值下降，即并联试验使漏诊率下降，却增加了假阳性率。若临床医师需要一项敏感性高的诊断试验，而此时只有两项或多项不够敏感的诊断方法，并联试验是他首选的方法。

串联试验（serial test）也称为系列试验。这种方法是依次顺序地做几项试验，但只有全部试验皆呈现阳性时才能做出诊断。具体的做法如表 8-2 所示。由于需要取得前一项诊断的结果才能做另一项试验，因而串联试验要用去一段时间。临床上是先做较简单、安全的试验，当出现阳性结果时，再做比较复杂或有一定危险的试验。

表 8-2　混合试验方式

联合方式	试验 1	试验 2	判断结果
并联试验	+	+	+
	+	−	+
	−	+	+
	−	−	−
串联试验	+	+	+
	+	−	−
	−	不必做	−

串联的诊断试验常出现敏感性、阴性预测值降低，特异性、阳性预测值升高的情况，即出现阳性结果时患该病的可能性就更大，降低了误诊率，却增加了漏诊率。当几项诊断试验特异性均不高时，采用串联试验最为适宜。

当一个诊断方法的诊断标准变动时，如提高敏感性，必然以降低特异性为代价，反之亦然。如果既想提高敏感性又不降低特异性，则可以选择多种诊断指标的联合试验，即如上所述的采取并联（in parallel）试验、串联（in series）试验，或串联与并联混合使用，如表8-2所示。

（一）并联解释

并联解释（parallel interpretation）是指当在一个个体实行多项检验时，假设多项检验至少有一个显示出阳性结果。用并联诊断指标进行诊断时，几个指标中有一个阳性即诊断为阳性，划归为“患病动物”。每个试验均为阴性才将受试者划归为“非患病动物”，这种试验称为并联试验。以并联试验结果解释会增加敏感性，因此也增加一个给定疾病流行率的阴性预测值。然而，特异性和阳性预测值会被降低。这种情况下很容易导致假阳性，即误诊的增加。其结果是，如果大量试验项目并联，并以这种方式进行解释，那么几乎每个个体都将会被认为是阳性的。

此法减少漏诊率。在根除传染病计划或解除封锁时，漏掉一个患病动物和（或）病原携带者的后果严重，只有浪费人力、物力再进行筛检，所以要尽量减少漏诊率，则可采取并联试验。

诊断牛结核病的金标准是病原菌分离鉴定，该法既贵又费时，此时可以考虑用两种安全、方便但灵敏度稍差的方法进行平行试验。假设两种方法的灵敏度都为74%，两种方法并联结果如表8-3所示。

表8-3　诊断牛结核病的平行试验

平行试验结果	病原菌分离鉴定		合计
	有病	无病	
两种方法均阳性或任一方法阳性	81	10	91
两种方法均阴性	5	104	109
合 计	86	114	200

敏感性（Se）$=81/86\times100\%=94\%$

特异性（Sp）$=104/114\times100\%=91\%$

阳性预测值$=81/91\times100\%=89\%$

阴性预测值$=104/109\times100\%=95\%$

敏感性由两个74%提高到94%，特异性也提高到可接受的程度（91%），阴性预测值为95%，则得到阴性结果几乎可以排除诊断该病。

用A、B两种方法平行（并联）试验时，联合敏感性及联合特异性如下：

$$\text{联合敏感性(并联)}=\text{A 敏感性}+[(1-\text{A 敏感性})\times\text{B 敏感性}] \quad (8\text{-}12)$$

$$\text{联合特异性(并联)}=\text{A 特异性}\times\text{B 特异性} \quad (8\text{-}13)$$

（二）串联解释

串联解释（serial interpretation），即系列解释，是指当在一个个体进行多项指标串联试验时，所有试验都转为阳性结果，必须几个指标均为阳性才能诊断为阳性，才会考虑受试动物为患病动物。系列解释将特异性和阳性预测值最大化，只要其中有一个诊断试验为阴性，那么就将受试者划归为非病畜。串联诊断方法使得划归为“患病动物”很难，而划归为“非患病动物”很容易，由此导致了假阴性（漏诊）的增加。但是串联解释降低了敏感性和阴性预测值，并因此使患病动物被漏诊的可能性增大。

安排两个或多个试验是串联还是并联，需要考虑试验的目的和疾病的性质。如果治疗药物疗效好、费用低、不良反应小，诊断出的患病动物可得到有效治疗，则希望有较高的敏感性，减少漏诊，这种情况下可安排并联试验；反之需要采用串联试验。

例如，进行羊布鲁菌病筛检时可以先使用虎红平板凝集试验，结果为阳性时再进行试管凝集试验。二者均为阳性才诊断为布鲁氏病。此种联合试验提高了特异度，可以减少误诊率，但却增加了漏诊率。当误诊能造成严重后果时，应该用系列（串联）试验。

当临床不必迅速做出诊断时，或目前几种方法特异性不太高，或必须进行某些昂贵或安全性差的试验时，可用此种联合方法。用此种联合方法时，先使用特异性较高的方法，可以减少下一步试验的动物数，并可以减少工作量，节省人力、物力及费用。费用昂贵或安全性差的试验可以放在后一步，第一步为阴性时，则下一步可省去，从而节省费用、减少应激。对那些少见疾病、病死率高的疾病（如炭疽）或一旦检出后能明显改善预后的疾病，则第一步可以用敏感性高的方法，可以减少漏诊。第二步再用特异性高的方法。

此种联合试验，如有 A、B 两种试验，则：

$$\text{联合敏感性(串联)} = \text{A 敏感性} \times \text{B 敏感性} \qquad (8\text{-}14)$$

$$\text{联合特异性(串联)} = \text{A 特异性} + (1 - \text{A 特异性}) \times \text{B 特异性} \qquad (8\text{-}15)$$

（三）混合法

根据指标的性质和质量高低，将几种诊断指标相互串联和（或）并联结合起来应用，以达到较好的结果。例如，有 4 项指标，可定为有任何三项阳性则判断为阳性，或第一项阳性再加上其他三项中任何一项阳性即判断为阳性，否则即诊断为阴性。

也可以考虑把几个指标结合成一个指标（如某综合征），可以减少指标数目，以便于工作与分析。

当混用两个以上诊断试验时，常先选简便、易行、价廉、对被检动物无损伤、低应激的试验，后用复杂、价贵、可能有损伤的试验。

（四）其他提高诊断试验效率的方法

例如，设立专科门诊，必要时转诊或会诊疑难病例，对特殊临床表现群体进行检查，对高危群体、特殊暴露群体或某品种动物进行筛检等。

对大多数以一个确定的阳性或阴性的结果的临界值进行测试，当敏感性增加时，特异性降低可以。如果知道这些，可以通过改变临界值来改变测试的敏感性和特异性，从而来定义一个阳性或阴性的测试结果（图 8-6）。

例如，如果要选择唯一的无病个体，我们可以选择一个临界点，使得测试非常敏感，从

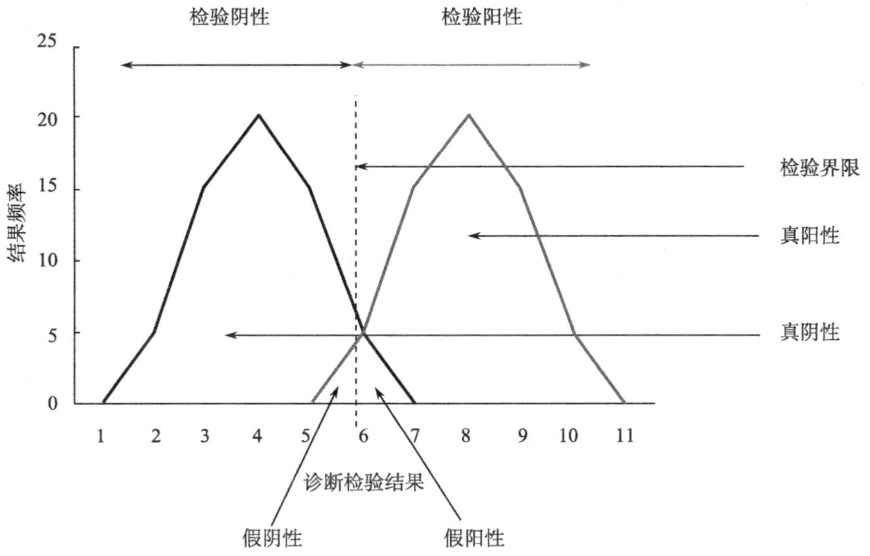

图 8-6　诊断测试中真正的疾病与表面疾病的关系

黑色曲线为真正疾病自由个体的分布，灰色曲线为真正疾病个体的分布。诊断测试结果的真正价值是对疾病与非疾病的区分

而使所有真正受影响的个体确实发现呈阳性（100%的敏感性）。不可避免的，试验的特异性低，而且会有假阳性的个体。然而，可以筛检出假阳性个体，然后用较高可信度的测试方法来检测，以确定它是真正阴性。

有时，我们需要一个特异性高的测试。如果决定全群淘汰具有一种疾病的羊群，可能不希望宰杀这些羊，即使是这种疾病的阳性羊群，因为在财务费用没有任何收益，所以可以选择一种特定的测试方法。对可能无法消除的疾病，要提出关注。

然而，必须尽量减少养殖户或牧民的成本。做到这一点的方法之一是需要在每次访问时尽可能多的收集相关样品，但只在必要时对其进行处理，以达到诊断的目的。然而，做出准确的诊断是很重要的，因为控制的方法将根据病因会有所不同。这可能因为不确定的诊断将使农民花费更多。例如，在疾病未经确认的情况下使用减毒活疫苗，那么，该致弱微生物被（甚至是以变异形式）引入动物群，如果农（牧）场中不存在这种病原体，这将是完全不适当的，并有可能导致疾病增加。

三、筛检试验和确证试验

运用筛检试验和确证试验策略，将一项试验用于群体中的每只动物去筛检群体中的阳性动物。理想的话，该试验应该易于使用且成本低，同时也应该是一个高度敏感的试验。因此，它漏掉的只是少数患病动物。它的特异性仍然应该是合理的，所以，确证试验的假阳性数量保持经济上的合理性。

筛检试验转为阴性结果的个体被视为真阴性，无需提交进一步的检查。而对于筛选试验阳性的动物要进行确证试验。确证试验可能需要更多的技术专长和更先进的设备，以及更为昂贵的成本，因为它只适用于简化数量的样本。但它必须是高度特异性的检验，所以确证试验的任何阳性反应都被认为是一个决定性的阳性。

在疾病控制计划的早期阶段（如根除结核病计划），表面流行率将高于真实流行率，因为试验特异性结果小于1.00。随着计划的继续，检测为阳性的动物被识别和扑杀，其结果是真实流行率下降。由于真实流行率下降，试验的阳性预测值下降，从而增加了假阳性的比例。在这个阶段，疾病控制计划就需要一个高度特异性的试验方法。在某些情况下，必须使用一系列试验串联以增加特异性。

第五节　在动物群体水平上诊断的敏感性和特异性

确定某疾病诊断的金标准，用它筛选适量的目标疾病患病动物（病例组）和非患病动物（对照组），然后用待使用评价的诊断试验对病例组和对照组再进行同步盲法比较，以判断诊断方法对该病的诊断价值。为了减少偏倚，整个过程应遵循盲法原则。

从方法学上来说，评价一项诊断试验，要考虑其真实性、可靠性和收益等因素。

诊断性试验中，要计算各项评价的指标，要列出2×2表。在纵列标准诊断法的栏下，分为“患病个体”及“非患病个体”；而诊断性试验则列为横行。当同期检测这两组对象后，将阳性结果列为诊断性试验的第一行，阴性结果列为第二行，于是就构成了2×2表，将上述两组病例的结果分别填入（表8-4）。

表8-4　以2×2表表现的诊断检验数据

	金标准（+）	金标准（−）	总计
检验阳性（TP）	a	b	$a+b$
检验阴性（TN）	c	d	$c+d$
总计	$a+c$	$b+d$	$a+b+c+d=N$

一、敏　感　性

敏感性也称为灵敏性，是指已被金标准诊断为已患某病组中，选用的诊断方法检验为阳性的部分，即真阳性病例在真病例组中所占的比例，是反映诊断试验真实性的指标。

敏感的检验很少会使患病的动物分类错误。敏感性是准确预测事件的度量。敏感性是：①检查结果呈阳性的及存在疾病的条件概率；②患病动物中检验呈阳性的可能性；③疾病检验阳性的动物患病的比例；④真阳性率（相对于所有的患病动物）。

其计算公式是：$Se=a/(a+c)\times100\%$。漏诊率与敏感性互为补数，即漏诊率$=100\%-Se$，是在患某病组中，错诊为阴性，即假阴性所占的比例。显然，敏感性越高，漏诊率越低。

二、特　异　性

特异性是指一项诊断试验能将实际无病的个体正确判为无病的比例，即正确诊断的真阴性病例在未患某病组中所占的比例，是反映诊断试验真实性的指标。其计算公式是：$Sp=d/(b+d)\times100\%$。误诊率与特异性互为补数，即误诊率$=100\%-Sp$。在非患某病组中，错诊为阳性，即假阳性所占的比例。显然，特异度越高，误诊率越小。

一项理想的诊断试验，理论上讲特异性和敏感性都是100%，但实际上是不可能的。诊断试验结果为连续性数据时，区分正常、异常的临界点划在哪里，将会影响特异性和敏感性。

三、假阳性率

计算实际无病错判为阳性的动物占全部非患病动物的比例，称为假阳性率，又称为误诊率。假阳性率高，反映该项试验误诊者越多，误诊率和特异度互补。误诊率越高，则特异度越低。

$$假阳性率 = b/(b+d) \times 100\% = 1 - 特异性(Sp) \tag{8-16}$$

四、假阴性率

计算实际有病错判为阴性的动物占全部患病动物的比例，称为假阴性率，又称为漏诊率。假阴性率越高，反映该项试验漏诊者越多。漏诊率和灵敏度互补，漏诊率越高，则敏感性越低。

$$假阴性率 = c/(a+c) \times 100\% = 1 - 敏感性(Se) \tag{8-17}$$

五、符合率

符合率（coincidence rate）也称为准确率或粗一致性（crude agreement），是指试验结果的真阳性和真阴性动物数占受试者动物总数的比例。

$$符合率 = (a+d)/(a+b+c+d) \times 100\% \tag{8-18}$$

真阳性值和真阴性值越大，假阳性值和假阴性值就越小，则符合率越接近于1。

六、约登指数

约登指数（Youden's index）为敏感性和特异性之和减去1。表示筛检方法发现真正的发病个体与非病个体的总的能力。

$$约登指数 = 敏感性 + 特异性 - 1 \tag{8-19}$$

约登指数越接近于1，则该项诊断试验价值越大。

第六节 诊断性试验的使用和解释

一、确定金标准

参见本章第二节。

二、确定研究对象

用于诊断试验评价的研究对象应包括病例组和对照组，要求研究对象能代表试验对象的总体。病例组应是按金标准确诊的病畜，应该包括该病各种类型的病例，如典型和不典型，病程的早、中、晚各期，病情轻、中、重，有、无并发症，治疗过和未治疗过等各种情况，这样试验结果才具有普遍意义；对照组则应是按金标准证实无该病的患病动物或正常动物，应该包括经金标准证实无该病的其他病例，特别应当包括确实无该病，但易与该病相混淆的其他病例，这样选择的对照才具有临床意义，尤其是具有鉴别诊断方法的价值。

三、估计样本含量

影响诊断试验研究样本含量的因素有敏感性、特异性及允许误差。筛检试验和诊断试验研究的样本量大小同样关系到研究对象的代表性问题。样本量大小与试验的敏感性和特异性及允许误差和显著性检验水平有关系。一般用于疾病筛选要求敏感性高，用于确诊要求特异性高。样本含量计算的公式为

$$n=\frac{\mu_{\alpha}^{2}p(1-p)}{\delta^{2}} \tag{8-20}$$

式中，μ_{α} 为标准正态分布中累积概率为 $\alpha/2$ 时的 μ 值；δ 为允许误差，一般为 0.05～0.10；p 为敏感性或特异性（可查表）。计算时用敏感性估计值计算病例所需的样本量，而用特异性估计值计算对照组的样本量。

例 8-1 评价 B 型超声波对犬子宫积液的诊断，估计敏感性为 90%、特异性为 80%，取 $\alpha=0.05$，允许误差 δ 为 0.08。需要多少样本才具有统计学意义？

$$n_1=\frac{1.96^2\times0.9\times(1-0.9)}{0.08^2}=54$$

$$n_2=\frac{1.96^2\times0.8\times(1-0.8)}{0.08^2}=96$$

故评价 B 型超声波对犬子宫积液的诊断，研究对象病例组需 54 例、对照组需 96 例。

四、盲法判断试验结果

在收集和分析诊断试验的资料时，通常使用盲法，即要求判断试验结果的人预先不知道病例被金标准划分为“有病”或“无病”的情况，这样即可减少人为的主观偏差，以保证比较结果的真实性。在诊断试验的评价中，假设没有采用盲法，研究者有可能自觉或不自觉地对患病动物和非患病动物的试验结果做出不同的判断。例如，对同样可疑的结果，对确诊的患病动物判为阳性，而对非患病动物更可能判为阴性，这样就会过高估计所评估试验的结果。盲法的应用对判断试验结果具有非常重要的意义。

五、整理分析资料

（一）抗体量的表示方法

抗体浓度用滴度（产生试验反应的血清最高稀释度）来表示。因此，如果产生试验反应的最高稀释度为 1∶32，则抗体滴度为 1∶32，其倒数 32 则表示未稀释的血清含有 32 倍产生反应的抗体量。能测出抗体滴度的动物称为血清阳性动物，不能测出抗体滴度的动物称为血清阴性动物，过去是阴性现在是阳性的动物称为血清转阳性动物。

（二）滴度的对数转换

血清通常以几何级数稀释，即在相继的稀释之间有一个常数比。最常用的是倍比稀释，即血清稀释为 1/2、1/4、1/8、1/16、1/32 等。血清的滴度最好用对数来表示，这样频率呈正态分布，适用于正态分布的检验方法。同时，几何级数稀释在对数尺上是等距离的，因此

对血清进行 1/2、1/4、1/8、1/16 等倍比稀释时，这些稀释度倒数以 2 为底的对数分别是 1、2、3、4 等。

有时高浓度的血清有非特异反应，这时可对血清先以 10 倍稀释，然后再倍比稀释。

（三）平均滴度

如果得到几个对数滴度，其算术平均数即为对数平均滴度。例如，1/2、1/4、1/2、1/8 和 1/4 5 个滴度，其对数滴度分别为 1、2、1、3 和 2，其算术平均数为 (1+2+1+3+2)/5=1.8。

几何平均滴度（geometric mean titre，GMT）是对数平均滴度的反对数。例如，对数平均滴度为 4.7，即 $\log_2 GMT=4.7$，$GMT=2^{4.7}=26$。几何平均滴度也可以用 lg 值换算：

$\lg GMT=4.7\times\lg 2=4.7\times 0.301=1.415$

$GMT=26$

如果起始做 lg 稀释，随后做 $\log_2$ 稀释，在取以 2 为底的对数前，应除以 10。例如，稀释度为 1/10、1/20、1/40、1/80，用对数滴度 0、1、2、3 来表示（1/10 的对数滴度为 0，因为它与未稀释的血清对应），平均滴度为 1.5。

$GMT/10=2^{1.5}$

$\lg(GMT/10)=1.5\times 0.301=0.45$

$GMT/10=0.45$ 的反对数

$GMT/10=2.8$

$GMT=28$

0 的对数是无穷大，不能表达，倒数滴度为 0 的阴性动物，在计算滴度平均值时应排除在外。对群体抗体对数进行比较时，在做出推论前必须考虑两个参数：血清学阳性动物相对比和血清学阳性群体的 GMT。

（四）抗体水平的比较

不同畜群比较。如果根据抗体存在与否比较两个畜群，可以用卡方检验，但离散数据需要进行连续校正。例如，要比较两群体中抗体的频率分布，而且是用区间或比作为测量尺度，这时可用参数检验。

同一畜群不同估计值的比较。在一段时间内对同一畜群进行两次抽样（如发病初期和康复期），用对有关样本的 t 检验，这里也是用对数滴度使其呈正态分布。例如，滴度为有序数据，则用作非参数检验。

六、偏倚的类型及控制

（一）参考试验偏倚

金标准选择不当，使得用金标准所诊断的部分病例和非病例并非真正的某病患病动物或非患病动物。造成敏感性、特异性评价结果的不正确。

（二）实验室测量偏倚

对研究对象进行观察和测量时，所用的仪器、设备是否精准，试剂是否统一等，均可影响测量结果。试验观察者技术熟练、操作规范程度等，同样也会影响测量的结果。这些影响可能是某种测试结果数值在正常或异常范围内的歪曲，也可能是正常或异常性质的错判，研究时应予以重视。此外，试验过程中缺乏质量控制，没有进行重复性测定，没有考虑观察者、仪器在不同时间测定的变化；文献没有关于敏感性、特异性、似然比可置信区间的描述；样本数太少等均影响试验评价的质量。

（三）工作偏倚

若试验是以疑似某病患病动物的临床资料评定的，那么试验阳性可促使临床兽医采取追溯诊断，以求进一步提高发现病例的可能性。而试验阴性，则可能使兽医放弃做进一步的诊断试验，造成患畜的漏诊。在另一些情况下，试验结果可能是建立诊断所需资料的一部分。例如，对试验出现阳性结果的患畜，才决定进一步用金标准方法加以确诊，而对阴性结果的患病动物，则不再做进一步检查，结果造成缺乏假阴性的资料。

（四）疾病谱偏倚

很多诊断试验采用将确定健康的畜禽与确诊的病例比较的方法来进行试验评价，因为没有纳入与该病混淆的其他疾病，即没有纳入检验结果处于“灰色带”的患病动物，从而高估了该诊断试验的各项性能参数（包括敏感性、特异性等），使研究对象的临床情况和该试验应用的目标动物群情况显著不同，从而产生疾病谱偏倚。该偏倚对诊断试验性能的过高评价是文献中报道的许多敏感性和特异性不一致的主要原因。应当选择和纳入在临床实践中可能遇到的使用这种诊断试验的各种病例作为研究对象来评价该诊断试验的性能，而不是只选择作者感兴趣的病例作为研究对象评价诊断试验的性能。

小　　结

本章主要就兽医流行病学试验的类型、筛检的概念、诊断的概念、金标准，并用其来评价各种诊断试验加以描述。对诊断水平的计量（包括敏感性、特异性和预测值）、评价真实和表面流行率及诊断策略、诊断性试验的使用和解释、受试者工作特征曲线（ROC）、诊断中的偏倚等内容都有介绍。

复　习　题

1. 什么是诊断的金标准？
2. 简述预测值的含义。
3. 简述受试者工作特征曲线（ROC）。
4. 什么是筛检？
5. 似然比和约登指数各表示什么含义？

第九章　兽医流行病学资料

兽医流行病学研究始于资料（data）的收集。收集资料的主要目的是建立监测系统和检验假设。系统完整地收集原始资料，是流行病学研究完成的根本保证。利用资料可以描述动物疾病的时间分布、空间分布、群体分布的流行特点，并为探索疾病病因、流行因素、流行机制、危害程度，制定防制策略、防控规划，评价防控效果等工作提供重要依据。

第一节　资料的性质

一、概　　述

所谓资料是指收集在一起用作计算或决策的事实或信息。流行病学资料反映出动物群体的疾病和健康相关特性的定性和定量信息，与临床症状、治疗和死亡剖检及实验室检查有关。在流行病学研究中，前瞻性调查研究必须事先设定资料来源，为主动获取的资料，实现有计划、专向、定性和定量性收集资料；在回顾性调查研究中，既可以主动收集针对性资料，也可以被动收集针对性资料，但需要知道所收集的资料类型是否适合于具体的研究。

由于在动物鉴定、记录、移动、疾病、健康和生产中，所有各种各样来源的资料支离破碎地分散于各个不同的组织机构，所以，资料来源可以是各个方面的，如兽医站、畜禽屠宰场、诊断实验室和其他机构已经收集到的资料。已经收集到的资料经过整理、分析和表达解释后，储存、调出或发送到使用的单位加以应用。

根据研究需要建立疾病的诊（判）断标准，以便对资料定性和定量，这是观察研究的基础；针对研究病因或某种疾病属性将动物群体划分为有病群体和无病群体，确定可能的病因因素。

二、资料的分类

流行病学研究的资料涉及范围较广，既可以分类为自然环境和社会环境的资料，还可以将动物健康与疾病分类为发病资料、死亡资料和健康资料。另外，流行病学资料还可以按定性和定量分类，所有这些资料主要有两方面来源：一种是常规积累的各种记录或统计报表资料，即日常性资料；另一种是通过专题调查获得的专向性资料。

1. 日常性资料　不需要进行专门的调查即可获得，是各有关部门日常按规定收集和掌握的记录与报表，是日积月累而保存下来的资料。通常所需日常性资料有来自统计部门的各种动物群体的资料，来自兽医门诊和防疫部门的临床病历、发病年报表、发病监测记录、发病统计记录及防治工作记录和报告等；有来自政府和社会各有关部门负责登记和整理并报告的统计资料，这是一个广泛的领域，包括地理、历史、天文、气候、气象、水文、地质、植被、土壤、饲料、疫苗接种、养殖场、动物与人员活动、饮水等有关自然和社会生活条件的统计资料。

2. 专向性资料　专向性资料是指通过专题调查或实验获取的资料。例如，病因学研究中的病例对照研究、队列研究，一些现况调查、干预措施的效果评价、动物市场、动物药品市场及动物生产调查等，这些资料均不能从日常性工作的原始记录和统计报表中获得，必须通过专题调查或实验研究获得。

三、资料要素

（一）术语分类的概念

在动物疾病防治工作中主要的数据源是患病动物。门诊和现场兽医通过观察患病动物收集数据。数据被解释之后得到信息。门诊和现场兽医利用这些信息，与来自其他相似患病动物群组的信息结合，得到新的知识。这些新的知识又解释其他的数据。为了能解释观察的数据，必须按照客观标准构建，分组成一个有限的编目和分类。要使用多少类，定义多少分类，这取决于分类目的。通常术语“分类”有两重意义：①设计一个类的过程（利用分类系统设计一个类）；②使用密码或术语对一个对象进行编码或描述。

分类法（taxonomy）是分类规则的科学。分类（classification）是以准确的标准，系统地发派不同的编目。“分类法”有它自己的起源，一个是 18 世纪瑞典生物学家留给我们的根据雄雌花蕊模式和数量植物的 24 类的分类；另一个是“分类法”，其常常成为“分类”的同义词。

为了精确报告疾病或死亡的原因，必须对疾病加以命名。许多疾病命名法是按字母顺序对疾病列表。如此简单的疾病术语的字母排序并不视为疾病分类。然而，当疾病术语根据局部解剖部位和病因学加以分组时，它们就变成疾病分类。术语命名法和分类法在语义上的区别在使用中并不总是那样清楚。

（二）疾病的分类和命名

疾病的分类和命名（nomenclature and classification of disease）反映了当时的医学科学水平，是应用疾病统计学的原理将疾病进行统一分类的一门学科。一般根据发病原因、病变性质和主要病变部位，把疾病分成若干类组并加以编列。

事实上，现在的编码系统很难支持新一代的医疗卫生信息系统。因此要求基于计算机的编码系统和术语学发展以满足即将到来的挑战。术语系统朝着“受控”术语表示演变。

一个疾病命名法的目的在于使用最合适的术语去描述一个特定的疾病。建立一个医学术语的通用标准或权威认定的医学术语对疾病的精确定义和有效交流是必要的。临床医生所记录的诊断信息应该转变为精确的和完整的疾病描述。

1. 疾病的分类　以国际疾病分类（international classification of diseases，ICD）为例，它是依据疾病的 4 个主要特征进行分类的，即病因、部位、病理及临床表现（包括症状体征、分期、分型、性别、年龄、急慢性发病时间等）。每一特性构成了一个分类标准，形成一个分类轴心，因此 ICD 是一个多轴心的分类系统。

ICD 分类的基础是对疾病的命名。而疾病又是根据它的内在本质或外部表现来命名的，分类与命名之间存在一种对应关系。当对一个特指疾病名称赋予一个编码时，这个编码就是唯一的，且表示了特指疾病的本质和特征，以及它在分类中的上下左右联系。根据其分类原则，对疾病进行如下分类。

(1) 疾病的主导词主要是疾病诊断中的临床表现，常常位于诊断术语的尾部，如渗出性皮炎的皮炎、腹壁疝的疝。

(2) 病因常可以作为主导词。例如，结核性脑膜炎的结核性即为主导词。但“细菌”、“病毒”不能作为主导词，此时应以临床表现为主导词，如细菌性肺炎，肺炎是主导词。

(3) 以人名或地名命名的疾病或综合征。可以以人名或地名作为主导词，如马立克病、裂谷热、新城疫等。

(4)“综合征”作为主导词，但修饰词不含人名或地名，如猪呼吸与繁殖障碍综合征。

(5) 寄生虫病的主导词查“侵染”。

(6) 以“病”结尾的诊断，首先按全名称查（去除明显的修饰词），如果查不到，可以将“病”作为主导词。

(7)（妊娠、分娩和产褥期）是对其并发症的分类，从时间上讲分为三个阶段：妊娠阶段的并发症，以“妊娠”为主导词；分娩阶段的并发症，以“妊娠”为主导词；产后阶段的并发症，以“产褥期”为主导词。

损伤的编码：如果指出了损伤的类型，以损伤类型为主导词，如脱位、撕裂等；如果指出是砍伤、穿刺伤，属开放性伤口，以“伤口”为主导词；如果没有指出损伤的类型，以“损伤”为主导词，如眼损伤。解剖部位一般不能作为主导词，但当解剖部位前有修饰词时可以作为主导词，如马蹄形肾、游走性睾丸等。

2. 疾病的命名　疾病命名法一般依据疾病概念定位系统的层级结构，遵循其“种差与类属”原则、“部分与整体”原则及相关连带关系。规范化的病名术语应清晰地标明该符号所指的类属、层级和区别于同类、同级疾病的各个具体特征，以“非典”和SARS命名为例，两者均不符合学名的规范化要求。前者“非典型肺炎”是一种类名，它包括由支原体、衣原体、军团菌、立克次氏体、腺病毒及其他一些不明微生物引起的10多种肺炎，而SARS（重症急性呼吸综合征）的命名，当时由于对这种新的传染病不了解，笼统地称之为综合征，没有加以准确的类属定位，不能说明是一种新的肺炎疾病，只能说明一组症状；“蓝耳病”和猪呼吸与繁殖障碍综合征也类似于“非典”和SARS的命名。一种疾病在查清病因、确定病原体后就应制定一个病名。虽然“非典”、SARS、“蓝耳病”和猪呼吸与繁殖障碍综合征属于暂时性的命名，但符合语言学上的“约定俗成”原则与“惯性思维”原则。

一种临床表现可以有几种不同的病变，可以由几种不同的特异病因引起。同样，一种特异病因可以产生几种不同病变，表现几种不同症状。通常，命名根据病因、症状、病变、人名和地名进行。

四、资 料 编 码

资料通常用文字和数字来表示，也可以用编码来表示，将内容和数字用标准化缩写形式的密码来表示。密码通过计算机处理比文字内容更容易、更快捷、更经济，因此，常用于电脑化记录系统中。密码可分为字母密码、数字密码、字母数字密码和符号密码。密码是一种速记形式，比文字记录简短。

（一）国际疾病分类

为了收集、处理、分类和表达发病率、死亡率统计的国际可比性，世界卫生组织（WHO）设计了国际疾病分类ICD。1960年出版了第一版。第六版开始用于临床诊断和手术的分类和统计。报告的条件通过使用分类结构和选集被转换成医学编码。在ICD的可用版本中包含修改规则，由 WHO 发布。ICD 版本约 10 年为周期地不断改进，2001 年中国开始应用 ICD-10。

（二）SNOMED 系统的病理命名

SNOMED（systematized nomenclature of medicine），即人类与兽医学系统术语（Systematized Nomenclature of Human and Veterinary Medicine），是一个多轴的编码命名系统。它允许记录所有的疾病实体（明确的部位、诊断标准、质量过程等）。SNOMED 轴是部位、形态、功能、病源、疾病。SNOMED 的构架允许利用每个轴的名词自治地构建简单句子。SNOMED 的构架也允许精心制作的程序和算法合并为诊断疾病标准。例如，肺＋肉芽瘤＋发热＋分枝杆菌＋肺结核＝肺结核（部位）（形态改变）（功能）（致病因子）（疾病或症候）。

SNOMED CT（临床术语）是一个全面的和精确的临床参照术语，健康防治提供者，健康防治信息技术支持者、提供者、付款者，买方和机构研究者可以将其用于改进数据的可比性。

（三）流通的程序术语

1966 年，美国医学协会（AMA）第一次开发和发布了流通的程序术语（current procedural terminology，CPT）。CPT 编码用于付账和退还的编码系统。它提供诊断和治疗过程的编码模式，根据成本定义有编码的程序。CPT 为服务和程序报告列出描述术语和标识代码。CPT 的目的是提供精确描述医学、外科和诊断服务的统一语言，因此是全国范围的医生、患者和第三方之间有效的通讯工具。

（四）国际的医学程序分类

国际医学操作分类（international classification of procedures in medicine，ICPM）于 1976 年由 WHO 发布，用于试验目的。它包含诊断、实验室、预防、外科及其他治疗和辅助过程章节。主要在德国和荷兰应用，要求医院在管理目、统计病案资料的存储和检索中使用 ICPM。

（五）Read 临床分类

Read 临床分类（read clinical classification，RCC）或 Read 码，是 20 世纪 80 年代早期由英国全科医生（GP）James Read 个人开发的，在 1990 年被英国国家健康服务（national health service，NHS）采用，并进一步由临床术语项目（clinical terms project）扩展。其目标是覆盖所有在描写患者记录时可能用到的术语，所有治疗方面都按章节精心安排。

（六）逻辑的观察标识名和代码

逻辑的观察标识名和代码（logical observation identifier names and code，LOINC）是受到国际尊重的非营利的医学研究机构 Regenstrief 健康防治研究所与印第安纳州立大学联合开发的成果。1994 年由 Regenstrief 健康防治研究所和 LOINC 委员会开始使用 LOINC 系统，以响应临床数据电子运转的需要，从产生数据的实验室传送到为了临床治疗和管理目的而使用数据的医院、医生办公室和付款者。目前数据库中大约包含 32 000 条观察术语（observation term），其中 20 000 条与实验室试验相关。兽医情报输入已在 1996 年后与 LOINC（logical observation identifier name and code，美国）合并。数以百计的兽医专项术语已包括在内，但并不是所有 OIE A、B 列表中的疾病定义被实验室程序者采纳。兽医实验室不必依照 LOINC 标准证明实验室试验，但提倡使用。

（七）医学主题标题

由美国国家医学图书馆 NLM 开发和维护的医学主题标题（medical subject heading，MeSH）分类，通常用于索引世界医学文献。在 MeSH 层次中，概念可能表现比一个广阔的概念更为窄的概念。例如，肺炎作为呼吸道感染和肺部疾病列出。

（八）统一医学语言系统

统一医学语言系统由超级叙词表、语义网络、信息资源及专用词典组成。其中，超级叙词表包括了“医学主题词表”在内的词表、分类表 70 余种，涵盖了生物医学概念 730 000 项，相关名称 1 500 000 条。该系统在计算机辅助文献标引、研制开发相关文献性数据及具有辅助检索功能的 IGM 和 PubMed 信息检索系统方面发挥了巨大的作用，提高了计算机自动处理程度，极大地方便了用户的查询。但同时也拉大了在数据检索系统研制开发方面的已缩小的差距。

（九）医学语言学的百科全书和术语命名法的普通架构

医学语言学的百科全书和术语命名法的普通架构（generalised architecture for languages，encyclopaedias and nomenclature in medicine，GALEN）是对一个以新的方法表现临床信息的技术的命名，它的意图是“把临床放到临床工作站”。GALEN 制造基于计算机的多种语言的医学编码系统。GALEN 程序表现了技术的全部发展，它已经包括了几个欧共体资金的研究项目（GALEN & GALEN-IN-USE 项目），并且现在正在朝向更为商业导向的框架移动。OpenGALEN 是一个非营利机构，它已经形成了允许 GALEN 程序某些结果的最广泛的可能利用。

（十）HL7 标准

HL7 标准（health level 7，HL7 卫生信息交换标准）是 20 世纪 80 年代末发展起来的基于国际标准化组织 ISO 所公布的网络开放系统互连模型 OSI 第 7 层（应用层）的医学信息交换协议。

HL7 分为三个层次：一是语言层；二是类库层；三是应用层。

在应用层使用类库层，按照自身需求开发具体业务领域的系统接口及完整系统。兽医专项需求已经与 HL7 标准合并，兽医情报系统开发者要求使用 HL7 记录。

所有编码系统都有缺点，没有一个编码系统能适应所有用户的所有需要。

五、资料度量

体重、奶产量、发病率和死亡率等定量资料都是度量，度量往往是统计分析的基础。不同的度量用不同的统计分析方法。用于分析这类资料的统计学方法取决于度量的类型。数字密码可用于表示动物的一种特征，如患某种疾病。但在兽医学中更常见的是用数字度量流行率、发病率、奶产量、体重、温度和抗体滴度的大小。

度量可分为离散度量和连续度量。

第二节　资料的来源

一、资料的来源

（一）诊疗机构资料

1. 资料内容　日常兽医门诊工作记录，包括病历、健康检查、病理检查、实验室常规化验（血检、尿检等）、物理学检查等结果。部分兽医院一般将这类资料输入计算机保存；在许多欧美国家，资料在国内都是共享的。

2. 存在的问题

1）资料的选择性偏倚　根据兽医门诊的水平、规模、性质、专业化程度等差距，收治的病例存在差异，如疾病的类别、严重性、疑难性和动物的经济地位等，因此，样本对群体的代表性不足，不同诊所所获取资料中的记录和诊治效果、病情的严重性、流行率或感染率的高低难以真实地反映当地、当时和发病群体的实际情况。例如，大型兽医院收治的多为病情严重或疑难杂症病例，导致统计资料病情偏重、治愈率低、医生诊治水平不一致。另外，某些兽医院根据自身需要或优势主动收治或推掉病例，所以资料明显存在选择性偏倚。

基层兽医机构的病例记录可以提供马、奶牛、肉牛、狗、猫等动物的疾病流行情况。对于来自基层兽医的资料应注意偏倚问题。有些有病动物，特别是没有治疗价值的经济动物通常不请兽医诊治，所以，基层兽医记录的资料往往低于实际发生的水平。此外，因为临诊兽医的素质和诊断设施的差异，来自基层兽医的资料可能不准确。如果基层兽医对调查的目的不很了解，对调查研究结果会给自己带来的利益认识不清，要他们进行长期的资料记录工作是很难的。

在兽医院，兽医广泛接触动物，拥有丰富的疾病资料。但兽医院的资料可能是不全面的。兽医接触不同动物的程度存在很大差异，如有的兽医接触奶牛很多，但对猪、羊的疾病了解很少。畜主通常不会将症状轻微或无望治愈的特别严重的大家畜送去就诊。因此，可能低估动物疾病的实际情况。

2）资料的代表性不足　一个地区的兽医门诊病史资料的总和不能代表当地总的发病全貌。因为，有些疾病不需要到门诊诊治，有的病例找医生不找门诊；有的因为经济条件所限，不去治疗；伴侣动物也有类似情况，如医疗费过高可能会使主人放弃某些疾病的治疗，经济条件差的主人也常会放弃伴侣动物的疾病治疗；还有的到多个门诊、多次诊治，所以，一个门诊的病案资料很难说明当地动物疾病状态。

3）资料的时代性差别导致疾病的定性差异　在收集较长时间跨距的资料时，时代性诊治水平的差异无形中对病史资料的定性和定量产生影响。例如，诊断水平、技术手段和疾病地位等均会影响诊断标准，甚至改变了金标准，这势必波及发病率的高低，使人为因素掩盖了疾病发生、发展的本来面目。

4）资料的完整性和准确性低　病史记录的格式、内容难易简繁、项目多少、填写要求等导致资料的完整程度不一致，从而造成资料整理和分析困难。填写者可能频繁更换、水平不一、责任心不同，原始记录经常出现重复、遗漏、内容模糊、内容错误、缺乏核查和整理。

（二）养殖和相关生产单位资料

1. 资料内容　养殖场的生产记录、发病记录、防疫记录，包括传染病和非传染病。肉产量、乳产量、蛋产量等虽不能提供与疾病有直接关系的资料，但却能提供动物群体的组成和分布等有关资料。许多大型企业都有自己的记录系统，但有些资料可能是保密的。这些资料可以用于某些调查，如肉鸡死亡率、商业化饲养兔的损失、断乳仔猪消瘦及转群的损伤等。

屠宰加工牛、羊、猪、禽的工场和肉联厂，一般都设有专职的肉品卫生检验兽医，记录屠宰检验的结果。在大多数情况下，根据大体病变做出诊断，在肉品中检出的疾病大多为亚临床疾病。肉品卫生检验的目的是阻止不适合人类食用的商品进入市场，保障人群的健康，所以，检验中的详细记录具有流行病学价值，特别是对人畜共患病的研究与调查。利用屠宰场的病料（血液、淋巴结、分泌物、其他组织等）可以进一步开展专门研究与调查。

由于屠宰场的动物来自各畜禽生产单位和地区，疾病的发现有利于追溯动物的来源；但如果进入销售系统，追溯难度加大；如果屠宰动物采取了标识处理，则非常便于追溯，包括病死畜的无害化处理情况都能够清楚在案。

肉检的目的是禁止出售明显不适合人类消费的肉及下脚料以保护人类的健康。肉检的另一个目的是详细记录所发生的异常情况，这些异常可能具有流行病学价值，如动物感染可能与人类疾病暴发相关。

2. 存在的问题　养殖场的传染病和非传染病发病记录及防疫记录记录着重大传染病，但涉及一些影响销售和声誉的疾病资料存在保密现象。部分疾病受养殖场兽医水平和实验室条件限制，常常采用症状观察和大体剖检方法，不能或错误地发现或检出疾病和病因。

屠宰场不适合将其他诊断方法作为获取疾病监测资料的第一来源。例如，在欧洲对牛传染性胸膜肺炎的监测，临床症状作为诊断指标不可靠，且抗体阳转率低，致使血清学筛查方法效率低，所以屠宰场牛肺的检查成为该病监测系统的基础。

（三）管理单位资料

1. 资料内容　统计报表：兽医防检疫部门的统计报表包括日报表、月报表、季报表、年报表等，是系统的流行病学资料来源，内容比较全面，涉及动物非传染病和疫病防制规划、有关疫情、防制措施及其效果评价。

动物疾病监测资料：包括各种疾病和风险因素，涉及环境监测、疫病监测、药物残留监测，尤其是重大传染病的监测，如高致病性禽流感、口蹄疫、牛海绵状脑病等的监测。

动物生产规模和分布资料：这也是容易忽视的内容，因为任何一种疾病都是建立在动物分布基础上的。要考虑是驯养还是野生动物，同时要考虑动物种类、数量、分布密度、养殖地点、水平、防疫标准等，还要考虑动物用途，如种用与商品用途，当地种群分布和引进种群分布。

2. 存在的问题

（1）统计报表的记录格式、填写项目、分析水平、填报人员变动对于不同的资料来源，其资料性质、合作程度、偏倚程度、追溯情况和收集费用有很大差异，这些均应考虑。

（2）有些资料因为诊断标准或疾病命名不一致，对资料的统计分析和比较造成困难。时代界限、科学进步、人员水平与更替、诊断标准变化，使资料难以统一。

（3）资料提供的信息量和范围有一定限制，不能满足流行病学研究需要。

（4）关于疾病地理分布的资料可能难于收集，因为不能追溯患病动物的来源，如在畜禽屠宰场发现患病动物。追溯可能很有价值，如追溯与狂犬病犬有过接触的人和动物。

（5）在发展中国家，资料收集还有另外一些问题。诊断实验室设备和技术薄弱、交通不便、资料记录制度不健全及有关人员的素质差都给资料收集带来困难。

（6）监测系统需要对所监测的疾病或疾病状态及目标群体做一个明确的界定，目标群体内的事件发生情况可能全部被确定并报告，也可能只是抽样群体中的事件得到确定与报告。资料来源的渠道多种多样，各有优缺点。资料的可追溯性日益受到重视。监测系统不只包括资料收集，还包括资料分析与发送。这其中保护资料的秘密性是监测的基本要求。建立良好的合作关系并维持参加者的积极性对监测非常重要。

此外，对潜伏期长或慢性过程的疾病而言，对病例进行定义将更为复杂。对这类疾病，首先要决定监控疾病的哪个阶段，如无症状期、疾病早期、疾病晚期、结果（死亡）等，然后再决定运用何种临床与实验室标准给病例下个准确的定义。

二、资料的收集途径

资料可来源于多种途径。一些国家，尤其是发达国家，具有较完善的兽医机构，能够督促资料收集部门真实地收集资料。有些机构进行日常的资料收集与保存，建立数据库与信息系统，对监测活动及其他流行病学研究具有较好的参考价值。

（一）政府兽医机构常规报告及其相应的资料

我国这些机构的任务是调查研究有重要意义的疾病，制定有效防制对策并监督实施。很多政府兽医机构都有诊断实验室，记录实验室检查报告。由各级兽医机构逐级上报的畜禽疫情月报表是重要的资料来源。但是在有的国家，政府兽医机构掌握的兽医流行病学资料是作为机密资料保存的，一般不对外公布。

（二）国际兽医机构常规报告及其相应的资料

联合国粮食及农业组织（FAO）、国际兽疫局（世界动物卫生组织，简称 OIE）和 WHO 根据各成员国政府报告的资料，编辑出版动物疾病国际通报，向各成员国提供动物疫病流行的信息。

大部分国家都组织了政府的兽医服务机构。这些服务机构对全国性重大疾病进行调研，尤其对重大传染病实行法定报告制度。有些国家建立专门的动物疾病监测中心。例如，在美国动植物检疫署设有紧急疾病行动处，类似于疾病控制中心（CDC）的流行病情报处（the epidemic intelligence service），负责外来病传入美国的监测和紧急处理。英国有中央兽医实验室，负责动物疾病的监测。监测中心除有良好的设备可以对现场样品迅速做实验室检查，并提出准确的诊断和防制意见外，还配备有一支经过训练的现场调查员队伍，负责动物疾病情报的搜集和整理。

许多政府还建立诊断实验室，定期出版疾病报告。兽医从业人员向诊断实验室提交的样本与个人兴趣和积极性有关，法定报告疾病的报告与观察者的素质有关，由此得出的疾病流行情况可能出现偏差。各类由政府途径编辑的出版物可能属内部资料，无法获取。

（三）地方兽医机构和基层兽医

有些国家有私人开设的兽医诊疗机构，为农畜和伴侣动物提供服务。在我国，乡、县两级兽医机构都是直接从事动物疾病的防治工作的，而城市中以狗、猫等伴侣动物为服务对象的私人开业兽医也逐步发展起来。这些基层兽医机构的病例记录可以提供马、奶牛、肉牛、狗、猫等动物疾病流行的资料。

（四）各企业、行业、事业单位的资料

其包括各种畜禽养殖场生产的记录、屠宰加工厂和肉联厂的记录；药物和农业销售部门的记录、各专业学校和研究单位的科研记录等。农业院校和有关兽医科研机构大多数设有兽医院或诊断实验室，记录门诊病例、送检报告和咨询结果。来自这些部门的资料，研究群体常常是偏倚的。

兽医院校的兽医院一般具有门诊记录与咨询结果记录。有的院校建有资料库，并常使用计算机技术以便快速获取资料。有的学院将资料综合，构建更为复杂的资料库。但是兽医学院所研究的群体常带有倾向性，尤其当临床专家具有特别兴趣时，常导致该类疾病的比率增加。研究室收集有实验动物的疾病资料，但这类资料较局限且片面。通过记录，有时也能获得间接估价动物疾病发生情况的资料。

（五）血　清　库

血清样本的储存收藏称为血清库。动物血清样品大多在实施某些疾病的防治和消灭规划时收集，或做特定疾病的血清学调查时收集。目前血清学试验大多用微量法，因此仅使用少量血清，余下部分可储存起来做其他用途。这些血清可用来进行其他疾病的监测与流行病学调查。例如，英国进行牛布鲁菌病根除计划时收集的血清样本，同时被用于牛皮蝇传播的调查与牛白血病流行的调查。

血清样品在确定优先防疫接种的疾病、流行的周期性、感染的空间分布及新发现传染病的来源等方面可提供有用的流行病学信息。

（六）其他来源

非兽医政府部门都记录动物数量和分布的资料，包括计划部门、经济部门与统计部门。例如，在英国，统计部门记录动物的数量与分布，绘制英格兰（England）与威尔士（Wales）牛、绵羊、猪的密度等值图（choroplethic density map）。这些资料可以用来描述群体特征，分析疾病的相关因素等。卫生防疫部门也记录人畜共患病的统计资料，对兽医流行病学研究是十分有用的。

认证计划（certification scheme），如无疫病认证常需要对参加单位的动物进行定期检查，因而可以提供一系列相关疾病的发病率数据。

宠物饲料加工厂为了研究市场也收集有宠物群体的相关资料，但这些资料可能因商业利

益而保密。宠物店是幼年动物状况的潜在资料来源，但资料追踪可能很困难。伴侣动物与家畜育种协会具有系谱记录、品种数量与分布等信息资料，但涉及具体品种的某种问题的相关调研可能得不到协会的配合。

农业组织（agricultural organization），许多与家畜工业有关的农业组织记录有动物生产的相关信息，如增重、饲料转化率、奶产量等。这些资料虽然与疾病无直接关联，但可提供群体组成与分布的相关信息，对定义所研究的群体具有参考意义。

（七）动物园和野生动物组织

动物园和野生动物组织也是提供动物疾病资料的来源。大部分动物园都具有动物及动物相关疾病的详细记录。有些动物园将记录发送至日内瓦中央登记处以作为国际动物园动物兽医记录（international veterinary record of zoo animal）资料库的一部分。某些计算机系统只记录特定动物种类，但目前一般认为应该建立记录系统，监测各种关养动物的疾病。

野生动物保护组织与有害动物控制中心具有野生动物的资料记录，尤其是群体大小的记录。野生动物是家养动物与人类的已知与未知感染的重要来源，如美国臭鼬与欧洲狐狸均是狂犬病的主要传染源。尽管野生动物已日益成为哨兵监测的焦点，但野生动物疾病的监控相当昂贵，不过进行专项调查仍是可能的。此外，群体大小的调查资料对研究感染传播能力具有重要价值。

（八）国际机构和因特网有关信息资料

国际机构和因特网有关信息资料内容极其广泛，许多资料可以共享，部分国家的研究机构和研究人员在因特网上报告部分协会内部等共享的资料。

目前动物疾病监测的国际机构有国际兽疫局（OIE）、联合国粮食及农业组织（FAO）、非洲动物资源局（IBAR）、泛美口蹄疫中心和泛美人畜共患病中心（PAFMDC/PAZC）、世界口蹄疫参考实验室（WRL-FMD），以及联合国粮食及农业组织所属亚洲、远东和西太平洋地区动物生产和保健委员会（APHCA）。这些国际机构从各成员国收集疫情资料，进行整理分析，定期出版“公报”和“年报”。在发生疫病流行蔓延时，经常向成员国发出警报，目的在于预防和控制可以从一个国家传到另一个国家的疾病。

三、资料的评价

（一）资料收集的意义

流行病学研究的前提是要调查和收集大量的资料，流行病学调查研究的结果均建立在掌握和积累大量资料和数据的基础之上。全面、完整的收集原始资料，是流行病学研究圆满完成的根本保证。对动物群中有关疾病与健康信息的数据进行收集，是流行病学研究的最基本、最重要的步骤。原始资料收集是调查研究至关重要的第一步。它不仅构成了统计分析的基础，而且也是决定调查研究成败的关键所在。

（二）对所收集资料的要求

流行病学所需的资料应具备如下条件。

(1) 真实性：调查研究所获得的数据资料与实际情况符合的程度；能反映出疾病或所调查研究事件的实在情况。

(2) 可靠性：是指在相同条件下，重复调查，获得相同结果的稳定程度。影响资料收集可靠性的因素包括：调查人员经常采用不同的方法进行同一调查或更换不同的仪器；仪器、设备、试剂的稳定性不一；个体与测量指标不同时间的变动；调查及资料收集人员和不同人员之间，资料收集出现的差异。保证资料收集可靠性的途径有：统一调查研究方法，严格规定调查研究及资料收集的标准；统一实验方法，统一调查表格，统一诊断标准及其实验结果的判断标准；统一培训调查人员，注意试剂的稳定性，应使用同一批号试剂。

(3) 完整性：资料数据收集的完整、准确是最终研究结果能得以正确分析论证的基本保证。加强质量控制，核对、检查、纠正，是保证资料完整、准确，避免调查内容重复、漏项、错项最有效的办法。

(4) 可比性：为使两组具有的条件基本一致，要求有统一的标准、统一的方法和判定指标（如 ICD 编码、疾病诊断标准等）。

第三节　数值资料

一、数值资料的基本概念

数值资料是指用整数、实数、字符串等数值表示的资料。

（一）数值资料

统计分析的目的是针对不确定的数据信息，做出科学的推断。因而要对数据资料进行类型划分。资料类型的划分大多采用国际通用的分类方法，一般将其分为两类：数值变量资料和分类变量资料。

1. 同质与变异　同质（homogeneity）是指被研究指标的影响因素完全相同。在兽医学研究中，有些影响因素往往难以控制（如遗传、营养等），甚至是未知的。所以，在统计学中常把同质理解为对研究指标影响较大的、可以控制的主要因素尽可能相同。例如，研究犊牛的体重时，要求性别、年龄、品种、地区等影响体重较大的、易控制的因素要相同，而不易控制的遗传、营养等影响因素可以忽略。

同质基础上的个体差异称为变异（variation）。例如，同性别、同年龄、同品种、同地区健康畜禽的身长、体重不尽相同。事实上，客观世界充满了变异，生物医学领域更是如此。哪里有变异，哪里就需要统计学。若所研究的同质群体中所有个体一模一样，只需观察任一个体即可，无需进行统计研究，如 Balb/c 纯系小鼠。

2. 总体与样本　任何统计研究都必须首先确定观察单位（observed unit），也称为个体（individual）。观察单位是统计研究中最基本的单位，可以是一头牛、一个种群、一个地区、一个样品、一个采样点等。

总体（population）是根据研究目的确定的同质观察单位的全体，或者说是同质的所有观察单位某种观察值（变量值）的集合。例如，研究某荷斯坦奶牛场 3 岁健康奶牛的产奶量，那么，观察对象是某奶牛场每个 3 岁的健康奶牛，变量是产奶量，变量值（观察值）是产奶量测量值，则某奶牛场 3 岁健康奶牛的产奶量值构成了一个总体。它的同质基础是同地区、同年份、同性别、同为健康奶牛。

总体又分为有限总体（finite population）和无限总体（infinite population）。有限总体是指在某特定的时间与空间范围内，同质研究对象的所有观察单位的某变量值的个数是有限的，如上例；无限总体是抽象的，无时间和空间的限制，观察单位数是无限的，如研究饲料加硒对缺硒性疾病的预防效果，总体的同质基础是缺硒性疾病患畜，同用饲料加硒防治；总体应包括已使用和设想使用饲料加硒防治的所有缺硒性疾病的防治效果，没有时间和空间范围的限制，因而观察单位数无限，该总体为无限总体。

在实际工作中，所要研究的总体无论是有限的还是无限的，通常都是采用抽样研究。样本（sample）是按照随机化原则，从总体中抽取的有代表性的部分观察单位的变量值的集合。例如，从上例的有限总体（某奶牛场 3 岁健康奶牛）中，按照随机化原则抽取 100 头 3 岁健康奶牛，它们的产奶量即为样本。从总体中抽取样本的过程称为抽样，抽样方法有多种。抽样研究的目的是用样本信息推断总体特征和规律性。

（二）资料与变量及其分类

总体确定之后，研究者应对每个观察单位的某项特征进行测量或观察，该特征称为变量（variable），如产奶量、增重、公母、血型、疗效等。变量的测定值或观察值称为变量值（value of variable）或观察值（observed value），也称为资料（data）。

按变量的值是定量的还是定性的，可将变量分为以下类型。变量的类型不同，其分布规律也不同，对它们采用的统计分析方法也不同。在处理资料之前，首先要分清变量类型。

1. 数值变量 数值变量（numerical variable）是指其值是可以定量或准确测量的变量，表现为数值大小的不同，变量值是定量的，表现为数值大小，可经测量取得数值，多有度量衡单位。例如，体重（kg）、血压（mmHg，kPa）、脉搏（次/min）和白细胞计数（$\times10^9$/L）等。这种由数值变量的测量值构成的资料称为数值变量资料，也称为定量资料（quantitative data）。大多数数值变量为连续型变量，如体重、血压等；而有的数值变量的测定值只能是正整数，如脉搏、白细胞计数等，在兽医学统计中把它们也看成是连续型变量。

2. 分类变量 分类变量（categorical variable）是指其值是无法定量或不能测量的变量，表现没有数值的大小，变量值是定性的，表现为互不相容的类别或属性。分类变量可分为无序变量和有序变量两类，分类资料又称为计数资料、定性资料，其观察值是定性的。对分类资料做统计描述，常用相对数（构成比、率和相对比）指标。

无序分类变量（unordered categorical variable）是指所分类别或属性之间没有程度和顺序的差别。它又可分为：①二项分类，如性别（雌、雄）、药物反应（阴性和阳性）等；②多项分类，如血型（O、A、B、AB）、用途（种、役、肉、乳）等。对于无序分类变量的分析，应先按类别分组，清点各组的观察单位数，编制分类变量的频数表，所得资料为无序分类资料，也称为数资料。

有序分类变量（ordinal categorical variable）各类别之间有程度的差别。例如，尿糖化验结果按－、±、＋、＋＋、＋＋＋分类；疗效按治愈、显效、好转、无效分类。对于有序分类变量，应先按等级顺序分组，清点各组的观察单位个数，编制有序变量（各等级）的频数表，所得资料称为等级资料。

变量类型不是一成不变的，根据研究目的，各类变量之间可以进行转化。例如，血红蛋白量（g/L）原属数值变量，若按血红蛋白正常与偏低分为两类，可按二项分类资料分析；若按重度贫血、中度贫血、轻度贫血、正常、血红蛋白增高分为5个等级，可按等级资料分析。有时也可将分类资料数量化，则可按数值变量资料（定量资料）分析。

3. 随机事件与概率　兽医学研究的现象，大多数是随机现象，对随机现象进行实验或观察称为随机试验。随机试验的各种可能结果的集合称为随机事件（random event），也称为偶然事件，简称为事件。例如，用相同治疗方案治疗一批某病的患畜，治疗转归可能为治愈、好转、无效、死亡，一头患畜在治疗后究竟发生哪一种结果是不确定的，可能发生的每一种结果都是一个随机事件。

对于随机事件来说，在一次随机试验中，某个随机事件可能发生也可能不发生，但在一定数量的重复试验后，该随机事件的发生情况是有规律可循的。概率（probability）是描述随机事件发生的可能性大小的数值，常用 P 表示。

二、数值资料的展示

通常通过文字、图、表等相互结合来完成数值资料的展示。下列情况可用文字表达为主或仅用文字表达：①结果中数据较少，能做同类比较的观测项目不多者；②以观察形态特征为主的论文一般不用表格，而以文字描述为主配合形态学图片。能用文字表达的内容不用列表、绘图。已用图表说明了的内容，不必再用文字详述，只要强调或概括重点。文字表达主要是陈述文章取得的数据，不必强调过程。

表是简明的、规范化的科学用语。一般主张采用三线式表，即表由顶线、标目线和底线这三条横线组成框架，两侧应是开口的。顶线与标目之间为栏头，标目与底线之间为表身。栏头左上角不用斜线，但栏头允许再设一条至数条横线。一般表的行头标示组别，栏头标示反应指标。但这种划分并不是固定的，著者可根据情况灵活安排。表的下方还可以加脚注。

图是一种形象化的表达方式，它可以直观地表达研究的结果。通常我们用柱形图的高度表达非连续性资料的大小，用线图、直方图或散点图表达连续性或计量资料的变化，用点图表示双变量的关系。图的标题应在图的下方，注释可放在柱或线附近。

动物疾病防治在很大程度上依赖于的数据样本中提供的信息。原始数据不能直接产生有用的假设，也不支持决策过程。因此，管理人员应该依靠足够的流行病学数据说明。“说明”过程就是一个可视化（如流行率条形图、时间序列图或疾病分布图）过程，然后基于可视化（如在研究期间核心区域的流行率增加）形成统计评价的假说。数据可视化有助于了解疾病的动态。

对于既可用图也可以用表的资料，可根据具体情况选择表达形式。主要是表示变化趋势的资料，尤其是连续的动态资料，宜采用图的形式；需要表示确切统计量的资料，宜采用表的形式。

用户使用Web界面访问系统组件，搜索抓取的文档，从数据存储检索相关信息，执行特定域的实体提取，认识到动物疫病有关的事件，在地图上和时间轴上进行可视化(图9-1)。

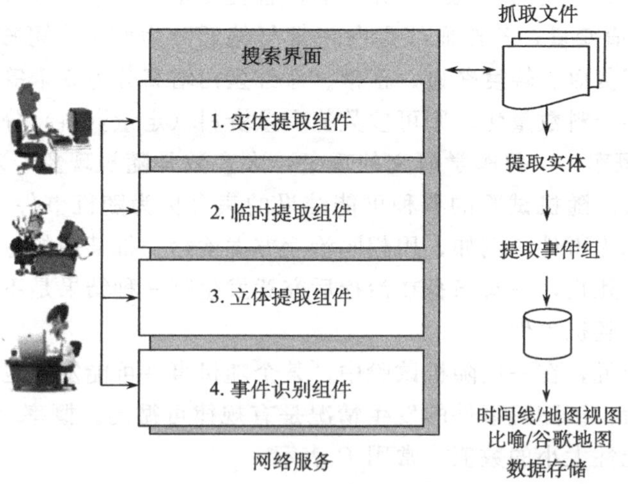

图 9-1　搜索、检索、提取、事件识别和可视化功能的系统组件

第四节　资料的收集和管理

一、资 料 收 集

常规数据资料的收集为动物群体中的疾病问题持续提供背景材料，依靠这些材料可以计划并实行一项特殊研究。常规数据资料收集包括死亡和发病统计资料及其他背景资料。

（一）资料的收集途径

1. 电信查询　调查者可对已掌握的病例、健康对照、某地区动物群或有关管理者通过信函或电话调查。利用电话号码随机抽样，而后通过电话调查收集资料，已在流行病研究中普遍应用。

2. 现场调查　无论是病因清楚或病因不清楚的传染病还是非传染病，也不论是经常性资料或一时性资料，通过现场调查和观察获取所需资料都是最重要的资料收集途径。不仅能直接获取到所需的资料，还可了解到事件发生的实际情况及关键问题，为采取相应措施或正确下结论提供科学依据。

3. 实验室资料　根据不同需要，收集物理学、血清学、化学、微生物学、寄生虫学、公共卫生学等实验室方法检查或检验的资料，如群体硒营养水平分析，环境中氟、碘、砷分析，饲料中毒素的测定，地区畜群体液中某些化学物质的检查等。

4. 疾病监测　采用全面和重点监测方法，获取各地疫情动态、病因及有关因素的消长、防控措施落实及其效果等有关资料。

5. 其他途径　可从农业部及各级地方兽医卫生行政、疾病控制部门的疫情年报表、工作总结、工作报告中获取有关资料；可从因特网中获取有关信息资料；也可利用国内外有关的定期、不定期的刊物、报告汇编收集有关信息资料，如 OIE 等。

（二）调查表的设计

调查表是兽医流行病学研究中收集可靠有关信息资料和统计分析的重要基础与手段，是研究目的的具体体现。通过调查表收集到的资料的质量可直接影响整个调查研究工作的质量。所以说，调查表的质量好坏是流行病学调查的关键。通常，研究者在进行试验设计或拟订调查计划时，就需同时认真考虑拟订调查表格。一份好的调查表需经研究者反复推敲、实践、修改、预调查，不断完善后方能正式应用。

1. 调查表的拟订原则及注意事项

（1）调查表的拟制应明确需要解决的问题，这些问题通过调查哪些项目可得到清楚解决，这些项目就是调查表中所要包含的内容。

（2）在拟制调查表前，必须查阅有关文献资料及征询有关人员意见。同时有必要先进行预调查和试用，并不断增减和修改完善项目内容，以防在正式调查时再进行项目的增减或更改。

（3）调查表所列项目内容的多少，以达到调查目的所需信息资料的最低限度为宜。必要的项目一项不应遗漏，不必要的项目一项也不应列出。缺少必要的项目会漏掉重要的信息资料，给统计分析造成困难，不必要项目会增加无效的工作量。

（4）拟表者应充分了解调查资料的性质，并能预见在资料分析时每一调查项目所起的作用。调查表中的每一项内容都应有明确意义，在资料的整理统计分析时都是不可缺少的重要内容。

（5）调查表中所列项目的含义、定义、标准必须明确，预先规定好标准，不致使人误解，以保证结果的统一，便于对结果进行统计分析和做出正确的解释及结论。

（6）在资料统计分析时，调查表中所列项目内容要求既能定性，又能定量。定性或半定量项目，如良、中、劣，多与少等，必须给出明确的界定。

（7）调查表中所列项目的用词要简明扼要，应针对不同文化水平的被调查对象，使被调查者易于理解、易于回答。因为养殖户多为农民，尽可能避免使用专业术语。

（8）调查表中提出的问题避免出现含糊不清、笼统多变、模棱两可的问题，以免使被调查者产生误解或多解，或分析时出现困难。对问题的回答，最好列成选择式或打分式，以便于统计。

（9）避免提出双重性问题，即一个问题不能同时包括 2 个或 2 个以上的问题，以免对分析造成困难。

（10）调查表中列出的项目应避免带有诱导性的提问或强制性的提问，以免使所获的资料信息出现偏倚；或令被调查者反感，使所获得的资料信息失真。

2. 调查表的设计构成　说明部分，可在表首或附另页中以简洁的文字说明调查的目的、有关事项及替被调查者保密的保证。填写说明，可在调查表头（首页）或表尾，用简短明了的文字列出令调查者和被调查者都能正确理解、回答或填写的问题与解释。

调查项目部分，这是调查表的核心部分，是调查研究及资料信息来源的主要项目内容，通常由以下三部分组成。

（1）被调查动物的一般情况，如年龄、性别、养殖场，畜主所在城镇和电话号码，主要用于资料核查参考使用。

（2）畜牧生产资料，包括被调查动物的种类、品种、年龄、性别、体重、动物用途、生产性能等情况。

（3）按研究目的列出有关变量项目，可根据调查目的拟定特殊需要的项目，这是与研究目的直接相关的核心内容。

（三）死亡和发病统计资料

畜禽的死亡登记并不严格，但法定报告传染病造成的死亡和发病数字可以从各级政府兽医机构的疫情统计报表中获得。每个具体畜群，尤其是集约化饲养的畜群，都有完整的死亡记录。暴发调查和其他调查也可提供死亡资料。

死亡统计资料不论其来源如何，均存在不完全、不准确和不及时的特点。这是因为存在饲养规模很难得到完整的死亡统计资料；因资料来源不同死因的准确性存在很大差异；很多常规资料收集系统，由于收集不及时，发表统计报告往往迟滞一段时间。所以，一些常规死亡统计资料时效性差，不宜用于流行病学研究。有的疾病死亡率高、病程短，死亡资料可为研究提供准确的定量资料；有的疾病死亡率变化很大、病程很长，提供的病因联系很少。

除了死亡统计资料以外，很多国家具有发病统计资料的收集系统。我国局限于法定报告传染病，如畜禽疫情报表。此外，许多畜禽养殖场具有发病的日常记录；在执行消灭或控制某些疾病的规划过程中，有特定疾病的发病记录资料，如猪瘟、新城疫、布鲁菌病和结核病的发病记录；有对某些研究或调查中特定项目的发病记录，如流产、肢蹄病、牛乳腺炎记录等。

对特定病原体感染情况的统计资料也属于发病统计资料的范畴。例如，屠宰场对畜禽寄生虫感染情况、沙门菌污染情况及血清学检查的资料。

关于国际上一些重要畜禽疾病的死亡和发病的常规资料，FAO、OIE、WHO除发表动物卫生年鉴外，还经常发表简报或通报。

（四）其他背景资料

死亡和发病以外的其他背景资料，对流行病学研究也很重要。它们主要包括如下几个方面。

（1）自然地理资料：地貌、水文、气候、土壤、植被、野生动物和自然灾害等常规资料，有关政府部门均有详细记录。

（2）经济地理资料：包括工业地理、商业地理、交通地理、农业地理等资料。例如，在农业中，畜牧业相关的畜群结构、畜牧制度、饲养管理等背景资料也可从有关政府部门或其他机构获得。

（3）兽医机构及运作资料：包括兽医行业的组织结构、行政管理、技术力量、教育和研究、兽医药品的生产和管理、畜禽卫生保健制度等。

（五）资料的整理

流行病学工作者从各种来源收集大量原始资料，该原始数据往往是不能直接进行分析的，必须对它们进行科学整理，将资料整理成所需要的形式，使之系统化，才能做进一步研究分析。整理过程如下。

1. 检查收集的资料

（1）资料完整性：从逻辑上检查资料的准确性和完整性；从内容上检查原始记录是否有遗漏、笔误或逻辑错误，若发现问题应及时采取必要的补救措施。对原始调查表格进行整理，核对各项有关资料是否齐全；重新找到调查对象，核实漏填、误填项目，删除缺项太多的调查表格。

（2）资料的准确性：检查所有项目是否准确。

（3）资料的修正、剔除和补充。

2. 设计分组　选择合适的分组标志，对原始资料科学地进行分类分组。分组就根据各项目的特征，将同质的资料归并在一起，使资料系统化，以显示内部的规律性。

（1）质量分组是按事物的性质或类型分组，如疾病分类、死因分类、种和品种分类、性别和年龄分类等。

（2）数量分组是在质量分组的基础上，再按变量值的大小来分组，如抗体滴度高低等。数量分组的多少取决于资料的性质和资料的多少。数量分组便于进行资料内对比。

（3）拟整理表，原始资料整理归组后通常用表或图表示，表的形式比图详细，在资料整理中最常用。分组决定后可按研究目的和要求拟定整理表。在拟定时应该注意各项目之间的相互关系，把关系密切的项目放在一个表内，便于进行比较分析。有时整理表需要设“不详”栏目，以便把所有结果都列入整理表，保持总计数一致。

（4）分组方法包括划记法和卡片法。

划记法适用于调查资料不多、内容简单的分组归纳，即把原始资料中标志相同的用划记法记数后列入整理表内，一般用“正”字划记。

卡片法把原始记录卡按项目分为若干组，清点后把原始资料中有价值的内容或项目过录到“过录卡片”，然后再分卡归组。

3. 调查资料数据库的建立和资料输入　根据样本大小可选择合适的软件建立数据库，资料输入时最好设计能自我纠错的功能，资料输入需要恰当的编码。

原始资料检查、核对完毕后就可以计算机输入。在计算机输入之前，应该根据原始资料的信息容量建立数据库，可选择 Visual Foxpro、Visual Basic、Epi 等软件，如果数据容量不大，也可选择 Excel 或直接利用统计分析软件包建立数据集。数据库结构的设计必须便于统计分析。

对疾病或健康状况按明确规定的标准分组归类，可利用计算机直接输出分组分类的表格，在 SAS 等统计软件中都有相关的程序完成这项功能。

二、资料存储

资料是各项流行病学研究的基础，特别是回顾性研究，对资料的依赖性极强，资料存储要求准确、完整和系统；资料的存储可以是短期的，但大多数需要长期保存。任何物质信息都是以一定的物质形态作为介质存储和传播的。随着现代科学技术的应用，资料信息的收集和存储方式不断发生变化，形成多种形式的存储方法。

传播的信息不再局限于一些文字、图形、照片等静态信息媒体，还可以是各种动态信息媒体，如视频、音频等多媒体信息。

兽医流行病学可利用的各种信息储存媒体包括纸张、录音带、录像带、微缩（胶片）、软盘、光盘、闪存盘、移动硬盘、数据流磁带、网络数据库和计算机硬盘存储数据库。

（一）纸介质记录

（1）书写记录技术：包括记录本、记录卡和先形表。

记录本属于日常病例的日记性记录，记录形式多种多样，内容庞杂，检索和分析困难，在流行病学研究中不宜使用。

记录卡是临床常用的记录方法，每张卡片一个动物，记录通常按畜主的名字字母顺序排列存放，而每个动物的不同卡片则按时间顺序排列，可提供病畜完整的历史。记录卡一般包括固定栏目，记录品种、年龄、性别等，是记录的“封闭”部分；另一部分则是空白区，用来记录有关病畜具体的诊断、治疗等方面的情况，是记录的“开放”部分。

先形表（proforma）是一种封闭记录项目较多的记录卡。详细记录观察性和解释性内容，填写繁琐并且部分项目资料价值较低，可以通过编码输入计算机。先形表可以设置开放栏目，以便记录封闭部分未包括的内容。

（2）卡片记录技术：包括项目卡片和特征卡片。目前甚少使用。

（二）计算机记录

（1）磁介质记录。软盘、闪存盘、移动硬盘、数据流磁带和计算机硬盘存储。

（2）光介质及半导体介质。例如，光存储技术在记录密度、容量、数据传输率、寻址时间等关键技术上将有巨大的发展潜力。

三、资料管理

资料管理包括数据规划、数据处理、分析、文档和存储的各个方面，并在研究的所有阶段发生。其目标是在创建一个可靠的数据的基础上，含有高质量的数据。

（1）资料管理的研究设计往往是被忽视的一部分，包括规划研究的数据需求、数据采集、数据录入、数据的验证和检查、数据操作、数据文件备份、数据文档。

这些过程都需要考虑和时间，对每个细节都需要细致的关注。

资料管理的主要元素是数据库文件。数据库文件包含文字、数字、图像，以及其他数据和机器可读形式的资料。这些文件应该被看成是一个数据库管理系统（DBMS），允许一个广泛的数据功能，包括数据录入、检查、更新、文档和分析。

（2）数据管理软件。许多数据库管理系统可用于个人计算机，选项包括电子表格（如Excel中、SPSS数据表）、商业数据库程序（如Oracle访问）、专业的数据输入程序（如SPSS数据录入生成器、EpiData等）。

应避免使用电子表格，因为其并不可靠且容易损坏（如类型多、失去跟踪记录、重复的数据、错误的输入数据等）。专业数据录入程序、数据输入和存储是理想选择。

（3）数据备份和存储。数据丢失可能是由于自然灾害、盗窃、人为错误、计算机故障。因此，必须备份所有的数据（如数据文件、代码的书籍、软件设置、计算机程序、字处理文档）。备份系统需要手动或自动地将文件复制到可移动媒体（如软盘、闪存盘、移动硬盘）或网络存储。备份过程应该进行彻底的测试，以确保归档文件没有病毒，并可以恢复。保存科研档案，请注意保密和道德培训。

四、兽医记录体系

兽医记录包括动物群体资料，以及来自门诊和防疫部门的临床病历、发病年报表、发病监测记录、发病统计记录及防治工作记录和报告；动物鉴定和注册记录；动物移动记录；生产数据；动物尸体分类数据；法定上报疾病病例；疾病监测记录；质量保险数据；地理参考资料；补贴表记录等方面的记录。

虽然许多兽医记录为纸介质记录，但建立基于计算机及其网络的兽医记录体系将是今后的主要发展方向。鉴于纸介质记录和计算机记录有其各自特点，必要时可以采用双重循环存储重要的资料。

（一）兽医资料库

整合的数据库有如下优点：使用者能够从各自的数据库记录中获益；避免了数据的重复输入和报告。例如，农场主不必分别通报家畜跟踪管理机构、繁殖育种协会和乳业记录组织有关产犊情况。

这类数据库对流行病学家的价值是显而易见的。其允许对动物健康问题进行更为深刻的和探索性分析，以及探索其与生产和环境因素之间的关系。其还可以作为评价动物健康策略和预测未来生产计算机模拟模型的一个操作平台。

现代数据库系统具有许多允许通过因特网接触的有效系统，确保使用者有限制地访问被授权浏览或改动的情报，并能够使秘密和隐私得到保护。

（二）常见兽医数据库

（1）世界动物健康信息数据库（the world animal health information database，WAHID）接口提供了存取在国际兽疫局的新的世界动物卫生信息系统（wahis）的所有数据。它取代并扩大了以前的 Web 界面命名的 handistatusⅡ型系统。记录了自 1924 年以来的有关资料。

各成员国对特殊疾病事件的发生提交即时通知和后续报告，这些国家在后续报道这些事件时，每个国家半年报告一次并介绍国际兽疫局通报疾病的情况，在年度报告中提供更多的背景资料，如动物健康、实验室和疫苗生产设施等。包括下列内容。

国家信息：特殊疾病事件的流行病学、动物卫生状况、兽医服务、人口、防疫等信息。

疾病信息：关于某种疾病，其中包括全球性疾病的分布图、地图标注暴发国家名单，以显示其卫生状况等。

疾病控制措施：列在名单和地图上国家和疾病的防控措施。

国家动物卫生状况比较：出于两国贸易的目的，比较动物的健康状况，确定可能构成威胁国家的进口动物疾病及其动物产品等的相关情报。

（2）兽医数据库（the veterinary medical database，VMDB）主要收集北美洲几乎所有临床数据，包括咨询、情报、健康情报管理、数据总结 4 个部分，截至 2006 年，具有美国和加拿大 26 所大学兽医学院的约 700 万份记录，以及密西西比州州立大学和北卡罗来纳州立大学兽医学院目前使用的 SNOMED 编码系统，华盛顿州立大学目前使用的自由格式文本。

该数据库可为流行病学研究提供典型的摘要、动物品种、年龄、性别、地域和疾病的发作日期等条件。

（3）兽医调查诊断分析数据库（veterinary investigation diagnosis analysis，VIDAⅡ）于 1975 年在英国建立，由 33 个政府兽医诊断实验室组成。诊断记录每月一次送到计算机中心，形成诊断的年度报告、送检数量的月报告和财务报表。计算机文档在流行病学研究单位的终端整合，诊断报告由研究人员使用。

（4）记录影响重要经济动物事件计算机系统（computer system for recording event affecting economically important livestock，COSREEL），是一个动物健康记录系统，最初设计用来作为动物疾病研究所饲养的牛、绵羊和猪的管理，以及一些奶牛场和兽医机构使用，之后成为英国的一个保健和生产资料库，采用通用字母数字编码系统记录疾病的诊断、局部和全身症状、内科和外科处置、疫苗免疫和抗血清治疗、医疗管理应对及其后果的试验。该系统曾用于记录管理、兽医和奶业数据，是一个运用远程计算机为基础的终端系统。为流行病学分析中央数据库的发展提供范例和未来潜在应用。

(5) 澳大利亚全国动物疾病信息系统（the Australia national animal disease information system，ANADIS)，包括澳大利亚全部区域性网络中储存的兽医资料，最初是为消灭结核病和布鲁菌病而建立的，记录了诊断实验室、外来疾病暴发、国家血清库、保健和生产计划等有关的资料。

(6) 丹麦猪屠宰检验资料库（Danish salmonella monitoring scheme in pig）储存了屠宰时收集的资料。丹麦大多数肥育猪的资料都记录于该库，既是中等规模的资料收集项目，也可行使全国大规模监测系统的职能。

(7) 爱丁堡小动物诊疗教学单位临床记录系统（Edinburgh SAPTU clinical recording system）记录爱丁堡兽医学院小动物诊疗教学单位来源的临床病例摘要，是中等规模的资料库，资料以相继数字密码输入，使用的是网络型资料库管理系统，便于提供病例记录组分的相关内容。

(8) 加拿大动物生产与健康信息网（animal productivity and health information network，APHIN）是一个以因特网为基础，提供信息的服务机构。最早是由加拿大大西洋兽医学院在1980年建立的小型资料库，提供猪、奶牛、肉牛的生产和保健，兽医服务，动物产品加工，政府诊断实验室和兽医学院等有关信息。

APHIN目前给下列机构提供这项服务，即大西洋乳品牲畜改良公司、大西洋兽医学院、AVC龙虾科学中心、加拿大动物健康网、FARMweb和猪商品经营局。

(9) 全国动物保健监测系统（national animal health monitoring system，NAHMS）是美国农业部于1983年启动，跨越美国收集、分析和传送数据，针对动物健康、管理和生产力的全国动物卫生监测系统，通过它可进行全国性家畜群体的保健和健康管理的研究，这些研究旨在满足与这些商品有关的信息产业的需要，在这些行业内部鉴定。涉及水产养殖、牛肉、牛育肥、马、乳品、食品安全、一般课题、家禽、羊、猪，以及动物卫生和食品安全的流行病学协作。该系统大型资料库，用于测算美国家畜的发病率、流行率和保健的相关事件，还用于鉴定现代生产系统中疾病的决定因素。

（三）动物疫病监视系统

1. 手动支持的网络接口　国际兽疫局（OIE）是一个最重要的数据来源，在国际水平报告有关动物卫生的情况下使用，如世界动物健康信息数据库（WAHID）接口。世界卫生组织（WHO）向用户提供了一个交互式用户信息绘图系统，即世界卫生组织全球传染病地图集。针对跨界动物疾病和植物病虫害，美国在世界粮食及农业组织的动物生产与健康部门允许使用紧急预防系统（EMPRES）监控监视（看）传染病疫情和时间线视图。英国环境食品和农业事务部（DEFRA）为用户提供有关动物健康和福利的连贯的信息。

在美国国家和各州，有许多监视动物疾病暴发情况的系统。

美国农业部（USDA，http：//www.usda.gov/wps/portal/usdahome）管理动物疾病

的数据系统（如口蹄病、裂谷热）。

美国地质调查局（The U. S. Geological Survey ，USGS）通过所属国家野生动物健康中心（National Wildlife Health Center，NWHC）管理野生动物疾病的数据库。

美国疾病控制和预防中心（Centers for Disease Control and Prevention ，CDC）为用户提供有关传染病的资料。

衣阿华州立大学食品安全和公共卫生中心（Center for Food Security and Public Health，CFSPH）网站（CFSPH，http：//www. cfsph. iastate. edu）为用户提供有关动物传染病的信息、疫苗、疾病的概况、影像数据库和其他对生产者和兽医有用的资源。

以下为可用的由研究机构和大学在因特网上进行策划的人工的若干生物门户网站。

由其人工智能实验室维护的亚利桑那州的大学生物监测门户网站（BioPortal，http：//biocomputingcorp. com/bpsystem. html）是基于网络的传染病信息学（IDI）系统，提供几个主要传染病的分布式（由许多不同地点的计算机组成的系统）健康数据访问。

口蹄疫生物门户网站（FMD BioPortal，https：//fmdbioportal. ucdavis. edu）是为全球口蹄疫监测而发展起来的，该监测基于新闻监视并且由加州大学戴维斯（UC Davis）分校口蹄疫监测和模拟实验室维护。口蹄疫生物门户网站利用众多“网虫”经常性收集来自互联网上有关口蹄疫的相关信息。在基于大量的文件收集的关键词过滤后，相关信息被储存在该数据库。

此外，还有针对高致病性动物疾病的几个特殊的在线资源。例如，世界动物卫生组织（世界粮食及农业组织）的口蹄疫疾病参考实验室网络 ReLaIS（http：//www. foot-and-mouth. org）的参考实验室信息系统。人工分析的必要性和人工（半自动）的维护是对上述讨论的动物疾病暴发追踪在线系统的主要障碍。

2. 自动化的网络服务　BioCaster 全球卫生监视系统（BioCaster，http：//biocaster. nii. ac. jp/）是一个基于在线的从新闻中探测和描绘传染病暴发的网络系统。该系统遵循 1500 RSS 订阅的每小时处理 4300 命名实体分类［50 种疾病名称，243 个国名，4025 个省（市）名称和所有地点的经纬度］。其能提供有关 40 种传染病在每天高达 25～30 个地点的信息。BioCaster 全球卫生监视系统提供的信息提取功能有：限于英语、法语、西班牙语新闻，至于汉语、泰国语、越南语、日语，根据它们是否相关来分类；绘制事件于谷歌地图之上。

健康地图（HealthMap，http：//healthmap. org/en）从谷歌新闻和文章及世界疫病情报门户网（ProMED，http：//www. promedmail. org）收集文章。这是一个手动维护网络数据的系统，公布公共卫生专家撰写的报告。该系统允许跟踪传染病和有关暴发的定位。它涵盖了 2300 个定位点和 1100 种疾病名称，并在每一天鉴别出来 20～30 次的暴发。由于健康地图是由手动支持的系统，所以它支持多国语言文本处理（英语、法语、西班牙语、葡萄牙语、俄语、中文、阿拉伯语）。

欧盟支持的信息检索系统（MedISys）是欧洲媒体监控产品系列（EMM，http：//emm. jrc. it/overview. html）的一部分，为寻找开发基于网络的资源并产生最新的疫情报告的定量摘要。该系统包括信息提取的子系统（以图案为基础的了解和学习的系统，PULS，http：//sysdb. cs. helsinki. fi/puls/jrc/all），其可自动化识别文本中与疾病暴发相关的元数据和结构性事实。

Epispider（流行病学天基信息平台）的主要优点是能够区分与世界疫病情报网

(ProMED-Mail) 数据中传染疾病数据类似的信息，如全球灾害预警协调系统 (GDACS)。此外，它还能够从中央情报信息局 (CIA) 概况和联合国人类发展报告的网站中提取信息。

系统区别还包括系统的目的 (疾病监测对比研究或流行病学分析)、目标受众 (公共与领域专家和分析师) 和加工数据 (新闻、医学文献、博客、电子邮件等)。

EpiSpider (流行病学天基信息平台-http：//www. epispider. org/) 的主要优点是能够综合来自世界疫病情报网和其他类似网站的信息与新兴传染病数据，如全球灾害预警协调系统 (GDACS，the global disaster alert coordinating system ，GDACS，http：//www. gdacs. org)。此外，EpiSpider 从中央情报局 (CIA) Factbook (概况，CIA，http：//www. cia. gov/library/publications/the-world-factbook/) 和联合国人类发展报告 (UNDHDR，http：//hdr. undp. org/en) 网站中提取信息。

第五节 数 据 库

所有信息 (数据率档) 的编纂物，不论其是以印刷形式、计算机存储单元形式，还是其他形式存在，都应视为“数据库”。

数据库 (database) 是按照数据结构来组织、存储和管理数据的仓库，数据管理不再仅仅是存储和管理数据，而是转变成用户所需要的各种数据管理的方式。数据库有很多种类型，从最简单的存储有各种数据的表格到能够进行海量数据存储的大型数据库系统，它们在各个方面得到了广泛的应用。

一、数据库结构

目前，比较流行的数据模型有三种，即按图论理论建立的层次结构模型和网状结构模型，以及按关系理论建立的关系结构模型。

(一) 层次结构模型

层次结构模型实质上是一种有根结点的定向有序树，如一个高等学校的组织结构图。这个组织结构图像一棵树，根部就是树根 (称为根结点)，各系、专业、教师、学生等为枝点 (称为结点)，树根与枝点之间的联系称为边，树根与边之比为 1∶N，即树根只有一个，树枝有 N 个。

按照层次模型建立的数据库系统称为层次模型数据库系统。信息管理系统 (information manage-ment system，IMS) 是其典型代表。

(二) 网状结构模型

按照网状数据结构建立的数据库系统称为网状数据库系统，其典型代表是数据库任务组 (data base task group，DBTG)。用数学方法可将网状数据结构转化为层次数据结构。

(三) 关系结构模型

关系式数据结构把一些复杂的数据结构归结为简单的二元关系 (二维表格形式)。例如，某单位的职工关系就是一个二元关系。由关系数据结构组成的数据库系统被称为关系数据库系统。

二、数据管理

数据管理是利用计算机硬件和软件技术对数据进行有效的收集、存储、处理和应用的过程。其目的在于充分有效地发挥数据的作用。实现数据有效管理的关键是数据组织。数据管理经历了人工管理、文件系统、数据库系统三个发展阶段。在数据库系统中所建立的数据结构，注重描述数据间的内在联系，便于数据修改、更新与扩充，保证数据的独立性、可靠性、安全性与完整性，减少数据冗余，提高数据共享程度及数据管理效率。

三、数据编辑

数据编辑（data edit）是将输入系统的数据进行校验、检查、修改、重新编排、处理、净化，组织成便于内部处理的格式的过程。其任务主要有：①对数据进行校验检查，包括检查遗漏数据、多余数据和错误数据，进行增加、删除和修改操作；②把数据重新编排组织成便于内部处理的格式。

四、示例数据库

例 9-1　猪群的生产记录体系。

对规模化猪场来说，快速准确地监测猪生长性能和诊断疫病，把损失降低到最低限度至关重要。要找出影响猪群生长、繁殖和健康的原因只能从搜集信息入手，准确的诊断来源于完整的记录。

针对猪群的生产记录应该包括以下内容。①繁殖性能记录。公猪：受胎率、所配母猪产仔力。母猪：分娩性能（初生重、总产仔、活仔、死胎、木乃伊胎）、哺乳性能（20 日龄重）。②生长性能记录。仔猪和肥猪的日增重、料重比、出栏率、平均饲养天数。③健康性能记录。成活率、死亡率、淘汰记录、发病治疗记录、剖检记录。④免疫接种及群发病治疗记录。药物和疫苗种类、批次、剂量、临床反应。⑤实验室记录。血清学抗体检测、病理剖检、药敏试验、病原检测等。

及时地统计分析对比记录资料，同各年度相比、同其他场相比或同计划目标相比，查出造成生产指标低劣和疫病发生的主要原因。

小　结

介绍了资料的分类、要素、编码、度量、来源和评价；初步说明了数值资料的基本概念；对资料收集、资料储存、资料管理做了较为深入的说明，概括说明兽医记录体系和数据库。

复　习　题

1. 流行病学资料的重要性体现在哪里？
2. 如何进行流行病学资料分类和疾病命名？
3. 流行病学资料有哪些主要来源？
4. 简述流行病学资料收集的步骤。
5. 如何评价流行病学资料？

第十章　偏倚与交互作用

兽医流行病学研究中的误差有两种：随机误差和系统误差。随机误差是由无法控制及不能预测的因素引起的一类表现不恒定、随机变化的误差。来源于测量工具和（或）动物个体间的变异，不能消除，但可减小。系统误差，又称为偏倚，由已知或可控制的因素引起的使研究结果或推论系统地偏离真实情况的误差。偏倚发生于兽医流行病学研究设计、实施、分析及推论的各个阶段。

第一节　简　　介

偏倚是指研究结果系统地偏离了真实情况。与随机误差不同，偏倚的存在总是造成研究结果高于或低于真值，因而具有方向性。在研究工作中定量的估计偏倚的大小很困难，而确定偏倚的方向却相对容易。当偏倚使研究结果高于真值时，称为正偏倚；反之，称为负偏倚。

对任何一个出现偏倚问题的研究都应重视。在研究前，有必要对偏倚来源进行充分考虑。如果出现偏倚，结果可能就不真实，结论也可能是错误的。偏倚的来源较多，并且是多样的，兽医流行病学研究中常见的有选择偏倚、信息偏倚和混杂偏倚三种偏倚。

两个影响因子不会独立地对结果产生影响。当混杂因子的作用完全改变或能够解释风险因子的最初作用的效果时，混杂偏倚是明显的。混杂因子对疾病（或产量）和风险因子二者都产生影响。交互作用不是偏倚，但是它与混杂偏倚紧密相关，因为二者都与风险因子和结果关系的变化紧密相关。交互作用是一种生物学现象，它表明一种影响因子对另一种影响因子的不同水平产生不同效果。当一种影响因子的效果依赖于另一种影响因子的水平时，这种交互作用很明显。

任何研究设计阶段都要考虑偏倚的作用，一些偏倚类型在统计分析中可以控制，但是有些却不能控制。混杂偏倚和一些信息偏倚在分析时可以控制，因为有很多必要的信息。所以，在研究中应该尽早考虑潜在的偏倚因素，这对兽医流行病学研究取得真实的结果和正确的结论是非常重要的。

第二节　偏　　倚

一、选择偏倚

为了减少劳动力和成本的支出，大多数兽医流行病学研究不会调查一个动物群体中的所有动物个体，而是依赖于所研究动物群体的样本数据。选择偏倚可能由两种情况引起：一是样本不是研究群体的代表；二是研究群体不是目标群体的代表。因此，选择偏倚是指由研究对象选择不当而使研究结果偏离真实情况而产生的系统误差。这种类型的偏倚可产生于兽医流行病学研究的实验设计阶段和抽样阶段，在确定研究对象时表现得最为突出，且在分析阶段不能控制。

为了估测某种疾病的流行程度，一般会从诊断实验室获得相应的数据。然而，正因为在疾病发生中一些疑似的样品被送到诊断实验室进行检测，所以得出的数据不能代表目标群体。因此，通过这样方法研究的群体主要是带有疾病的群体或动物，常常高估了疾病的流行程度。

选择偏倚多见于病例对照研究和现况研究中。病例对照研究的目的是测试接触可疑风险因素的病例与对照之间是否有显著差异。当病例与对照被选择时，保证这两组接触风险因素具有相同的可能性。如果不是，将会产生偏倚，且研究结果不真实。

选择偏倚是指选择观察对象的方法存在问题，使得被选中的观察对象和落选者的某些特征具有系统性的差别，导致研究结果与真实情况产生偏差。理论上讲，在所有观察性的流行病学调查设计中都可能存在选择偏倚，而在现况研究、病例对照研究及回顾性队列研究中更为常见，这些研究中暴露和结果都早于对象的确认而发生。例如，在回顾性队列研究中，暴露的识别直接与疾病的发生相关；在病例对照研究中，病例和对照分别按不同条件选择，而这些条件又与暴露史有关。

（一）选择偏倚的种类

(1) 流行率-发病率偏倚（prevalence incidence bias)，也称为奈曼偏倚。在进行病例对照研究或横断面研究时，很难对较轻、已痊愈、不典型、隐性感染、病程较短或已死亡病例进行调查研究。此外，某些患畜在患病后可能会改变其原来的某些暴露状况。因而，病例对照研究或横断面研究所选择的研究动物，就会与队列研究或实验研究中的新病例之间产生差异，由此得出的某种因素与某疾病的联系出现差异。

在分析性调查研究中，如果暴露时间与实际选择研究动物的时间之间存在时间差，就有可能产生现患病例-新病例偏倚，偏倚的大小和方向视不同情形而异。既可能减少以致掩盖实际存在的真实联系，也可增大或产生实际不存在的错误联系。

(2) 易感性偏倚（susceptibility bias)。在观察性研究中，不可能采用随机化的方法，而是将对分析结果有影响的因素均匀地分配到各个比较组中。这些因素可能会直接或间接地影响暴露组与非暴露组，两种动物产生对所研究疾病的易感性差异，由此产生的偏倚称为易感性偏倚。

易感性偏倚的一个典型例子，即在引进动物和当地动物对当地病原体感染时，通常发现经常暴露于当地病原体的动物群的发病率比引进动物群要低。原因是，由于当地动物对环境适应，健康水平比引进动物群高，或者对当地病原体的抵抗力和耐受力较引进动物群强，最终发病率低于引进动物。

实际上，易感性偏倚包含三个方面的含义：一是指各个比较组研究动物对疾病的易感性存在差异；二是指各组研究对象暴露于某些因素的概率存在差异；三是指各个比较组动物群可能处于同一疾病发展过程中的不同阶段，或为同一疾病的不同临床表现类型。

(3) 检出征候偏倚（detection signal bias，检出偏倚)。某种因素虽然本身不是引起目标疾病的病因，但由于该因素能引起或促进与该疾病相似的体征或征候出现，所以研究人员会使具有这些症状或体征的畜群有较多的检测概率，从而认为该单元的检出率提高，最终得出某些因素与目标疾病联系紧密的错误结论。在对某些慢性疾病、代谢病的病因进行研究时，检出征候偏倚的意义尤为重要。

(4) 无应答偏倚（non-respondent bias)。无应答者是指研究动物中那些没有按照研究设计对被调查的内容予以应答者。某个特定样本中的无应答者的患病状况，以及对某一或某些研究因素的暴露情况与应答者可能不同，由此而产生的偏倚称为无应答偏倚。无应答偏倚在观察性研究或实验性研究中均可发生。在很多情况下，对畜群的观察会受畜主的影响，更有许多对此不重视或不理解的人拒绝接受观察或实验研究。

（5）群体成员偏倚（membership bias）。观察畜群中的动物个体健康状况可能存在系统性的差别，由此而产生的偏倚称为群体成员偏倚。

（二）测量与控制

理论上，选择偏倚可通过两个表格的比较来确定：一个描述实际抽样畜群中暴露因素与疾病的分布情况；另一个描述总体畜群中暴露因素与疾病的分布情况（图 10-1）。

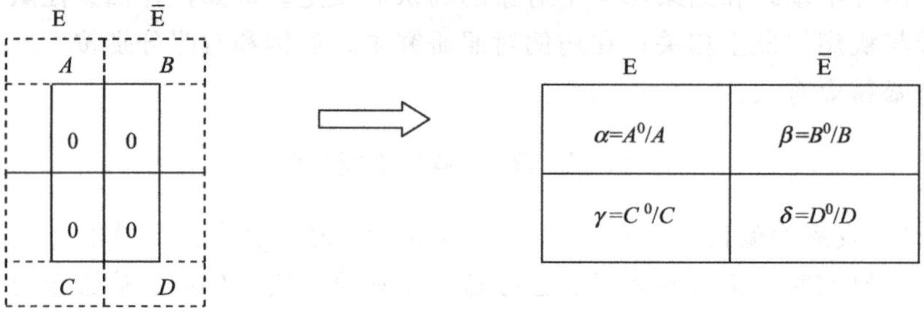

图 10-1 目标畜群与实际抽样畜群暴露因素（E）与疾病（P）分布

在病例对照研究中，总体畜群中的比值比（OR）$=\dfrac{A\times D}{B\times C}$，实际抽样畜群中的比值比（$OR^0$）$=\dfrac{A^0\times D^0}{B^0\times C^0}$。

根据给出的选择概率 $OR^0=OR\dfrac{\alpha\delta}{\beta\gamma}$，$OR^0$ 与 OR 的偏倚大小和方向可以用以下公式来表达：

$$\text{偏倚}(B)=\frac{OR^0-OR}{OR}=\frac{\alpha\delta}{\beta\gamma}-1 \qquad (10\text{-}1)$$

若$\dfrac{\alpha\delta}{\beta\gamma}=1$，不存在偏倚；$\dfrac{\alpha\delta}{\beta\gamma}>1$，存在偏倚，$OR^0>OR$；$\dfrac{\alpha\delta}{\beta\gamma}<1$，存在偏倚，$OR^0<OR$。

在队列研究或横断面研究中，总体畜群的相对风险（RR）$=\dfrac{A\times(B+D)}{B\times(A+C)}$，实际抽样畜群中的相对危险性（$RR^0$）$=\dfrac{A^0\times(B^0+D^0)}{B^0\times(A^0+C^0)}$。根据式（10-1）中给出的选择概率（$OR^0$）$=\dfrac{\alpha\times A^0\times(\beta\times B^0+\delta\times D^0)}{\beta\times B^0\times(\alpha\times A^0+\gamma\times C^0)}$，此时，$OR^0$ 与 OR 的差异（偏倚）大小和方向可以表达为

$$\text{偏倚}(B)=\frac{RR^0-RR}{RR}=\frac{\alpha\times(A+C)\times(\beta\times B^0+\delta\times D^0)}{\beta\times(B+D)\times(\alpha\times A^0+\gamma\times C^0)}-1$$

式中，样本（B^0）的总体（B）若 $\alpha=\gamma$、$\beta=\delta$，则 $B=0$，不存在偏倚；反之则存在偏倚。

例 10-1 某奶牛群暴露于某因素（E）与疾病（P）的真实分布情况如表 10-1 所示。在

进行队列研究时，暴露组和非暴露组中的奶牛均可退出观察。经过三年的随访观察后，暴露组中患病奶牛保持观察的比例为健康奶牛的 2.25 倍，而非暴露组中的患病奶牛保持观察的比例为健康奶牛的 1.5 倍，则暴露因素与发病关系见表 10-1、表 10-2。

表 10-1 奶牛暴露于某因素（E）与疾病（P）的真实分布

	E	$\overline{E}$
P	2000	1000
$\overline{P}$	8000	9000

由表 10-1 中给出的数据可得

$$RR=\frac{2000}{10\ 000}\div\frac{1000}{10\ 000}=2.0$$

表 10-2 经过三年的随访观察后，暴露因素（E）与疾病（P）的分布

	E	$\overline{E}$
P	$2000\alpha=3000\gamma$	$1000\beta=1000\delta$
$\overline{P}$	8000γ	9000δ

由表 10-2 中给出的数据可得

$$RR^0=\frac{3000\gamma}{3000\gamma+8000\gamma}\div\frac{1000\delta}{1000\delta+9000\gamma}=2.72$$

$$B=\frac{RR^0-RR}{RR}=\frac{2.72-2.0}{2.0}=0.36$$

这说明：实际观察到的相对风险高于真实风险，前者约为后者的 1.37 倍。在获得资料后，如果要确定偏倚是否存在，估计它的方向和大小，必须获得可靠的选择概率的估计值。在实际工作中，很难做到这一点，需要研究人员进行额外的调查，以获取必要的资料，这将花费大量时间和精力。因此，与其在选择偏倚发生后进行消除和校正，不如通过正确的研究设计，提高研究对象的应答率，尽可能减少选择偏倚的产生。

（1）研究者应充分了解该项研究工作中各种可能的选择偏倚来源，并在研究设计过程中尽量避免。

（2）采用严格、规范、科学的研究设计。在研究设计中，应明确定义目标畜群和样本畜群，根据研究的目的和性质，预测样本选择过程中可能产生的各种选择偏倚。病例对照研究中，尽可能避免完全以患病畜群为对象，尽可能随机选择对照组。如果研究中已建立队列，则可从中获得所研究疫病的新发病例，并随机选择对照，进行巢式病例对照研究。如果条件许可，还可设立多个对照组。在进行试验研究时，应严格遵循随机对照的原则，不能主观选择组别，随机化的目的是使所比较的各组除观察因素外，其他条件保持均衡可比。

（3）明确动物选择标准，加强随访，提高应答率。在研究方案中，应明确动物纳入标准，包括疾病诊断和暴露判断标准，在研究时应尽可能选取合格的新发病例。在队列研究和干预试验的实施过程中，应动态的掌握队列的变迁、定期随访，记录队列中有关暴露和疾病的变化。在现况调查中，应尽量减少无应答的发生，无应答对结果的影响则随着无应答率的增加而增大，为了避免由拒绝参加研究而引入选择偏倚，应尽可能地降低拒绝参加畜主的比例。

(4) 建立健全疾病检测系统。控制选择偏倚的关键在于样本要有足够的代表性，通过健全的疫病监测系统，可以掌握大量畜群的暴露和疫病信息，在选取样本时能够做到有的放矢。

例 10-2 黑龙江省哈尔滨市的一家大型动物医院对犬的病毒性肠炎的风险因素进行了研究。以该动物医院确诊的为病毒性肠炎的犬作为病例。对照例是从接种常规疫苗的健康犬中选择的。在这个例子中，因为该动物医院是黑龙江省内综合水平最高的动物医院之一，病例犬可能来自于整个黑龙江省，而对照可能来自于和医院合作密切的几个犬养殖场。因此，饲养管理方式、饲料组成、犬的品种等可能受地理区域影响而可能有很大差异。饲养场和来自黑龙江省各地的宠物犬在饲养方式上可能就有很大差异。这些因素可能就是风险因素，而病例与对照之间不会有相同的接触这些因素的可能性。

可以采取一些措施来控制选择偏倚。在流行病学的实验设计阶段，通用的原则就是制订科学可行的随机抽样方案，避免随意抽样、偶然抽样、主观故意选择所致的偏倚；制订合适的清楚的纳入和排除标准，有利于准确制订研究动物，避免抽样误差；采用多种对照，提高对照动物群体的代表性。具体到病例对照研究，病例和对照应来自同一群体动物，避免根据暴露状态来选择病例和对照，在病例对照研究中选择新发病例。

二、信息偏倚

（一）定　　义

信息偏倚（information bias）又称为观察偏倚（observation bias）或测量偏倚（measurement bias），是指在资料收集过程中，由于不同组别间收集方式不可比，产生研究结果和真实结果间的系统误差。几乎在所有流行病学研究中均会发生信息偏倚，其来源主要有检测方法的敏感性和特异性差异、诊断标准的设定模糊、原始资料不完整性等。然而对非暴露者或对照组则不然，从而使研究结果出现偏差。

如果病例没有被查出和病例被错误地选择为对照，错误分类将会产生，反之亦然。因此，对病例和对照动物的分类标准进行很好的定义和描述是十分关键的。具有 100%的敏感性和 100%的特异性的完美的诊断检测方法是很少有的，而且这样的诊断检测几乎常常导致与疾病状况有关的一定程度的错误分类。假阳性与假阴性在诊断检测中常会出现，两者的存在取决于患病动物与健康动物之间的界限。一些检测方法进行了敏感性与特异性的优化，力求使患病动物与健康动物的界限尽可能很低。但诊断检测方法的敏感性与特异性往往不能兼顾，一方的提高，是以另一方的降低为代价的。因此诊断检测不仅要仔细考虑检测的背景，而且要考虑增加检测次数对检测结果敏感性与特异性的影响。在诊断检测的分析阶段收集关于敏感性与特异性的信息，错误分类偏倚是可以被校正的。

在兽医流行病学调查中，如果调查问卷不能很好地反映研究者想要了解的内容或不能全面客观地显示问题的真实情况，则也可能引起错误分类偏倚。

（二）分　　类

(1) 诊断怀疑偏倚（diagnostic suspicion bias）。由于事先已经知道观察畜群的暴露史，所以在疾病诊断过程中，研究人员一方面可能会忽略非暴露或暴露风险较小的动物；另一方面会因主观因素影响诊断结论，对暴露者或实验组进行非常细微的检查，怀疑其已患某病，或在主观上倾向于应该出现某种阳性结果，于是在做诊断或分析时，倾向于自己的判断。这种偏倚称为诊断怀疑偏倚。诊断怀疑偏倚常发生在亚临床症状的病例诊断、鉴别诊断等过程中。如果某些因素已被研究人员所关注，则会有意无意地对被调查者进行更深入详细的询问，甚至给一些提示等，从而也可能会发生诊断怀疑偏倚。

(2) 回忆偏倚（recall bias）。畜主或研究人员在回忆过去动物的暴露史或既往史时，其完整性与准确性存在系统误差而引起的偏倚称为回忆偏倚。在流行病学调查过程中，任何因素、时间，如果发生的频率较低，或对涉及者影响较小，则不影响被调查者的回忆，否则极有可能产生回忆偏倚。

(3) 暴露怀疑偏倚（exposure suspicion bias）。如果研究人员事先已经了解观察畜群的患病状况，则可能影响调查的深度和广度，从而采取不合适的调查方法，或调查的深度与广度在两组间存在差异。某些疾病，如口蹄疫、猪瘟等病因比较明确，为多数兽医和养殖户所熟知，所以，在调查时往往会对病例组采取面对面的询问方法，而对照组则采用信访或问卷的方式，这样得到的结果之间的差异通常较大。

同样，在调查过程中，如果调查表的设计不规范，调查者的经验占主导时，也会影响调查结果，尤其是调查者对研究中的可疑因子与疾病的联系保持强烈的个人偏见时，后果更为严重，会明显地扩大可疑致病因素与疾病的联系。

（三）测量与控制

信息偏倚的表现是观察对象的某种特征被错误分类（misclassification），如错误地将患畜判定为健康畜、将暴露判定为非暴露等。描述错误分类的两个基本指标为敏感性和特异性。

敏感性是指某种方法所确定的具有某项特征（患病、暴露）的动物占实际具有该特征动物的比率。特异性是指某种方法确定的不具有某项特征（健康动物、非暴露动物）的动物占实际不具有该特征动物的比率。在理想状态下，敏感性和特异性均为 1。

错误的结果使得真正患病且具有暴露因素的动物（A）实际上可能被划归为以下 4 个亚组：患病并具有某暴露因素（A_{11}^0）、患病但不具有某暴露因素（B_{11}^0）、不患病但具有某暴露因素（C_{11}^0）、不患病且不具有某暴露因素（D_{11}^0），如表 10-3～表 10-5 所示。

表 10-3　总体中暴露因素（E）与疾病（P）真实分布情况

	E	$\overline{\text{E}}$
P（患病）	$A=A_{11}^0+B_{11}^0+C_{11}^0+D_{11}^0$	$B=A_{12}^0+B_{12}^0+C_{12}^0+D_{12}^0$
$\overline{\text{P}}$（健康）	$C=A_{21}^0+B_{21}^0+C_{21}^0+D_{21}^0$	$D=A_{22}^0+B_{22}^0+C_{22}^0+D_{22}^0$

注：第一个下标为行数，第二个下标为列数。下同

表 10 4　样本中暴露因素与患病分布情况

	E^0	$\overline{\text{E}}^0$
P^0（患病）	$A=A_{11}^0+A_{12}^0+A_{21}^0+A_{22}^0$	$B=B_{11}^0+B_{12}^0+B_{21}^0+B_{22}^0$
$\overline{\text{P}}^0$（健康）	$C=C_{11}^0+C_{12}^0+C_{21}^0+C_{22}^0$	$D=D_{11}^0+D_{12}^0+D_{21}^0+D_{22}^0$

表 10-5　畜群中暴露因素（E）与疾病（P）的真实分布情况

	E	$\overline{E}$
P	499	300
$\overline{P}$	201	800

OR＝6.7，因此

$$OR=\frac{A\times D}{B\times C}=\frac{(A_{11}^0+B_{11}^0+C_{11}^0+D_{11}^0)(A_{22}^0+B_{22}^0+C_{22}^0+D_{22}^0)}{(A_{12}^0+B_{12}^0+C_{12}^0+D_{12}^0)(A_{21}^0+B_{21}^0+C_{21}^0+D_{21}^0)}$$

$$OR^0=\frac{A^0\times D^0}{B^0\times C^0}=\frac{(A_{11}^0+A_{12}^0+A_{21}^0+A_{22}^0)(D_{11}^0+D_{12}^0+D_{21}^0+D_{22}^0)}{(B_{11}^0+B_{12}^0+B_{21}^0+B_{22}^0)(C_{11}^0+C_{12}^0+C_{21}^0+C_{22}^0)}$$

即真实比值比与实际得出的比值比之间会出现差异。

例 10-3　表 10-5 所示为一个模拟畜群中暴露因素（E）与疾病（P）的真实分布情况。

在该畜群中进行病例对照研究，将病例和对照的暴露史调查结果及可能存在的错误分类（表 10-6、表 10-7）假定为

表 10-6　病例组暴露分类情况

		真实暴露情况	
		+	−
测量暴露情况	+	535	120
	−	65	282

表 10-7　对照组暴露分类情况

		真实暴露情况	
		+	−
测量暴露情况	+	181	80
	−	120	620

在病例组中，敏感性 Se_1＝535/600＝0.89

在对照组中，敏感性 Se_2＝181/300＝0.6

在病例组中，特异性 Sp_1＝282/400＝0.7

在对照组中，特异性 Sp_2＝620/700＝0.9

此种情况属于差异错误分类，在对比组间，对应的敏感性与特异性不均等。实际调查的结果如表 10-8 所示。

表 10-8　实际调查结果

		真实暴露情况	
		+	−
测量暴露情况	+	650	150
	−	150	450

由表 10-8 中给出的数据可得

$$\mathrm{OR}'=\frac{650\times450}{150\times150}=13$$

$$B=\frac{\mathrm{OR}'-\mathrm{OR}}{\mathrm{OR}}=0.9$$

以上结果表明，调查得出的比值比过高地估计了真实存在的比值比。

信息偏倚主要来自于资料收集和解释过程中的不正确信息，使获取的资料存在系统误差。能否对信息偏倚进行测定与校正，与研究人员是否能得到精确敏感性和特异性的估计值有关。因此，控制信息偏倚，应在研究的不同阶段控制和消除影响信息准确性的因素。

(1) 研究设计阶段。在研究设计中，必须严格、规范、客观地定义暴露因素，并力求指标的定量化，要明确、统一诊断标准。调查表设计应通俗易懂，尤其应考虑到被调查者的文化水平和可能的顾虑。如果条件允许，调查前最好进行预调查，充分估计调查实施过程中可能遇到的问题和困难，以及各调查项目的可行性。在调查时，应积极取得地方兽医部门和畜主的支持，清楚地告知研究的目的、意义和要求。严格挑选调查人员，并进行适当培训，培养实事求是的科学作风，做到严谨、客观地从事信息采集工作。同时，还应设立严格的质量控制措施，定时检查信息的质量。

(2) 资料收集阶段。尽量收集客观指标的资料，且尽量采用盲法收集资料。为保证调查对象回答的可信性，在研究中可对同一内容以不同的形式重复询问。如果条件许可，也可准备一些照片帮助调查者回忆和识别。采用盲法可在一定程度上消除主观因素的影响。研究中使用的仪器设备最好是同一品牌，试剂药品同一来源、同一批号，试验方法统一。在条件允许的情况下，资料收集应尽可能广泛和详细。在进行资料收集时，不仅要收集研究所需的信息，如暴露史、患病情况等，同时还应收集一些虚变量（dummy variable），适当扩大收集资料的范围，借以分散调查人员和研究对象对某项因素的注意力，减少某些偏见带来的偏倚，减少主观因素造成的影响。

例 10-4　在某课题组对山东省蛋鸡新城疫流行程度的调查中，养殖户被问到这样的问题："你们知道鸡新城疫的相关症状吗?"一些经历过此病的养殖户回答说知道。另一些说知道的人是因为他们听说过或看过相关的内容。还有一些说知道仅仅是因为他们不想被别人认为自己是无知的。

例 10-5　在中国对圈养梅花鹿中发生的传染病进行调查时，梅花鹿养殖基地的饲养管理人员被问到："你能确定参观你们养殖基地的游客行为是比较卫生的?"这一般都会引起饲养管理人员一致的回答："不"。因为，这里的饲养管理人员对科学的管理措施有较强的意识，而且他们的回答不会令人失望。

在对不同国家疾病动物数据的比较研究中，一些疾病的官方定义在不同国家可能是不同的，也常导致产生信息偏倚。在实际研究中考虑到这一问题是十分重要的。

例 10-6　多年来，国际兽疫局与欧盟对鸡新城疫的定义不同。欧盟的定义是"由禽类副黏病毒Ⅰ型引起的家禽传染病，1 日龄雏鸡脑内接种致病指数（ICPI）大于 0.7。国际兽医局对鸡新城疫的定义大致是"由副黏病毒Ⅰ型引起的鸟类疾病，比副黏病毒弱毒株毒力强"。对新城疫定义的不同意味着，如果在中国发生了新城疫就不必像在德国发生新城疫那样必须记录，反之亦然。

用工具测量的观测值与真实值不同时，将会产生测量误差。如果具有和错误有关的信息，则测量误差可以被校正。

三、混杂偏倚

在兽医流行病学研究中，由于一个或多个外来因素的存在，掩盖或夸大了研究因素与疾病的联系，从而部分或全部地歪曲了两者间的真实联系，称之为混杂偏倚或混杂。引起混杂的因素称为混杂因子。

混杂变量可以全面地或片面地解释暴露（风险因素）对疾病的影响。风险因素和混杂因子之间存在混合。混杂因子可能导致产生一个表面关系或掩盖真实关系。混杂的程度是多变的，但混杂常常会导致对所研究的影响因素的高估或低估。

在风险因素的研究中，混杂因子是指与所研究的疾病和风险因素之间相关的因素。但它不是风险因素与疾病之间的必然联系。一个因素作为混杂因子必须符合三个条件：①混杂因子必须同疾病有关联（作为病因或病因标志物）；②混杂因子必须同暴露有关联；③混杂因子不能是暴露的效应，尤其不能是暴露与疾病之间的中间变量。满足这些基本条件的混杂因子如果在所比较的各组分布不均，就可导致混杂偏倚的发生。

典型的混杂因子包括年龄、性别和品种等，在一个研究中会出现很多，而且会在同一时间出现。

例 10-7　有关猪呼吸系统疾病的研究中，发现机械通风是个风险因素。而猪群的大小也被认为是影响呼吸系统疾病传播的一个重要因素而被列入调查。当猪群的大小被列入调查时，机械通风的影响则消失了。原因是大的猪群常常具有机械通风，但这样也会带来更大的传染呼吸系统疾病的风险；而小的猪群常常是被动通风，所以具有较小传染呼吸系统疾病的风险。

例 10-8　研究表明牛的生长激素可以增加奶牛的奶产量。但研究发现生长激素也能增加乳腺炎的发生率。在分析牛生长激素与乳腺炎的关系时，牛奶产量作为混杂因子被控制。但是这是错误的，因为牛生长激素通过增加牛奶产量来引发的乳腺炎。因此，牛奶产量不是改变牛生长激素与乳腺炎关系的混杂因子，而是中间因素（生长激素直接影响奶产量）。

没有数学检验或统计检验能证明一个因素是否是中间因素。证明一个因素是中间因素应该是生物学知识能够解释的问题。因此，关键是要认真考虑因果图中箭头的方向（图 10-1）。

可以采取排除、匹配和分析控制等措施来控制混杂偏倚。

排除意味着仅包括一个水平的混杂变量。但是混杂因子的这个特殊水平可能出现类推的结果，这是在研究中要注意的。

匹配主要用于消除某些潜在的混杂因素，如年龄、性别、品种等特征。匹配主要包括频数匹配和个体匹配。在频数匹配中，作为样本的组必须具有相同数量的混杂变量。例如，一个组母畜是公畜的 4 倍，另一个组也应该选 4 倍于公畜的母畜。在个体匹配中，每一病例与潜在的混杂变量匹配。病例可能很难与许多潜在混杂因子匹配，但必须与如年龄、品种和性别这些重要的潜在混杂因子相匹配。值得注意的是，任何一个潜在的与研究结果相关的匹配变量，不能在匹配中使用。

在分析阶段通过分层分析、标准化和多因素分析等手段来控制混杂偏倚。

从某种意义上讲，无论选择偏倚、信息偏倚还是混杂偏倚都是抽样调查所无法避免的误差。也就是说，只要抽样，就会产生偏倚。相应地，要最大限度地控制偏倚，只能通过多次抽样、预实验等手段。由于许多调查或实验是无法重复或进行预实验的，所以研究经验在偏倚的处理上也是非常重要的。

第三节　交互作用

疾病和事件的发生、发展是多因素作用的结果，必须考虑在各类疾病中因素与因素间的相互作用。假如因果推断仅仅是一个风险因素对相应的因果作用，那么通过随机化试验或通过控制混杂因素来消除混杂偏倚就可以得到因果作用。如果因果推断包含两个或多个风险因素，除了每个因素的平均因果作用之外，还存在着多个风险因素之间的相互作用。如果研究因果意义上多个风险因素之间的作用，那么，同样需要进行随机化试验，以控制或消除混杂偏倚。交互作用分析可以看成是多风险因素因果推断的内容之一。

当两个或两个以上因子共同作用于某一事件时，其效应明显不同于该两个或两个以上因子单独作用时的和或积，称这些因子间存在交互作用。某些情况下两个因子对疾病的影响不是独立作用的，对疾病发生的影响与预期的两个因子单独作用相比多少都会发生变化。这种现象就是交互作用。当交互作用明显时，一个因子对疾病的作用效果会被另一个不同水平的因子干扰。

交互作用与混杂作用不同，两者的比较见表 10-9。

表 10-9　交互作用与混杂作用的比较

比较的方面	交互	混杂
与研究设计	无关，固有	有关，产生
与研究真实性	无影响	失真
与资料分析	描述与评价	分析控制

尽管尚无一个能够普遍接受的分类标准，研究人员还是将交互作用分成统计学交互作用、生物交互作用和公共卫生学交互作用等几个不同的类型。统计学交互作用主要是比较无混杂偏倚的单因素因果作用和多因素因果作用，或用建立模型判断交互作用存在与否。生物交互作用是指生活在同一生境中的生物之间相互施加影响的现象。应该注意的是：强调生物交互作用的重要性，指出它与统计学交互作用的差别，通常统计学交互作用的分析方法不能简单地用于推断生物交互作用。公共卫生学交互作用主要是从动物群体角度，研究暴露、干预和结局的影响等因素间的相互作用，对重要人畜共患病的有效防制具有重大意义。

当交互作用明显时，两个因子共同效应比预期大，这被称为两个因子的协同作用；与此相反，当两个因子共同效应小于预期效果时，被称为拮抗作用。

交互作用有两种数学模型，相加模型（additive model）和相乘模型（multiplicative model)。

一、相加模型

若交互作用不存在，两个或两个以上因子共同作用于某一事件时，其效应等于该两个或两个以上因子单独作用时的和，称之为具有可加性。

以 A 与 B 两个因素为二分变量，R_{ij} 表示两因素不同暴露状态下事件发生的危险度，i、$j=1$ 为存在 A 与 B 因素，i、$j=0$ 为不存在 A 与 B 因素，那么 R_{11}、R_{01}、R_{10}、R_{00} 如表10-10 所示。

表 10-10　A、B 暴露因素与事件发生

		B因素	
		+	−
A因素	+	R_{11}	R_{10}
	−	R_{01}	R_{00}

两个因素 A 与 B 为二分变量，R 代表危险性（RR、OR）。

R_{11}表示同时暴露于 A、B 两因素的效应；R_{10}表示仅暴露于 A 因素的效应；R_{01}表示仅暴露于 B 因素的效应；R_{00}表示 A、B 两因素均无暴露时的效应。

若相加模型交互作用不存在，则两个因素同时存在所产生的效应等于两个因素单独存在时所产生的效应之和。即

$R_{11}-R_{00}=(R_{10}-R_{00})+(R_{01}-R_{00})$，这两个因素不存在相加交互作用；

$R_{11}-R_{00}<(R_{10}-R_{00})+(R_{01}-R_{00})$，正相加交互作用，两种因素同时存在时效应增强，其生物学含义为协同作用；

$R_{11}-R_{00}>(R_{10}-R_{00})+(R_{01}-R_{00})$，负相加交互作用，两种因素同时存在时效应降低，其生物学含义为拮抗作用。

二、相乘模型

以 A 与 B 两个因素为二分变量，R_{ij}表示两因素不同暴露状态下事件发生的危险度，i、$j=1$ 为存在 A 与 B 因素，i、$j=0$ 为不存在 A 与 B 因素。

若相乘模型交互作用不存在，则两个因素同时存在所产生的效应等于两个因素单独存在时所产生的效应之积。即

$R_{11}/R_{00}=(R_{10}/R_{00})(R_{01}/R_{00})$，这两个因素不存在相乘交互作用；

$R_{11}/R_{00}>(R_{10}/R_{00})(R_{01}/R_{00})$，这两个因素存在正相乘交互作用；

$R_{11}/R_{00}<(R_{10}/R_{00})(R_{01}/R_{00})$，这两个因素存在负相乘交互作用。

当我们分析流行病学资料时，对交互作用的阐述非常重要，因为它改变了对复杂因素的描述。当交互作用存在时，对一个因素影响的不同描述取决于另一个因素是否存在。

小　结

兽医流行病学研究中的误差有两种：随机误差和系统误差。随机误差是指由无法控制及不能预测的因素引起的一类表现不恒定、随机变化的误差。来源于测量工具和（或）动物个体间的变异，不能消除，但可减小。系统误差，又称为偏倚，由已知或可控制的因素引起的使研究结果或推论系统地偏离真实情况的误差。可发生于兽医流行病学研究设计、实施、分析及推论的各个阶段。重点论述了研究中的选择偏倚、信息偏倚 、混杂偏倚，以及偏倚如何使结果无效和交互作用如何改变对结果的解释。

复　习　题

1. 简述选择偏倚。
2. 什么是信息偏倚？
3. 什么是混杂偏倚？

第十一章 问卷调查

兽医流行病学调查问卷资料通常被用于获取一个群体描述特点和探索疾病与健康的风险因素。它是流行病学研究和疾病暴发调查的一个组成部分。调查问卷是由畜主、兽医、饲养员、屠宰场工作人员、畜禽产品销售人员、宠物主人等动物的拥有者及其相关人员填写和完成的，所以，疾病的主体并非调查对象，而是描述对象。其调查效果和准确性低于人类疾病调查问卷的效果。除此之外，兽医流行病学调查问卷和医学流行病学调查问卷没有本质区别。

第一节 简 介

问卷（questionnaire）调查是流行病学研究中利用调查表进行资料收集的方法之一，一份问卷就是一个写好问题的表格。问卷被设计用于获取一个特定目的的信息。例如，评估屠宰猪群中慢性胸膜炎风险因素。问卷调查经常在流行病学研究的暴露评估中使用。问卷可能是暴露评估选择的方法，因为没有其他的信息来源，或者是因为他们提供最有效的数据收集方法，运用比其他方法更精确的测量技术，使完成更大的研究规模和具备更大的统计能力成为可能。问卷调查可以与其他方法结合使用。暴露的存在与否、暴露的持续时间、暴露的频率和暴露的模式等信息常常通过问卷调查获得。但是，被验证的标准化问卷很少，这是问卷调查的局限性。设计新问卷多取决于以往的问卷调查所获得的经验。

第二节 问 卷 管 理

问卷可以自我管理，或由交谈者管理，或亲手交给或发送出去，或通过电话或亲自管理（面对面）。调查问卷的方式可能会影响调查问卷的设计。自填问卷一般最简单、最廉价，需要至少涉及调查对象和研究人员；发送到研究人员时，可用计算机管理。当发送到调查对象时，需要被调查人的有效地址，否则这个人可能不会收到，影响应答率。与其他方法相比，应答率和完成率往往较低。有偿或奖励可以增加应答率。亲自发放调查问卷，应答率可以改善。送信记录可能明显改善应答率，如果调查对象真的居住在这个地址，还可以提供一个更好的指示。邮寄的问卷调查，可能很容易地被束之高阁或遗忘，往往需要重新邮寄，以取得良好的应答率。问卷不能太长，因为这可能降低应答率和完成率。受调查对象需要在 30～60min 内完成问卷，或更少的时间。提出的问题需要直截了当，容易回答，否则调查对象会对问题认识不足，可能导致低完成率或不适当的答案。邮寄问卷的优点是，它给了调查对象思考问题的时间，如果有必要，会从其他地方获得进一步的信息。缺点是，如果他们不明白问及的问题，有可能不问任何人，除非设立了求助热线。

一、问卷类型

问卷类型根据所研究的问题、对象和方式的不同而不同。

在调查方式上，问卷有自填式问卷和访问式问卷两种。自填式问卷是通过面访或邮寄，将问卷交到被调查者（如养殖场、兽医、饲养员、畜主等）手中，由被调查者填写；访问式问卷是当面采访或电话采访将问卷内容念给被调查者听，根据回答内容酌情填写。

在内部结构上，问卷可分为结构问卷和非结构问卷。结构问卷是根据研究目的和主题精心设计的、具有具体结构的问卷；非结构问卷对所提问题不做组织结构上的严格设计和安排，只是根据研究目的提问。

问题类型分为开放问卷、半开放问卷和封闭问卷三种。开放问卷允许随意用自己的语言回答；半开放问卷问题已经公式化，但可以添加额外信息；封闭问卷答案是公式化的，互相不交叉而且覆盖所有可能性。

在调查问题的性质上，包括技术问卷、观点问卷和混合问卷三种。技术问卷主要调查被调查者观察所获得的数据；观点问卷主要用于掌握被调查者对不同问题的看法；混合问卷用于收集上述两类信息。

按调查工作的业务性质分为疫情暴发调查问卷和个案调查问卷等。

二、通信形式

问卷的通信形式主要有报刊问卷、邮寄问卷、送发问卷、访问问卷和电话问卷 5 种形式。

（一）报刊问卷

报刊问卷就是将问卷刊登在报刊上，随报刊的传递发放问卷，动员读者对报刊的问卷做出书面回答，按规定的时间将问卷的答案寄回报刊编辑部。它的主要优点是有稳定的传递渠道、调查分布面广、匿名性强、问卷填写质量高、具有很大的适用性。缺点是调查对象缺乏代表性、回复率低、调查范围难以控制。

（二）邮寄问卷

邮寄问卷是将设计好的问卷向被选定的调查对象寄发问卷，被调查者按要求填答后在规定的时间内寄还。邮寄问卷调查的优点是：有利于控制发卷的范围和对象、代表性强、回答的质量高、省时间和费用低等。缺点是：回复率低、难于控制回答过程、难以判断影响回答的因素等。

（三）送发问卷

送发问卷，就是派专人或亲自将问卷送给被选定的被调查者，待被调查者填答完毕后，由调查者本人或派专人收回问卷。具体又分为集体送发和个别送发两种形式。所谓集体送发，是指调查者将问卷派发给某些组织，再通过这些组织将问卷分发给被调查者个人。所谓个别送发，是指调查者直接将问卷一一发送给被调查者。

送发问卷的优点是：回复率高、时间快、便于对调查对象做某些口头宣传和解释、有利于了解和分析影响回答的因素。缺点是：调查对象过于集中、调查范围比较狭窄、回答的质量较低。

（四）访问问卷

访问问卷，就是调查者根据统一设计的问卷对调查对象当面提出问题，然后依照被调查者口述来填写问卷。调查者在访问过程中不能对调查对象提出暗示或提示。调查者可以向调查对象解释不理解的问题。

访问问卷的优点是：便于选择调查对象和控制访问过程，能掌控访谈的方法和技巧，对回答的结果能立即做出分析和评价，效率高、回复率高。缺点是：成本高、访问结果容易受调查者的专业素质、被调查者的合作态度及他们之间的相互关系影响。

（五）电话问卷

电话问卷，就是按照问卷的内容，调查者通过电话逐一询问被调查者，根据其回答填写问卷的一种调查方式。要求调查对象必须有电话，调查内容不能过多。

电话交谈的优点是：速度快、费用低、便于选择调查对象。如果有必要，调查对象可以向调查者提问和解释任何问题，但缺点是调查对象也可以因事务分心或在交谈过程中挂断电话。如果必要的话，尽管可能会比面对面获得较小范围的内容，但是调查者能够解释问题，并且探索更为详细的答案。从逻辑上说面对面更难、更昂贵。

电话交流和面谈二者均需要训练有素的调查人员，特别是避免调查者偏倚和获得最为相关的信息。电话交流与面谈相比的优点是双方很容易被组织在一起，不需要访问即可完成调查。现在绝大多数人具有电话，所以涉及的花费相当低。电话交流的时间最好不要超过30～45min，而面谈比其他方法所需时间则更长一些（1～2h）。但二者均可直接输入电子数据库，减少了数据输入劳动。出于质量控制的目的，交谈需要录音。

调查日记（在一段时间内，如几天、两周或一个月，由调查对象重复性填写，如每天或每周的一种问卷，用以收集日常发生的事件）可以用来暴露信息，也可用来验证调查问卷。调查日记的数据可以与检测数据相结合获得改良性暴露评价。

上述5种问卷方式的主要特点见表11-1。

表11-1 5种问卷方式的主要特点

项目	自填式问卷			代填式问卷	
	报刊问卷	邮寄问卷	送发问卷	访问问卷	电话问卷
应用范围	大规模	小规模	大规模	小规模	小规模
调查对象	难以选择	可以选择	可以选择	可以选择	可以选择
代表性	差	强	差	强	强
回复率	低	低	高	高	高
回答质量	低	低	高	高	高
时间	长	长	短	长	短
费用	低	较高	低	高	低

此外，还有网络问卷，可以是类似于报刊的问卷，必要的话采用类似于邮寄问卷的电子信箱问卷。它们最大的特点是迅捷和超低成本，不足之处是受计算机和网络的普及程度限制，尤其是不适用于乡村调查。

第三节　问题的类型和测量尺度

一、问题的类型

问题分为开放式问题、封闭式问题和混合型问题。开放式问题是对调查对象作答没有限制的问题，而封闭式问题对答案有数量限制。

（一）开放式问题

开放式问题是不给出可供选择的答案形式，由被调查者自由作答。

其优点为：可用于不知道问题答案有几种的情况，开放式问题可让回答者自由发挥，能收集到生动的资料，回答者之间的一些较细微的差异也可能反映出来。

其缺点为：开放式问题要求回答者有较高的知识水平和语言表达能力，能够正确理解题意，思考答案，并表达出来，因而适用范围有限。对开放式问题的统计处理常常比较困难，有时甚至无法归类编码和统计，调查结果中还往往混有一些与研究无关的信息。

（二）封闭式问题

封闭式问题是将问题的内容和可供选择的答案做了仔细设计，被调查者只能在所限定的范围内进行选择答案。

其优点为：从调查实施的难易度来看，封闭式问题容易回答，节省时间，对文化程度要求较低，回答者比较乐于接受这种方式，因而问卷的回收率较高。从测量的层次来看，封闭式问题在测量级别、程度、频率等一些等级问题方面有独特优势，其答案标准化便于统计分析。

其缺点为：某些问题的答案不易列全，回答者如果不同意问卷列出的任何答案，没有表明自己意见的可能，而调查者也无法发现。答案提供了猜答和随便选答的机会，有时不能反映真实情况。

（三）混合型问题

问卷中既有开放式问题又有封闭式问题。

二、检测尺度

流行病学调查是一个收集、加工、整理、分析、报告资料的过程。对于自然现象和客观物体，可以利用一定的检测工具和检测方法进行客观的测量，以获得对疾病的认识。流行病学调查的对象是动物群体、疾病事件及相关的自然因素和社会因素。检测所依据的尺度就是测量尺度、最常用的是定类尺度、定序尺度、定距尺度和定比尺度 4 种。

（一）定类尺度

定类尺度，即定类测量尺度，或称为定名测量尺度。它是用分类的方法，对测量对象的属性和特征的类别加以鉴定的一种尺度标准。定类尺度常用于识别。

定类尺度的特点是只能测量指标的各种类别之间的差别，不能比较大小，也不能按顺序排列，测量水平和层次最低，是测量中最简单、最基本的测量类型。

必须有两个以上的变量值才能进行定类测量。例如，对动物性别进行测量时，要有“雌性”和“雄性”两个变量；对家畜种类进行定类测量时，要设计“猪”、“马”、“牛”等变量。

各变量对性质和特性相同的事物的代表性必须是唯一的，即数字和个体之间严格匹配。只有这样，变量之间才可能互相排斥，不会发生交叉重复。例如，上例中的家畜种类，被测定者非此即彼，不可能同属两类。

（二）定序尺度

定序尺度，又称为等级和顺序测量尺度。它是指对测量对象的属性和特征的类别进行鉴别并能比较类别大小的一种测量方法。例如，将饲养规模分类后按“大规模、中等规模、小规模”等顺序排列。但这种排列并不是由人们的主观愿望决定的，而是由被测定对象本身固有的特征决定的。

定序尺度的特点与定类尺度相同，其变量须包括被测定对象的所有可能性，且各变量之间互相排斥。用于定序测量的定序尺度不仅能鉴别类别，而且能指明类别的大小和强弱程度，可以用数学符号“＞”或“＜”表示。因此，定序尺度的测量精度比定类尺度要高一个层次。

定序尺度所测定的各个类别之间没有确切的度量单位，不能进行代数运算，故不能确定各个类别之间大小、高低或优劣的具体数值。例如，下列几组变量：

$$\text{饲养规模}\begin{cases}\text{大}\\ \text{中}\\ \text{小}\end{cases}\qquad\text{免疫密度}\begin{cases}\text{高}\\ \text{中}\\ \text{低}\end{cases}$$

这些变量值之间的大小、高低、优劣的差别是显而易见的，但究竟大多少小多少、高多少低多少、好多少差多少，其具体数值则是难以确定的。

（三）定距尺度

定距尺度，是一种能够测定事物属性和特征差别程度的测量方法。它除了能够确定变值的类别及变值之间的顺序外，还能进一步计算各变值之间相差的实际数值。定距尺度的数学特点是能够进行加减运算，但不能进行乘除运算。例如，下列几组变量：

$$\text{年龄}\begin{cases}\text{1 年}\\ \text{2 年}\\ \text{3 年}\\ \text{4 年}\end{cases}\qquad\text{畜舍温度}\begin{cases}10℃\\ 20℃\\ 30℃\\ 40℃\end{cases}$$

定距尺度的特点如下。

（1）这些变值之间相差的距离是可以测定的。例如，40℃比30℃要高10℃；30℃比20℃要高10℃。

（2）定距尺度中的“零”并不是绝对的“无”，而是以某种人为的标准而定的标志值。例如，温度为0℃，并不意味着没有温度。适用于定距尺度的统计方法有算术平均值、方差、积差相关、复相关、参数检验等。

（四）定比尺度

定比尺度是反映社会现象之间的比例和比率关系的测量尺度。例如，发病率、死亡率、性别比例等，都可以用定比尺度来反映。

定比尺度的特点如下所述。

(1) 定比尺度除了具有前面三种变量的所有特征外，还能对变量值进行乘除法的运算，是4种测量尺度中测量层次最高的一种。

(2) 定比测量要求有一个绝对的、固定的，而非任意规定的零点。这是定比尺度区别于定距尺度的唯一特征。例如，年龄、体长、体重、进食量等都有绝对零点，“零”表示真实的“无”，因而可以对其进行乘除法的数学运算。

如表11-2所示，定类尺度、定序尺度、定距尺度和定比尺度这4种最常用的社会测量类型之间存在着不可分割的联系。从定类尺度→定序尺度→定距尺度→定比尺度，测量层次和复杂程度依次递增，每一个较高层次的测量尺度，都是以较低层次测量尺度为基础的，并且每一个高层次的测量都包含着低层次检测尺度的全部特征。

表11-2 4种测量尺度的特征、功能一览表

名称	特点	基本功能	数学特征	适用统计方法
定类尺度	分类符号	分类、描述	= ≠	百分比 χ^2 检验 列联相关系数
定序尺度	分类符号 等级顺序	分类 排序	= ≠ > <	中位数 四分位数 等级相关 非参数检验
定距尺度	分类符号 等级顺序 差值大小 有相等单位	分类 排序 差值的确 定与比较	= ≠ > < + −	方差 积差相关 复相关 参数检验
定比尺度	分类符号 等级顺序 差值大小 有相等单位 有绝对零点	分类 排序 差值的确 定与比较 比值的确定	= ≠ > < + − × ÷	算术平均值 方差 积差相关 参数检验 几何平均值

第四节 构建问卷

进行流行病学调查研究，必须收集与所研究内容相关的信息，收集信息的重要方法之一就是进行流行病学个案问卷调查。不同的调查研究目的和内容不尽相同，在具体的调查工作中应依据实际情况设计调查表。设计和使用问卷调查表是各种流行病学调查研究的基础，流行病学工作者必须熟练地掌握和应用。

问卷在设计和管理方面需要慎重考虑。例如，包括所需要的信息长度和细节、物流、参与和完成率及涉及的费用都需要考虑。感兴趣的暴露往往可能造成是过去的暴露；调查对象未必能记得那些，可能会导致漏报内容。此外，对暴露的问题或知识缺乏了解，可能造成偏倚报告。回忆性偏倚需要避免，具有疾病的人比那些无病的人更可能报告他们的暴露，即使是没有真正的区别，这需要慎重考虑回答问及的问题。

问卷的格式与实际提问一样重要。请记住，人们很容易丢弃问卷。在使用纸介质问卷的情况下，问卷看上去冗长而复杂则让调查对象没有意愿去填表。确保问卷看起来美观大方、整洁，并用足够大的字母类型和易于阅读的字体。不同的问卷使用不同的颜色，有时会很有帮助。在如何回答问题方面，确保提供明确的指示，但不要太长，因为这将推迟调查对象回答问题。问题使用逻辑顺序和开始提出一些简单的问题使调查对象愿意回答。使用这样的方式，保持调查对象的兴趣且有一种自然的流动秩序。

当提出许多与暴露相关的问题时，有时，特别是当一个调查对象不知道相关的一个特定疾病时或在一项病例对照研究的情况下，当问及对照时，可能很难保持兴趣。相比病例，对照中的应答率往往偏低一些，因为他们对化学品调查对象往往不感兴趣，或不知道。这些事件不仅与特定暴露相关，而且与调查对象的兴趣有关。在问卷结束时表示感谢，并说明问卷的用途。

一份规范的问卷调查表通常包括封面信、问题、答案、编码和调查指导（填表说明）等部分。其核心是“问题”，问题的形成首先要经过课题分析，提出假设，继而明确这些假设需要哪些信息，将所需要收集的信息具体化、指标化，从而形成一系列问题，在此基础上可以进一步修改和完善调查表。本章节着重介绍答案预编码的结构式问卷及其预试。

一、答案预编码的结构式问卷

（一）问卷调查表的设计原则

（1）明确调查目标。要根据研究目的和内容来设计调查表问题，同时要求相应的问题和结论能够有效反映研究内容。要掌握好调查表尺度，使其尽可能全部涵盖相关的内容，但不要包罗万象，随意增加不必要的调查项目，这不仅增加工作量，而且会影响调查质量。

（2）问题形式标准。为便于科研成果的相互交流，往往需要在问题的设计上统一标准。设定的问题应客观，调查数据尽量定量描述，避免“优秀、良好、一般、差”等概念式问题的出现。

（3）进行预先调查。初步设计好的调查表都或多或少地存在不足和缺陷，应邀请专业人士进行审核和论证，并进行预调查，以及时修正调查表，使调查表更具理论指导意义，从而避免后续的重大缺陷或损失。

（4）尊重被调查者。流行病学调查成功与否很大程度上取决于被调查者的信赖，只有这样被调查者才能接受访谈、愿意访谈。信赖是建立在尊重被访者的尊严和隐私基础上的，从调查表的设计、实施及资料的引用和发布上切实尊重被访者的尊严和隐私。

（二）调查问卷的设计与书写

调查问卷中的语言表达应规范、精炼、通俗易懂。避免使用专业术语、俚语、缩（简）写，避免模棱两可或过于笼统的问题，避免诱导性、暗示性、带感情的用语。

所提问题要层次清晰，各项问题的排列需遵循以下原则。

（1）同类组合，即把相同主题的问题放在一起，让应答者系统回答，避免思维跳跃。

（2）先易后难，容易回答和应答者感兴趣的问题放在前面，难以回答的问题放在后面。

（3）先次后主，先问次要问题，后问主要问题。

(4) 先一般后特殊，先问一般问题，后问与主题有关的特殊问题。

(5) 先大后小，先问较大方面问题，后问具体的细节问题。例如，问卷中包含一些敏感问题，则一般放在靠后面的位置，因为这类问题的拒答率较高，以防止影响其他问题的应答。

调查表中候选答案的设计须严密工整。尽量采用客观的、定量的指标。尽可能涵盖所有可能成为答案的情况。各候选项之间必须互不相容、互不重叠。问题要适合所有应答者。对应答者期望值不应过高，回答“不知道”比给出一个错误答案更严谨，因此，问题的答案应适当提供“不知道”或“拒答”等选项。为便于调查表的填写，最好采用是非题或选择题的形式。结构式问卷的题目通常为选择题，给出的候选答案为两个或两个以上，一般不宜太多，通常在10个以下为好。每个答案之间留出适当空间。以便应答者选择后画上“○”、“√”、“×”等符号。如果为多选题，应予以说明。

(三) 调查问卷封面信

封面信是致调查对象的一封短信，在调查表的最前面，应简明扼要，字数常限制在一页。这是为了向被调查者介绍所研究的工作，恳求支持并快速准确予以回复，取得被调查者信任和合作的一个重要环节。封面信的内容应包括：①介绍组织该调查的负责机构；②说明该调查的目的和意义；③强调该调查信息的保密性，即对个人隐私的保护；④感谢被调查人的合作。

在措辞上应注意：①该调查是对调查对象所代表的民众有用，而不是对组织这个调查的机构有用；②避免暗示性表述；③使调查对象认识到该调查的重要性和意义；④要对调查对象表示感谢。

(四) 编　码

编码是指用一个数字代表一个答案选项，这是整理资料的重要环节，以便进一步处理和分析。

封闭式问题答案容易编码，便于用计算机做统计分析；开放式问题往往不能用统计方法分析，如果确需编码和统计分析，往往需要事先条理化、概念化，但易丢失部分信息。

编码分为预编码和后编码两种方式，在建立调查表时即可建立编码，称为预编码；也可在调查表已回收后根据具体情况进行编码，即后编码，提倡尽量使用后编码。

预编码的优点：①应答者在回答问题时即提供了数字编码，编码者不必阅读全部问卷内容并为每一个答案编码，可以减少工作量；②调查表本身就可以作为编码册，不必另外再做编码册。但预编码不适用于不能预测答案类型和数目的问题。

后编码的优点：①编码者在编码前确知应答者做出了哪些回答，可使资料处理简单化。例如，如果在提供的10个选择答案中应答者仅用了三个，那么就只需要编制三个编码。②后编码允许研究者用单个变量代表符合答案，因为可以用不同数字表示各种答案的组合。但后编码需另做编码册，故工作量较大。

(五) 调查指导（填表说明）

调查指导是对填写调查表的具体指导或说明，即对如何回答问题或选择答案做出明确的指导，对问题的概念和名词给予通俗易懂的解释，对其含义、范围予以说明。

不同调查形式调查指导也有所不同，自填式调查是对调查对象的指导，而访谈式调查是对调查员的指导。自填式调查表的调查指导可以放在需要说明的问题的前面或后面，或单独列出一块作为注解。访谈式调查的调查指导不用附在每一份调查表上面，只需给每个调查员一份，或集中培训。

总之，一个完善的流行病学个案调查表，不是一次就能编制好的，往往需要通过多次使用、集思广益、反复修改才能达到逐步完善。一份设计科学、合理的调查表并不一定能获取真实的信息，还需要成功的现场访谈和无差错的记录，以及无差错的信息录入和采用正确的统计分析方法，因此，应在设计、实施、统计分析各个环节落实质量控制措施。

根据问卷调查表的基本设计原则，结合兽医流行病学调查的对象、范围及具体情况，选择答案预编码的结构式问卷的形式，在操作上更加简便易行。

二、预　　试

一份好的问卷，要经过多次反复才能够形成。在正常情况下，问卷设计要经过如下几个步骤。

1. 摸底探索阶段　所谓摸底探索，是指设计调查问卷之前，要先熟悉、了解调查对象的基本情况，以便对问卷设计中遇到的各种问题的提法和可能的回答有一个初步的考虑。常见方式是进行初步的非结构式访问，即问卷设计者围绕所要研究的问题，亲自与各类对象进行自然式交谈，从中熟悉和了解他们对某一问题的看法。经过初访，就能够根据实际情况恰当地设计出有关问题的各种答案，从而避免在设计问卷时出现含糊不清的问题和不符合实际情况的答案。摸底访问是设计问卷之前必须进行的一项重要工作，它既是进行问卷设计的基础，又是整个调查研究工作从研究设计阶段向资料收集阶段的必经环节。

2. 设计问卷的初稿　经过摸底探索工作，对所要调查的各种问题及其可能的答案有了初步印象，就可以动手设计问卷初稿了。设计问卷一般采用如下两种方法。

方法一：卡片法。将摸底探索工作所得到的每一个问题和答案写在一张卡片上，一题一卡（不能一卡多题或一题多卡）。将卡片分成若干类，把询问同类事物的问题卡片放在一起。在每一类卡片中，按询问的先后顺序将卡片进行排序，然后根据整张问卷的逻辑结构排出各类卡片的前后顺序，使卡片联成一个整体。在实际操作中，观察被调查者填写问卷是否方便，反复检查问题前后顺序及连贯性，对不当之处逐一调整和补充。最后把调整好的问题卡片依次写到纸上，形成问卷初稿。

方法二：框图法。根据研究假设和所需资料的内容，在纸上画出整个问卷的各个部分及前后顺序的框图。具体地写出每一个部分中的问题及答案，并安排好这些问题相互间的顺序。根据回答者阅读和填写问卷是否方便等方面，对所有问题进行检查、调整和补充。最后将调整的结果整理成文，形成问卷初稿。

卡片法和框图法的差别在于：前者是从具体问题开始，然后到部分、整体；后者是从总体结构开始，然后到部分、具体问题。这两种方法各有优缺点，为了避免二者的缺点可将这两种方法结合使用。

3. 问卷的试用与修改　任何调查问卷的设计都不可能一次成功，往往要经过多次反复修改。问卷初稿设计出来之后，必须经过试用和修改这两个环节，才能用于正式调查。问卷初稿的试用有以下两种方法。

方法一：客观检验法。将问卷初稿打印若干份（一般为 30～100 份），然后在正式调查的总体中抽取一个小样本，用这些问卷初稿对他们进行调查。最后认真检查和分析调查的结果，从中发现问题和缺陷并进行修改。检查和分析的内容包括回收率、有效回收率、填答的内容和方式是否错误、填答是否完整等。如果回收率低于60%，说明问卷的设计中有较大的问题；如果填答内容的错误多，答非所问，就要仔细检查问题是否准确、清晰，含义是否明确具体；如果填答方式错误较多，要检查问题形式是否过于复杂或指导语不明确等；如果问卷中某几个问题普遍未做回答，要仔细检查分析原因，然后加以改进。

方法二：主观评价法。将设计好的问卷初稿抄写或复印若干份（3～10份），分别送给该研究领域的专家、研究人员及典型的被调查者，请他们阅读和分析问卷初稿，并根据他们的经验和认识对问卷进行评论，指出存在的问题和改进的意见。

上述两种方法各有其适应范围。一般来说，小型调查大多采用主观评价法，大型调查大多采用客观检验法，有的调查则两种方法一起采用。

第五节 获得资料

在流行病学调查中，通过问卷调查所获得的原始资料，还只是粗糙的、表面的和零碎的东西，需要经过整理加工，才能进行统计学分析并得出科学结论。因此，调查资料的整理工作是调查过程中必不可少的环节，即运用科学的方法，将调查所得的原始资料按调查目的进行审核、汇总与初步加工，使之系统化和条理化，并以集中、简明的方式反映调查对象总体情况的过程。它是对调查资料的全面检查、去伪存真、去粗取精的过程；是使原始资料系统化、条理化的过程；是进一步分析研究资料的基础，也是保存资料的客观要求。

详细内容参见第九章。

第六节 有关问卷的偏倚

偏倚是指在进行流行病学调查研究或推论的过程中，由某种或某组因素的影响，使得研究或推论所产生的结果与真实情况存在的系统误差，是实验设计直至研究结果公布整个过程中出现的系统误差，它反映研究结果的真实程度。在绝大多数的流行病研究中，研究人员几乎很难获得足够的资料来确定偏倚的大小和方向，因而，为保证研究结果的真实性，应尽量避免偏倚的产生。常见偏倚分为选择偏倚、信息偏倚和混杂偏倚。有关常见偏倚的具体内容参见第十章。

第七节 问卷调查数据的有效性

在流行病学调查中，为了深入地研究一些本质的或理论性的现象，问卷调查法被广泛运用，除了调查时采用的抽样方法及所抽取的调查对象是否具有代表性之外，调查者最关心的就是调查问卷的测量能力。问卷测量能力包含两个方面的内容，即问卷测量结果的准确性和有效性。准确性和有效性是统计数据质量蕴涵的最主要的两个特性，一个好的调查问卷设计不仅可以保证在多次重复使用下得到可靠的数据结果，即准确性；也可以保证所得测量结果能够反映它所应该反映的客观现实，即有效性。

为了保证问卷具有较高的可靠性和有效性，在形成正式问卷之前，应当对问卷进行试测，并对试测结果进行信度和效度分析，根据分析结果筛选问卷题项，调整问卷结构，从而提高问卷的信度和效度，最终将有助于我们得到高质量的调查数据。

信度和效度的概念来源于心理测试中关于测验的可靠性和有效性研究，当进行建构和评估测量时，通常使用信度和效度这两个技术性指标。因此，采用问卷的信度和效度分析来评估其测量能力，进而实现对问卷设计质量的检验。

第八节　问卷对话中的前瞻性和适用性

一、前瞻性调查

前瞻性调查是就某一可疑致病因素是否与某病的发生有联系所进行的追踪调查，一般是将一定范围的未患某病动物群体划分为暴露于某因素的暴露组和非暴露于该因素的对照组，追踪观察一定时间，记录各组发生该病（或该病死亡）的例数，并对两组的该病发病率和死亡率做比较，以研究该因素是否与该病的发生或死亡有关。前瞻性调查多用于病因分析，考察特定因素的致病作用和防制措施的效果评价。前瞻性调查具有明确的调查因素和目的，可以恰当地划分调查范围和对象，设置有代表性的暴露组和对照组，规定追踪调查的时间和方法，详细地登记所调查动物群的数量变化，对可疑因素的关系进行分析和统计处理。

二、问卷调查的适用性

问卷调查只是社会研究中用来搜集资料的工具之一，并不是唯一的，适用性有限，其主要优缺点如下。

1. 优点

（1）最大优点是能突破时空限制，在广阔范围内对众多调查对象同时进行调查。

（2）便于对调查结果进行定量研究。

（3）匿名性。

（4）节省人力、时间和经费。

2. 缺点

（1）它只能获得书面的社会信息，而不能了解生动、具体的社会情况。

（2）缺乏弹性，很难做深入的定性调查。

（3）问卷调查，特别是自填式问卷调查，使调查者难以了解被调查者是认真填写还是随便敷衍，是自己填答还是请他人代劳；被调查者对问题不了解、对回答方式不清楚，无法得到指导和说明。

（4）填答问卷比较容易，有的被调查者或者是任意打钩、画圈，或者是在从众心理驱使下按照社会主流意识填答，这都使得调查失去了真实性。考察问卷的主体形式设想的好坏，将间接影响整个专项考察的价值。不同的人针对同一个题目，特别是面向思想的题目，设想问卷差异会很大，信度和效度掌握需要丰厚的经历。

（5）问卷考察的回收率难以保证。问卷考察必须保证有一定的回收率，否则材料的代表性就会受到影响，回收率与问卷长度、题目难易水平、是否触及隐私、参与考察取得报答等要素相关。

小结

本章介绍了兽医流行病学研究中调查问卷的问卷类型、通信形式、问题和尺度测量；就如何构建问卷、获得资料作了简要说明，同时描述了有关问卷偏倚、问卷调查数据的有效性及问卷对话中的前瞻性和适用性内容。

复习题

1. 什么是问卷？
2. 简述问卷的通信形式。
3. 简述问卷调查表的设计原则。

第十二章　数据分析

兽医流行病学研究涉及各种数据，如何对这些数据信息进行有效的分析处理，找出所研究对象的内在规律是兽医流行病学研究中一项重要内容。从讨论假设检验和选择正确的统计检验方法开始，在收集数据之前，应该考虑假设、显著水平等理论。

第一节　简　　介

最常见的数据分析包括连续结果分析和二分法结果分析。连续结果分析通常是通过 t 检验、方差分析和线性回归来论证的。二分法结果分析通常是以 χ^2 检验、麦克尼玛尔检验、逻辑回归和逻辑分析来描述的。测量拟合主要是采用 Kappa 值（κ）描述定性结果，用布兰-德奥特曼图描述连续结果。

第二节　假设检验

假设是运用思维、想象，对所研究的事物的本质或规律的初步设想或推测，是对所研究的课题提出的可能的答案或尝试性理解。假设产生于日常观察和已有的研究成果中，或产生于研究者的联想或直观推测，经过实践证明是正确的，就称为理论。假设一般分为理论假设、统计假设和工作假设。在本章中提到的假设均指统计假设，它是指通过抽样手段进行验证的，对某一总体中未知的指标（或变量）数值或关系的预测性陈述。

假设检验是数理统计学中根据一定假设条件由样本推断总体的一种方法，其主要目标是应用群体中的一个样本得出整个群体的结论。为了避免产生偏差，随机选择样本是至关重要的。然而，由于不确定性，估计的样本与整个群体的实际参数往往不能完全一致。因此，用概率来评价如果假设成立时出现某种结果的机会。假设检验的第一步就是提出假设。例如，要研究奶牛品种对牛奶产量的影响，提出的假设可以是“所有品种的奶牛产奶量都相同”，这称为是一个原假设，用 H_0 表示。当检验一个原假设时，存在一个备择假设，用 H_1 表示。

例 12-1　为了评价奶牛品种、经产次数和牛奶产量之间的关系，如选择完达山乳业有限公司的奶牛饲养基地的一个奶牛畜群作为研究对象，对牛奶产量和细胞数目等进行研究。总计，选择的畜群中有 111 只奶牛。要研究奶牛品种对牛奶产量的影响。提出的假设可以是“所有品种的奶牛产奶量都相同”，这被称为原假设，用 H_0 表示，它说明品种对牛奶产量没有影响。备择假设用 H_1，它表示至少在两个品种之间奶牛的牛奶产量不同。

为了评价 H_0 假设，统计检验的作用是计算和比较具体的抽样分布。统计检验可以详细地分别描述为以下部分。每个检验统计量包括一个检验统计量的临界值和相关的 P 值。P 值是个概率，如果原假设成立，P 值用来描述得出检验观测值的概率。临界值是统计检验采用的以指定的显著水平（如 5%）为基础的界限值。临界值可以用来决定是否采用原假设。如果检验统计量大于临界值，我们将拒绝原假设，选备择假设。然而，如果检验统计量小于或等于临界值，则接受原假设。拒绝原假设（因而接受备择假设）说明得出的检验结果是有效的。接受原假设说明不能拒绝原假设，由此得出的结果是无效的。接受和拒绝原假设与 P 值的关系在表 12-1 将会说明。P 值取决于使用的是哪种统计检验方法和检验统计量的值（样本规模和标准偏差）。每个统计检验都有一个具体分布。P 值是分布曲线尾部下方的面积，该分布曲线是由检验统计量值计算得来的。

表 12-1 接受或拒绝 H_0 假设

P 值	统计检验值（tsv）			假设	
	一侧的		双侧的	H_0	H_1
	右	左			
P 值 $\geqslant \alpha$	tsv $< C_1$	tsv $> -C_1$	$-C_2 <$ tsv $< C_2$	不能拒绝	—
P 值 $< \alpha$	tsv $\geqslant C_1$	tsv $\leqslant -C_1$	$C_2 \leqslant$ tsv 或 tsv $\leqslant -C_2$	拒绝	接受

P 值、临界值（C_1 和 C_2）和显著水平（α）之间的关系有两种情况：显著和不显著。显著水平通常设定为 $\alpha=0.05$。

接受原假设的决定可能是错误的。如果拒绝了原假设而且得出一个有效的结果，如果没有真正的差异，就犯了Ⅰ类错误。另外，如果接受原假设并且得出一个无效的结果，在现实中有差异，就犯了Ⅱ类错误，具体见表 12-2。Ⅰ类错误记为 α，并称为显著水平，通常取值为 0.05。Ⅱ型错误常记为 β，$1-\beta$ 用来表示测验能力（β 取值为 20%）。通过选择一个 5% 的显著性水平和 80% 的测验能力，接受一个错误结论或概率为 5% 的Ⅰ类错误或概率为 20% 的Ⅱ类错误。在概率为 5% 的情况下，得出有显著差异的结论（拒绝 H_0），虽然没有真正的差异。在概率为 20% 的情况下，得出没有差异的结论（不拒绝 H_0），即使存在真正的差异。对 $\alpha=0.05$ 和 $\beta=0.20$ 的选择是保守的。然而，可以增加测验能力，但这意味着样本是急剧增加的。对于一定的样本量 n，不能同时做到减小犯这两种错误的概率。如果减小 α 错误，就会增大 β 错误的概率；如果减小 β 错误，则会增大 α 错误的概率。因此，在假设检验中，需要对这两类错误进行控制。

表 12-2 统计检验中的Ⅰ类错误和Ⅱ类错误

		真实情况	
		H_0 为真	H_1 为真
H_0 假设	接受（不拒绝）	正确决定	Ⅱ类错误：β
		$1-\alpha$：置信度	
	拒绝	Ⅰ类错误：α	正确决定
		α：显著水平	$1-\beta$：检测能力

第三节 统计学检验方法的选择

当假设已经做出，就该选择统计检验的方法。选择时依据两个方面：①结果的类型；②被分析的自变量的类型和数目。连续结果的分析使用 t 检验、方差分析和线性回归。当要评价具有两个水平的解释变量时采用 t 检验，如以日增重为根据比较两种不同饮食的效果。

如果一个解释变量有多于两个的水平或有多于一个解释变量需要被检验，这时方差分析是合适的方式。当假设是关于两个连续变量之间的关系时，可以使用线性回归和相关性分析。

对于二分法结果分析，可以用 χ^2 检验、麦克尼玛尔检验、逻辑回归和逻辑分析等方法。一般 χ^2 检验用来评价两个定性变量之间的关系。如果要评价两个以上变量之间的关系，可以使用逻辑回归和逻辑分析的方法。评价一个二分法结果和一个连续解释变量之间的关系，可以采用逻辑回归的方法。评价一个二分法结果和定性解释变量之间的关系，可以使用逻辑分析的方法。评价假设时，检验统计方法的选择是重要的。结果和结论都取决于所采用的方法。因此，为了选择正确的分析方法，确定被检测结果的类型和规模是十分重要的。不同统计方法的选择取决于结果的类型及解释变量的类型和数量，具体见表 12-3。

表 12-3　选择不同的统计检验取决于结果的类型及解释变量的类型和数量

结果（因变量）	解释变量（自变量）			
	定量	定性		
		两组配对	两组不配对	一个或更多的变量，每个变量有两种或两种以上的水平
定量的				
连续的	线性回归相关性分析	配对 t 检验	t 检验	方差分析（ANOVA）
离散的	如泊松回归分析	如泊松回归分析	如泊松回归分析	如泊松回归分析
时间事件	生存分析	生存分析	生存分析	生存分析
定性的				
顺序的	顺序逻辑回归	顺序逻辑分析	顺序逻辑分析 χ^2 检验，Fisher 确切检验	顺序逻辑分析
名义的	名义逻辑回归	名义逻辑分析	名义逻辑分析 χ^2 检验，Fisher 确切检验	名义逻辑分析
二分法的	逻辑回归	麦克尼玛尔检验	逻辑分析 χ^2 检验，Fisher 确切检验	逻辑分析

第四节　连续结果的分析

一、给定值均数比较

为了比较平均值与给定值，可以使用 t 检验。假设平均值和给定值没有显著差异。例如，考虑假设断奶小猪的平均体重是 7kg。假说中检验统计值和检验分布如下：

$$H_0: \mu = \mu_0, \qquad H_1: \mu \neq \mu_0$$

$$t = \frac{y - u_0}{\frac{s}{\sqrt{n}}}, \qquad t \sim t(n-1) \tag{12-1}$$

式中，μ_0 为给定值；t 为检验统计量；$\bar{y}$ 为估计平均值；s 为估计标准差；n 为样本大小；t（$n-1$）为检验统计量值的分布（$n-1$ 个自由度 t 分布）。

当原假设被拒绝时，我们得出平均值和给定值 μ_0 显著不同。

例 12-2　断奶小猪体重的研究，一个畜群中 379 只小猪的数据来自于 6 个月的数据库，断奶小猪的平均体重为 $y=7.27\text{kg}$，标准偏差 $s=1.38\text{kg}$。假设如下：

$$H_0: \mu=7.0\text{kg}, \quad H_1: \mu \neq 7.0\text{kg}$$

检验统计量值为

$$t=\frac{7.27-7.0}{1.38/\sqrt{379-1}}=3.75$$

检验统计量值的分布为

$$t(379-1)=t(378)$$

具有 5%显著性水平的双面备择假设的临界值为 1.97。因为检验统计量值大于临界值，拒绝原假设，得出畜群的平均体重显著不同于 7.0kg。

二、两个独立分组均数比较：t 检验

为了评价丹麦荷斯坦奶牛（DHF）和杂交种奶牛（CB）之间奶产量的不同，可以采用 t 检验。假设是“丹麦荷斯坦奶牛和杂交种奶牛之间的奶产量无差别”。t 检验可用来测试两组之间均值的不同。在目前的例子中，可以测试丹麦荷斯坦奶牛和杂交种奶牛奶产量均值的差异。结果将定量在一个连续表中。检验统计量值和检验统计量的分布依次为

$$H_0: \mu_1=\mu_2, \quad H_1: \mu_1 \neq \mu_2$$

这里 μ_1 和 μ_2 是两组的总体均值。

$$t=\frac{\bar{y}_1-\bar{y}_2}{\sqrt{s_p^2\left(\frac{1}{n_1}+\frac{1}{n_2}\right)}}, \quad t \sim t(n_1+n_2-2) \tag{12-2}$$

式中，t 为检验统计量值；$\bar{y}_1$ 和 $\bar{y}_2$ 为两组的均值；n_1 和 n_2 为两组中动物的数量；t（n_1+n_2-2）为检验统计量的分布［（n_1+n_2-2）自由度的 t 分布］；s_p^2 为两组合并方差的估计值。

合并方差的计算如下：

$$s_p^2=\frac{(n_1-1)s_1^2+(n_2-1)s_2^2}{n_1+n_2-2} \tag{12-3}$$

式中，s_1^2 和 s_2^2 为两组的方差。假设两个总体方差是相等的，验证关于总体方差是相等的假设。如果拒绝，另一种 t 检验可用于验证不相等的方差。假设 H_0：$\mu_1=\mu_2$，H_1：$\mu_1 \neq \mu_2$ 是双侧备择假设。

这意味着拒绝原假设接受备择假设，证明两组的平均值有显著差异，但原则上无法事先预测 μ_1 大于或小于 μ_2。这两种可能性可以发生在双侧检验中。然而，如果有一种情况，当仅有一侧的结果具有价值，可以使用单侧检验，如检测新研发的疫苗。新疫苗有价值的结果就是能减少患病的危险、增加体重等。分别让 μ_p 代表群体中未接种疫苗的猪的体重增加，μ_v 代表群体中接种过疫苗的猪的体重增加，单侧假设如下：

$$H_0: \mu_v \leqslant \mu_p, \quad H_1: \mu_v > \mu_p$$

在多数情况下，因为不知道结果偏向于哪个水平，使用双侧备择假设。具体选择使用单

侧还是双侧备择假设与其获得显著性的难易程度等密切相关。

采用双侧备择假设，显著性水平 α 在两尾之间被分隔。采用单侧备择假设，显著性水平不被分隔，但根据 H_1 的范围在某一尾部加入。采用单侧备择假设很容易得出有效结果，因为单侧备择假设的绝对临界值小于双侧备择假设的临界值。

使用 t 检验的假设条件是：数据有一个正态分布；观测有相同的方差；观测应该是独立的；使用检验时要评估假设条件。

例 12-3　在奶产量与品种关系的研究中，一个畜群包括 111 头牛。在例子中注意一个危险因子：品种（丹麦荷斯坦奶牛与杂交种奶牛）。奶产量的描述性分析（数量、平均值、标准差、标准误、中间值、Q1 和 Q3）在表 12-4 中给出。品种（丹麦荷斯坦奶牛与杂交种奶牛）对奶产量的影响已被 t 检验验证，假设为

$$H_0: \mu_{DHF} = \mu_{CB}, \qquad H_1: \mu_{DHF} \neq \mu_{CB}$$

表 12-4　奶产量的描述分析

变量	水平	牛奶产量						
		数量	平均值	标准误	标准误	中间值	Q1	Q3
全部的品种		111	21.30	6.14	0.58	21.9	17.7	25.4
	DHF	31	22.02	7.77	1.40	21.9	18.0	26.4
	CB	80	21.03	5.41	0.60	22.0	17.5	24.9
经产状况	1	33	18.56	4.95	0.86	18.0	15.6	22.2
	2	36	21.98	5.56	0.93	22.6	18.9	26.4
	3	20	21.88	6.18	1.38	24.4	21.1	25.8
	≥4	22	23.79	7.38	1.57	23.1	18.9	29.3

注：DHF. 丹麦荷斯坦奶牛；CB. 杂交种奶牛

检验统计量值为

$$t = \frac{\bar{y}_{DHF} - \bar{y}_{CB}}{\sqrt{s_p^2\left(\frac{1}{n_{DHF}} + \frac{1}{n_{CB}}\right)} \tag{12-4}$$

这里

$$s_p^2 = \frac{(31-1)7.77^2 + (80-1)5.41^2}{31+80-2} = 37.82 = 6.15^2$$

$s_p = 6.15$，检验统计量值为

$$t = \frac{22.02 - 21.03}{6.15\sqrt{\frac{1}{31} + \frac{1}{80}}} = 0.76$$

检验统计量值的分布是 $t(31+80-2) = t(109)$。

使用 5% 显著性水平的双侧检验的临界值是 1.98。检验统计量值小于临界值，因此我们不能拒绝原假设，并且得出丹麦荷斯坦奶牛与杂交种奶牛这两个品种的奶产量无显著差异的结论。

本节中我们使用 t 检验来检验两组不同的动物（如来源于两个不同的品种）。它意味着我们有两组不同的动物，一组是一个品种，设计通常是一个平行组设计。

三、两个依赖分组均数比较：配对 t 检验

有时对同一动物或群体进行两个测量，如评价两组饲料配方，相同动物进行两组饲料配方的测试。可以使用交叉设计（动物按随机顺序接受两种处理措施）或设计一组实施两种措施的相同动物。这里使用的 t 检验与之前所用的不同，因为测量不是独立的：每一个动物有两种测量。因此，对采用的配对 t 检验进行对比观察。计算每一个动物两组观察数据的不同，并且评价平均差是否明显不同于 0。检验统计量值和检验统计量的分布为

$$H_0: \mu_d = 0, \quad H_1: \mu_d \neq 0$$

$$t = \frac{\bar{d} - 0}{s_d / \sqrt{n_d}}, \quad t \sim t(n_d - 1) \tag{12-5}$$

式中，μ_d 为总体平均差；t 为检验统计量值；$d = y_1 - y_2$；y_1 和 y_2 为两种处理的结果；$\bar{d}$ 为两种处理之间差异的平均值；n_d 为对比观察的数量；$t(n_d-1)$ 为检验统计量值的分布［(n_d-1) 自由度的 t 分布］；s_d 为对两组处理差额的估计标准偏差。

例 12-4　为了评估奶牛在 1 月和 2 月之间奶产量的差额，采用了配对 t 检验。104 头奶牛的差额平均值为 1.52kg，标准差为 10.3kg。检验统计量值为 $t = \frac{1.52}{10.3/\sqrt{104}} = 1.50$，检验统计量值的分布为 $t(103)$。

因为检验统计量值（$t=1.50$）小于临界值［$t(103)$ 0.975＝1.98］，所以差额的平均值不是与 0 显著不同。因此，我们不能拒绝原假设，得出的结论是在这两个月奶产量无显著差异。

四、两组以上均数比较：方差分析

当需要比较两组以上的数据，则不能再使用 t 检验。然而，方差分析允许有一个以上的解释变量，每个解释变量有两个或两个以上水平。方差分析的基本思想是将结果中的总变异分解为相应的解释变量的部分。可以使用方差分析表将变异划分为不同的来源来解释结果中出现的变化，具体见表 12-5 的解释。

表 12-5　方差分析，将总变异划分为不同的来源

不同来源的变异	df	MS	F 检验值	P 值
k 种水平的解释变量	$k-1$	MS_B	$F = MS_B / MS_{error}$	
剩余的	$N-k$	MS_{error}		
总计	$N-1$			

注：df 为自由度的数量；N 为研究中实验动物的数量；MS 为均方值；F 为统计检验值

这种变异不是由变异的来源说明的，而是由剩余变量指出的。每个解释变量都能通过比较解释变量的组间变异和组外变异来进行检验。如果剩余变异比较大，与剩余变异较小时相比更难表现出显著的影响。一个单因素方差分析的一般模式为

$$y_{ij} = \alpha + B_i + \varepsilon_{ij} \tag{12-6}$$

式中，y_{ij} 为动物 j 的解释变量在 i 水平的结果；α 为截距；B_i 为解释变量在 $i=1, 2, 3, \cdots, k$ 水平的影响；ε_{ij} 为动物 j 的解释变量在 i 水平的随机误差。

在各组之间原假设检验无差别，如解释变量的 4 个水平为

$$H_0: \mu_1=\mu_2=\mu_3=\mu_4, \quad H_1:(m, n)\in[1, 2, 3, 4]^2: \mu_m \neq \mu_n$$

H_0 假设表示 4 个水平的平均值是相等的。备择假设 H_1 表示至少两组的平均值是不同的。

分析确定每组平均值的差异是否大于组内观察到变异的预期值。F 检验的计算是组间变异除以组内变异（这里的组平均值是某解释变量在一给定水平结果的平均值）。组间和组内的变异被称为组间均方和组内均方。F 检验的统计量的计算为

$$F=\frac{\mathrm{MS_B}}{\mathrm{MB_{error}}} \tag{12-7}$$

这里

$$\mathrm{MS_B}=\frac{\mathrm{SS_B}}{\mathrm{df_B}}=\frac{\sum_{i=1}^{k} n_i(\bar{y}_i-\bar{y})^2}{k-1} \tag{12-8}$$

$$\mathrm{MS_{error}}=\frac{\mathrm{SS_{error}}}{\mathrm{df_{error}}}=\frac{\sum_{i=1}^{k}\sum_{j=1}^{ni}(y_{ij}-\bar{y})^2}{N-k} \tag{12-9}$$

式中，N 为观测的总数；k 为解释变量水平的数目；$\mathrm{SS_B}$ 和 $\mathrm{SS_{error}}$ 分别为组间平方和和平方和的误差；$\mathrm{MS_B}$ 和 $\mathrm{MS_{error}}$ 分别为组间均方和均方的误差；$\mathrm{df_B}$ 和 $\mathrm{df_{error}}$ 分别为组间自由度和组间自由度的误差；y_{ij} 为第 i 组第 j 观测值；$\bar{y}$ 为所有观测值的平均值；$\bar{y}_i$ 为 i 组所有观测值的平均值。

F 检验统计是由自由度为 $F(k-1, N-k)$ 的 F 分布检验。每当一个解释变量对结果产生重大影响时，可以使用 t 检验对解释变量水平（类别）进行成对比较。

例 12-5 在风险因子的研究中，常常会论述一个以上的风险因子。在奶产量、品种和经产状况关系的研究中，已经得出两个品种之间的奶产量无显著差异的结论。经产状况有 4 个水平，即初次产犊、第二次产犊、第三次产犊、大于等于 4 次产犊。为了评价经产状况对奶产量的影响，必须采用方差分析，因为 t 检验只能对两组平均值进行比较。而且，该分析通过使用 t 检验对风险因子进行逐一检验。然而，品种和经产状况之间可能有一定关系，并且这种关系可能对奶产量有影响。因此，希望在同一分析中分析所有的风险因子。使用方差分析可做到这一点。在奶产量的例子中，在双因素方差分析的结果中包含两个风险因子。关于经产状况的假设为

$$H_0: \mu_P=1=\mu_P=2=\mu_P=3=\mu_P\geqslant 4$$

$$H_1: (k, l)\in\{p=1; p=2; p=3, p\geqslant 4\}^2: \mu_k \neq \mu_1$$

关于品种的假设为

$$H_0: \mu_{\mathrm{DHF}}=\mu_{\mathrm{CB}}, \quad H_1: \mu_{\mathrm{DHF}}\neq\mu_{\mathrm{CB}}$$

分析结果见表 12-6，这里奶产量的总变量分为两个部分（品种和经产状况），在这个模型中没有涉及的其他变异显示在剩余变异中。奶产量在经产状况之间差异显著，奶产量在两个品种之间差异显著。估计值如下：产犊次数≥4 的杂交种奶牛的奶产量为 27.83kg。另一组：品种=DHF，产犊次数=2，奶牛的奶产量为 27.83−4.23−5.74=17.86kg。使用 t 检验分析奶产量在品种之间的差异，品种之间的差异不显著。然而，当把经产状况的变异考虑在内时，品种之间的显著差异。

表 12-6　丹麦奶牛奶产量的双因素方差分析

变量	水平	最小二乘法	SE	df	F 检验值	P 值
品种				1	4.07	0.046
	DHF	18.81	1.47			
	CB	23.05	0.94			
经产状况				3	5.14	0.002
	1	16.57	1.41			
	2	19.98	1.39			
	3	21.46	1.32			
	≥4	25.72	1.57			
剩余的				106		

五、相　　关

相关性，或者更精确地说是相关系数 ρ，表示两个连续变量间的线性关联度。根据变异的类型，有两种计算关联度的方法。两个连续变量之间的相关性由皮尔逊相关系数给出。两个定型变量之间的相关性可使用斯皮尔曼相关系数计算得出，这是一种以行列为基础的非参数测量。如果连续变量是高度偏态的也可以使用斯皮尔曼相关系数。如果偏态的连续数据为了降低偏斜而发生改变，也可以使用皮尔逊相关系数。两个相关系数都在区间［－1，1］取值。相关性接近 0 说明两个变量之间没有关系。相关性接近 1 说明两个变量之间呈强烈的正相关关系，反之，相关性接近－1 时说明两个变量之间呈强烈的负相关关系。相关系数等于 1 或－1 意味着两个变量呈良好的线性关系（一个变量可以由其他变量无误差地计算得到）。相关系数是对两个变量之间关联度的度量，不用考虑哪个是结果哪个是解释变量。因此表示关联度的相关性不用考虑因果关系。皮尔逊相关系数的估算式为

$$r=\frac{SS_{xy}}{\sqrt{SS_{xx}SS_{yy}}}=\frac{\sum(x_i-\bar{x})(y_i-\bar{y})}{\sqrt{\sum(x_i-\bar{x})^2\sum(y_i-\bar{y})^2}} \tag{12-10}$$

这里

$$SS_{xy}=\sum(x_i-\bar{x})(y_i-\bar{y})=\sum x_iy_i-\frac{\sum x_i\sum y_i}{n} \tag{12-11}$$

$$SS_{xx}=\sum(x_i-\bar{x})^2=\sum x_i^2-\frac{\left(\sum x_i\right)^2}{n} \tag{12-12}$$

$$SS_{yy}=\sum(y_i-\bar{y})^2=\sum y_i^2-\frac{\left(\sum y_i\right)^2}{n} \tag{12-13}$$

式中，ρ 为总体相关系数；r 为基于样本的相关系数的估算值。检验与相关系数有关的假设是可行的。例如，H_0：相关系数等于 0，H_0：$\rho=0$ 意味着两个变量之间的皮尔逊和斯皮尔曼两个相关系数无关联。一个给定值 r 的意义取决于样本量。例如，皮尔逊相关系数估计值 $r=0.3$（或 $r=-0.3$）对小样本量（$n<44$）无意义，但对大样本量（$n\geq44$）有意义。因此建议评价相关系数 r 时不要太多强调显著性水平，而是判断生物相关系数的大小。

例 12-6　有学者研究了 472 匹马的体温、毛细血管再充盈时间、心率、标准碱过剩和红

细胞压积之间的关系。兽医院指出这些马表现出疝痛的临床症状。表 12-7 给出了皮尔逊相关系数和斯皮尔曼相关系数。可以看出在目前病例中皮尔逊相关系数和斯皮尔曼相关系数非常接近。所使用的都是不偏态的连续变量（除了毛细血管再充盈时间），这解释了皮尔逊相关系数和斯皮尔曼相关系数的相似性。

表 12-7　兽医院指出表现疝痛临床症状的 427 匹马的皮尔逊相关系数和斯皮尔曼相关系数

皮尔逊相关系数	体温	毛细血管再充盈时间（CRT）	脉搏	标准碱过剩（SBE）
斯皮尔曼相关系数				
毛细血管再充盈时间（CRT）	0.04			
	0.02			
脉搏	0.17	0.59		
	0.17	0.52		
标准碱过剩（SBE）	0.02	−0.42	−0.40	
	0.03	−0.37	−0.36	
红细胞压积（PCV）	0.07	0.53	0.56	−0.27
	0.04	0.45	0.46	−0.22

六、线 性 回 归

线性回归是评价和描述两个（或多个）连续变量之间的线性关系，评价一个（或多个）解释变量对结果的影响。与相关系数相比，当我们度量两个连续变量之间的线性关系时，不需要明确指定哪个是结果变量哪个是解释变量。图 12-1 说明两连续变量的线性关系。

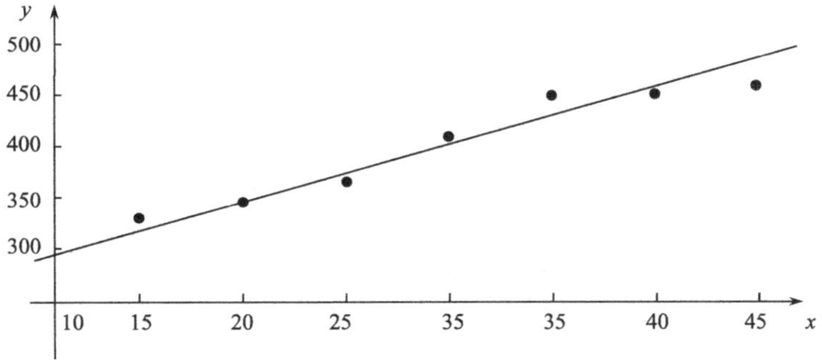

图 12-1　线性回归

解释变量 x 与结果 y 之间的线性关系

简单线性回归中结果和解释变量的关系表示为

$$y_i = \alpha + \beta x_i + \varepsilon_i$$

式中，y_i 为结果；x_i 为解释变量；α 为 $x=0$ 时 y 轴的截距；β 为直线的斜率；ε_i 为随机误差。

x 和 y 之间的关系描述的是因果关系，如 x 对 y 可能有影响，然而反过来在数学上却是错误的。线性回归中存在对 y 的测量误差，但 x 假定测量时无误差。线性回归可用来评价两个变量之间的关系，并计算出由解释变量 x 说明的 y 的总变量是多少。此外，模型所描述的关系可以用来预测，如 x 的值是给定的，y 的预期值可以预测。可以使用最小平方法估算 α 和 β 这两个参数。这种方法因为参数的值是给定的，所以观测值和估算界限之间的垂直距离是最小的。通过参数估测值 a 和 b 的标准误（SE_a 和 SE_b）来估算参数 α 和 β。a 和 b 的标准误可以用来验证置信区间估算和计算的假设。

斜率 b 和截距 a 的估算如下：

$$b=\frac{SS_{xy}}{SS_{xx}}=\frac{\sum(x_i-\bar{x})(y_i-\bar{y})}{\sum(x_i-\bar{x})^2},\quad a=\bar{y}-b\bar{x} \tag{12-14}$$

截距和斜率的标准误估算如下：

$$SE_a=s_{res}\sqrt{\frac{1}{n}+\frac{\bar{x}^2}{SS_{xx}}},\quad SE_b=\frac{s_{res}}{\sqrt{SS_{xx}}} \tag{12-15}$$

这里

$$s_{res}^2=\frac{SS_{yy}-bSS_{xy}}{n-2},\quad SS_{xx}=\sum(x_i-\bar{x})^2,\quad SS_{yy}=\sum(y_i-\bar{y})^2 \tag{12-16}$$

通过验证原假设来评价 x 和 y 之间的关系：斜率等于 0。假设，检验统计量值和检验统计量值的分布如下：

$$H_0: \beta=0,\quad t=\frac{b-0}{SE_b},\quad t\sim t(n-2) \tag{12-17}$$

式中，β 为总体斜率；t 为检验统计量值；$t(n-2)$ 为检验统计量值的分布；n 为观测数量；SE_b 为斜率 b 的标准误。

如果接受原假设，得出的结论是：斜率不等于 0 时，x 和 y 之间无关联。关于斜率的另一种原假设 H_0：斜率等于 β_0。假设，检验统计量值和检验统计量值的分布如下：

$$H_0: \beta=\beta_0,\quad t=\frac{b-\beta_0}{SE_b},\quad t\sim t(n-2) \tag{12-18}$$

95%置信区间斜率的估算如下：

$$95\%CI_b:\quad b\pm t(n-2)0.975SE_b$$

为了评价 x 和 y 之间的因果关系，y 中变量的数目可由 x 计算得出。这种方法称为决定系数法，标记为 R^2，在区间 [0，1] 或 0～100%取值。当取值越接近 100%，这个模型参考价值越高。然而，在兽医流行病学统计中 R^2 常常小于 50%，可能的原因是动物变异和一些不清楚的变量的影响。下面模型给出的简单线性回归（意味着有一个解释变量）中，决定系数 R^2 和相关系数 r 的关系式是：$R^2=r^2$。

如果两个变量之间的相关系数 $r=0.5$，决定系数 $R^2=0.25$。解释变量 x 阐明 y 中总变量的25%。一个小的相关系数如 $r=0.3$，$R^2=0.09$，意味着预测能力较低，该模型中的 x 只能阐明 9%的总变量。为了得到一个适度的决定系数如 $R^2=0.80$，两个变量之间的相关系数最小是 $r=0.89$。

直到现在，用简单的线性回归处理，意味着在模型中只包含一个单一的解释变量。然而，经常会碰到一些复杂的因果关系，不只有一个，而是许多变量对结果都有影响。这称为多元线性回归，在模型中包含不止一个的解释变量。简单线性回归的扩展式为

$$y_{ij}=\alpha+\beta_1X_{ij}+\beta_2X_{2j}+\cdots+\beta_kX_{kj}+\varepsilon_{ij}=\alpha+\sum_{i=1}^{k}\beta_ix_{ij}+\varepsilon_{ij} \tag{12-19}$$

式中，y 为结果；X_{1j}，X_{2j}，…，X_{kj} 为解释变量；α 为当 $X_{1j}=0$，$X_{2j}=0$，…，$X_{kj}=0$ 时在 y 轴的截距；β_1，β_2，…，β_k 为解释变量 X_{1j}，X_{2j}，…，X_{kj} 对应的斜率；ε_{ij} 为随机误差。

第五节　二分法结果分析

在前一部分论述了关于连续结果的假设。在这部分内容中，集中论述结果是定性的假设。

一、给定值比例的比较

一个比例（如动物患子宫内膜炎的比例）的差异可由给定值来检验。假设，检验统计量值和测试的分布为

$$H_0: \pi=\pi_0, \quad H_1: \pi \neq \pi_0$$

$$z=\frac{|p-\pi_0|-\frac{1}{2n}}{\sqrt{\frac{\pi_0(1-\pi_0)}{n}}}, \quad z \sim N(0, 1) \tag{12-20}$$

式中，π 为总体比例；π_0 为给定值；p 为观测值；n 为样本规模（动物的数量）；$N(0, 1)$ 为检验统计量值的近似正态分布。

减去 $\frac{1}{2n}$ 是为了提高正态分布的近似值。当 $np>5$ 和 $np(1-p)>5$ 时，只能使用正态分布的近似值。

当原假设被拒绝时，说明观测到的比例与给定值 π_0 显著不同。

例 12-7　一名奶牛饲养场的场长想知道本场饲养的奶牛患子宫内膜炎的比例是否大于10%。该饲养场共有700头奶牛，其中110头奶牛被确诊患子宫内膜炎，给出患子宫内膜炎的概率 $\rho=0.157$，假设为

$$H_0: \pi<0.1, \quad H_1: \pi>0.1$$

这是一个单侧检验，因为只对比例大于10%的感兴趣。

检验统计量值为

$$z=\frac{|0.157-0.1|-\frac{1}{2\times 700}}{\sqrt{\frac{0.1(1-0.1)}{700}}}=4.96$$

检验统计量值的分布接近 $N(0, 1)$。临界值使用5%显著性水平，单侧检验是 $N(0, 1)$ 0.95=1.64。因为检验统计量值大于临界值，所以拒绝原假设，得出在该奶牛养殖场的奶牛种群中患子宫内膜炎牛的比例远远大于10%。

二、独立分组比例比较：Fisher 确切检验和 χ^2 检验

举一个假设的例子：子宫内膜炎的发生与品种无关，子宫内膜炎的有无是可能的结果，品种是可能的解释变量。该假设可由 Fisher 确切检验验证。Fisher 确切检验是复杂的手工计算器。而 χ^2 检验可作为替代的方法被使用。

χ^2 检验是正确检验（Fisher 确切检验）的近似值。近年来，人们常常使用统计软件来进行统计分析，因此 Fisher 确切检验可被准确无误地使用。Fisher 确切检验和 χ^2 检验均被用来检验两个定性变量之间的关系。

具有两个水平的结果和解释变量的数据将由一个 2×2 表格说明，一般是 $r\times c$ 图表（r 是行，c 是列）。具体见表 12-8。

表 12-8　用来验证有关不连续结果假设的 2×2 表格

		结果		总计
		水平 1	水平 2	
解释变量	水平 1	a	b	$a+b$
	水平 2	c	d	$c+d$
总计		$a+c$	$b+d$	n

表 12-8 给出的 χ^2 检验中假设（结果和解释变量无关联）和检验统计量值为

$$H_0: \pi_1=\pi_2, \quad H_1: \pi_1\neq\pi_2$$

$$x^2=\frac{\left(|ad-bc|-\frac{n}{2}\right)^2 n}{(a+b)(c+d)(a+c)(b+d)} \tag{12-21}$$

这里 π_1 和 π_2 是动物群体中患病的概率，其中每一个解释变量在两个水平上。检验统计量的分布是 χ^2（1），即该 χ^2 分布自由度为 1。与 Fisher 确切检验相比，为了改善近似 χ^2 检验的准确性，做了减去 $n/2$ 的调整。这个调整称为耶茨校正。当所有单元的预期值大于或等于 5 时，近似 χ^2 检验可以代替 Fisher 确切检验。预期值 $E(a)$、$E(b)$、$E(c)$、$E(d)$ 由2×2 表计算如下：

$$E(a)=\frac{(a+c)(a+b)}{N} \tag{12-22}$$

$$E(b)=\frac{(b+d)(a+b)}{N} \tag{12-23}$$

$$E(c)=\frac{(a+c)(c+d)}{N} \tag{12-24}$$

$$E(d)=\frac{(b+d)(c+d)}{N} \tag{12-25}$$

例 12-8　评价子宫内膜炎的发生与奶牛品种之间的关系。研究中共有 700 头奶牛：500 头丹麦荷斯坦奶牛，200 头泽西奶牛。在这 700 头奶牛中，110 头患过子宫内膜炎，具体见表 12-9。

表 12-9　奶牛子宫内膜炎的发生与品种之间的关系

		子宫内膜炎		总计
		是	不是	
品种	丹麦荷斯坦奶牛	100	400	500
	泽西奶牛	10	190	200
总计		110	590	700

假设为

$$H_0: \pi_1 = \pi_2, \quad H_1: \pi_1 \neq \pi_2$$

患子宫内膜炎的估计概率 $P_1 = \Pr$ {子宫内膜炎 | 丹麦荷斯坦奶牛} =0.20 ，$P_2 = \Pr$ {子宫内膜炎 | 泽西奶牛} =0.05。

耶茨校正的检验统计量值为

$$\chi^2 = \frac{\left(|100 \times 190 - 400 \times 10| - \frac{700}{2}\right)^2 \times 700}{500 \times 200 \times 110 \times 590} = 23.1$$

拒绝或接受假设的临界值为

$$\chi^2(1)0.95 = 3.84$$

检验统计量值远远大于临界值。因此我们拒绝原假设，得出了子宫内膜炎的发生与奶牛品种之间有显著关联。与泽西奶牛相比，丹麦荷斯坦奶牛患子宫内膜炎的相对危险度为

$$RR = \frac{100/500}{10/200} = 4.0$$

χ^2 检验中一个 $r \times c$ 表的检验统计量值为

$$\chi^2 = \sum_{i=1}^{r} \sum_{j=1}^{c} \frac{(O_{ij} - E_{ij})^2}{E_{ij}} \tag{12-26}$$

这里的 O_{ij} 和 E_{ij} 是 $r \times c$ 表中第 i 行第 j 列的观测值和预期值。单元 ij 的预期值计算如下：

$$E_{ij} = \frac{n_i n_j}{N}$$

式中，n_i 和 n_j 为第 i 行和第 j 列所观察动物的数量；N 为动物的总数量。检验统计量的分布为

$$\chi^2(r-1)(c-1)$$

用于两个变量之间关系的评价，如基于未配对数据的结果和暴露因子之间的关系。每个动物感染或未感染，每个动物暴露或未暴露。下面将描述配对定性数据的分析。

三、配对比例比较：麦克尼马尔测试

在火鸡感染弯曲菌的研究中，诊断弯曲菌的方法有酶联免疫试验和传统的细菌培养，我们尝试对这两种方法进行比较和评价。每个样本经过两种方法检测有一个结果（阳性或阴性）。这种类型的数据被称为配对观察数据。可以采用麦克尼马尔检验对诊断弯曲菌的这两种方法进行比较。原假设指出两种方法结果呈阳性的概率相同。

$$H_0: \lambda_1 = \lambda_2, \quad H_1: \lambda_1 \neq \lambda_2$$

式中，λ_1 和 λ_2 为总体概率；根据表 12-10，$P_1 = (e+f)/m$ 和 $P_2 = (e+g)/m$ 为使用方法 1 和方法 2 结果呈阳性的估计概率。该研究的数据由表 12-10 的 2×2 表给出。

表 12-10　评价两种方法结果呈相同的阳性概率的麦克尼马尔检验

		方法 2		总计
		阳性	阴性	
方法 1	阳性	e	f	$e+f$
	阴性	g	h	$g+h$
总计		$e+g$	$f+h$	m

检验统计量值为 $\chi^2=\frac{(|f-g|-1)^2}{f+g}$；检验统计量值的分布为 $\chi^2(1)$。

例 12-9 表 12-11 给出检测火鸡样本弯曲菌两种诊断方法比较结果的频率分布。假设为

$$H_0: \lambda_1=\lambda_2, \quad H_1: \lambda_1 \neq \lambda_2$$

表 12-11 对诊断弯曲菌的两种方法结果呈阳性相同概率进行比较的麦克尼马尔检验

		酶联免疫方法		总计
		阳性	阴性	
传统的细菌培养方法	阳性	32	21	53
	阴性	4	4	8
总计		36	25	61

估算值为

$$P_1=\{阳性 \mid 传统培养\}=0.869, \quad P_2=\{阳性 \mid 自动酶联免疫\}=0.590$$

检验统计量值为

$$\chi^2=\frac{(|21-4|-1)^2}{21+4}=10.24$$

临界值为

$$\chi^2(1)0.95=3.84$$

因为检验统计量值（10.24）大于临界值（3.84），所以我们拒绝原假设，得出两种方法检测弯曲菌结果呈阳性的概率显著不同。

四、逻辑回归

线性回归描述了两个连续变量之间的关系。如果处理一些结果是二分法的（如感染的有无）和不连续的流行病学研究，可以采用逻辑回归评价二分法结果和一个连续解释变量之间的关系。逻辑回归中该关系呈S形曲线。为了评价结果和解释变量之间的关系，需要使用分对数变换。分对数变换的公式为

$$\text{logit}[p(x)]=\ln\left[\frac{p(x)}{1-p(x)}\right] \tag{12-27}$$

式中，x 为连续解释变量；$p(x)$ 为当给定解释变量 x 一个值时被感染的概率；$1-p(x)$ 为给定解释变量 x 一个值时未被感染的概率。x 和 ln（）为自然对数。

二分法结果和解释变量之间的关系表示如下：

$$\text{logit}[p(x)]=\alpha+\beta x \tag{12-28}$$

式中，x 为连续解释变量；$p(x)$ 为当给定解释变量 x 一个值时被感染的概率；α 为截距；β 为斜率。

逻辑回归中的参数 α 和 β 的估计使用最大似然估计，这是使用统计软件（如统计分析系统）完成的。

在标准线性回归中可以检验关于参数 α 和 β 的假设。为了评价结果和解释变量之间的关系，被检测的斜率不等于 0。假设为

$$H_0: \beta = 0, \quad H_1: \beta: \neq 0$$

$$Z = \frac{b}{SE_b}, \quad z \sim N(0, 1) \tag{12-29}$$

式中，β 为群体斜率；b 为估计的斜率；z 为检验统计量值；$N(0, 1)$ 为检验统计量的分布（近似正态分布）；SE_b 为斜率的标准误差。

在5%显著水平上，如果检验统计量值在区间－1.96～1.96则接受假设。逻辑回归可被用来评价一个二分法结果和一个连续变量之间的关系，而且可以用它建立一个预测模型。一旦估计了参数，当给定解释变量 x 一个值时，可用逻辑回归模型估计被感染的概率：

$$\text{logit}[p(x)] = \ln\left[\frac{p(x)}{1 - p(x)}\right] \tag{12-30}$$

$$p(x) = \frac{1}{1 + \exp[-(a + bx)]} \tag{12-31}$$

使用估计斜率计算比值比的计算公式如下：

$$\text{OR} = \frac{\text{odds}(x')}{\text{odds}(x'')} = \frac{\dfrac{p(x')}{1 - p(x')}}{\dfrac{p(x')}{1 - p(x'')}} = \exp[b(x' - x'')] \tag{12-32}$$

式中，x'和x''为解释变量 x 的两个特定值。这是当解释变量 x 是 $x' - x''$时受感染的比值比。当 x 由 x'变为 x''时在95%置信区间的比值比为

$$\exp[(x' - x'') \pm 1.96\,|x' - x''|\,SE_b]$$

例 12-10　评价奶牛高水平体细胞数量和奶产量之间的关系。最初的连续变量体细胞数量已经被二分为高和低两个水平体细胞数量。体细胞数量的临界值是每毫升125 000个。研究中总共包括1140头牛。奶产量的平均值是19.9kg。表12-12给出了描述性分析。用逻辑回归评价高水平体细胞数量和奶产量之间的关系，具体见表12-13。参数估计的模型为

$$\text{logit}[p(x)] = 0.819 - 0.036x$$

表 12-12　高低水平体细胞数量时奶产量的描述性分析

		奶产量					
		n	平均值	标准误	中间值	Q1	Q3
体细胞数量水平	高	600	19.2	0.28	18.8	14.4	23.3
	低	540	20.7	0.25	20.4	16.6	24.2

表 12-13　高水平体细胞数量与奶产量关系的逻辑回归

变量	估计值	标准误	P 值	OR	95%CI
截距	0.819	0.1954	0.001	—	—
牛奶产量	－0.036	0.0093	0.001	0.97	0.95～0.98

式中，$p(x)$ 为当给定奶产量（x）一个值时，体细胞数量较高的概率。评价高水平体细胞数量和奶产量之间关系的假设为

$$H_0: \beta = 0, \ H_1: \beta \neq 0$$

检验统计量值为

$$z=\frac{b}{\mathrm{SE}_b}=\frac{-0.036}{0.0093}=-3.87$$

临界值是－1.96～1.96，若检验统计量值位于这个区间，则接受假设。检验统计量值小于－1.96，因此我们拒绝原假设，得出高水平体细胞数量和奶产量之间显著相关。可看出斜率为负，说明高水平体细胞数量减少时，奶产量是增加的。表 12-13 给出了高水平体细胞数量和奶产量的关系。当奶产量为 5kg 时，高水平体细胞数量变化的 OR 和 95%置信区间为

$$\mathrm{OR}=\exp[-0.036(25-20)]=0.84$$

95%置信区间

$$\exp[-0.036(25-20)\pm 1.96|25-20|0.0093]=[0.76;\ 0.91]$$

其他变量也可能影响体细胞数量。其中的一个解释变量可能是品种，研究包括 4 个品种。品种是一个名义可变因素。为了评价高水平体细胞数量和品种之间的关系，我们必须改变分析，因为品种和高水平体细胞数量不再是线性关系。可以采用逻辑分析的方法进行分析，在模型中品种作为一个范畴变量。

五、逻辑分析

如果解释变量是连续的，采用逻辑回归，假设 log $[p(x)]$ 和 x 之间呈线性关系。但是当解释变量是定性的，可以采用逻辑分析。多数教科书使用术语“逻辑回归”对两者进行分析（定性和定量解释变量）。为了明确说明两种方法之间的差异，现在的教科书使用术语“逻辑分析”对二分法结果和定性解释变量进行分析（如对连续解释变量的分析采用线性回归和方差分析）。

模型为

$$\mathrm{logit}(p_i)=\alpha+B_i$$

式中，α 为截距；B_i 为定性解释变量的影响；$i=1, 2, \cdots, I$。

定性变量和定量变量同时存在的模型为

$$\mathrm{logit}(p_{ij})=\alpha+B_i+\gamma X_{ij}$$

式中，α 为截距；B_i 为定性解释变量的影响；$i=1, 2, \cdots, I$；X_{ij} 为连续变量；$j=1, 2, \cdots, J$；γ 为连续变量的斜率。

例 12-11 在例 12-10 中评价了奶牛高水平体细胞数量和奶产量之间的关系。品种对高水平体细胞数量的影响将会在下面进行评价。表 12-14 给出了描述性分析。高水平体细胞数量与品种之间的关系是显著的（$P=0.002$），具体见表 12-15。采用综合逻辑分析评价品种与奶产量对高水平体细胞数量的影响。

表 12-14 应用频率分布研究奶牛品种和高水平体细胞数量的描述性分析

N/%		体细胞数量(SCC)		总计
		高	低	
品种	三河牛	92 (57.1)	69 (42.9)	161
	中国荷斯坦奶牛	296 (57.1)	222 (42.9)	518
	泽西奶牛	85 (43.4)	111 (56.9)	196
	杂交种奶牛	127 (47.9)	138 (52.1)	265

结果模型为

$$\text{logit}(p_{ij}) = \alpha + B_i + \gamma X_{ij}$$

式中，α 为截距；B_i 为品种的影响；$i=1$，2，3，4；X_{ij} 为奶产量；γ 为奶产量的斜率。表12-16 说明结果模型。两个解释变量较为显著。

表 12-15　奶牛品种和高水平体细胞数量之间关系的逻辑分析

变量	水平	估计值*	标准误	*P* 值	OR	95%CI
截距		−0.083	0.123			
品种				0.002		
	三河牛	0.371ab	0.201		1.45	0.98～2.15
	中国荷斯坦奶牛	0.371a	0.152		1.45	1.08～1.95
	泽西奶牛	−0.184c	0.190		0.83	0.57～1.21
	杂交种奶牛	0bc	0		1	—

* 估计值标有不同的字母代表差异显著（5%的显著水平）

表 12-16　奶牛品种和高水平体细胞数量对奶产量影响的逻辑分析

变量	水平	估计值*	标准误	*P* 值	OR	95%CI
截距		0.905	0.240	0.001		
牛奶产量		−0.048	0.010	0.001	0.79	
品种				0.001		0.71～0.87
	三河牛	0.275ab	0.204		1.32	0.88～1.96
	中国荷斯坦奶牛	0.414a	0.154		1.51	1.12～2.04
	泽西奶牛	−0.399c	0.196		0.67	0.46～0.99
	杂交种奶牛	0bc	0		1	—

* 估计值标有不同的字母代表差异显著（5%的显著水平）

第六节　模型控制

统计分析是以不同的假设为基础的。为了获得分析的有效结果，这些假设应被证明。所谓的模型控制，可以用来分析一个连续结果和二分法结果。

一、连续输出分析的模型控制

前几章叙述了 t 检验、线性回归和方差分析。这些分析法的假设是：数据是正态分布，所有组观测数据方差相等，观测数据是独立的。这三个假设可能作为分析的一部分被用来评价。

为了评估观测数据的正态分布，可以对正态分布的残差进行检验。有许多检验方法可以使用，建议采用 Shapiro-Wilks 检验或 Kolmogorov-Smirnov 检验。原假设是数据有一个正态分布。假设的进一步评估可以使用残差的正态概率图或预期的正常曲线与残差的柱状图的比较。

所有观测值方差相等的假设也称为方差的同质性或同方差性。方差的同质性可用残差图直观地进行评价。另外，方差的同质性可以使用巴特利特检验进行验证。然而，巴特利特检验对常态的偏离非常敏感。因此，一个有效的检验可能指出非常态，而不是异方差性。

最后一个假设是观测数据是独立的。观测数据之间的相关性取决于对同一动物的重复测量，因为同一动物的观测数据与不同动物的观测数据相比更相似。观测数据独立的评价常以信息设计和数据采集程序为基础。可以采用运行检验进行验证。若数据缺乏独立性，除了改变研究的设计和数据采集程序之外没有其他的简单调整方法。

二、断续输出分析的模型控制

当处理二分法结果时，评估模型拟合的可能性与处理连续结果相比更为复杂。我们将采用拟合优度检验的方法来测量估计离散度参数。离散度参数是用来衡量模型拟合数据程度的一种方法。离散度参数的值应该接近 1。它的取值大于或小于 1，分别表示过度离散和适度离散。

例 12-12 在例 12-11 中我们提出了用逻辑分析来评价奶牛品种和奶产量对高水平体细胞数量概率的影响。使用偏差法，离散度参数估计值为 1.36；使用皮尔逊检验法离散度参数估计值为 1.003。这两种方法都是合适的选择。

第七节 模型还原

许多疾病都是多因子的，即有许多起因和因素影响着这种疾病的发生、严重程度和传播。为了评价这些因素的重要性，通常都会进行分析，包括大量可能的解释变量（起因和风险因子）。根据这些结果的类型，可分别使用多元线性回归（连续结果）或多元逻辑回归（二分法结果）、方差分析（连续结果）或逻辑分析（二分法结果）等方法进行分析。模型包括可能的风险因子（解释变量），确定解释变量对结果是否有显著影响是十分重要的。可通过模型还原进行鉴定。

模型还原有不同的方法。三种标准方案是：前向选择法、反向消去法、逐步选择法。

前向选择法的使用开始于一个空模型。作为模型中的第一变量，每个变量都列入评估。最初将包括最重要的变量（单独评估）。当一个变量已被列入，模型中包括的下一个变量将是所剩下变量中最显著的那个变量。这种情况将持续到被列入的变量不显著为止。

反向消去法开始于包括所有可能变量的完整模型。第一步是将最不显著的变量排除。第二步是排除剩下变量中的最不显著的变量。这种情况持续下去，直到模型中的所有变量显著。

逐步选择法是将前向选择法和反向消去法相结合。它开始于一个空模型（或完整模型）和前向选择法。第一个变量包括需要单独评估的最显著的变量。如上所述，下一个变量的列入由前面的程序选择。当模型中包括两个变量时，如果第一个列入的变量是显著的则进行评估。如果不是，则被排除，否则就留在模型中。若包含下一个变量，程序将继续。如果包含一个新变量，则模型中其他变量间的显著性需要被评估。如果列入一个变量改变了模型中其他变量的显著性，需要的话对该变量进行评估和排除。这种情况持续下去，直到没有变量可以列入或排除。

建议评估变量，排除那些在模型还原时对最后的模型可能有影响的变量。应该记住模型中的变量在简化程序的不同步骤中被排除。在排除一个变量时，模型中的变量对所要排除的变量有显著影响。这归因于解释变量之间的相关和混杂。

依据所采用的分析方法，可以采用不同的方法评估显著性。

第八节　混杂和交互作用

混杂是一种系统误差，而交互作用是一种生物现象。

一、混　　杂

混杂是一种系统误差，它描述了两个或更多的解释变量之间的混合效应。混杂有很多不同的操作方法，如排除、配对或分析控制等。以下是最新的操作方法，分析方法主要依赖于数据结果的类型（如二分型或连续型）。

总体来说，混杂是将对结果和解释变量联系的粗略估计与已经校正的混杂变量关系进行对比，做出评价。关联的粗略估计是不包括混杂变量在内的其他解释变量与结果之间的关系。关联的校正估计是对混杂变量做出调整后而获得的。二者的差别多大一直是争论的热点，学者认为在关联估计中10%～30%的变化足够证明该变量在解释变量和结果的关系中起到混杂作用。混杂变量不需要为了变成混杂变量而成为一个显著的风险因子。然而，评价影响这些变化的解释变量很重要。所以逻辑回归分析的参数估计或许会变化30%，但是如果一种疾病的比值比仅从1.21变化到1.81，那么所研究的各种联系的相互作用没有变化，仍会有人质疑它是统计学混杂，但是不具备生物学重要性。

调整混杂变量获得关联估计值的方法取决于所涉及的变量的类型（结果、解释变量和混杂变量）。

一个二分法结果（如是否患病）和二分解释变量（是否暴露）的混杂可通过粗比与调整比的比较来评价。混杂变量可以是二分的、有序的、分散的或连续的。粗比是由结果和解释变量之间的关系计算的，不用考虑混杂变量。调整比是每个水平的混杂变量的加权平均比。比率的调整方法很多。下面我们将介绍根据Mantel-Haenszel检验进行的调整。表12-17说明一个2×2表的分层，危险因子和疾病之间的关系是由k种水平的混杂因子分层的。2×2表的比值比或相对危险度在分层前被称为粗比值比（OR_{crude}）或粗相对危险度。计算式如下：

$$OR_{crude}=\frac{ad}{bc} \tag{12-33}$$

$$RR_{crude}=\frac{a(c+d)}{c(a+b)} \tag{12-34}$$

用Mantel-Haenszel方法计算混杂变量被调整后危险因子与疾病之间关系的调整比值比或调整相对危险度。

$$OR_{adj}=\frac{\sum_{i=1}^{k}\frac{a_i d_i}{n_i}}{\sum_{i=1}^{k}\frac{b_i c_i}{n_i}} \tag{12-35}$$

具有两个水平的混杂因子的调整比值比为

$$OR_{adj}=\frac{\frac{a_1 d_1}{n_1}+\frac{a_2 d_2}{n_2}}{\frac{b_1 c_1}{n_1}+\frac{b_2 c_2}{n_2}} \tag{12-36}$$

表 12-17　原 2×2 表格和按照一个 k 种水平的混杂变量分层而生成的 2×2 表格

		疾病		
		有	无	
风险因子	有	a	b	$a+b$
	无	c	d	$c+d$
		$a+c$	$b+d$	n

$\mathrm{OR_{crude}}=\dfrac{ad}{bc}$

$\mathrm{RR_{crude}}=\dfrac{a\ (c+d)}{c\ (a+b)}$

		1层 混杂变量的水平 1			2层 混杂变量的水平 2			…	k 层 混杂变量的水平 k		
		疾病			疾病			…	疾病		
		有	无		有	无		…	有	无	
风险因子	有	a_1	b_1	a_1+b_1	a_2	b_2	a_2+b_2	…	a_k	b_k	a_k+b_k
	无	c_1	d_1	c_1+d_1	c_2	d_2	c_2+d_2	…	c_k	d_k	c_k+d_k
		a_1+c_1	b_1+d_1	n_1	a_2+c_2	b_2+d_2	n_2	…	a_k+c_k	b_k+d_k	n_k
		$\mathrm{OR_1}=\dfrac{a_1d_1}{b_1c_1}$			$\mathrm{OR_2}=\dfrac{a_2d_2}{b_2c_2}$			…	$\mathrm{OR}_k=\dfrac{a_kd_k}{b_kc_k}$		
		$\mathrm{RR_1}=\dfrac{a_1\ (c_1+d_1)}{c_1\ (a_1+b_1)}$			$\mathrm{RR_2}=\dfrac{a_2(c_2+d_2)}{c_2(a_2+b_2)}$			…	$\mathrm{RR}_k=\dfrac{a_k(c_k+d_k)}{c_k(a_k+b_k)}$		

调整相对风险度为

$$\mathrm{RR_{adj}}=\frac{\sum_{i=1}^{k}\dfrac{a_i(c_i+d_i)}{n_i}}{\sum_{i=1}^{k}\dfrac{c_i(a_i+b_i)}{n_i}} \tag{12-37}$$

具有两个水平的混杂因子的调整相对风险度为

$$\mathrm{RR_{adj}}=\frac{\dfrac{a_1(c_1+d_1)}{n_1}+\dfrac{a_2(c_2+d_2)}{n_2}}{\dfrac{c_1(a_1+b_1)}{n_1}+\dfrac{c_2(a_2+b_2)}{n_2}} \tag{12-38}$$

在这个等式中看到的调整比值比是分层特异比值比的加权平均值。评价混杂的自由度必须对表 12-17 中的粗比和调整比进行比较。比较后有差异，则有混杂。问题是确定它们之间有足够的差异与混杂有关。关于这个问题没有解决的方法，建议是判断混杂因子是否改变了对基础生物学的结论。

混杂因子经过调整以后，风险因子和结果之间关联的检验统计公式为

$$X^2=\frac{\left[\left|\sum_{i=1}^{k}a_i-\sum_{i=1}^{k}E(a_i)\right|-\dfrac{1}{2}\right]^2}{\sum_{i=1}^{k}V(a_i)} \tag{12-39}$$

这里

$$E(a_i)=\frac{(a_i+c_i)(a_i+b_i)}{n_i}$$

为种类 a_i 的观测预期数量

$$V(a_i)=\frac{(a_i+c_i)(a_i+b_i)(b_i+d_i)(c_i+d_i)}{n_i^2(n_i-1)} \tag{12-40}$$

为联合方差。检验统计量的分布是 $\chi^2(1)$。不论混杂变量的分层数目是多少，当结果和风险因子均有两个水平时只有一个自由度。

调整比可由具有多个水平的定性变量计算，由多个潜在混杂变量分层。然而，由于分层更多的变量，2×2 表和计算式都变得越来越难以注意。所以，当具有多个潜在混杂变量或一个变量具有多个水平时，统计模型是一个非常合理地选择。

定量和定性结果中的混杂均可采用多变量分析（多变量意味着在分析中具有多个解释变量）统计模型来评价。所采用的分析方法的类型取决于结果和解释变量的类型。

用一般模型表示法描述结果与解释变量之间的关联，可表示为以下几种方式。

没有潜在混杂变量的模型（粗略估计）：

$$y_i=\alpha'+\beta''x_{1i}+\varepsilon_i$$

有潜在混杂变量 x_{2i} 的模型（关系是 x_{2i} 调整后的影响）：

$$y_i=\alpha''+\beta''x_{1i}+\gamma''x_{2i}+\varepsilon_i$$

反应变量可以是连续的或患病概率的对数（二分法结果）。二分法结果的公式中没有 ε_i。评估混杂时我们需要比较以上两个模型中 x_{1i} 的估计值。

二、交互作用

交互作用是一个生物现象，表示两个变量结合起来对结果的影响。交互作用的评价可使用分层相同的表（表 12-17）。该表在结果是二分的（如疾病的有无）和一个解释变量是二分的（如是否暴露）进行混杂评价时使用。通过比较分层特异比值比评价交互作用。当它们显著不同时（如一个比率是其他的 2 倍），则存在交互作用。该例子中的交互作用显示我们分层的变量在每个水平的比率是不同的。可以采用统计模型检验交互作用。在建模过程中可能的交互作用是否被检验一直是备受争议的。一些人认为，最初的多变量模型首先应缩减到只包括重要的变量，然后从生物学角度对变量之间合理的交互作用进行检验。另一些人认为，当强交互作用存在时，忽略主效应是不合理的，所以他们认为在忽略不重要的变量前应检验交互作用。是否要检验所有的双向交互作用、三向交互作用，或只检验生物学上合理的交互作用是存在争议的。一些人认为，除了已掌握的知识以外，将再也找不到用来检验交互作用的新的生物学知识。然而，通过测试大量的交互作用，包含显著交互作用的可能性是随着使用过的统计检验的数量偶然增加的（Ⅰ型错误的危险度是 $\alpha=0.05$，每个交互作用检验是错误的概率是5%）。

举例说明交互作用的概念考虑下列的模型。

两个定量解释变量：

$$Y_i=\alpha+\beta X_{1i}+\gamma X_{2i}+\varepsilon_i$$

两个定性解释变量：

$$Y_{ij}=\alpha+B_i+C_j+\varepsilon_{ij}$$

一个定量解释变量和一个定性解释变量：

$$Y_{ij}=\alpha+\beta X_{1i}+C_j+\varepsilon_{ij}$$

式中，y 为结果；α 为一般平均值；B_i 和 C_j 为两个定性解释变量的影响；X_1 和 X_2 为两个连续解释变量；β 和 γ 为斜率；ε_{ij} 为随机误差。

结果 y 可以是连续的或患病概率的对数（二分法结果）。具有两个解释变量的例子中如果影响是过度的或不足的，必须增加另一项来解释这种过度或不足，这就是交互项。通过增加两个因素的乘积项将交互项添加到模板中。

两个定量解释变量：

$$Y_i=\alpha+\beta X_{1i}+\gamma X_{2i}+\delta(X_{1i}\times X_{2i})+\varepsilon_i$$

两个定性解释变量：

$$Y_{ij}=\alpha+B_i+C_j+BC_{ij}+\varepsilon_{ij}$$

一个定性解释变量和一个定量解释变量：

$$Y_{ij}=\alpha+\beta X_{1ij}+C_j+\delta_j X_{1ij}+\varepsilon_{ij}$$

式中，δ 和 δ_j 为回归系数；$\delta(X_{1i}\times X_{2i})$；$BC_{ij}$ 和 $\delta_j X_{1ij}$ 为交互项；B_i 和 C_j 为两定性解释变量的影响。

基于这些模型，将通过两个解释变量是定性的、定量的或两者都有来解决 4 种不同的情况。

两个解释变量 B_i 和 C_j 是二分的。表 12-13 表示 B_i 和 C_j 之间交互作用的影响。交互作用将导致产生不同的分层特异比值比。通过这种方式评价交互作用的自由度又是一个判断性问题：生物的交互作用重要吗？如果是，那么存在交互作用。另一种方法是根据结果的性质使用方差分析或逻辑分析进行分析。交互作用将会对两个定性解释变量模型中 BC_{ij} 的估计造成影响。

对上一个情况的归纳是如果解释变量 B_i 和 C_j 是定性的，但不一定是二分的。可以采用方差分析和逻辑分析评价交互作用。如果 BC_{ij} 在两个定性解释变量模型中有影响则说明存在交互作用。

一个定性解释变量和一个连续变量，如果存在交互作用，模型中的 δ_j 在根据结果的性质所采用的协方差分析（解释变量是连续的方差分析）或逻辑分析中有影响。C_j 和 X_1 之间的交互作用改变连续变量 X_1 的斜率，因为定性变量 C_j 的值发生了改变。

当两个解释变量是连续的，交互作用对两个定量解释变量模型中 δ 的估计有影响。

三、混杂和交互作用的关系

前几章得出混杂的评价是通过比较粗比值比和调整比值比。然而，只有当分层特异比值比是相似的这种调整才合理。因此，当强交互作用存在时，混杂与评价无关联，因为加权平均值无任何意义。下面我们列举两个例子，使用表 12-17 的方案说明怎样评价混杂或交互作用是否存在。

例 12-13 有研究指出支气管败血波氏杆菌对猪萎缩性鼻炎的影响。对 68 群仔猪进行了研究，每群仔猪都按有临床性萎缩性鼻炎分类，定义为短鼻子猪或其他扭曲变形鼻子的猪，这些变形的鼻子明显不同于正常鼻子或其他自然变异的鼻子类型。每群采取 10 头 4 周龄的仔猪和 10 头 8 周龄的仔猪的鼻子样本进行多杀性巴氏杆菌产生的毒素检测。同时还做了支气管败血波氏杆菌的检测。每群猪都按照多杀性巴氏杆菌毒素阳性进行分类，如果病原体可以从至少一个鼻子样本中分离得到，这群猪就归类为阳性。表 12-18 显示该研究的结果，可以看到两个分层特异相对风险度之间有差异，表明多杀性巴氏杆菌毒素产生的细菌和支气管败血波氏杆菌之间有关联。调整相对风险度为

$$RR_{adj}=\frac{\dfrac{22(12+3)}{37}+\dfrac{5(5+10)}{31}}{\dfrac{12(22+0)}{37}+\dfrac{5(5+11)}{31}}=1.167$$

表 12-18 支气管败血波氏杆菌为风险因子引起萎缩性鼻炎的原 2×2 表格和按照多杀性巴氏杆菌毒素有无分层而生成的 2×2 表格

		萎缩性鼻炎		
		有	无	
支气管败血波氏杆菌	有	27	11	38
	无	17	13	30
		$a+c$	$b+d$	n

$RR_{crude}=\frac{27(17+13)}{17(27+11)}=1.25$

		多杀性巴氏杆菌毒素阳性 混杂变量的水平 1 萎缩性鼻炎			多杀性巴氏杆菌毒素阴性 混杂变量的水平 2 萎缩性鼻炎		
		有	无		有	无	
支气管败血波氏杆菌	有	22	0	22	5	11	16
	无	12	3	15	5	10	15
		34	3	37	10	21	31

$RR_1=\frac{22(12+3)}{12(22+0)}=1.25$　　$RR_2=\frac{5(5+10)}{5(5+11)}=0.94$

粗相对风险度和调整相对风险度之间的不同表明产毒素多杀性巴氏杆菌和支气管败血波氏杆菌对萎缩性鼻炎的产生没有或有很小的混杂。相同的计算结果用比值比得出。

采用逻辑分析进一步检验支气管败血波氏杆菌和多杀性巴氏杆菌毒素产生细菌作为风险因子对萎缩性鼻炎这一结果的交互作用和混杂。由于观察数量有限不能检测一些组合支气管败血波氏杆菌和多杀性巴氏杆菌毒素产生细菌之间的互作效应。两者之间对萎缩性鼻炎的效应的统计分析表明多杀性巴氏杆菌毒素产生细菌的表型是一个明显的风险因子。分析表明两者之间不存在交互作用，兽医专家认为当模型改变时，每个风险因子仅是轻微的改变（两个变量同时在一个模型里或两个模型各包括其中一种变量）。

例 12-14 丹麦一个母猪养殖场曾经遇到猪群内大量死产仔猪的问题。想找出原因，证实重要的风险因子与数目增加的死产仔猪的关联。因此，收集了该群母猪 2002 年 1 月 1 日至 7 月 1 日的生产记录。记录的生产变量包括母猪标记号、产仔数、生产数据、活产数和死产仔猪数。因为在这段时间内，有些母猪具有不止一次的生产，所以猪群中每只母猪的数据来源于一次随机选择的产仔。该试验共包括 379 头母猪的数据。

该养殖场的场长通过对数据的观察已注意到母猪的经产次数是十分关键的一个因素。

379 头产仔母猪中有 184 头母猪具有一头或多头死产仔猪，其中 81 头是初次生产，没有死产仔猪的 117 头母猪是初次生产。该养殖场想知道在初次生产和多次生产中母猪的死产仔猪的数量是否有明显差别。

尽管该研究周期较长，但该研究仍属于观察性的横断面研究。具体数据见表 12-19。

表 12-19 观察性研究中死胎数和母猪经产次数的分布

		死胎		总计
		>0	0	
经产次数	1	103	78	181
	1	81	117	198
总计		184	195	379

比值比和相对风险的计算式如下：

$$OR_{crude}=\frac{103/78}{81/117}=1.91,\qquad RR_{crude}=\frac{103/181}{81/198}=1.39$$

死胎数与经产次数之间关系的验证使用 χ^2 检验。检验统计量值为

$$\chi^2=\frac{\left(|103\times 117-78\times 81|-\frac{379}{2}\right)^2\times 379}{184\times 195\times 181\times 198}=9.06$$

检验统计量值有自由度为 1 的 χ^2 分布，χ^2 (1) 0.95＝3.84。因为检验统计量值大于 3.84，因此我们拒绝原假设，得出的结论是死胎数与经产次数之间关系显著。

生产月和经产次数之间的交互作用是通过比较对关联度的特定分层的测量来进行评价的，具体见表 12-20。这里，比值比和相对风险度计算经产次数和死胎数之间的关系，由生产月分层。为了评价比值比和相对危险度之间的差异，计算出了 95%的置信区间。不同的比值比为 1.00～4.78。然而，当考虑可靠区间的宽度时，差异并不是很大。同时可看出比值比的区间范围较相对风险度的范围宽。如果分层特异比值比的比较没有考虑对估计的不确定性，我们可能得出生产月和经产次数之间有交互作用的结论。检验交互作用采用逻辑分析，包括生产月、经产次数和交互作用。分析表明交互作用不明显，$p=0.51$。

表 12-20 出生仔猪死胎率与母猪的经产次数按生产月分层之间的关联的 OR 和 RR 测定

关联的量度	生产月份					
	1月	2月	3月	4月	5月	6月
OR	3.66	1.00	2.06	1.28	2.50	4.78
95%CI (OR)	0.33～41.59	0.21～4.71	0.90～4.74	0.50～3.29	0.96～6.50	1.43～15.97
RR	2.20	1.00	1.54	1.15	1.50	1.80
95%CI (RR)	0.38～1.26	0.54～1.86	0.92～2.57	0.67～1.98	0.97～2.31	1.26～2.57

为了评价生产月和经产次数之间可能的混杂，可以计算调整后的关联测量：

$$OR_{adj}=2.12,\qquad 95\%CI: [1.36;\ 3.30]$$

$$RR_{adj}=1.45,\qquad 95\%CI: [1.17;\ 1.80]$$

调整比值比、调整相对风险度和粗比值比，与粗相对风险度做比较后没显示任何混杂。

第九节　测 量 拟 合

大多数测量（如诊断测试）是不精确的。由于测量的不确定，通常有大量的检验方法可供使用。为了选择或代替一种方法，需要评价方法之间的比较或拟合。测量可以是定量的或定性的。根据测量的规模，采用不同的方法评价拟合。当测量是定性规模，如火鸡样本中检测弯曲菌的例子，Kappa 值（κ）用来测量两种方法之间的拟合。当比较定量规模的测量时，可采用 Bland-Altman 评价拟合。

评价两种检测弯曲菌试验之间的拟合。两种试验是传统的细菌培养和自动酶联免疫试验。每个火鸡样本采用以上两种试验方法检测弯曲菌。采用 κ 评价试验之间的拟合。在例 12-15 中将进一步讨论。

评价者将动物分为几个小组，小组之间的拟合也可采用 κ 来评价。每当多个评价者参与研究，如为了测量某一种疾病的流行情况，评价者之间的差异是一个必须考虑在内的问题。采用 κ 来评价评估者之间的拟合。在例 12-16 中将进一步讨论。

再如，两种测量猫血压的方法：直接方法和间接方法。直接方法（动脉导管）是十分精确的，但使用较为复杂，必须将猫麻醉。间接方法（卡德尔示波显示器）操作简单、成本低廉，而且不用麻醉。因此，为了用简单低廉的间接方法代替烦琐昂贵的直接方法，对两种方法进行了比较。使用 Bland-Altman 评价两种方法之间的拟合。在例 12-17 中进一步讨论。

一、定性变量拟合：κ

当用两种方法检验同种样本时，如两种用于检测弯曲菌的方法，可计算该两种方法之间的拟合（例 12-15）。在简单的例子中，两种方法只有两个水平（如阳性和阴性）。然而，κ 的计算不限于具有两个水平的变量。可以概括为 $g \times g$ 表，$g>2$。表 12-21 说明了当每种方法有两个分类的情况；而表 12-22 中使用 g 类别的数据，来说明每种方法有更多类别的情况。O_{ij} 是类别 ij 的观察数量，r_i 和 c_j 是第 i 行的观测数量和第 j 列的观测数量。

表 12-21　两种方法的比较（每种方法有两个水平）

两种方法的比较		方法 1		总计
		阳性	阴性	
方法 2	阳性	O_{11}	O_{12}	r_1
	阴性	O_{21}	O_{22}	r_2
总计		c_1	c_2	n

表 12-22　两种方法的比较（每种方法有 8 种水平）

两种方法的比较		方法 1				总计
		1	2	…	g	
方法 2	1	O_{11}	O_{12}	…	O_{1g}	r_1
	2	O_{21}	O_{22}	…	O_{2g}	r_2
	⋮	⋮	⋮		⋮	⋮
	g			…	O_{gg}	r_g
总计		c_1	c_2	…	c_g	n

κ 是对偶然调整拟合的一种测量。κ 是以比例而不是以数量为基础的。结果只具有两个水平的两种方法之间的拟合观察比例为

$$\mathrm{Po}=\frac{O_{11}+O_{22}}{n}, \quad g=2 \tag{12-41}$$

一般

$$\mathrm{Po}=\frac{\sum_{i=1}^{g} O_{ii}}{n}, \quad g>2 \tag{12-42}$$

κ 的计算是拟合预期比例对拟合观察比例的调整。然而，κ 的标准式是观察和预期拟合之间的差除以拟合的最大比例与拟合的偶然比例之间的差。

$$\kappa=\frac{\text{观察拟合}-\text{预期拟合}}{\text{最大拟合}-\text{预期拟合}}$$

$$\kappa=\frac{\mathrm{Po}-\mathrm{Pe}}{1-\mathrm{Pe}} \tag{12-43}$$

这里 Pe 是拟合的预期比例：

$$\mathrm{Pe}=\frac{\sum_{i=1}^{g} r_i c_i}{n^2} \tag{12-44}$$

这意味着 κ 表示的拟合比例并非偶然。

例 12-15　检测火鸡样本弯曲菌的研究中，我们对检测弯曲菌的两种方法进行了比较。这两种方法是传统的细菌培养和自动酶联免疫试验。实验中，共有 61 个火鸡样本。每个样本使用以上两种方法检测。使用 κ 测量两种方法之间的拟合。可用表 12-23 给出的观测值计算观测拟合：

$$\mathrm{Po}=\frac{O_{11}+O_{22}}{n}=\frac{32+4}{61}=0.5902$$

偶然的预期拟合为

$$\mathrm{Pe}=\frac{\sum_{i=1}^{g} r_i c_i}{n^2}=\frac{53\times 36+8\times 25}{61^2}=0.5665$$

因此，

$$\kappa=\frac{\mathrm{Po}-\mathrm{Pe}}{1-\mathrm{Pe}}=\frac{0.590-0.567}{1-0.567}=0.055$$

表 12-23　检测火鸡样本弯曲菌的传统细菌培养和自动酶联免疫试验两种方法的比较

		自动酶联免疫试验		总计
		阳性	阴性	
传统的细菌培养	阳性	$O_{11}=32$	$O_{12}=21$	$r_1=53$
	阴性	$O_{21}=4$	$O_{22}=4$	$r_2=8$
总计		$c_1=36$	$c_2=25$	$n=61$

当 κ 是最大值 1 时，具有很高的拟合。当 κ 是 0 时，说明没有拟合。为负值时，说明拟合比 κ 为 0 时更差。κ 在区间［0，1］的取值提出了不同的解释。具体见表 12-24。

表 12-24 κ 在区间[0，1]取值的解释

κ 值	解释 1	κ 值	解释 2
$\kappa \leqslant 0.20$	差		
$0.2 < \kappa \leqslant 0.40$	尚好的	$\kappa \leqslant 0.40$	差
$0.4 < \kappa \leqslant 0.60$	中等	$0.4 < \kappa < 0.75$	好
$0.4 < \kappa \leqslant 0.80$	好	$0.75 \leqslant \kappa$	非常好
$0.84 < \kappa$	非常好		

因为对 κ 的解释存在很多问题，所以 κ 的作用仍是受争议的。κ 取决于每个范畴的流行率，如表 12-25 所示。由于这个问题，比较不同研究中的 κ 是一种误导，因为不同研究中每个种类的流行率不同。对存在的第二个问题的解释是 κ 取决于范畴的数量。如果一个 $g \times g$ 表折叠成一个小表，如一个 2×2 表，κ 则发生改变。表 12-26 说明了这一点，最初的 3×3 表 κ 为 0.119。然而，当表折叠为一个 2×2 表时，根据该表的折叠方式 $\kappa = 0.158$ 或 $\kappa = 0.05$。

表 12-25 观测拟合相等时两种方法的比较，两个范畴有不同的流行率，而导致 κ 不同

		方法 1		总计
		+	−	
$\kappa = 0.20$				
方法 2	+	40	10	50
	−	30	20	50
总计		70	30	100
$\kappa = -0.01$				
方法 2	+	5	10	15
	−	30	55	85
总计		35	65	100

表 12-26 三个范畴或合并成两个范畴的两种方法的比较

		方法 1			总计
		A	B	C	
$\kappa = 0.119$					
方法 2	A	30	20	50	100
	B	20	20	10	50
	C	5	15	30	50
总计		55	55	90	200

续表

		方法 1			总计
		A+B		C	
κ=0.158					
方法 2	A	90	60	150	
	B	20	30	50	
总计		110	90	200	

		方法 1			总计
		A		B+C	
κ=0.50					
方法 2	A	30	70	100	
	B+C	25	75	100	
总计		55	145	200	

关于 κ 的第三个问题是，当变量在一个顺序量表中时它没有考虑种类的顺序。因此，加权 κ 已开始使用，根据差异的大小对分歧的程度进行加权。接近对角线的观察代表只有一个范畴的差异，而远离对角线的观察代表了两个或多个范畴的差异。一个大的差异被认为比一个较小的严重。

加权 κ 的计算式如下：

$$\kappa(w)=\frac{\text{Po}(w)-\text{Pe}(w)}{1-\text{Pe}(w)} \tag{12-45}$$

这里

$$\text{Po}(w)=\frac{1}{n}\sum_{i=1}^{g}\sum_{j=1}^{g}w_{ij}O_{ij} \tag{12-46}$$

$$\text{Pe}(w)=\frac{1}{n^2}\sum_{i=1}^{g}\sum_{j=1}^{g}w_{ij}r_i c_j\,,\qquad w_{ij}=1-\frac{|i-j|}{g-1} \tag{12-47}$$

加权 κ 曾被用来测量两名观察员评价奶牛乳房健康评价的拟合。

例 12-16　在奶牛乳房健康的研究中，两名临床兽医对相同的 20 头奶牛做了系统的临床记录。表 12-27 显示两名临床医生评价乳房不对称的拟合。使用顺序量表评价不对称性：0 说明对称，1 说明轻微不对称，2 说明中等不对称，3 说明明显不对称，4 说明严重不对称。因为量表是有序的，所以为了评价两个临床兽医之间的拟合需要计算 κ。已经给出 κ 的比较，但是不应该以乳房不对称为根据。

κ 的计算式为

$$\kappa=\frac{\text{Po}-\text{Pe}}{1-\text{Pe}}=\frac{0.55-0.3275}{1-0.3275}=0.33$$

$$\text{Po}=\frac{7+1+0+0+3}{20}=0.55$$

这里

$$\text{Pe}=\frac{12\times 9+1\times 4+2\times 3+1\times 1+4\times 3}{20^2}=0.3275$$

表 12-27 两名临床医生评价乳房不对称性的拟合

		临床医生 2					总计
		0	1	2	3	4	
临床医生 1	0	7	3	2	0	0	12
	1	0	1	0	0	0	1
	2	1	0	0	1	0	2
	3	0	0	1	0	0	1
	4	1	0	0	0	3	4
总计		9	4	3	1	3	20

加权 κ 的计算式如下：

$$\kappa(w)=\frac{\mathrm{Po}(w)-\mathrm{Pe}(w)}{1-\mathrm{Pe}(w)}=\frac{0.7625-0.598\,75}{1-0.598\,75}=0.53$$

$$\begin{aligned}\mathrm{Po}(w)=\frac{1}{20}\Big(&1\times 7+\frac{3}{4}\times 3+\frac{2}{4}\times 2+\frac{1}{4}\times 0+0\times 0+\frac{3}{4}\times 0+\frac{2}{4}\times 0+\frac{1}{4}\times 0\\&+\frac{2}{4}\times 1+\frac{3}{4}\times 0+1\times 0+\frac{3}{4}\times 1+\frac{2}{4}\times 0+\frac{1}{4}\times 0+\frac{2}{4}\times 0+\frac{3}{4}\times 1\\&+1\times 0+\frac{3}{4}\times 0+0\times 1+\frac{1}{4}\times 0+\frac{2}{4}\times 0+\frac{3}{4}\times 0+1\times 3\Big)=0.7625\end{aligned}$$

$$\begin{aligned}\mathrm{Pe}(w)=\frac{1}{20^2}\Big(&1\times 9\times 12+\frac{3}{4}\times 4\times 12+\frac{2}{4}\times 3\times 12+\frac{1}{4}\times 1\times 12+0\times 3\times 12\\&+\frac{3}{4}\times 9\times 1+1\times 4\times 1+\frac{3}{4}\times 3\times 1+\frac{2}{4}\times 1\times 1+\frac{1}{4}\times 3\times 1\\&+\frac{2}{4}\times 9\times 2+\frac{3}{4}\times 4\times 2+1\times 3\times 2+\frac{3}{4}\times 1\times 2+\frac{2}{4}\times 3\times 2+\frac{1}{4}\times 9\times 1\\&+\frac{2}{4}\times 4\times 1+\frac{3}{4}\times 3\times 1+1\times 1\times 1+\frac{3}{4}\times 3\times 1+0\times 9\times 4+\frac{1}{4}\times 4\times 4\\&+\frac{2}{4}\times 3\times 4+\frac{3}{4}\times 1\times 4+1\times 3\times 4\Big)=0.59875\end{aligned}$$

二、定量变量拟合：布兰德-奥特曼

两种使用定量规模方法之间的拟合可以使用布兰德-奥特曼图表表示。这是对两种方法平均数差异的一个图解。测量两种方法之间的拟合使用相关系数有时是错误的。因为相关性是对线性关系的一种测量，而不是拟合。

假设动物 i（$i=1$，…，n）的 A、B 两种方法分别的测量结果为 Y_{Ai} 和 Y_{Bi}，Y_{Ai} 是动物 i 方法 A 的测量结果，Y_{Bi} 是动物 i 方法 B 的测量结果。

布兰德-奥特曼图表的构成是通过计算每个动物两种方法之间的差异，以及每个动物两种方法的平均值。

$$d_i=Y_{Ai}-Y_{Bi},\qquad m_i=(Y_{Ai}+Y_{Bi})/2$$

两种方法之间的平均差异是一种方法相对于其他方法的估计偏差：

$$\text{bias} = \bar{d} = \frac{\sum_{i=1}^{n} d_i}{n} \tag{12-48}$$

布兰德-奥特曼图表说明每个动物两种方法之间的差异与平均值之间的差异。如果差异是逐渐增加的平均差或差异是成比例的平均差，可以使用布兰德-奥特曼图来评价。

最后，于95%的置信限计算个体观察者的拟合限度：$\bar{d} \pm 1.96S_d$。这里 $\bar{d}$ 是上面给出的平均差异，S_d 是标准差的偏差：

$$S_d = \sqrt{\frac{\sum_{i=1}^{n}(d_i - \bar{d})^2}{n-1}} \tag{12-49}$$

第十节　统计分析概述

几十年来，随着人们对数据进行统计分析处理的需要，许多专业的统计分析软件被开发并成功应用，如SAS、SPSS、MATLAB、Excel等。SAS系统是世界公认的权威性统计软件之一，是一个大型集成信息分析管理系统，也是我们建议使用的统计分析软件之一。表12-28～表12-31总结了该章所描述的不同统计分析和技术。每个表包含本章相应的部分及建议的SAS程序，包括期权的引用。

表12-28给出的是一个解释变量和一个结果变量的统计分析概述和SAS程序。

表12-29给出的是一个结果变量和两个或多个解释变量的统计分析和SAS程序。

表12-30给出的是没有特殊因果关系的统计分析和SAS程序。

最后，表12-31给出一个评价拟合方法的概述。

表12-28　一个解释变量和一个结果变量的统计分析概述和SAS程序

结果类型	解释变量		IO	统计分析方法	SAS程序（版本8.02）	
	类型	水平的数量			程序名称	操作菜单（语句）
定量的（连续的）	定性的（二分的）	2	是	t 检验	PROC TTEST	
		2	否	配对 T 检验	PROC TTEST	PAIRED
	定性的（二分的、正态的或顺序的）	≥2	是	方差分析	PROC MIXED	
	定量的	—	是	逻辑回归	PROC FREQ	
定性的（二分的）	定性的（二分的）	2	是	χ^2 检验	PROC FREQ	
				Fisher确切检验	PROC FREQ	
				逻辑分析	PROC GENMOD	
	定量的（连续的）	—	是	逻辑回归	PROC GENMOD	
				Fisher确切检验	PROC FREQ	EXACT FISHER
	定性的（二分的、正态的或顺序的）	≥2	是	χ^2 检验	PROC FREQ	
				逻辑分析	PROC GENMOD	

表 12-29　一个结果变量和两个或多个解释变量的统计分析和 SAS 程序

结果类型	解释变量		IO	统计分析方法	SAS 程序（版本 8.02）	
	类型	水平的数量			程序名称	操作菜单（语句）
定量的（连续的）	定性的（二分的、正态的或顺序的）	≥2	是	方差分析	PROC MIXED	
	定性的（二分的、正态的或顺序的）	≥2	否	混合模型	PROC MIXED	REPEATED RANDOM
	定性的（二分的、正态的或顺序的）	≥2	是	协方差分析	PROC MIXED	
	定量的（离散的、连续的）	—			PROC FREQ	
	定量的（离散的、连续的）	—	是	多重线性回归	PROC REG	
	定量的（离散的、连续的）	—				
定性的（二分的）	定性的（二分的、正态的或顺序的）	≥2	是	逻辑分析	PROC GENMOD	
	定性的（二分的、正态的或顺序的）	≥2				
	定性的（二分的、正态的或顺序的）	≥2	是	逻辑分析	PROC GENMOD	
	定量的（离散的、连续的）	—				
	定量的（离散的、连续的）	—	是	多重逻辑回归	PROC GENMOD	
	定量的（离散的、连续的）	—				

表 12-30　没有特殊因果关系的统计分析和 SAS 程序

变量 1		变量 2		变量的独立性	统计分析方法	SAS 程序（版本 8.02）	
类型	水平数量	类型	水平数量			程序名称	操作菜单（语句）
定量的（连续的）	—	定量的（连续的）	—	是	皮尔逊相关系数	PROC FREQ	
定量的（连续的、离散的）	—	定量的（连续的、离散的）	—	是	斯皮尔曼相关系数	PROC FREQ	SPEARMAN
定性的（二分的、顺序的）	>2	定性的（二分的、顺序的）	>2				
定性的（二分的、正态的或顺序的）	≥2	定性的（二分的、正态的或顺序的）	≥2	是	χ^2 检验 Fisher 确切检验	PROC FREQ PROC FREQ	EXACT AGREE
定性的（二分的）	2	定性的（二分的）	2	否	麦克尼马尔检验	PROC FREQ	EXACT AGREE

表 12-31　评价拟合方法的统计分析和 SAS 程序

检验 1 或观察者 A 变量的类型	检验 2 或观察者 B 变量的类型	统计分析方法	SAS 程序（版本 8.02）	
			程序名称	操作菜单（语句）
定性的（二分的、正态的或顺序的）	定性的	κ（二分的、正态的或顺序的）	PROC FREQ	EXACT AGREE
定性的（顺序的）	定性的（顺序的）	加权 κ	PROC FREQ	EXACT AGREE
定性的（二分的）	定性的（二分的）	麦克尼马尔检验	PROC FREQ	EXACT MCNEMAR
定量的（连续的）	定量的（连续的）	布兰德-奥特曼图		

小　结

本章介绍了流行病学假设检验、统计学检验方法的选择、连续结果分析中的给定值均数比较、两个独立分组均数比较的 t 检验、两个依赖分组均数比较的配对 t 检验、两组以上均数比较的方差分析、相关、线性回归等内容；描述了二分法结果分析中的给定值比例的比较、独立分组比例比较的 Fisher 确切检验和 χ^2 检验、配对比例比较中的麦克尼马尔测试及逻辑回归与逻辑分析；简要概括了模型控制中连续输出分析的模型控制、断续输出分析的模型控制；此外，就混杂和交互作用、测量拟合中定性变量拟合的 Kappa 值（κ）、定量变量拟合的布兰德-奥特曼图及统计分析做了概述。

复 习 题

1. 流行病学最常见的数据分析包括哪些内容？
2. 简述 Logistic 回归。

第十三章　动物疾病的监测与评价

全球化经济、全球环境和气候的改变增加了病原体传播的风险，增加了引起新出现和重新出现的疾病发生的可能性。这些改变促成了这样一个事实，即流行病学监测系统在疾病控制和预防上发挥的作用越来越重要。大量的流行病学监测网络业已存在。流行病学家在不断加强监测和监视系统的设计及源自其中的数据分析。

动物疾病监测作为动物传染病的重要流行病学防制手段，历来为发达国家所重视，因为：第一，动物疾病直接涉及人类，人畜共患病的频繁出现，动物源性食物影响人类和其他的动物，饲喂动物的抗生素可能引起人类疾病微生物的耐药性；第二，对经济的影响。动物疾病被引入、流行或疑似及其之后的群体监测会产生重要的经济影响。

第一节　动物疾病监测的定义和程序

一、动物疾病的监测与监视

（一）简　　介

监测（surveillance）来自法语单词 surveiller，意思是看，表示用多种方法对动物疾病和感染的“正在审查”。其目的是选择实用性、低成本和适用的方法，而非单独选择准确性。

连续观察疾病在牲畜数量变化上的行为是兽医流行病学最重要的活动之一，这就是通常所说的监测或监视。

监视（monitoring）通常是指在一个特有的畜群中对特定疾病的连续观察。它是一个连续的、动态的收集和处理有关健康、疾病、生产性能、环境因素的常规观察过程，且进行观察结果的记录与传送，但是不包括直接的控制活动。

监测是监视的扩展，如果有关的疾病状态已经超过一定的阈值，就要利用所获信息直接采取防控措施。因此，它是疾病控制规划的一部分。

监测比监视具有更为深入细致的数据记录形式。

监测系统的主要目标是描述疾病的长期趋势 ，从而提供兽医当局对当前动物疾病状态所需的数据 。由于与疾病控制相关，检测活动和疾病控制的进行会发生一些客观变化。经典的监测要基于各个项目和检测结果的客观性及术语的恰当使用。使用“disease”经常意味着临床疾病，而大多数监测活动则针对的是（临床）疾病、感染、用药、风险因素或特异结果，即可归纳为“与健康有关的事件”。

（二）动物疾病监测的定义

动物疾病监测定义为积极主动的、持续的、正式的和系统性的信息收集、整理和解释过程，针对在群体中的特定疾病或疾病因子的早期检测或与检测后预先指定行动的风险的早期预测，以便及时采取有效防制措施和对策。

世界动物卫生组织（OIE）则规定动物疫病监测是“证明在无疾病或感染的情况下，确定疾病或感染的发生或分布的过程，同时尽早检测可能的外来的或新出现的疾病”。

（三）监测和监视的数据收集

疾病监测一词是用来形容一个更为主动的系统，意味着如果数据表明疾病水平超过了一定的阈值，将会采取某种形式的行动。因此，疾病监测有至少三个组成部分：①一个特定的疾病监视系统；②预定的疾病干预策略（指导行动）；③疾病频率阈值的确定。

数据收集是疾病监视和监测系统（monitoring and surveillance system）的核心，然而使用数据时则重点关注数据的质量。与任何其他数据收集相比，如果用对疾病的数据收集具有准确性和代表性来监视疾病，则监视或监测系统可称为主动的监视或监测系统（收集主要数据）。那么被动监视或监测是指因其他用途收集和使用过的数据（现成的或辅助的数据）。

1. 流行病学监测的数据收集 监测活动涉及从多个不同来源系统收集数据。这些可能包括已经存在的数据源，以及为特定的监测目的业已生成的新数据。其数据分析的目的如下。

（1）提供一个已有疾病事态显著发展的检测工具，如新的疾病引入、现有疾病的流行率或发病率的变化、很可能危及现有疾病控制活动原因的检测，包括病原体的新菌（毒）株的引入、牲畜管理系统的缺陷、牲畜流动的程度和模式、牲畜及其产品进口的变化、引进新的药物和治疗方案等。

（2）出于确定其来源和可能处于风险的牲畜群体的目的，跟踪疾病暴发的过程。

（3）基于用于研究和规划的目的，针对牲畜群体疾病提供全面广泛和容易获得的数据。

然而，这些活动的首要目标是给疾病控制机构提供最新的信息，以协助决策制定和疾病控制项目的规划及实施。

任何监视和监测系统的成功运行，在很大程度上取决于整理和分析收集到的数据的速率和效率，计算机数据处理可以完成大量数据的复杂分析操作。只有证明准确的数据才可以操作。如果使用局限性的、难理解的、不完整或不准确的数据，可能会产生混淆或误导的结果。监测或监视数据的分析应尽量简单，对生成信息的局限性应明确说明。

再就是机密性。任何监测或监视系统都含有一定量的机密数据。如果这些数据落入不合适的人或机构，不充分考虑可能的限制而擅自使用这些数据，可能会引起严重的问题。因此，需要设计适当的安全保护措施，确保信息分布在秘密级的和需要知道数据的有关各方。

2. 流行病学监视的数据收集 流行病学监视可能包括现有的常规数据源，还涉及特定的流行病学领域研究使用的数据源。实际上，在一个群体中特定疾病的监视是纵向研究的一种特殊形式。任何个人监视方案的设计将在很大程度上取决于所监视的疾病或控制的程序。例如，与通过触诊监测一个蜱控程序相比，监视一项疫苗接种计划，将需要不同类型的数据。设计监视系统应牢记以下目标。

（1）如果控制措施正被采用，监视程序应提供的一种手段是要确定这些措施是否按照方案设计指定的措施及时和有效的执行；如果没有执行，原因何在。

（2）监视计划应提供一种方法，确定控制措施是否在疾病发生上具有可期待性和预测的效应。这通常意味着一个迅速和全面的疾病报告系统。系统不应是被动的，但应包括主动搜索与疾病暴发相关的内容。

（3）监视计划应提供一个可能危及控制程序事态进展的快速检测手段，或没有实施控制措施的实例，保证防控活动的引入。

（四）监测和监视系统

监测和监视系统是相关的所有检测、疾病、感染、药物和控制，以及其他与健康相关事件活动的总称。

1. 监测和监视系统的目标　该系统的最终目标是尽可能切实可行，实现最小化的动物种群对公共卫生（消费者保护），以及在动物贸易、动物产品、动物健康和福利方面的负面影响。因此，动物健康信息的利用率可被看成是满足大多数兽医规范机构战略目标的基本要求。

2. 监视和监测的数据来源　监测数据潜在初始来源具有一个广泛的范围，包括动物的业主、兽医专业人士（主要是私人执业兽医）、动物健康实验室、畜禽业（销售、屠宰场等）、研究机构、出口前的饲养场、进口检疫站等（图 13-1）。

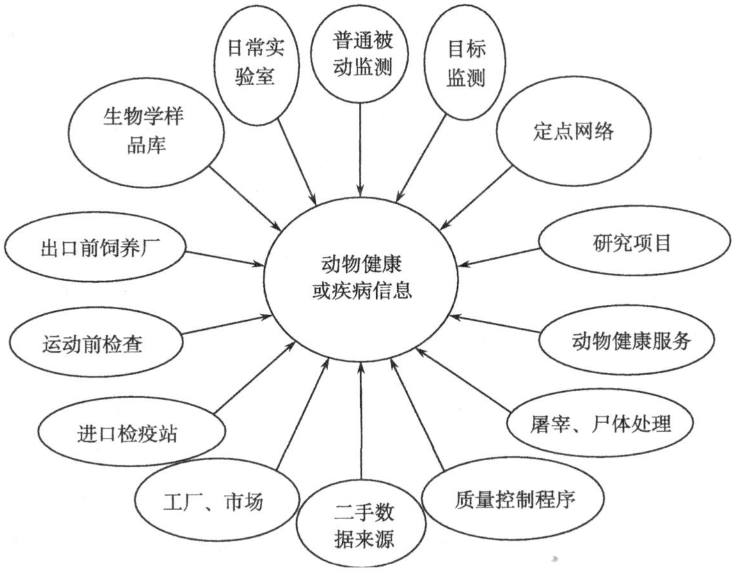

图 13-1　动物健康相关事件监测和监视潜在数据来源

主要数据源的信息对其来源群体要有代表性，一些数据源，如随机群体调查，提供用于评估的分子（事件总数）和分母（监测下处于危险的动物种群）。相比之下，临床报告不提供处于危险的种群信息，只有当提供其他分母信息（如动物普查）时，才能成功评估流行率。根据数据源评估和解释数据，当与健康相关的事件变得罕见时，难以获得在群体中的实际流行率的准确估计。因此，数据的有效性、精度及经济因素变得非常重要，需要汇集不同来源的数据，从而根据患病或疾病消失的证据得出一个整体的、更合理和充分的估计。

（五）数据收集的模式

常用的相关问题划分为“被动监测”和“主动监测”，下面有更详细的介绍，其他如定点（监测和监视）网络可能同时含有被动成分和主动成分。

1. 被动的监测和监视系统

1）定义、方法和目标　一个被动的系统常被定义为专业人员对（临床）疑似病例的（健康机构）酌情鉴定。相当多的可疑报告经常由疾病控制强制法规下达命令。强制性报告一般是区域或全国范围疾病控制项目，在19世纪欧洲发生牛瘟时首次应用。随后对其他疾病也采用强制性报告，如炭疽、狂犬病、口蹄疫、鼻疽、传染性牛胸膜肺炎、羊痘、马媾疫、绵羊和马的疥疮。

这些系统依赖于严格的金字塔结构的审查，其中动物业主（畜牧生产者）在第一层，必须在充分认识动物疾病的情况下，允许检测不同于规范的临床变化，当动物业主（畜牧生产者）的观察不足以做出决定时，可以寻求援助。

私人执业兽医通常在金字塔的第二层。他们可以决定是否将临床样本送到兽医实验室做进一步诊断。

第一层和第二层在一起就如同一系列连续测定法中的筛选测试，只有被认为是（筛选测试的）疑似病例的动物才能通过兽医实验室诊断，即金字塔的第三层完成最后诊断。在连续检测的基础之上，实验室大小反映了产业范围及兽医实践者对种群传播的成本收益比例的评估。实际疾病检测取决于疾病的检测和是否恰当提交生物样品的质量、是否使用正确的测试和个人的诊断经验。

这种方法被认为是被动的，是通过动物业主或从业人员完成的，而不是由调查或兽医主管部门规定的需求信息。该方法广泛用于新出现和再次出现疾病的有效范围内。

除了强制性临床疑似病例，可能有更多的信息，如例行报告、疾病的实验室诊断、观察动物市场的临床报告、定点网络内收集的数据等被认为是被动收集的。

2）优势　在理论上被动的系统连续覆盖（屏蔽）整个易感动物种群，根据所有者（农民）或兽医观察，动物如果受到感染，可预计到表现的临床症状 。因此，它代表一个非常重要的多种疾病的数据来源。这种方法的应用比较令人满意，当面对急性新出现和重新出现与健康相关的事件，如猪瘟或口蹄疫，在方法上是成熟的；在集约化养殖场，被动监视与监测系统似乎是最好的选择。在兽医基础设施，包括从业人员的网络平台都已经固定的情况下，该系统对于个体健康相关事件是廉价的。

3）缺点　被动监测和监视的一个主要限制是，它需要特定的疾病产生临床症状。亚临床感染或疾病的临床前阶段不会被识别。例如，猪瘟监测传统上依赖典型的临床疑似病例的报告。过去10年间，在德国的猪瘟暴发调查中揭示老龄猪临床症状的范围和程度随着时间变化，更多动物很少表现或不表现典型症状，这就延长了第一个疑似病例被报道的时间，允许疾病易于向其他群体传播。同时表示需要仔细监测感染动物的一系列临床症状，如果有必要可将疑似病例定义为确定病例。

2. 主动的监测和监视系统

1）定义、方法和目标　主动监测，已被定义为经常定期地从兽医工作者或机构收集病例报告，这里强调了健康机构（兽医）的积极作用 。与被动监测相比，其在常规的起始采样过程中包括主动监测中个体应该被选定，理论上应为每一个个体提供目标 ，使其都具有平等的被选择的机会。可以使用像“定位监控”或“定向筛选”这些术语，因为首先要找到定义监测客观物体的适当的目标群体。这些目标群体的鉴别取决于选择的嗜好、其预期的流行率、影响种群分配条件的风险因素、有效的诊断测试、有效的采样设计。

这种方法是基于种群或高风险种群的。如果疾病流行率超过了定义的阈值，随机样本以有效成本的方式从同一目标群体中得到，无论是需要精确流行率的评估还是检测疾病。

2）优势　主动或有针对性的监测和监视，经常以单一或重复横断面调查的形式进行，测量点普遍存在特性条件，因此非常适合（与健康有关的事件）需要很长时间才能出成果的事情。这种做法不局限于临床病例。它们可以适用于每一个与健康相关的事件，如疾病、感染或条件致病，像长期持久的抗体滴度的存在，可作为诊断测试或测量系统的指标。目标群体可以是国家范围的畜群，也可以是一个明确定义的高风险（分）种群。主动监测活动最初的步骤，至少在理论上讲，主动系统对超过抽样方案具有很好的控制，即包括进入主题前的筛选过程。

被动系统缺乏的统计基础的客观性，随着时间的推移和国家的调查，可以有更容易更标准的方法，增加结果的可比性。

与卫生有关事件的信息可以通过采访收集业主信息或邮件，或在农场参观时生物样品的收集，或屠宰场的动物尸体。此外，筛选动物病历，无论是文件、电子数据库还是病原体或病变样本的特定生物样品存储库，都可以考虑主动和有针对性的监测。

3）缺点　基于群体的监测和监视一个主要的缺点是，当目的疾病非常罕见时，成本非常昂贵。样本大小可以很容易地被确定，因此成本随着流行率增加呈指数递减。例如，相同的流行率估计与公认的估计绝对误差为 0.05%（估计相对误差为 50%）时，将需要超过已规定 14 000 的样本量。然而，如果流行率变得非常低（低于 0.1%），因为诊断的局限性测试系统和资金限制，进一步增加样本量往往是不可行的。

3. 动态疾病控制方案　当根除一种疾病的动态程序变得清晰时，推荐一个典型的程序步骤（图 13-2）。当一种疾病不存在或尚未作为一个群体问题时，不会进行主动监测（不为特定疾病的诊断测试采样）。

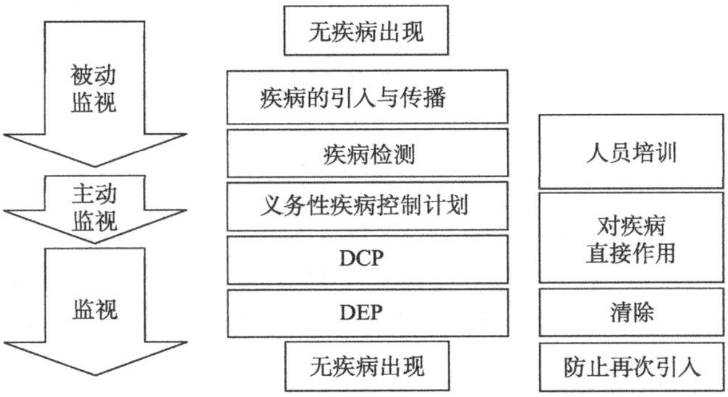

图 13-2　义务疾病控制计划发展超越疾病控制计划（disease control programme，DCP）时转变为一个疾病根除计划（disease eradication programme，DEP）的步骤

二、动物疾病监测的程序

兽医服务工作提供监测数据之前，它必须明确界定为什么需要数据？是出于什么目的而将被使用。对制定进行具体指标的监视目标应该充分界定。一旦具体的指标制定完成，数据来源就可以被识别。

动物疾病监测主要分为国外动物疾病、贸易、疾病控制及新出现的疾病监测。主要步骤如下：①建立目标；②制定病例定义；③确定数据的来源和收集方法；④制订数据收集工具；⑤现场检验方法；⑥开发和检验分析方法；⑦制定发布机制；⑧分析和解释确定应用。

根据陆生动物卫生法典的规定，针对动物疾病监测和发生于任何地方疾病问题的通报，兽医服务机构应具备处置它们的行之有效的系统，并可充分覆盖动物种群。它们在任何时候都应努力提高动物卫生信息系统和动物疾病控制方面的表现。

每个国家都应预先设计出特定疾病的监测方案，考虑将会涉及哪些部门，必须采取什么行动。最重要的是监测系统能够探测发生地点并通告异常事件。专业诊断实验室应在国家水平上参与并作为疾病监测和监测制度的全面合作伙伴，如国际参考实验室，也可用于支持开展必要的诊断、检测和监测活动。

三、动物疾病监测的目的

动物疾病监测的主要目的是为了启动调查或控制措施，检测动物疾病的发病率、严重程度或分布的变化。监测本身不是目的，而是一种指导决策的工具。其作用如下。

(1) 度量法定疾病控制方案的有效性。地方病是指发生在本国的众所周知的疾病。其中一些是法定控制的疾病。那么，存在法定疾病的地方流行、持续监测是衡量控制程序有效性的一个必不可少的组成部分。例如，为了减少牛结核病（TB）、牛海绵状脑病（BSE）或家禽沙门氏菌的流行采取的措施。

(2) 保护公众健康。人畜共患病可能危及农民、屠宰场的工人、排污工人和其他职业人员健康，或可能给宠物主人、“开放农场”或宠物店的来访者带来风险，或造成食品安全问题。

(3) 了解和衡量气候变化对动物疾病的影响。明确是检测环境对动物疾病的影响机制，因为它可以解释存在疾病风险动物种群中的环境影响。

(4) 检测新的和重新出现的疾病。新疾病的早期发现伴随着疾病严重性和人畜共患潜力的不确定性。同样，诊断测试往往不用在第一诊断怀疑的疾病，这样就难以界定疾病范围和获得检测。通过有效监测，及早发现新的威胁，从而通过及时的风险评估和适当的干预措施遏制或根除未来的重大传染病的威胁。

(5) 确保不存在指定的疾病。动物和动物产品的国际流动有利于全球经济发展和保证动物性食品的供应，但会带来疾病传播的风险。

实施卫生与植物卫生措施协议（SPS 协议）旨在动物及其产品贸易的自由化，要求其签署基于出口国家畜及其产品对人类或动物健康构成的风险，以确定其进口政策，并避免保护主义措施。风险评估需要从疾病监测中获得的有力证据。在畜牧业中通过持续的疾病监测所提供的证据，可确认动物或动物产品是否来自指定的动物疫病的国家或地区。

(6) 检测外来疾病。监控已知的、一般不会出现在一个国家或地区的疾病，其早期识别是至关重要的。对于一些指定的动物疾病，明确遏制和消除入侵发生。

第二节　动物疾病监测的机制

一、兽医监测机制

捕获监测信息的机制主要有 4 个，它们有各自的优点和缺点，选择哪个取决于可用的信息来源、需要的精度和准确度的程度、紧迫性的确定及现有的资源。具体如下。

(1) 强制性报告。根据立法有广泛的强制性报告要求，一般都与有关的特定疾病［如欧盟的禽流感（AI）、牛结核病、海绵状脑病、沙门氏菌等］相关。欧盟肉类卫生法规要求监控重要的肉类卫生服务，收集和沟通有关食源性疾病的信息。

（2）自愿报告。需要统筹捕捉和报告疫情信息，并可能是最好的工作和极具成本效益的数据提供的强大动力，根据报告考虑有可能涉及可变信息的准确性。

（3）扫描监测。这种方法侧重于看动物种群的利益，以便及时发现新的疾病、意外或改变模式。数据通过调查疾病暴发的兽医和分析实验室提交，其联合确诊病例的异常水平，这可能预示一个新疾病。数据也可由选定的观察员定点进行网络提交。

扫描监测工作在三个层面上进行，农民可以看到大多数疾病事件，但定义缺少准确性；兽医临床虽然看到疾病事件较少，但可以提供更准确的报告；在兽医实验室可以看到最大准确度和精密度的报告，以及他们所观察到的事件很可能是最严重的。在实践中，监测是以实验室为基础的。

（4）有针对性的监测。这使用了结构化的方法，监测有关的动物种群样本，回答有关疾病或情况的具体问题，使用自定义的测试。

二、全球动物疾病流行病学监测网络

国际兽疫局的世界动物卫生信息系统（WAHIS）是一个在线的安全通知系统，注册了所有用以改善世界动物健康状况透明度的正式报告。采用不同的方法向世界动物卫生组织通报动物疾病。至少每隔 6 个月成员国必须向世界动物卫生组织报告 OIE 通报的疾病存在与否。世界动物卫生组织能够确定在一个地区或国家的流行病学事件是否是一个显著的流行病学事件，特别是在每半年报告的基础上确定。几个因素可以触动世界动物卫生组织的成员报告他们的动物的健康状况（如用于贸易用途）。

世界粮食及农业组织（FAO）的跨境动植物病虫害和疾病的紧急预防系统（EMPRES）成立于 1994 年。世界粮食及农业组织的跨境动植物病虫害和疾病的紧急预防系统的全球动物疾病信息系统（EMPRES-i）是一个基于 Web 的应用程序，它被设计成为通过促进区域和全球动物疾病信息来支撑兽医服务的系统。该系统搜集、存储和验证为早期预警和风险分析准备了多种来源的动物疾病暴发的数据（包括人畜共患病）。

世界动物卫生组织的成员在法律上有义务将动物健康状况通报给世界动物卫生组织，但没有义务通报给世界粮食及农业组织。

世界动物卫生组织、世界粮食及农业组织和世界卫生组织以主要动物疾病，包括人畜共患病的全球预警和反应系统（GLEWS）的形式加强了他们的力量，通过对疾病暴发信息的共享以避免不合理的重复劳动，并联合和协调核查进程。检测和对抗动物疾病与人畜共患病需要以协调的方式进行。

三、兽医症状监测

1.“综合征”监测　运用传染病信息提供的工具，实时监测系统被开发用于预诊已有的自动收集的数据，如销售过的非处方药、急诊情况下的主要抱怨，或化验单医嘱。由于与预诊相关的数据缺乏特异性，这种新型的监测日标在于一般的疾病或综合征群，所以通常被称为“综合征”监测。

疾病控制中心（CDC，美国）将综合征监测定义为“为进一步保证应对公共卫生，对于一个病例或一次暴发，在具有充分可能的诊断和预兆出现之前的健康相关数据”的使用方法。虽然确诊特异性较低，但用于综合征监测的数据更为及时，更充分考虑实时或近于实时的分析和对数据的解释。这样的假设数据不仅代表群体疾病负担（通常不尝试评价这些参数，因为已经认识到存在各种偏倚），而且它们对群体疾病水平变化敏感，包括一次疾病暴发虽然不充分但有早期的征兆。虽然综合征监测的定义侧重于疾病的早期检测，考虑到更广泛的应用，伴随着这种系统的连续使用正在不断积累纵向数据。

在兽医学领域，疾病早期检测系统的发展伴随着与在公共卫生领域采取过的类似路径。近来受到关注的“同一种医学”的理念业已导致了在动物群体中对疾病暴发的早期检测认识的提高，即它是否是人畜共患病都可能具有重大的公共卫生意义。

2. 症状监测中的群体覆盖率和时效性 任何综合征监测系统的一个基本假设就是，如果该群体被持续监控，当它们的健康受到影响时，群体变化的行为表现和这些行为变化的聚集（在时间或空间）能被检测到。

因此，根据在实验室确认的和临床兽医的疾病报告，症状监测系统可设计成为尽量减少被动监测方法的局限性：未报告的慢性发作、疾病暴发出现到诊断之间的长时间滞后，这些方法的高特异性和低敏感性。传统监测的低敏感性涉及疾病的重要性或上报疾病的排序，而且还依赖于临床兽医识别特定疾病症状的能力，以及稀有疾病或新出现疾病。

在图 13-3 中，与不同监测策略相关的时间表和群体覆盖率原理提出了三种不同的目标群体：人群、驯养动物群（家畜和家禽）和伴侣动物。在疾病过程的早期阶段借助系统的、连续的信息筛选，报告不充分也被最小化。疾病进程的时间表从一般群体到疾病的实验室确认，群体覆盖率不断减少。在这个“审视金字塔”中动物业主和兽医从业人员按一系列检测方案操作，所以提交给实验室的报告量反映了有关实验室试验的成本效益比的判断。

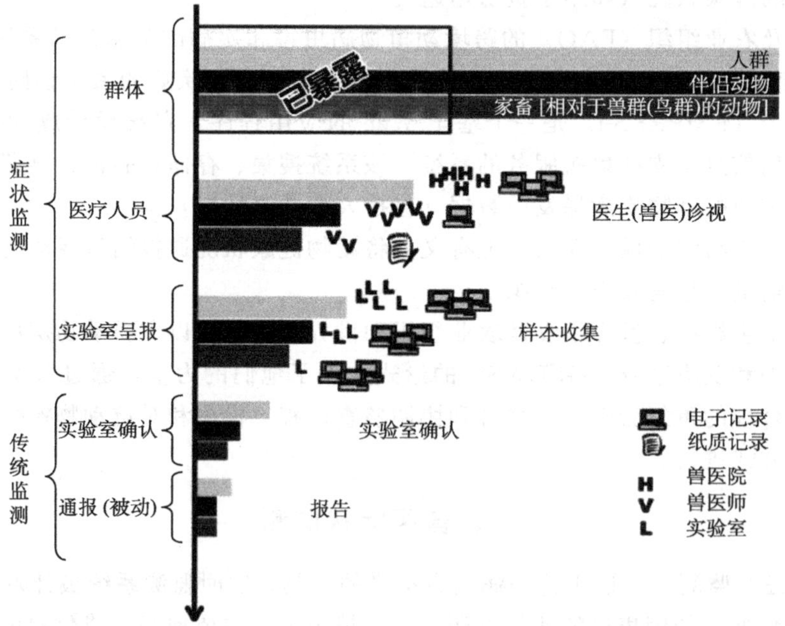

图 13-3 在群体中的疾病连续示意图（Fernanda et al.，2011）

牲畜、伴侣动物和人群接触到任何特定的疾病的绝对数量不太可能是相等的，顶端横线应解释为总群体规模。比例仅供说明。同样，图标的目的，并不是代表一个真正的计数，其要说明的是相对丰度。

图 13-3 线路图还表明，当监测在顺沿疾病过程中被进一步应用之际，及时性在损失。及时性是指“一次疾病暴发的开始和该暴发的发现之间的差别”。在公共卫生领域自动监测系统检测的决定因子，指出影响检测的系统特征和暴发特点。暴发的确切特征是不可预测的，但系统的设计应基于旨在检测疾病的预期特征。与实验室结果的报告相比，由于所应用的监测更接近于如图 13-3 所示的顶部，在时效性方面的增益，通常是根据这样的假设，即暴发的发现与阳性病例的识别几乎同步。在现实中，只有在以前无病地区（国家）的疾病引入时（任何阳性病例被认为是一个警示）才会真正做到同步，对于这类特定的病例，实验室确诊取决于怀疑有疾病的兽医。正确的检测都没有下令（执行），或暴发事件代表一个地方性疾病的发病率突然增加，在疾病过程中检测可能会更晚发生。

3. 兽医学综合征监测的发起　该措施重点是针对新出现疾病的检测。非典型病例工作登记，就整体而言，在针对动物卫生监测的系统中独立列表。后者是基于监测所有临床病例，不仅旨在检测传入疾病，也在于包括地方病的趋势变化。为保护公众健康，以检测动物传染病威胁为主要目的的监视动物健康的系统也被单独分组。

四、监测的方法

在兽医流行病学中，绘制动物的农场和其他设施位置地图的优势是显而易见的。在疾病暴发时，它可以使管理病例事件变得更容易，也提供了一个评估不同战略的工具，从而防止传染病蔓延。GIS 在动物疾病的监测和监测领域具有应用的可能性和潜在价值。

GIS 的功能可纳入以下几个方面提出：疾病的传播和控制策略与规划有关信息的记录和报告、疫情紧急处理、聚类分析、建模等。

（一）监督记录和报告疫情信息

GIS 可以用来产生疾病的发病率、流行率、死亡率在农场、地区或国家一级的地图。在地图上的可视化，信息变得更容易被理解。因为疾病的信息往往会由于信息的聚合（从图上每一个牛群信息，以市或县定位）而失去其价值。如果测绘农场层面的信息，则一个地区只有一小部分可以在同一时间可视化。

另一种用来描述在某个特定地区的疾病发病率的方式是创建使用密度函数密度图。密度函数创建具有已定义的单元格大小的一个网格，并提供在该地区的每一个单元受感染农场的密度值。要调整基础群体，对风险的整体群体密度图的创建具有相同的单元尺寸。用密度图除以提供的地图，显示了在每个单位面积上及在选择的时间单位内特定疾病的发病率。

此功能进一步提供的地图可以显示疾病的蔓延。地图可以显示一个地区的最新情况、农场的信息，也可以用在生产者、管理者和媒体的报道中。

（二）疫情紧急处理

在传染病暴发的情况下，GIS 作为一个很好的工具，可以确定暴发的特定区域内风险农场和所有农场的位置。通过绘制地图，标注出这些农场周围的缓冲区，链接风险农场的地址到计算机桌面上，在一次必须上报疫病的暴发后的短时间内圈定具体地点。GIS 也可以用于其他围绕风险地区或点源产生的缓冲区，如感染牛被驱赶行走的道路或市场周围区域。此外，地图可以协助当地兽医根据当时情况制订工作计划，并为兽医当局处理潜在的暴发。

（三）疾病的聚类分析

聚类分析是指将物理或抽象对象的集合分组成为由类似的对象组成的多个类的分析过程。聚类分析的目标就是在相似的基础上收集数据进行分类。聚类源于很多领域，包括数学、计算机科学、统计学、生物学、经济学等。在不同的应用领域，很多聚类技术都得到了发展，这些技术方法被用作描述数据、衡量不同数据源间的相似性，以及把数据源分类到不同的簇中。

分析一种疾病是否存在空间、时间聚集，现有的GIS还不是一个标准工具，还没有GIS的软件包可用。在数字地图上，发病率的可视化可能会发生误导，原因在于眼观趋向于把聚集看成是点的格局，而非真实情况。因此，一项聚类分析应该客观地评价报告的病例。一些聚类分析的结果可以被导入一个GIS，将集群或集聚区的位置可视化，与GIS相结合可以直观地显示空间分布点。

在空间流行病学领域，近邻空间系统聚类分析能够分析在不同尺度上的空间聚集程度，并直观显示空间点数据、显示在特定时期内的空间分布及其分布特征。

从统计学的观点来看，聚类分析是通过数据建模简化数据的一种方法。传统的统计聚类分析方法包括系统聚类法、分解法、加入法、动态聚类法、有序样品聚类、有重叠聚类和模糊聚类等。采用*k*-均值、*k*-中心点等算法的聚类分析工具已被加入许多著名的统计分析软件包中，如SPSS、SAS等。

（四）疾病的传播模型

模拟模型的软件包可以在GIS中集成。这种模拟模型可以综合农场信息，如牛群规模、生产类型及暴发来源的空间因素、群体密度、气候条件、植被和景观等，所有这些都被看成是模拟疾病蔓延的风险因素。

（五）规划疾病控制战略

周边分析功能可用于识别受感染农场的所有相邻农场。它具备一种功能，即让所有相邻的特点按一定的标准去符合一个特定特征。例如，草原共享或采购来源等的联系模式，可以用一个所谓的蜘蛛网图可视化。可能提供观察到畜群之间传染病传播的可能性。在根除疾病的规划中，对GIS的可能性进行叠加分析，寻找依赖于地理特征或地理条件的疾病高风险区或低风险区。例如，在锥虫病和泰勒虫病的研究中，如何使用GIS计划根除疾病媒介者或野生动物种群的栖息地。

GIS还可以被用来发现发病农场或风险区域的低密度区，如狐狸的细粒棘球绦虫蚴病例。

第三节　动物疾病监测的评估

一、概　　况

（一）评估的原因

（1）监测系统应该反映国家疾病控制优先考虑的次序。监测系统的评估应该是只有重要的疾病问题才予以监测，以确保促进公共资源的最佳使用。评估应该评价一个系统功能是否有用并符合系统的目的。因此，应该定期地评价监测计划，确保其高效、可用和有效，即运用充分的定性操作来符合目的。监测系统的评估应该考虑不断改进定性和效率。

(2) 兽医服务需促成更协调和相互配合的传染病的监测和控制方式，建议性评估草案应该成为完成一个整合的动物健康监测系统的重要工具。

(3) 通过发展有效的监测系统，完成促进公众资源的最佳使用来评估监测计划。在兽医服务中，如果允许国家动物健康监测系统以不同的方式、不同的部门、不同的系统，使用不同的监测方法、术语、报告表格和频率运用，不同的训练内容均被接受。这可能导致这些系统产生额外的费用和系统无效。因此，必须规范现有的动物健康监测系统的评估。

(二) 评估的目的

评估应在符合监测目的的基础上决定评估范围，决定继续使用或修正系统，并提出改进质量和效率的建议。这是因为动物疾病监测系统在方法学、范围和目的上的变化非常广泛，某一种特性在不同的监测系统中的重要性不同。因此，每一个监测系统是否成功依赖于各特性的适当平衡，根据监测系统的目的，评价者评估的力度取决于所评价这些特性的能力。因此，任何评价的形成都必须是灵活的。

系统的目的和对象为评估特定的成分建立一个参考的框架。

(1) 监视的目的至少服务于以下 8 个功能之一。包括病例发现和干预、评价疾病或受伤的影响、描写健康状况的自然史、决定疾病的分布和传播、形成假设和研究假设、评估预防和控制措施、便于计划和对暴发的检测（识别在背景发生上疾病的频率增加）。

(2) 监测计划的对象应该是尽可能特异性的。描述系统的对象允许为评估它的特定成分而发展一个框架，如病例定义、被监测的群体、数据收集、数据来源、报告者、搜集者，数据处理、数据分析和数据发送。

在开始监测计划的评估之前，评价者应该获得其他相关辅助性材料和报告的副本。这些将包括：①提供所监测疾病状况档案的疾病事实表格；②用于训练数据搜集者或报告单位的训练手册或其他材料；③所监测区域的地图；④是否可以获得的普查数字；⑤使用设施的列表；⑥关于发展监测系统的政策文件；⑦基于由监测系统提供的情报的政策示例；⑧职员名单和工作介绍；⑨用在系统所有水平的记录和报告表格，包括完成的表格示例；⑩用于收集、分析和（或）报告所用计算机软件的文件；⑪在前几年已经准备报告的副本，如年度报告和每季度报告。

二、评估草案

(一) 构　　成

监测计划的结构包括组织、交流和资源。

1. 组织　监测计划的组织应该吸纳正确的数据来源，拥有人、使用者和其他的受益人。数据流动应该被简单地完成。权力和职责应该被清楚地界定。监测计划组织的评估包括以下几点。

(1) 描述包括从工作人员的关系到各类组织水平的监测计划。问题说明包括：

哪个部门负责监测？

它的监测活动扩展范围多大？

关于情报的流动和到其他的监测活动它如何与其他的部门互相影响？

(2) 描述谁对核心监测活动负责，包括接触情报。核心监测活动包括：

病例的发现（识别病例和暴发）。

病例的证实（流行病学和实验室证实）。

病例的报告（数据收集机制）。

分析和解释。

反馈（控制措施、暴发调查、计划或政策变化）。

(3) 列出通过监测计划处理报告事件不连续的步骤，然后用一个流程图描述这些步骤。

结构图和数据流程图应充分细化说明所有的系统功能，包括步骤和数据转换之间的平均时间。

(4) 描述监测计划的构成和操作。

2. 交流 监测规划常包括数据通过多次的转手，从被影响群体到实践现场人员，再到诊断实验室，直到公众健康或动物健康官员分析数据。总结的结果以定时的方式通知使用者。监测数据双向流动及来自所有参与者的反馈机制对监测循环的不断改善非常重要。

3. 资源 为评估监测计划的操作指定资源。评价资源的方法仅仅覆盖那些需要直接操作一个监测系统的资源。这些资源有时被称为“直接的费用”，还包括花费在监测数据收集、处理、分析和发送的人事和财政方面的资源，包括监测确认必需的任何相关费用。通常评价限于直接费用。

（二）处　　理

监测程序在指定目标群体中由病例发现开始。病例需要被确认并报告到中央收集中心，一些类型的数据分析和解释结果及决策者的回应也输出到那里。

1. 监测群体 尽管实施困难，但一个对报告病例具有代表性的分母（监测群体）非常关键。在所监测疾病事件的风险群体的统计学和应该提供尽可能多的可用细节，使那些内容符合报告到监测系统的入选资格。

2. 病例的发现（识别病例和暴发） 监测健康相关事件的一个监测系统有赖于明确的病例定性。包括临床表现、实验室结果、流行病学情报（如人、地点和时间）和（或）行为特征，以及确定程度［如确认（定性）、可能的（假设）或可能的（可疑的）］。使用标准的病例定性，可增加报告的特异性，并改进不同来源报告数据的可比性，包括地理区域差异。病例定义可能是所监测健康相关事件的存在，包括疾病、受伤、不利的暴露和危险因子或给予保护的行为者。

标准和特异的定义对于发展一个监测计划是重要的，通过发展和公开病例定义，以便所有的参加者能收集精准的情报。

3. 病例的证实（流行病学和实验室证实） 当病例定义对于报告不能传达高水平诊断可信度时，需要采取确定病例的附加步骤。

4. 病例的报告（数据收集机制） 病例的报告需要详细识别最适当的数据来源，设计一个有效的数据收集方法，而且在数据来源和数据搜集者之间选择一个交流模式（日常，监测系统依照被分类为交流的数据来源、收集的方法和模式）。特别数据收集机制的细节应该考虑对象的特异性、收集过程的适当和资源的可用。

(1) 使用的数据来源仰赖于以下几个因素，如疾病本身、识别疾病的方法、监测计划的目标、可用的个人和物质资源、涉及群体和疾病发生的特征。

初级数据是从监测规划中明确获得的，而且通常直接从群体、从业者或诊断实验室获得。二级数据从机关、组织和经营者为监测之外目的收集的数据编撰获得。

通常，初级数据成本更高，但是质量比二级数据更高。

(2) 数据收集的方法：要将主动监测对比被动监测参照使用。根据监测系统特殊对象的不同，适当数据收集方法的选择必须仔细估量不同方法内在的优劣。

主动监测要求定期与监测数据提供者接触。这可能包括确定群体的一个可以理解的研究或为兴趣较大群体定义的一个样品调查。主动监测提供较完全和更可靠的数据，并且已经在实质上显示更多的病例报告结果。由于监测数据的主动收集比被动收集更加昂贵，它通常用于小规模的、定义明确的群体或特别归类的监测系统。然而，主动监测可能降低发现相对罕见疾病的可能性。

被动监测取决于日常工作人员完成病例的报告。因为被动报告相对地廉价和容易获得，在公众健康监测中，它已是发病和死亡报告的主要收集方法。它较适合于覆盖大群体。对严重的或稀罕的疾病，报告的质量较高，但对于高发病率而严重性低的疾病，报告的质量较低。监测数据的被动收集有一些限制，包括疾病漏报，通常还缺乏代表性、及时性、敏感性和特异性。

(3) 数据提供者和数据搜集者之间采取的交流模式。数据交流的模式可以通过邮件、电话、个人调查或电子邮件交流。

5. 分析和解释　监测数据的熟练处理是对监测数据进行适当分析和正确解释的前提。监测数据的分析通常是描述性的。监测数据的解释超越了描述分析的单纯性，并且需要掌握收集数据所处的环境、影响数据来源的动态因素和限制数据采集的注意事项。

6. 反馈

(1) 向使用者发送完成处理的自收集数据的情报，以及联络完成监测循环结果的决策者。不联系到实际行动，任何公众健康监测系统都是不完全的。对那些需要知道反馈结果的人员，监测数据的发送是监测系统的关键组分。接受者应该包括提供（或应该提供）病例报告、收集数据和为管理或计划所需要的人及制定决策的官员。

(2) 最重要的是监测报告应该是及时的和相关的。必须确定地考虑到报告数据与分析和解释程度改变的影响和后果，但也一定要考虑到延迟报告直到进一步的分析和解释的影响和后果。报告的频率将取决于所用的收集系统和使用者的需要。

7. 途径　资金压力将不可避免地影响监视交付方式。有三个关键变量可以调整，以满足这些需求的监控。它们是代表性、敏感性和质量。

(1) 代表性是指监测数据反映人口的特点，这是"观看过"的程度，是真正具有代表性的监测，确保每一个给定的品种、年龄组和生产类型的动物，将有一个被选中用于监视的平等机会。因此，无论其中的物种成为患病的，还是疾病在发生，将同样可能是一个监控系统，捕捉来自代表范围内的动物的数据检测。

(2) 敏感性是指疾病必须达到可以被检测到的水平，是依赖于正在观察的群体比例。从理论上讲，这可能会有所不同，从0～100%。

(3) 质量是指对精度、准确性、完整性和及时性的监控，是基于数据属性的混合物。这一点很重要，有足够的质量信息能够得出合理的结论，但完美的数据是没有必要的，况且成本过高。

第四节　发展中国家的动物疾病监测

卫生信息系统的数据，可用于侦查、调查和控制急性传染病的暴发；监测疾病的发病率和死亡率；提供一个用于预测未来的传染性或非传染性疾病合理的基础，评估各种干预措施的必要性；支持政策的制定和资源分配；指导研究和急救患者的临床护理。通过适当分配有限的资源，这些数据还可以用来为提供公共卫生服务和方案制定、项目管理需求和降低监测费用，从而提高资源的利用率。尽管它们被广泛地认为是一个有效的保健方案，发展中国家的信息系统的必要组成部分还没有普及，不能有效地为公共卫生管理提供足够的有用信息。

小　结

本章介绍了流行病学动物疾病监测的定义和原则、动物疾病监测的机制、动物疾病监测的评估、发展中国家的动物疾病监测有关内容。重点区分监测和监视的异同，理解监测方法、程序、目的和机制。

复　习　题

1. 什么是动物疾病监测？
2. 简述监测和监视系统。
3. 简述疾病监测的主要步骤。
4. 简述疾病监测的评估目的。

第十四章 动物疫病的防控对策

第一节 疫病流行病学

一、疫病分类

动物疫病，是指动物传染病、寄生虫病。根据《中华人民共和国动物防疫法》第10条将动物疫病分为如下三类。

一类疫病，是指对人畜危害严重，需要采取紧急、严厉的强制预防、控制、扑灭措施的动物疫病。这里面有两层含义：一是这类疫病对畜牧业将会造成严重损失，影响国民经济发展，还将严重限制动物产品的对外贸易，有的疫病还将严重危害人的健康。二是对这类疫病必须采取紧急、严厉的防制措施。首先要按国家计划免疫制度实施强制免疫，确保免疫质量与免疫密度，防患于未然。其次对已经存在的动物疫病，要采取紧急、严厉的措施，如封锁、隔离、扑杀、销毁、消毒、紧急免疫接种等，以达到控制和扑灭的目的。

二类疫病，是指可造成重大经济损失，需要采取严格控制、扑灭措施，防止扩散的动物疫病。除平时要按照国家和各级人民政府规定做好预防工作外，一旦发生疫情，要立即采取隔离、扑杀、销毁、消毒、紧急免疫接种，限制易感动物及有关物品出入等严格的控制、扑灭措施，防止疫情扩散。

三类疫病，是指常见多发、可能造成重大经济损失、需要控制和净化的动物疫病。各级人民政府及其所属的畜牧兽医行政管理部门要制定防治规划并认真组织实施，逐步控制和净化，最终达到消灭的目的。

二、疫病的监测

（一）基本原则

（1）国家监测和地方监测相结合。《国家动物疫病监测计划》分国家计划和辖区计划。国家计划由农业部制订下发，所需经费纳入中央财政预算。各省、自治区、直辖市要结合本地区实际情况，制订并实施本辖区监测计划，所需经费纳入地方财政预算。中国动物疫病预防控制中心、中国动物卫生与流行病学中心和相关动物疫病国家参考实验室或专业实验室，要按农业部部署对重点动物疫病开展直接采样监测和分析。

（2）常规监测与应急监测相结合。各地要按照国家动物疫病监测计划，按月度完成常规监测任务；对突发重大动物疫病和新发动物疫病，要及时开展应急监测。

（3）定点监测与全面监测相结合。各地根据本辖区疫病流行特点，在辖区内设立固定监测点，实行定时定点持续监测。

（4）抗体监测与病原监测相结合。要通过免疫抗体水平监测，及时评估重大动物疫病免疫效果；通过开展病原学监测，及时掌握动物疫情动态和病原分布情况。

（二）工作内容

监测工作的内容主要包括以下几个方面。

（1）动物处于病原感染和保护的状态与水平。

（2）动物发病的原因分析。

（3）动物疫病流行现状的分析。

（4）动物疫病流行规律的分析。

（5）提出风险评估报告，帮助制定科学的防疫政策、措施和行动方案。

（三）监测方案的制订

监测方案包括确定监测的性质、明确监测的目的、确定临床流行病学调查的主要内容及临床采样的原则等内容。

（四）职责分工

（1）农业部主管全国动物疫情监测工作，负责制订、调整年度国家动物疫病监测计划并组织实施；及时发布动物疫情监测结果；组织相关实验室对重大动物疫病开展抽检；组织诊断试剂生产单位审查认可，监督诊断试剂质量，协调诊断试剂有效供应。

（2）中国动物疫病预防控制中心负责组织实施《国家动物疫病监测计划》，及时汇总分析全国监测数据，并重点开展全国种畜禽场抽样监测工作。其中，外来动物疫病监测计划由中国动物卫生与流行病学中心负责组织实施。

（3）各省（自治区、直辖市）兽医主管部门依据《国家动物疫病监测计划》，结合当地实际情况，制订本辖区动物疫病监测计划，省级动物疫病预防控制机构负责组织实施。

（4）国家动物疫情测报站和边境动物疫情监测站按照农业部要求，做好相应区域内动物疫病监测工作。

（5）国家参考实验室或专业实验室按照农业部要求，负责重点动物疫病的直接采样监测工作，以及各地病原学检测阳性样品的复核、病原分离鉴定。各疫情监测单位发现阳性样品应按规定及时将有关材料送交国家参考实验室或专业实验室。

（6）各级动物疫病预防控制机构，接到养殖企业、诊疗机构等单位和个人发现动物异常情况报告后，应将可疑动物纳入监测范围。

（五）监测结果报告

1. 国内动物疫病监测结果报送

（1）各省省级动物疫病预防控制机构在每月月底前将上月 21 日至本月 20 日的监测结果报送至中国动物疫病预防控制中心，每个季度报送一次监测工作总结。

（2）国家动物疫情测报站和边境动物疫情监测站在每月月底前将上月 21 日至本月 20 日的监测结果报送至中国动物疫病预防控制中心和本省省级动物疫病预防控制机构。在 7 月 15 日前和翌年 1 月 15 日前，分别将上半年和下半年监测结果、监测工作总结分别报至中国动物疫病预防控制中心和本省省级动物疫病预防控制机构。

（3）国家参考实验室或专业实验室在每月月底前将上月 21 日至本月 20 日的监测结果报送至中国动物疫病预防控制中心，并抄送相关省份的省级动物疫病预防控制机构。

(4) 中国动物疫病预防控制中心应在每月 10 日前将上月度全国动物疫病监测结果汇总及分析报告报至农业部兽医局。

2. 外来动物疫病监测和流行病学调查结果报送

各承担外来动物疫病监测和流行病学调查计划的单位，按以下要求报送监测和流行病学调查结果。

(1) 各省省级动物疫病预防控制机构在每月月底前将上月 21 日至本月 20 日的监测结果报送至中国动物卫生与流行病学中心，每个季度报送一次监测工作总结。

(2) 国家动物疫情测报站和边境动物疫情监测站在每月月底前将上月 21 日至本月 20 日的监测结果报送至中国动物卫生与流行病学中心和本省省级动物疫病预防控制机构。在 7 月 15 日前和翌年 1 月 15 日前，分别将上半年和下半年监测结果、监测工作总结分别报至中国动物卫生与流行病学中心和本省省级动物疫病预防控制机构。

(3) 国家参考实验室或专业实验室在每月月底前将上月 21 日至本月 20 日的监测结果报送至中国动物卫生与流行病学中心，并抄送相关省份的省级动物疫病预防控制机构。

(4) 中国动物卫生与流行病学中心应在每月 10 日前将上月度全国动物疫病监测结果汇总及分析报告报至农业部兽医局。

（六）监测结果处理

(1) 农业部兽医局根据监测情况，组织风险评估、预警预报，及时发布相关信息，并向各省通报情况，采取相关措施。

(2) 监测中发现群体免疫抗体水平不合格的，按照有关规定及时补免，确保免疫密度和质量。

(3) 监测中发现病原学阳性的，根据病种特点按农业部有关规定或防治技术规范进行处置。对扑杀高致病性禽流感、口蹄疫等重大动物疫病病原学阳性畜禽及同群畜禽的，按重大动物疫情处置的有关规定给予补偿。

第二节　法定报告的疫病

根据《中华人民共和国动物防疫法》规定，从事动物疫情监测、检验检疫、疫病研究与诊疗及动物饲养、屠宰、经营、隔离、运输等活动的单位和个人，发现动物染疫或者疑似染疫的，应当立即向当地兽医主管部门、动物卫生监督机构或者动物疫病预防控制机构报告，并采取隔离等控制措施，防止动物疫情扩散。其他单位和个人发现动物染疫或者疑似染疫的，应当及时报告。接到动物疫情报告的单位，应当及时采取必要的控制处理措施，并按照国家规定的程序上报。

一、疫情的报告制度

动物疫情由县级以上人民政府兽医主管部门认定；其中重大动物疫情由省、自治区、直辖市人民政府兽医主管部门认定，必要时报国务院兽医主管部门认定。国务院兽医主管部门应当及时向国务院有关部门和军队有关部门及省、自治区、直辖市人民政府兽医主管部门通报重大动物疫情的发生和处理情况；发生人畜共患传染病的，县级以上人民政府兽医主管部门与同级卫生主管部门应当及时相互通报。

国务院兽医主管部门应当依照我国缔结或者参加的条约、协定，及时向有关国际组织或者贸易方通报重大动物疫情的发生和处理情况。

国务院兽医主管部门负责向社会及时公布全国动物疫情，也可以根据需要授权省、自治区、直辖市人民政府兽医主管部门公布本行政区域内的动物疫情。其他单位和个人不得发布动物疫情。

任何单位和个人不得瞒报、谎报、迟报、漏报动物疫情，不得授意他人瞒报、谎报、迟报动物疫情，不得阻碍他人报告动物疫情。

1. 建立和完善疫情信息报告系统 规范的、具有可操作性的疫情报告系统是疫病防治系统工程的一个重要组成部分，疫情信息系统开发是动物疫病紧急防治预案的一个重要组成部分，此系统的主要任务是采集与动物卫生有关的广泛信息，包括疫病防治规划、实施、监控的信息。

一个有效的信息管理系统的主要特征是简单实用、经济、快速，能保证关键动物疫病信息被准确、快速地传送到国家动物疫病防疫机构，各级动物防疫机构要有确保信息快速传递的通讯设备，如电话、传真、E-mail 等，野外和实验室工作人员也应配备相应装备，以确保紧急动物疫病信息能在其原发地就被迅速接受，应急反应能及时实施。一个完备的疫情信息系统可能应包括以下基本疫情信息（供参考）。

（1）野外临床普查、血清学监测，以及屠宰场、市场的检查结果。

（2）发病或病死动物的主要临床症状、病理变化的简要描述。

（3）受感染农场或村庄的准确地理位置和基本流行病学资料。例如，发生疫病感染的可能时间、受感染动物种类、发病数、死亡数、受威胁数，诊断样本的采集、疫源跟踪、疫情发展追查、已采取的控制措施等。

（4）实验室检测结果，并与临床检查和流行病学调查对照。

（5）检疫场地和受感染区的位置，易感动物群体及其位置等资料。

（6）根据流行病学分析，列出应重点监控和免疫的重点农场（农户）及其位置。

（7）紧急免疫方案的实施和进程，疫病扑灭程序（如扑杀染疫动物及同群动物、通过焚烧或深埋无害化处理染疫动物和染疫物品、对圈舍和场地消毒等）等资料。

（8）人力、物力准备的情况，如疫苗、诊断盒、交通工具、消毒药品等。

2. 动物疫情报告管理办法 参见《中华人民共和国动物防疫法》及有关规定。

3. 动物检疫报告的基本要求 动物检疫报告工作中疫情情报的收集、反馈、整理是一项很重要的工作，其中及时发现疫情最为重要。要及时快速地获取信息，必须建立疫情报告制度，这不仅要求防疫检疫监测等相关部门及时报告疫情，而且要发动全社会力量，使报告疫情成为公民的一项义务。只有全社会都树立起动物疫病防控意识，并以法律来规范疫情报告制度，才能真正做到及时、准确、全面地发现和掌握动物疫情动态，才能制订切实有效的动物防疫工作计划、规划和及时采取扑灭措施。

4. 动物疫情报告的程序 《中华人民共和国动物防疫法》第 26 条第 2 款规定“接到动物疫情报告的单位，应当及时采取必要的控制处理措施，并按照国家规定的程序上报”。根据《动物疫情报告管理办法》和《重大疫情应急条例》的规定，动物疫情实行逐级报告制度。

（1）常规报告：实行单位和个人一县一市（地）一省一国家，4 级报告系统。实行快报、月报和年报制度。

(2) 特殊时期报告：实行日报和零报制度，即每天有疫报疫情，无疫零报告。

5. 动物疫情公开的必要性和重要性

(1) 动物疫情公开符合危机传播理论的根本要求。危机传播理论认为，社会发生危机时，危机信息的发布应当遵循5条基本原则，即“第一时间”、“行动信息”、“简明扼要”、“真实可靠”和“前后一致”。这5条原则最实质的内容就是要求危机信息的公开透明。虽然新动物防疫法中明确了动物疫情公布的权利主体，其他单位和个人不得发布动物疫情，但是管理机构应当及时公布，不能妨碍公众的知情权。而且，一旦疫情信息被非正当途径传播，可能会谣言四起，引起社会恐慌。相反，满足公众的知情权是消除公众恐慌和增强公众信心最有效的方法。

(2) 从安全健康的角度来看，国内外疫情公开，可以增强社会防疫意识，有效控制疫情扩散。对外来疫病，可以减少国际上流行的疯牛病、口蹄疫、禽流感等传入我国；对国内出现的疫情，也可及时控制疫区动物及其产品流通，减少动物疫病蔓延和堵住死肉源头。

(3) 依照公共管理的基本理论，一个有效的公共管理体制，应该是政府、社会组织、企业、个人有机合作共同完成的。其中公众不是单纯的被管理者，而是解决社会问题重要的一环。疫情信息公开不仅可以获得公众的信任，还可以加大社会监督力度，减少相关责任人行为的随意性和不负责任。同时。还可以发挥群防群控的优势，对疫情的扩散和蔓延及时地报告，为收集、获取疫情信息降低成本。

(4) 公开动物疫情是国际规则，我国作为世界贸易组织（WTO）的成员国应当遵守国际规则，而且这也是WTO成员必须履行的承诺。只有使动物疫情透明化，才能从根本上提高我国畜产品的质量和竞争力，打破国际壁垒。

二、国际动物卫生法典所列必须报告的疾病

根据2007年OIE会议规定，制定了新的OIE疫病名录收入标准，取消了OIE A类和B类疫病名录的分类，修订为OIE疫病名录，原A类和B类疫病在新版中全部分列在多种动物共患疫病名录和各单种动物疫病名录中。

因发展中国家疫情复杂、技术手段和管理措施落后、监管环节薄弱，通报涉及所有OIE名录疫病共94种，这就要求发展中国家改进管理制度、提高检测技术、加强监管环节、控制动物疫病、降低发病率。

三、我国法定报告的动物疫病

根据《中华人民共和国防疫法》第10条规定，我国法定报告的动物疫病共分为一类、二类、三类。

（一）一类动物疫病

口蹄疫、猪水泡病、猪瘟、非洲猪瘟、非洲马瘟、牛瘟、牛传染性胸膜肺炎、牛海绵状脑病、痒病、蓝舌病、小反刍兽疫、绵羊痘和山羊痘、禽流行性感冒（高致病性禽流感）、鸡新城疫。

（二）二类动物疫病

多种动物共患病：伪狂犬病、狂犬病、炭疽、魏氏梭菌病、副结核病、布鲁菌病、弓形虫病、棘球蚴病、钩端螺旋体病。

牛病：牛传染性鼻气管炎、牛恶性卡他热、牛白血病、牛出血性败血病、牛结核病、牛焦虫病、牛锥虫病、日本血吸虫病。

绵羊和山羊病：山羊关节炎脑炎、梅迪维氏纳病。

猪病：猪乙型脑炎、猪细小病毒病、猪繁殖与呼吸综合征、猪丹毒、猪肺疫、猪链球菌病、猪传染性萎缩性鼻炎、猪支原体肺炎、旋毛虫病、猪囊尾蚴病。

马病：马传染性贫血、马流行性淋巴管炎、马鼻疽、巴贝斯焦虫病、伊氏锥虫病。

禽病：鸡传染性喉气管炎、鸡传染性支气管炎、鸡传染性法氏囊病、鸡马立克病、鸡产蛋下降综合征、禽白血病、禽痘、鸭瘟、鸭病毒性肝炎、小鹅瘟、禽霍乱、鸡白痢、鸡败血支原体感染、鸡球虫病。

兔病：兔病毒性出血病、兔黏液瘤病、野兔热、兔球虫病。

水生动物病：病毒性出血性败血病、鲤春病毒血症、对虾杆状病毒病。

蜜蜂病：美洲幼虫腐臭病、欧洲幼虫腐臭病、蜜蜂孢子虫病、蜜蜂螨病、大蜂螨病、白垩病。

（三）三类动物疫病

多种动物共患病：黑腿病、李氏杆菌病、类鼻疽、放线菌病、肝片吸虫病、丝虫病。

牛病：牛流行热、牛病毒性腹泻（黏膜病）、牛生殖器弯曲杆菌病、毛滴虫病、牛皮蝇蛆病。

绵羊和山羊病：肺腺瘤病、绵羊地方性流产、传染性脓疱皮炎、腐蹄病、传染性眼炎、肠毒血症、干酪性淋巴结炎、绵羊疥癣。

马病：马流行性感冒、马腺疫、马鼻腔肺炎、溃疡性淋巴管炎、马媾疫。

猪病：猪传染性胃肠炎、猪副伤寒、猪密螺旋体痢疾。

禽病：鸡病毒性关节炎、禽传染性脑脊髓炎、传染性鼻炎、禽结核病、禽伤寒。

鱼病：鱼传染性造血器官坏死、鱼鳃霉病。

其他动物病：水貂阿留申病、水貂病毒性肠炎、鹿茸真菌病、蚕型多角体病、蚕白僵病、犬瘟热、利什曼病。

第三节　暴发调查

暴发调查（outbreak investigation）是指对某特定群体短时间内发生多例同一种疾病所进行的调查。主要用于急性传染病和中毒病等。对猪瘟、食盐中毒等病因已知的疾病，经过流行病学调查分析，确定引起暴发的原因；对病因未知疾病的暴发，则探求病因线索，制订迅速控制流行的对策，为进一步研究指明方向。暴发调查的最终目的是控制或消灭流行，并从中总结经验教训，以防类似事件的发生。对非传染病暴发调查的思路、方法及步骤与对传染病的大同小异。

疫情暴发调查是流行病学和公共卫生一个重要和具有挑战性的部分，可以帮助确定持续暴发的源头，并防止其他案件。已经暴发的疾病兽医流行病学和环境调查往往可以增加对某一疾病的知识，并防止未来暴发。

这种方法不仅适用于传染病疫情，也适用于由非感染性原因（如接触有毒）引起的疫情。

一、早期预警系统

随着世界各个领域灾害性事件的不断发生及信息技术、计算机技术和生物技术的发展，预警的概念在气象、灾害等若干领域产生并推广应用。在动物卫生领域，为提高动物疫病预防控制能力，FAO、OIE 等国际组织及发达国家越来越重视动物疫病暴发的早期预警，并建立了完善的动物疫病监测、预测预警、网络化系统管理为主体的动物疫病预警体系。

在标准化、网络化的动物疫情监测基础上，建立了集动物疫病监测、预测预警、信息收集分析和疫情控制决策、紧急疫情应急反应于一体的动物疫病预防控制系统，提高了整个动物疫病控制的主动性、协调性、有效性。一旦有疫情出现或外来疫病传入，其疫情预警系统通过对疫病信息分析，及时发出警示和辅助决策信息，管理部门就可以在第一时间启动疫情应急反应系统，将疫病在最短时间内控制在最小范围，尽快将疫病扑灭或消灭。

1. 动物疫病预警体系的作用、组成及预警指标　预警（early-warning）通常是指依靠监测、报告和分析等技术手段，提前或快速发现灾害性事件即将迫近的危险信息，并通报给相关群体，以便及早采取相应预防、缓解措施的过程。

动物疫病预警（early-warning of animal disease）是指依靠疫病监测、疫情报告和兽医流行病学分析等技术手段，快速发现（具有发展成为流行或造成严重社会、经济或公共卫生问题的）任何动物疫病的传入或突然剧增。主要包括在疾病监测、报告和兽医流行病学分析基础上的一些活动，以提高对疫病（感染）分布和特点的认识和了解，预测疫病来源及进展，监控疫病的控制效果。

动物疫病预警体系（early-warning system）是指应用实验室和兽医流行病学技术来预防现有或新出现疫病暴发的预测体系。

1）*动物疫病预警体系的作用*　在兽医工作领域中，动物疫病预警体系的作用主要体现在通过疫情信息通报网络，在疫病暴发前或暴发初期及早发现疫情，及早采取相应的控制、扑灭措施，尽快扑灭疫情，最大限度地降低疫情造成的损失。

2）*动物疫病预警体系的组成*　纵观部分国家及国际组织动物疫病预警体系建设的情况，动物疫病预警体系主要包括动物疫病监测体系、动物疫病报告体系、国外疫情监视体系和兽医流行病学分析体系 4 个部分。

（1）动物疫病监测体系。动物疫病监测体系是调查和评价一个国家动物防疫工作状况的重要手段，是兽医流行病学分析的数据支持系统之一，也是动物疫病预警体系的一个重要组成部分，对疫病的早期预警是相当重要的。

（2）动物疫病报告体系。高效、快速的疫病报告体系是预警体系的一个重要组成部分。疫情报告系统可以发现可能出现的任何疫情。一个有效的国家动物疫病预警体系至少要有一个从基层到最高兽医行政主管部门的有效疫情报告系统，如欧盟的预警体系中就包括了重大动物疫病通报系统（ADNS）、人畜共患病通报网络等疫情报告系统。

（3）国外疫情监视体系。通过监视国外或周边国家和地区的疫情现状和发展趋势，对疫情传入国内的风险进行评估和预测，及时制订并实施预防性措施，调整相关动物及动物产品的国际贸易政策。

(4) 兽医流行病学分析体系。兽医流行病学分析体系是预警体系中的技术性决策支持系统，是建立在实验室检测结果和动物疫病监测结果及其他疾病因子之上的综合分析系统，是预警体系的核心组成部分。其核心内容是根据某种疫病发生的历史和实时情况，结合疫病特定风险因子，如环境因子、生态因子、气象因子等的变化规律，对疫情的可能发展趋势进行超前评估和预测，并据此提出最佳防控（风险管理）措施，供决策者参考。

3) *OIE 动物疫病预警体系的预警指标* 预警体系作用的体现依赖于上述三个组成部分的有效运作，其中早期发现预警指标（信号）是该体系的主要作用之一。目前 OIE 在其新系统中增加了预警程序，以向国际社会发出关于成员国发生异常流行病学事件的警告。在该预警程序中，对必须向其通报的一些预警指标（信号）进行了规定。

根据其新系统中预警程序的规定，为了扩大 OIE 预警体系的范围和提高其效率，成员国应当立即向 OIE 通报有流行病学意义的事件（预警指标）：①某国家或地区第一次发生 OIE 通报疾病名录中的疾病或感染；②某国家或地区在其成员代表宣布以前的疫情被扑灭后又重新发生 OIE 疫病名录中的疾病或感染；③某国家或地区第一次出现 OIE 名录疫病病原的新毒（菌）株；④名录中现有疫病造成的发病率和死亡率突然或意外增加；⑤出现有重要意义的发病率（死亡率）或人畜共患可能性的疫病；⑥OIE 名录中疫病的流行病学（如宿主范围、致病性、致病原株）发生改变，尤其是有人畜共患影响时。

如果成员国发现上述预警指标，必须在 24h 内向 OIE 报告。

2. 动物疫病预警体系的建设原则 根据各国际组织建设预警体系的经验，FAO 在其《EMPRES 跨国界动物疫病公报》NO. 20/1—2002 中提出，建立有效的动物疫病预警体系应当遵循以下原则。

(1) 重点集中：预警体系应当关注主要的动物疫病，并利用和依靠现有的国家动物疫病报告体系和信息情报体系。

(2) 准确和及时：该系统应当能够有助于国家获得准确和及时的信息，包括利用所有现场和实验室设施，以及一些综合的监测技术获得及时准确的相关信息。

(3) 附加功能：该系统能够应用综合兽医流行病学分析和分险评估技术，为发病国家、邻近国家或贸易伙伴提供最适当的预防控制措施的建议。

(4) 目标和导向明确：该系统的最终目标应当是给那些受到疫病威胁的国家提供早期预警的建议和帮助。

(5) 信息易得：该体系需要收集世界范围内关于疫病发生及疫情进展的信息，并在区域或国家水平发布经核实的信息，以便采取及时措施防止疫情扩散。关键问题是疫病分布地图、流行病学分析报告及紧急疫病建议通告等相关信息应当能够通过最直接和快速的渠道被那些使用信息的关键人员获得。

二、暴发调查的步骤

动物疫病暴发发生速度快，需要果断采取措施，立即组织力量，速赴现场开展调查，先后通过初步调查、核实诊断、初步分析、提出假设，再进行深入调查分析、验证核实假设，提出初步结论，采取相应防制措施进一步验证评价结论的正确与否，最后撰写调查报告。

1. 初步调查，核实诊断 确定流行或暴发是否存在是首要问题。为此目的，早期发现病因至关重要。一是识别暴发或流行的疾病，同时能明确传播机制和控制手段。为了诊断病例，首先确定疾病的工作定义（working definition），以便识别和报告病例。当对传播的来源、方式或病原体了解更多以后，必要时可以修改病例的诊断标准。

2. 评价现有的资料，全面考察疫情，计算各种罹患率　尽可能地早确定暴发疾病的流行病学特征，包括不同人群、时间和地点的发病资料、临床特点及环境的评价。具体步骤如下。

（1）确定暴发的范围。

（2）如果可能，通过适当的实验室检查确定病因学诊断。

（3）识别所有的处于危险的动物。

（4）识别主要的临床和流行病学特征，包括发病动物的年龄、性别、品种情况，发生的日期，以及有关的血液学指标。

（5）获得水、饲料、空气等可能与病原传播来源有关的环境的基础资料。

（6）获取有暴露危险的动物、养殖场所所处位置的资料。

（7）组织调查队伍。

（8）与当地行政部门联系以取得支持。

3. 可能的传播方式　当暴露于一个共同来源（如空气、水、牛奶、某种饲料、受感染的人、动物、寄生虫等）的某些动物比其他动物罹患率高得多时，有可能找到传染源，可能查明传播方式。

4. 注意特殊情况　暴发的调查主要是寻找与该病最高发病率有关的暴露。与此同时，调查者应特别注意，为什么某些动物暴露却未发病，而某些动物未暴露却发病。这些情况常可提供关于暴发来源及传播方式的线索。

5. 形成假设并检验假设　将可利用的资料集合起来后，对暴发的来源和传播方式提出假设，就像临床兽医检查患畜后做出临床诊断一样。然后，对假设是否正确进行检验，包括进一步分析、实验室检查，或针对可疑来源或可疑传播方式的某种控制措施的效果评价。应当能证明：①所有病例、实验室资料和流行病学证据与初步假设是一致的；②没有其他假设与该资料相符；③暴露程度越大（或假设的致病原的剂量越高）疾病的发生率越高。

6. 暴发调查中的阶段性防控措施　应边调查、边分析、边采取控制暴发与流行的综合措施，以免延误时机。

7. 总结报告　总结报告包括暴发的经过、调查过程与主要表现、采取的措施与效果、经验教训、建议和结论等。尽量用数字、表格、统计图来说明。报告要按规定上报有关部门，以便行政当局决策时参考，备案可能有临床和法律上的用途。

三、追踪传染来源

动物的追踪是完成疾病监视和疾病根除的关键所在，而动物标识则是动物追踪的一个组成部分。与标记相联系的数据与标记是同等重要的。

为何迅速追踪感染动物和可能受到感染的动物对于将疾病传播控制是极为重要的。根据国家动物标识系统，兽医官员能够快速地跟踪类似疾病的暴发，因为该系统记录了可能感染了的动物曾集中过的地点和地区。通过纸介质记录，大多数动物都能被追踪到，只要这些动物具有标识。但追踪的速度取决于能否得到这些记录及这些记录的质量和数量。动物移动的记录数据是以下事项的关键：①疾病的根除方案；②外来动物疾病的预防；③疾病的监视和监控；④保证国家生物安全；⑤贸易增长（市场繁荣）。

四、紧急干预行动

（一）疫点、疫区、受威胁区的划分及疫情普查

疫点是指患病动物所在的地点。疫区是指以疫点为中心，周围5～10km的区域。疫区划分时应注意考虑疫病传播方式、饲养环境和天然屏障（如河流、山脉）。受威胁区是指疫区外顺延15～30km的区域。疫点、疫区和受威胁区由所在地畜牧兽医行政管理部门划定。

拉网式普查是在对疫点、疫区、受威胁区划定的同时，对周边地区动物逐村、逐户、逐头进行流行病学、临床症状等检查，并做详细记录。

（二）疫点、疫区的封锁

畜牧兽医行政主管部门报请当地人民政府对疫区实行封锁，同级人民政府在接到封锁报告后，应于24h内发布封锁令。对疫点、疫区和受威胁区采取不同的处理措施。

疫点内最后一头患病动物无害化处理后，在当地动物防疫部门的监督下，进行一次彻底消毒。21天内再未发现新的患病动物，经上级动物防疫监督人员审验，认为可以解除封锁时，由当地畜牧兽医行政管理部门向原发布封锁令的政府申请发布解除封锁令。

（三）消毒程序和方法

1. 消毒前的准备 消毒前必须清除污物、粪便饲料和垫料等；消毒药品必须选用对病原有效的；备有喷雾器、火焰喷射枪、毒车辆、消毒防护器械（如口罩、套、防护靴等）和消毒容器等。

2. 消毒方法 饲养场的金属设施设备的消毒，可采取火焰、熏蒸等消毒方式；饲养场圈舍、场地、车辆和工具等可采用消毒液清洗、喷洒等消毒方式；饲养场的饲料、垫料等可采取深埋发酵处理或焚烧处理等消毒方式；粪便等可采取堆积密封发酵或焚烧处理等消毒方式；饲养、管理等人员可采取淋浴消毒，饲养、管理人员的衣帽、鞋等可能被污染的物品可采取浸泡、高压灭菌等方式处理消毒；疫点内办公区、饲养人员宿舍、公共食堂等场所，可采用喷洒方式消毒。

（四）组建紧急动物疫情处理预备队

1. 动物疫情处理预备队的组成人员 兽医专业人员（包括兽医行政官员、临床诊断技术人员、动物免疫人员、动物检疫人员、动物防疫监督人员和动物疫病检验化验人员），消毒、扑杀处理辅助人员，公安人员，卫生防疫人员，其他方面人员。

2. 动物疫情处理预备队的任务 按照紧急动物疫情控制执行办公室的要求，具体负责实施疫情处理工作。

3. 动物疫情处理预备队的培训 预备队组成后，要对预备队人员进行系统培训，培训内容如下。

动物疫病知识，包括流行病学、临床症状、病理变化和检疫检验要点等；预防、控制、扑灭动物疫病的知识，包括：①病料采集及送检，免疫注射、消毒、拉网式普查、监测等；②疫点、疫区和受威胁区的划分和管理；③隔离、封锁、扑杀及无害化处理；④动物防疫法律、法规；⑤动物防疫监督检查站的设立与工作开展；⑥其他，如个人防护知识，治安与环境保护知识，以及工作协调、配合的有关要求和其他知识。

第四节　动物疫病控制和根除

一、新出现的传染病

新出现疫病（emerging infectious disease，EID）是指在一个地区以前从来没有发过的新病，还包括一些以前存在，但是在最近呈流行趋势的疫病。新出现动物疫病通常会给畜牧业，甚至给人类健康造成严重的危害，主要因为对一种在一个地区新发的疫病，人们往往不具备控制该病的措施和方法。一旦新发病发生并呈流行趋势，在一定时间内将难以控制，其流行态势随着人们对其认识的逐渐加深，找到一定的控制方法和措施而逐渐减弱或被扑灭。新发传染病的不确定性、难以预测性使人们无法及时做出决策和采取有效措施，造成高病死率，严重影响社会稳定和经济发展，成为世界性的重大公共卫生问题。

二、地方流行性疾病

地方流行性（endemic）疾病，在流行病学中，是指不需从外界输入，便能在畜群内持续出现的传染病，也称为地方病。地方病的发生与流行，与病区中的某种地球化学或生物因素密切相关。地方性流行是一种稳定的状态。地方性流行一词不仅适用于临床症状明显的疾病，也适用于缺乏临床症状的疾病；不仅适用于传染病，也适用于非传染病。

地方流行性动物疫病主要是指某些区域性流行的疫病，寄生虫病表现尤为明显，明显具有显著的生态学特点，与当地的气候、地理特点，河流、山脉等自然生态特点有关，同时也与当地民俗、文化、教育、经济等人文特点有关。消灭和根除地方流行性动物疫病要从生态学和文化角度考虑。

三、疾病根除规划

（一）动物确认

确定在什么动物种类和范围开展根除计划尤其重要，要充分认识某种传染病的生态学特点，掌握病原体的感染谱（各类宿主）、媒介、媒介者、维持感染的特点，实现根除的有的放矢。

（二）监测计划的调整

具体内容见第十三章。

（三）确定（选择）检验方法

参照金标准，选择敏感性和特异性不同的检验方法，要考虑到方法的阶段性，即感染率高低不同时，对敏感性和特异性不同的方法要做出调整。

从被感染的农场、地区或国家，考虑由如下 5 个主要方法完成。

1. 畜群销毁复育　可以立竿见影解决疫病问题，同时解决了多种疾病的问题，便于遗传改良，在兽医行业具有丰富经验。但是成本高昂，需要从外场引进新的动物群，存在引进新的传染病的可能，建议多点饲养，观察和检疫后才能正式饲养。在复育过程中，可以再感染其他病原体而发生传染病或寄生虫病。

2. 检疫和淘汰清除 由于在检疫过程中加快淘汰清除感染动物，效果较好、风险低。但是，检疫成本较高需要清除怀疑暴露的繁殖母畜，使用范围较窄，只有在低（<10%）血清阳性种群可行。

3. 建立封闭群 此法不需要过度繁殖动物试验或搬迁，需要异地繁育设施；需要一个很长的时间才能完成；依赖于所有的后备母畜和缺乏一致的自然暴露（如疫苗免疫分散），或常对病原体不能形成一致的免疫应答。

4. 从阳性动物建立阴性动物群 此法可以提高后代的整体健康状况，用药或特定的疫苗接种，后代的健康和性能可得到显著改善，并可以导致在批次生产断奶阶段感染。

5. 动物（畜）群移动控制 控制畜群移动，包括购销途径、放牧途径、转群途径、野生动物迁徙、异地饲养等途径，合理地控制上述途径。

第五节 区域疾病控制的原则和战略

动物疫病区域化管理是指在某一特定区域内，通过利用天然屏障或建立人工屏障，对区域内易感动物采取检疫监测、流行病学调查、动物及动物产品流通控制等综合措施，对一种或几种特定动物疫病进行持续控制和扑灭，不断减少疫病发生概率直至达到并维持免疫无疫或非免疫无疫状态。

按照 OIE 动物疫病区域化管理原则和我国动物疫病区域化管理要求，借鉴世界上畜牧业发达国家区域化管理经验，结合当地畜牧产业特点、动物防疫基础和经济社会发展水平等因素，分阶段、分区域对严重威胁危害畜牧业发展及公共卫生安全的动物疫病实行区域化管理，建立健全无疫区及生物安全隔离区建设和评估认可机制，从点到面压缩重大动物疫病流行区域和范围，逐步消灭重大动物疫病。

一、大型项目规划

按照《中华人民共和国动物防疫法》规定，要求对动物疫病实行区域化管理，这是我国动物疫病预防、控制和扑灭措施，也是国际社会普遍认同的基本做法。参照 OIE《陆生动物卫生法典》要求，通过加强和完善动物疫病控制体系、动物卫生监督体系、动物疫情监测体系、动物防疫屏障体系建设，开展口蹄疫、鸡新城疫、猪瘟、高致病性禽流感等重大动物疫病免疫无疫区建设。

二、措施方法的进展

一是动物疫病区域区划模式。区域具有一定规模，集中连片，区域与相邻地区间必须有足以阻止疫病传播的地理屏障或人工屏障，对缺少有效屏障的区域，应建立有足够面积的缓冲区和监测区。

二是生物安全隔离区划模式。可选择国家级种畜禽场、国家畜禽种质资源保护场、国家重点畜产品出口企业的国家农业产业化龙头企业，开展生物安全隔离区示范区建设。相关企业应为独立法人实体，生物安全隔离区的各生产单位应具有共同的拥有者或管理者，并建立统一的生物安全管理体系，其组成应包括种畜禽繁育场、商品畜禽养殖场、屠宰加工厂、饲料厂、无害化处理场等。

根据采取的不同免疫措施，无疫病区可分为两种类型：一是免疫无疫病区。各省根据当地与毗邻地区动物疫病流行状况、贸易需求开展实施免疫政策的区域化管理。二是非免疫无疫病区。对区域内易感动物不实施规定动物疫病的免疫，免疫动物不能进入区域内。

三、区域疾病监测的方法

开展无疫病区和生物安全隔离区建设。一是清楚动物疫病状况。要根据各地畜牧业养殖方式及不同区域地理和社会经济状况，组织开展流行病学调查，掌握和了解相关区域内特定动物疫病状况及其发生风险。二是具有一定的畜牧业基础。实施动物疫病区域化管理的区域，应为畜牧业较发达、产业布局合理、规模化产业化水平较高，且有较好的动物防疫工作基础的地区。三是具有一定自然屏障或可监控措施。区域周围具备海洋、沙漠、河流、山脉、铁路、高速公路等自然屏障基础，或考虑结合行政区划，设置和维护缓冲区或监测区等监管措施。

四、国家性和国际性疾病报告制度的目的和结构

实施动物疫病区域化管理，应根据不同地区特点，按照 OIE 陆生动物法典规定及我国动物疫病区域化管理技术标准的规定，实施科学的动物疫病区域化管理措施，分区域逐步控制和净化重大动物疫病。为保证无疫病区建设有法可依，应在有关国家法律及农业部发布的有关规章、制度、规范、标准基础上，进一步加强区域化管理地方立法，完善相关法律法规、规章、标准和制度，明确区域范围、类型、疫病种类和保障措施，明确相关部门职责分工，依法实施区域化管理，开展无疫病区和生物安全隔离区建设工作。

五、无疫病区评估

通过自然或人为的地理屏障等来隔离饲养一群具有共同健康特性、采取共同的安全措施的动物，对国土辽阔的中国来说，地区或区域划分更有利于我国的疫病控制和疫情扑灭，可以打破国外以疫情为借口设置的技术壁垒，从而促进活动物或动物产品的出口。

一是制订区域化管理规划与计划。各地应根据当地畜牧业生产现状，在准确掌握动物繁育、饲养、流通、进出口、屠宰、加工和疫情信息等基本情况和区域动物卫生状况风险评估基础上，制订科学合理的动物疫病区域化管理规划与计划，明确区域化管理实施步骤，控制和消灭动物疫病种类、区域模式和类型，采取相应保障措施等。二是加强动物疫病防控体系建设。建设动物疫病控制体系，完善区域内各级实验室，区域内实验室具有开展免疫、诊断、监测和流行病学调查的设施设备和能力。建设动物卫生监督体系，建立区域内动物及动物产品全程监管体系，完善动物卫生监督机构的监督设施设备。建设动物防疫屏障体系，在进入区域的主要交通道口设立动物卫生监督检查站和畜产品的指定通道，区域内设置无害化处理场、动物隔离场。建设与隔离、消毒、无害化处理工作相适应的设施设备。建设动物疫情监测体系。完善省、市、县、乡疫情信息报告和档案资料管理设备；完善重大动物疫病应急反应体系，进行突发动物疫情应急物资、技术、资金和人力储备。建设生物安全隔离区示范区。三是切实做好评估验收工作。主要包括无疫区和生物安全隔离区建设前后的评估验收。无疫病区建设单位应按照我国当前已有的评估制度和评估程序开展自我评估工作，根据评估结果，适时申请国家评估验收工作。国务院兽医主管部门验收合格的，将纳入国家无规定动物疫病区名录，并予以公布。

六、疾病控制的社会问题和经济问题

兽医流行病学主要研究疾病在动物群中的风险因素及发展健康促进和疾病控制的战略。然而，单独考虑生物和物理因素，动物的健康问题不能得到解决。还需考虑人在动物健康问题中所发挥的关键作用。

动物疫病预防应用流行病学原则，需要考虑社会问题。例如，对待动物、文化和宗教习俗、个人的意愿和能力，以及实施预防战略的态度；在全国范围内实施预防带来额外的问题，要有足够的兽医服务和动物卫生基础设施等；可用资源等因素。因此，动物卫生政策的制定和实施需要注意宏观流行病学（macroepidemiology），所有的经济、社会和政治的投入，都会在国家一级对动物或人类疾病的分布和研究产生影响。

牛海绵状脑病（BSE）已经迅速被全球认为是与口蹄疫或狂犬病处于同一地位的传染病。虽然疾病的起源仍受争议（痒病源的或自发的传染性海绵状脑病 TSE），但普遍认为疯牛病疫情通过感染动物的肉类和骨粉及牛饲料的回收传播。农场一级使用的专有小牛饲料（包括肉类和骨粉）被确定为是疯牛病发展的主要危险因素。但疯牛病为什么出现在英国，而不是在世界其他地方？从宏观流行病学的角度考虑疯牛病可确定提供营养上、饲料体系及英国和其他国家的动物群体之间统计数据的差别，如美国和阿根廷。疯牛病疫情出现密集的农业生产环境，肉粉和骨粉为植物蛋白资源有限的国家提供了经济的牛饲料优质蛋白质来源。动物饲料系统和广泛使用的肉类和骨粉使疯牛病得以在全英国各地迅速蔓延。因此，疯牛病在英国出现可谓是社会、经济和政治风险因素的共同作用。

在美国密歇根州白尾鹿结核病的出现提出了另一种动物疾病问题，这是从宏观流行病学角度处理得很好的例子。在美国，牛的牛结核病已经接近根除。已在美国记载有牛结核病问题的地区，牛结核病感染零星的鹿，但这些都没有在野生动物种群中得到保持。然而，现在已经被证实在密歇根州白尾鹿存在牛结核病的流行，并出现蔓延的态势。问题出现在密歇根州的东北部，在农业和经济条件差的边际地区。随着在过去 25 年中养牛业的下降，在这一地区建立了狩猎俱乐部而使本地鹿的饲养数量上升。饲养方案增加了鹿的数量和密度，已经成功将在城市的狩猎爱好者涌向该地区。一次饲喂数量超过 100 多只鹿已经寻常。这就为牛结核病感染鹿的有效传播阶段提供了高密度的鹿群。

在这种情况下，有效调控政策的发展需要宏观流行病学的方法。首先，在美国，农业部和野生动物机构都是相互独立的国家机构，分别有不同的任务和优先发展事项。农业部历来注重动物健康和生产，而野生动物机构则鼓励野生动物狩猎资源的保护和发展。因此，在美国存在着一个国家级牛的结核病根除计划，但没有针对野生动物的计划。从经济角度来看，野生动物饲养和狩猎在疫区比当地养牛在经济上有更重要的份额。其次，通常在农业部门的疾病控制战略未必符合野生动物部门的需求。关于销毁鹿，公共舆论反应比相应在牛的控制措施更强烈。

从宏观流行病学角度来看，必须从动物和人类健康两个方面考虑问题，还需要遵守社会科学方面和公众的支持。

七、外来疾病的风险评估，预防和防控战略规划

随着新传染病的出现及原有传染病重新出现和流行，国际动物疫情发生了很大变化，口蹄疫、禽流感、疯牛病等重要动物疫病在世界范围内流行和传播，不仅给经济造成重大损

失，而且严重危害社会发展和稳定。在全球一体化的今天，人类、货物、运输工具在全球范围内的广泛流动，为动物疫情传播提供了便利的条件。

分析当前动物疫情传入我国的途径，重新评估和反思采取的措施是否有效，是否满足防控的需要，有针对性采取措施，如何有效截断传播途径，防止传染源通过传播媒介传染疫情疫病，是控制外来动物疫病传入的关键。

动物外来传染病风险评估是指为了决策的需要，以科学为基础对具有不确定性的事件或结果进行逻辑判断的一种过程，是将专家经验知识和现代数学方法相结合，建立风险评估指标体系，确定指标值和权重，建立综合评价模型，最后用合适的阈值来确定风险程度或根据风险因素的权重采取相应防控措施。通过风险评估，确定危害等级或危害程度，提出进行风险管理的具体措施，以达到控制传染病传入的目的。引入风险分析机制，建立风险评估体系，按风险等级采取不同的措施，可以有的放矢地预防和控制国外动物传染病的传入。

（一）风险评估的方法

评估方法有广义和狭义两种概念。广义概念包括评估准备、评估设计、信息获取、评估分析与综合、撰写评估报告等评估活动全过程的方法，狭义概念特指评估分析与综合的方法。风险评估方法如下。

（1）基于计算机技术的评估法，包括人工神经网络、专家系统、计算机仿真、系统动力学和决策支持系统等。

（2）多指标综合评估法，包括综合评分法、视图法、约束法、优序法和两两比较法等。

（3）运筹学方法，包括数学规划（包括线性规划、动态规划等）、数据包络分析（DEA方法）和排队论等。

（4）数理统计法，包括多元统计分析，如聚类分析、主成分分析、Bayes 方法和回归分析等。

（5）模糊评估方法，包括模糊综合评判方法、模糊聚类分析、模糊层次分析法和模糊距离模型等。

除上述方法外，还有诸多其他方法，包括基于规则的评估方法、基于知识的评估方法、定性和定量方法相结合、案例研究、比较研究等。

（二）风险评估程序

（1）评估准备。确定评估的主要目标和任务，收集有关评估对象的资料和信息，包括数据、文字和图形资料，形成对评估对象的初步印象。

（2）评估设计。首先确认评估必须解决的问题，设计评估的框架，主要包括评估的内容、重点、标准、指标和前提等；然后根据评估框架，确定信息的来源、类型和采集方式，以及信息覆盖的范围、精度等；其次选择适当的评估方法和工具；再次选择估计结果表达的方式；最终确定评估设计方案。

（3）信息获取和整理。确定合理的信息采集的范围、方法和精确度。评估数据信息可从相关统计部门、公开发布的数据及相关报告、现地调查、问卷咨询、因特网等多渠道、多角度采集。尽量保证采集的数据充分、可靠和准确。对采集的各类数据信息进行分类、整理和初步分析，为综合评估做准备。如果某些关键数据信息缺乏、不符合要求或难以确定其置信度，则需要进行必要的补充调查。

(4) 评估分析与综合。根据评估设计中要回答的问题和评估框架，运用综合评估方法进行分析评价，然后对评估的初步结论进行确认或修正，形成正式评估结论。

(三) 预防和防控战略规划

1. 严格进口风险评估和入境检验检疫制度 从美国、澳大利亚、新西兰和欧盟成员国等畜牧业发达国家的进出境检验检疫体系来看，采取三方面的措施：一是在进口动物及动物产品前，先行开展风险分析和评估，降低疫病传入风险；二是在进口动物及动物产品过程中，严格进口管理工作，杜绝外来病传入；三是在进口动物及动物产品后，严格实施疫病追踪，及时发现可能发生的动物疫病。

(1) 实施风险评估制度，降低疫病传入风险。从国家层次上，要评价该类动物疫病在出口国的流行率（发病率），以及该国家控制和监控这些疫病的能力；在企业层次上，要对第三国生产企业进行严格的考察工作，以评价该企业是否存在污染动物产品的风险；在商品层次上，特别是动物和动物产品，要检验该商品是否感染相关疫病因子。如果上述三个层次中任何一个层次存在风险，便可以拒绝从该国家进口动物及动物产品。例如，欧盟对我国出口禽肉问题的数次考察都是基于这种风险评估之上的。当然，我们也可以将这种方式考虑为技术壁垒措施的一种。

在商品进口以前，通过以上三个层次的分析，如发现任何风险便有理由拒绝动物及动物产品的进口。这就达到了在进口商品前降低外来病入侵风险的第一目的。

(2) 实施严进宽出的出入境检验检疫制度。边境检查站的严格审批程序、要求出口国的严格出证制度、到港后的严格报关制度、严格检验程序、长时间隔离检疫等。在这一方面，尤以美国的出入境检疫制度值得深思。

(3) 建立完善的进出口登记系统，对进口动物及动物产品实施有效追踪。动物及动物产品的进出口必须严格登记制度，这对疫病的追踪是十分有效的。

在进口前实施风险评估、进口时实施严格检疫、进口后实施有效追踪是畜牧业发达国家普遍采取的进出境管理制度，也是其杜绝外来病的得力手段。几十年来，美国也从其他国家进口了不少动物及动物产品，但却从未引入过外来病，就是一个很好的说明。

2. 外来疾病的预防和防控战略规划

(1) 重点加强区域防控。

(2) 加强进口监管。

(3) 强化检疫准入。

(4) 指定进口检疫口岸。

(5) 加强生物安全管理。

(6) 增强防范意识。

(7) 加强风险评估。

(8) 严格检验检疫。

(9) 严厉打击走私。

(10) 完善防疫体制。

小　　结

本章介绍了动物疫病防控对策中的疫病分类、疫病流行病学特征、疫病的监测、疫病的时间趋势；概括描述了法定报告的疫病、疫病的报告制度、国际动物卫生法典所列必须报告疾病、我国法定报告的动物疫病；阐述了在暴发调查方面的早期警报系统、追踪传染来源、追踪扩散范围、紧急干预行动内容；关于动物疫病控制和根除对新出现的传染病、地方流行性疾病、疾病根除规划的基本内容做了初步说明；简介了区域疾病控制的原则和战略。

复　习　题

1. 简述疫病的报告制度。
2. 简述暴发调查。
3. 什么是动物疫病预警?

第十五章　疾病的经济学

第一节　经济分析学的作用和用途

动物疾病经济学主要是运用兽医科学、公共卫生学及相关自然科学的基本概念和方法体系，采用经济学分析方法，对动物疾病的经济影响和实施防控项目的经济学等指标进行定量分析计算，其主要目的是为选择动物疾病防控决策拓宽依据，为政府制定保护畜牧业生产的相关动物疾病防控措施提供技术支持。

动物疾病的经济学研究是综合运用兽医流行病学和经济学的理论和知识，对动物疾病的经济学影响进行分析。属于技术经济学的范畴，经济学的概念化模型和兽医流行病学的流行病学方法是其两大主要组成部分，其主要研究目标包括：使各国的兽医服务机构和动物卫生管理制度化、规范化；进一步提高疫情信息的管理水平，对疫情信息进行合理化与透明化处理、分析、集成，在此基础上建立健全疾病预警机制；对疫情信息进行综合处理分析，合理运用经济学分析方法，为政府实施疾病防控计划和畜禽饲养者获取有偿兽医服务提供决策依据。

经济分析学的作用和用途包括以下 4 个方面：研究各种疾病防治措施的经济效应；研究突发动物疫病时的快速决策；制定动物保护体系建设的长期投入决策；研究应对国际绿色贸易壁垒问题。

一、研究各种疾病防治措施的经济效应

重大动物疾病对经济各方面的影响既是短期的也是长期的，短期的模型需要特别考虑突发事件带来的冲击效应，可通过简单的参数模拟迅速得到计算结果，为决策者在主动损失和被动损失之间进行权衡提供有力的数据支持。长期的模型则需要为国家（地区）尽快扭转不利局面而采取一系列的措施提供帮助，如在疫病暴发后恢复无疫区的努力等。

从近年来国内外一系列重大动物疾病的发生来看，其影响往往是长期的和综合的，归纳起来可包括以下两个方面。

（一）直接损失

（1）破坏畜禽生产的基础资源，如畜禽的死亡。

（2）降低动物产品生产过程的效率和劳动、资源的生产力。

（3）降低动物产品的数量和质量。

（二）间接损失

（1）为减小疾病影响范围或为治疗病畜禽而发生的额外费用。

（2）因人畜共患病给人带来的损失。

（3）被拒绝进入较好市场，甚至被完全排除在市场之外，导致经济收入的降低。

日本 2000 年暴发口蹄疫的防控措施的经济学分析认为，不进行免疫接种，在口蹄疫暴

发时扑杀针对所有受威胁动物是最经济的策略。

二、研究突发动物疫病时的快速决策

突发动物疫病暴发时的快速决策，即紧急动物疫病应急管理是动物防疫行政管理的重要组成部分，是控制、扑灭紧急动物疫病的保证，具有长期性和紧迫性。应急管理由 4 部分组成：对灾害进行应急管理的战略、灾害早期预警、应急计划和专门的应急机构。其中应急管理机构包括应急管理的中枢指挥系统与处理灾害的支援和保障系统两部分。

发达国家紧急动物疫病应急管理包括硬件和软件两部分。硬件部分包括应急管理的组织机构和应急物资储备。其中组织机构包括领导决策机构、咨询谋划机构和灾害的直接处置机构，另外还要有一个专门化的扑灭紧急动物疫病的应急行动组织。软件部分包括有关应急反应的法律法规和标准、经济保障和补偿制度、事先制订好的应急计划和国家紧急动物疫病应急反应培训计划等。

三、制定动物保护体系建设的长期投入决策

鉴于动物保护工作的重要性，世界动物卫生组织于 2002 年 10 月，在第 70 届全体大会上成立了一个永久性的动物福利工作组，其主要任务是制定相关政策和指导原则；建立动物福利的标准、准则和建议。其内容包括：动物运输、屠宰和疫病控制中的扑杀；畜舍和饲养管理；实验动物及其福利。不难看出，动物保护和动物福利工作将是世界各国兽医工作关注的一个新问题。

四、研究应对国际绿色贸易壁垒问题

动物健康状况直接关系着消费者的身体健康，因此，在畜产品国际贸易中，安全问题已经成为市场竞争的最关键因素。禽流感、疯牛病等动物疫病已经引起全球的关注，一些国家和地区甚至纷纷出台措施，将动物食品安全问题作为拒绝进口的理由。

第二节　效益和成本的定性与定量

从经济学一般意义上来讲，效益是指人们有目的的实践活动的（包括物化劳动与活劳动）占用、消耗与获得的劳动成果之间的比较。人们研究效益问题的根本目的在于以尽量少的劳动消耗和占用，取得尽可能多的有用结果。

成本是商品经济的价值范畴，人们进行生产经营活动或达到一定的目的，就必须耗费一定的资源，其资源的货币表现及其对象化称为成本。经济学家认为成本是资源的投入，这种资源包括所有行为所能涉及的资源，包括有形成本和无形成本。

一、动物疾病防控的效益

效益分为直接效益和间接效益。通常将畜禽扑杀补偿费用、隔离费用的节余，降低畜禽发病率和死亡率等作为防控的直接效益，间接效益或宏观经济效益则包括畜牧业持续发展、消费者消费安全、畜产品出口稳定增加、人类健康安全和社会安定。

效益的度量是成本收益分析的关键和难点。通常将实施某项疾病防控措施可能产生的结果分为 4 个方面，即结果、效用、收益和福利。

(1) 结果主要体现在疾病传播的控制及畜禽生产性能和产品质量的保持，所用的指数可能是畜禽感染数量和种群数、发病率和死亡率、病毒扩散速率等。

(2) 效用可采用公众对畜禽产品质量安全水平信心指数和生命质量调整年来度量。

(3) 收益是以货币形式度量的动物疫病防控结果。

(4) 福利是提高人类有关福利，可能有以下几种形式：避免对人类健康的影响，减少人畜共患病的发生；降低对畜禽生产者的经济损失，减少从业者失业的机会；改善动物福利，创造既有利于畜禽健康、又不破坏生态环境的动物生产模式。

二、成　　本

成本包括直接成本和间接成本。直接成本是指项目使用的直接投入物的成本，如所投入的人力、资金、物质等的成本。间接成本是指动物疾病流行所导致的外部成本，称之为宏观经济成本，通常表现为本国畜产品出口限制、国民的食品安全信心降低进而抵制消费而引起的社会成本或损失。

动物疾病的成本主要包括两部分，即损失和支出。损失是指收益的减少和未实现的潜在收益。一般情况下，损失表现为产出性能的下降。支出表现为动物生产过程中投入的增加，它们表现为资源利用的无计划性和非首选性。支出包括两种形式，即治疗支出和预防支出。

第三节　经济学分析的类型

对动物疾病进行经济学分析或评估是防控决策的必要组成部分。在动物疾病的经济学分析方法中，成本收益分析及其指标体系最为常用，它被许多国家和 OIE、WHO 等国际组织广泛采用。

一、成本收益分析及其评价指标

成本收益分析（cost benefit analysis，CBA）就是针对确定的动物疫病目标，分析成本和收益，并把它们转换成货币单位，通过比较动物疾病防控措施的全部预期收益和全部预期成本的现值来评价这些项目，以作为决策参考或依据的一种方法。

（一）成本收益分析常用的评价的指标

在成本收益分析中常用的评价指标有经济净现值（economic net present value，ENPV）、经济内部收益率（economic internal revenue rate，EIRR）和成本收益率（benefit-cost ratio，BCR）。BCR 是动物疾病防控项目实施的收益与成本的比率。如果实施时间较长，通常用项目的收益现值与成本现值的比率来计算。一个项目的 BCR>1，该项目就是可取的。国外对动物疾病防控项目成本收益率进行了较多研究。例如，挪威对 1993～2003 年实施的牛病毒性腹泻病毒根除计划进行了成本和收益分析，并计算出了该计划的 ENPV 为 600 万美元。

（二）其他评价指标

成本效果比（cost-effectiveness ratio，CER），即预计可以减少的发病动物数量（有的采用实施防控计划而避免的造成感染和死亡的畜禽数目）来衡量，美国实施将口蹄疫阳性率控制在 0.01 %以内的成本效益比为 2.76 万美元/头。

总经济成本（total economic cost，TEC），有研究采用 TEC 对赞比亚控制泰勒氏梨浆虫病进行了经济分析，根据不同发病率下成本组成对 TEC 的影响，选择不同发病率下 TEC 值最小（最经济）的防控策略。

边际报酬率（marginal rate of return，MRR），Okello-Onen 将对奶牛实施不同消毒频率的消毒方案的 MRR 进行了比较，虽然频率最快的方案可以最大限度地保障奶牛健康，提高产奶量，总产值也最高，但是由于其 MRR 并不理想，并非最优选择。

（三）各种评价指标的比较

在各种动物卫生经济学分析方法中，其主要步骤都是确定防治措施的成本和效果，在效果可以货币化的情况下，用收益来表示，否则用效益表示，在方案选择方面都是为了追求较高的边际收益，依据前提条件的不同，使成本最小或收益最大。总成本经济分析法和边际报酬率分析法是为了实现既定目标，使防治措施的成本最小化，而成本收益分析通常是在受防治预算约束的情况下，使防制措施的成本与收益相比较成本收益率最高。成本效益分析则是在收益难以用货币量化的前提下，用实施动物疫病防治措施可以减少的发病动物数量作为效益指标，衡量措施的效果。在评价指标方面，经济净现值和经济内部收益率一般适用于防治措施实施时间较长（两年以上）的经济分析，而其他指标则没有这个限制。

二、经济学分析的其他方法

（一）决策树法

在动物疾病经济学的决策分析中，最直观的、最常用的方法是决策树法（decision-tree method），决策的依据是期望货币价值（expected monetary value，EMV）的高低。决策树法是一种在不同技术方案下的成本和效果来构建决策模型，从而计算成本效果比的方法。决策树是利用一种树枝状的图形，列出各种可供选择的方案、可能出现的状态、各种可能状态出现的概率及其损益值；然后计算在不同状态下的期望值，比较期望值的大小，进而做出抉择。例如，在一个进行疫苗免疫的决策中，采用 A_i 方案在不同地区的期望值为 V_i，发生的概率为 P_i，每个决策方案（A_i）的 EMV 可以表示为 EMV（A_i）$=\sum_i(P_iV_i)$，EMV 最高的方案最佳。

决策树作为一种分析工具，可以形象地比较不同方案的期望收益，运用经济学理论为动物疫病防治措施优化提供决策依据。运用决策树法，研究荷兰口蹄疫暴发初期的控制策略最优化问题，使口蹄疫暴发造成的直接损失和出口损失最小。依据家畜和畜群密度（将荷兰分为 7 个地区）、有无空气传播的可能性、高风险持续时间（HRP，是指某畜禽饲养场从发生疑似病例到确认之间的时间间隔，这段时间疫病的传染性最强）是否已知等不同情况，对 4 种不同的控制策略（扑杀被传染畜群和淘汰高风险接触畜群，在此基础上实施 1km 范围内的易感畜群环状扑杀，实施 1km 范围内的易感畜群环状免疫，实施 3km 范围内的易感畜群免疫）绘制了 HRP 已知和未知两种情况下的决策树，并根据决策树，对 4 种策略进行最优和次优分析。

（二）蒙特卡罗模拟

蒙特卡罗模拟（Monte Carlo simulation，MCS）是近年来西方国家开始重视的一种新的动态模拟方法。在动物疾病经济学中，可以用来判断流行病的发生比例，对预测和分析动物疾病传播的速率等具有较高的价值。其主要步骤是让预测人员根据专家调查法或其他调查方法给出影响动物疾病流行各项因素的变化范围和变化趋势，客观描述影响流行病发生比例的各种因素变化可能性，利用概率密度函数和科学的迭代过程，达到合理判断发病比例的目的。动物疾病流行往往受到众多不确定因素的影响，各影响因素具有较大的不确定性，之间还存在关联，并非是能事先确知的定值，但它们会呈现出一定的规律性，服从统计规律，虽然不能确切地知道该值，但可以用数学方法对它们的分布情况加以描述。根据历史数据，结合流行病的特性，可以对当前的疾病流行情况进行预测。

三、动物疾病经济学研究存在的不足

目前，国外学者对动物疾病有关的经济学分析尽管取得了大量的研究成果，但仍存在一定的不足。近年来，该问题的研究主要力图从以下几个方面不断加以优化。

（一）非市场相关影响

目前成本主要评价只针对与市场有关的影响而很少涉及非市场相关的影响，尽管非市场物品的经济评价方法还存在很多争议，动物疾病影响的广泛性和不确定性特点也绝不可能对其进行精确的评估。但忽略这部分损失的价值，显然不能全面反映动物疾病的影响。因此需要扩展研究的范围，除了专家调查法和意愿支付法外，还应该继续探索更为合理的经济学方法，逐步完善人畜共患病的经济学分析，同时还应探索动物疾病对生态系统的影响评估体系。

（二）小概率极端事件

目前文献中对动物疾病损失的研究很多，只考虑了最有可能发生的情况，即使在决策树分析时，也没有考虑小概率极端事件发生的可能，如高致病性禽流感的新型变种在人与禽之间的迅速传播，可能给人类社会造成的损失，将是巨大甚至是无法估量的。因此损失评价不应是一个点，而应是损失的整个概率分布状况。目前损失评价的分布曲线明显呈现不对称形式，小概率极端事件受到人们的关注，尽管极端事件的发生和规模都是不确定的，但从谨慎预防的原则出发采取一定措施以降低风险是非常必要的。

（三）全球范围的影响

现有动物卫生经济学评估大多考虑的是一个国家或地区的特殊情况，而没有对可能对周边国家的影响进行分析，虽然 FAO 最近连续出版了几期关于跨界动物疾病的经济影响的报告，但其中主要论述的是非洲国家的跨界动物疾病，而对其他大洲的论述极少，当然这需要各国之间的合作。2004 年和 2005 年在亚洲暴发的高致病性禽流感给各国的动物疾病防控合作提供了良好的契机，基于流行病学和免疫学方面的合作取得了很大的成功，但在经济影响方面的合作非常有限。

（四）不确定性

在对动物疾病造成的损失和收益分析方面，各个环节上都存在很大的不确定性，使人们无法精确判断和预测长期后果，在文献中对长期的动物卫生经济学研究采用的模型主要为决策树和 MCS 模型，其都具有一定的局限性。敏感度分析可以检验由于参数不确定性带来的成本效果分析结果的稳健性，但在目前的文献中论述很少，也仅局限在对防控目标的改变进行敏感度分析上。

第四节　区域性动物健康计划

为了逐步提高我国的动物卫生水平，应对加入WTO后国内外畜产品市场的新考验，扩大出口创汇，我国从1998年起，借鉴国外通行的无规定疫病区建设经验，开始实施无规定疫病区建设，几年来无规定疫病区建设取得了良好的成效，初步实现了疫病的区域化管理。

一、我国无规定动物疫病区建设

所谓无规定动物疫病区，是指在一定的区域内集中人力、物力和财力，加强动物防疫基础设施建设，采取行政、法律、经济和科技等手段，消灭国家规定的重要动物疫病，动物疫病控制水平及动物和动物产品卫生质量及安全性达到国家规定的标准，并获得国家认可和国际认证的地区。

通过建立无疫区，逐步提高本国的疫病防控水平是国际通行的做法。WHO和OIE都承认无疫区的概念，允许以一个国家的某些地区或几个国家组成的共同区域的风险评估结果，作为畜产品贸易的依据，并禁止对这些区域采取技术性贸易壁垒措施。

我国地域辽阔，各地自然、地理、社会、经济条件，以及畜禽饲养方式、疫病种类和流行特点等都不尽相同，针对这种特点，选定一些畜牧业发展基础条件较好的区域，集中物力、财力和人力，建设相对独立、相对封闭的无疫区，无疑具有重要的意义。

通过几年的建设，无疫区畜牧业发展取得了明显成就，初步建立了动物疫病控制、动物防疫监督、动物疫情监测及动物防疫屏障四大体系，有效控制了动物疫病的发生，大力推进了畜牧业生产方式的转变，有力促进了畜产品的出口。

二、我国无规定动物疫病区建设的经济学评估

在动物疫病防控措施的经济学评估方法方面，成本收益分析方法及其指标体系最为常用。

（一）成本收益分析

对实施无疫区建设的省（直辖市）运用技术经济学的理论和方法，累计计算无疫区建设期间投入总成本与其相应的总效益并换算为现值，再进行效益-成本比计算，计算效益成本比（BCR）。

无规定疫病区建设的效益包括已实现效益和长远效益两部分。已实现效益又包含直接效益和间接效益；长远效益虽然还未实现，但由于无规定疫病区建设的长期性特点而变得尤为重要。参照发达国家实现该目标的历程，可以认为长远效益应远远大于当前已实现的效益，因此，对长远效益的测算不仅可以对无规定疫病区建设的成效做出更加合理的评估，而且对今后在此领域的持续投入及加大投入的相关决策具有重要的指导意义。

我国对无规定疫病区建设进行了经济学评估，通过直接效益计算方法计算，我国无疫区建设的成本收益率为7.95，经济效益明显，同时无疫区建设在带动相关产业发展方面也发挥了积极的作用。

（二）双差异比较法

对动物疫病防控项目实施地区的经济影响进行分析，通常采用的方法包括有无比较法和前后比较法，有无比较法又称为对照组法（control group approach，CGA），它是将项目组（项目实施地区）与对照组（没有实施项目地区）进行比较，二者之间除了在项目介入与否这一点不同外，其他情况尽可能相同。前后比较法则是将基期（相当于对照组）情况与项目实施期或完成后的情况进行比较。

实地调查和计算分析得到的结果往往是项目和其他因素或事件共同产生的，如何将影响项目成效的其他因素过滤掉，是评价项目成效的关键因素之一。双差异比较法是一种时间和空间的双重比较方法，通过比较项目组和对照组，在一定的时间内，可以仅指项目的实施期，也可以包括一定的后续期，各项指标随时间发生的变化情况。同时将这种随时间发生的变化在项目组和对照组之间进行比较，通过纵向与横向的双差异比较，可以过滤影响项目成效的其他因素。

小　结

（1）动物疾病经济学主要是运用兽医科学的理论体系和经济学的分析方法，对动物疾病可能对经济、社会造成的影响和实施防控项目的经济学效果进行定量分析，可以为政府制定动物疾病防控方案和财政支持政策措施提供经济学支持。

（2）目前，在动物疾病经济学主要经济学评价方法中，成本收益分析及其指标体系最为常用。动态模拟和决策树法、专家调查法在决策支持系统中被广泛采用。

（3）在对无规定疫病区建设的经济学评估方面，成本收益分析方法最为常用。

复 习 题

1. 简述动物疾病经济学的影响。
2. 简述疫病的间接损失。
3. 简述疫病防治的效益。

第十六章　疾病的损失和控制成本的评估

第一节　简　　介

评估动物疾病给畜牧业造成的损失，不能单纯地评估疾病本身，还要从企业和社会两个方面评估疾病的损失。需要建立牲畜疾病的费用及其控制的成本和收益所产生的可评估的方法。在生产系统中疾病只是影响生产力水平的诸多因素中的一个，往往不能孤立地进行考虑。因此，为有效评估动物疾病和疾病控制计划，必须清楚了解畜牧生产系统的经济效益。

一是估计疾病给某个具体养殖场带来的损失；二是估计疾病对畜牧产业的发展所产生的负面影响；三是有机地结合兽医流行病学、畜牧生产和经济学三个不同的学科，从微观和宏观两个方面制定和采取控制疾病的措施。

第二节　畜牧生产活动的经济学

一、投入和产出

畜牧生产的主要目的是组织各种资源产出一定的商品，如肉、蛋、奶、毛皮等，从而创造价值、获得利润。畜牧生产系统的经济学，主要是各种投入和产出的数量和成本的确定。生产者为产品的产出而花费或支出的各种资源的价值称为投入或成本。各种成本有两个部分可以用来投入或成本分析。首先，成本可以按项目列出生产所用的各种因素（土地、劳动力、资本）；其次，可以通过其变异程度分为可变或变动成本和固定成本。畜牧生产的产品所创造的价值称为产值，即产出。从生产的角度，产出也是畜牧生产终产品的产量。

（一）成　　本

成本与生产要素相关。生产过程中的各种投入品称为生产要素，经济学通常将生产要素分为 4 种：劳动、土地、资本和企业家才能。在经济分析和财务分析中，由于划分的前提和分析的目的不同，有很多种类的成本，如按照成本发生情况与产品生产的关系，可划分为直接成本和间接成本，此外，还有会计成本、机会成本、边际成本等。在畜牧生产的日常经营管理工作中，为了加强成本管理，根据性态，也就是生产要素费用的变化程度，将成本划分为变动成本和固定成本。

在短期内发生变化的成本称为变动成本，其与产出产量直接相关。变动成本需要满足两个条件：一是随着生产的微小变化而变化；二是可以较容易地分摊到某一具体生产行为中。变动成本在短期内有所不同，如果产出是零，变动成本下降到零。

固定成本的变动只在从长远来看，如果产出是零，固定成本仍然发生。它们有时也被称为间接费用和支付每年的费用项目，如长期劳动力、租金和税、维修和运行，超过 1 年以上的耐用品折旧，是把耐久性资产（如畜舍、饲料加工设备等）所耗用的价值分摊到该资产的耐用年限内，直到报废为止的一种方法。

固定成本有时也被称为一般管理费用。某个家畜养殖场的固定成本通常包括固定员工的工资、土地租金、机器维护费、固定资产折旧费等以年度为单位支出的费用。固定资产的折旧中折旧所反映的是固定资产或大额资金的价值每年减少的情况。计算折旧的公式很多，最简单的为

$$D=(R-S)/Y$$

式中，D 为年折旧费；R 为重置费用，即购买新设备所需要的费用；S 为残值，是指当固定资产被废弃时所剩余的价值；Y 为设备预计使用的年限。

表 16-1 按照生产要素列出了养殖企业固定成本和变动成本，需要注意的是，固定成本和变动成本有时不容易完全划分。

表 16-1　畜牧生产的主要成本

生产要素	变动成本	固定成本
劳动（人力）	差旅费；临时工工资；奖金	固定员工的工资
土地和房舍		房舍的维护、租金；抵押资产或贷款和现金流转预算中借款的利率
动物	饲料费用；疾病预防费用	引进动物的费用
设备、机械	机器或设备租赁费；燃油费	维护费用；折旧费用

区别畜牧生产中的固定成本和变动成本在分析疫病控制计划时很重要，因为疫病损失所导致的生产能力的变化，或取消限制生产的措施所带来的生产水平的变化，都将不同程度地影响产出。通常情况下，动物发病率或死亡率与产出水平有关，也与动物数量有关，因此，通常发病率和死亡率的降低仅仅影响变动成本，而兽医的费用和饲料成本是经常受到影响的变动成本。

畜禽养殖的目的不同，投入和产出的内涵不同，有时会有中间投入品的概念。例如，畜牧生产的终产品是畜禽动物本身，动物就是产出；而当饲养屠宰用畜禽时，如育肥牛场，动物可以看成是中间投入品。

（二）利润和预算

对于一个具体的养殖场，理论上，盈利是产值减去成本、税金之后的余额，但在计算盈利时，养殖场需要综合考虑以下几方面。

（1）实际出售的产品，如牛奶、蛋、肉牛、仔猪等，这些是构成畜牧生产经营者销售收入的主要要素。

（2）生产过程中自用的产品值，如生产者所消费的自家奶牛所产的少部分奶，要按照实际出售产品的价值计入生产经营的销售收入中。

（3）其他销售值，如出售的粪肥应计入销售收入中。

（4）计算实际成本，即生产过程中所投入的资金。

有许多关于生产者如何使用农场预算进行规划、分析和决策的文献，从事畜牧生产的管理人员需要了解掌握预算的方法。部分预算法是比较常用的一种方法，它对生产过程中某一特定变化所引起的经济结果进行量化，只关注成本和产出的变化，如用人工授精代替自然繁殖，考虑的是生产方式的改变对投入和产出的影响。进行部分预算时，生产方式的变化考虑的是：能够增加的收益、所减少的支出、减少的预期收益和所产生的额外支出。

当前两项之和大于后两项之和时，就可以选择新的生产方式。

（三）相关的经济学概念

1. 私人成本和社会成本　私人成本是独立生产单位从事生产活动实际支付的一切成本，用于独立生产单位的财务分析。社会成本是整个社会为这项生产活动需要支付的一切成本，如养殖过程中产生的环境污染问题，如果需要其他人支付费用进行治理，就构成社会成本。社会成本是政府制定政策和采取相关措施的重要依据之一。

2. 供求原理　经济社会中，每一种产品都有大量的生产者和消费者，供给和需求又在不断发生变化。研究供给与需求的关系是经济学的主要内容。供求关系决定着产品的市场价格。

3. 外部性　外部性是指一个经济活动对其他人或其他活动的外部影响，这种影响不是在有关各方以价格为基础的交换中发生的，因此其影响是外在的，几乎存在于每个经济活动中。外部性具有双重性。正外部性是指一个经济活动导致其他经济主体获得的额外经济利益。负外部性是指一个经济活动导致其他经济主体蒙受的额外经济损失，也称为外部成本。畜牧生产活动中产生的环境污染问题，就是负外部性。外部性是国家制定管理政策的依据。

4. 成本收益分析　成本收益分析是通过比较全部预期收益和全部预期成本来评价某一具体项目的方法，主要适用于项目决策，也适用于年度分析，还可以作为国家制定动物卫生管理政策的依据。

5. 机会成本　经济学分析中使用机会成本。机会成本也称为择一成本，是将一定资源做某种用途时所放弃的其他各种用途中的最大收益。例如，一笔贷款可以投入畜舍的修缮，也可以投入疫病防治。如果投入畜舍的修缮，而不投入接种疫苗，投入接种疫苗所带来的最大收入就是机会成本。

6. 贴现　贴现是指把将来的货币值换算到现在的价值，其换算的比率称为贴现率，一般用银行的利息率或物价指数的变化率作为贴现率。

二、影响产出的因素

种畜禽养殖场，其出售的产品是种用畜禽；非种用动物养殖场，根据动物种类和养殖目的的不同，出售的产品不同，如蛋鸡场出售的产品是鲜蛋，育肥猪场、牛场出售的产品是肉猪、肉牛，奶牛场出售的产品是鲜奶；自繁自养的养殖场，其出售的产品可包括种用动物、屠宰动物（用于生产肉类）或动物产品（奶、蛋、羊毛等）。出售产品的价格即产出。以奶牛场为例，养殖过程中可用生产能力（如产奶量、产蛋率、出栏率等）、生产周期、年增长率、产犊率、幼畜死亡率、幼畜成活率、淘汰率、成年动物死亡率等为生产参数计算每年的产出。

从畜禽养殖本身的角度，对一个养殖场的产出具有影响的因素包括管理水平、动物品种、饲养环境、养殖方式、营养状况、疾病等。从宏观经济上来看，影响产出的因素包括一个国家或一个地区的动物卫生状况、社会购买力、消费数量，此外还有养殖过程中的外部成本问题。研究并解决以上影响因素，需要专业人员，因此，企业管理人员和生产人员的能力实际上也是影响产出的因素之一。估计每个影响因素对产出的实际影响不是容易的事，很多情况下产出的变化是各种因素综合作用的结果。

三、畜禽价格与产出的关系

消费者或生产者认为某一商品的价格能够接受取决于买方从产品中能够获得的预期收益。理论上，在一个自由市场环境下，任何可工作几年的投入品的价格，接近在工作年限内使用该物品预期获得的收益的现值。畜禽也是畜牧生产的投入品，畜禽的价格体现其产出的预期值。上面的理论能够解释为什么母犊牛的价格常高于公犊。小母牛的价格在犊牛时就较高，成熟后价格更高，但随着年龄的增长，价格也逐渐下降。

第三节　估计疾病的损失

从微观上估计疾病损失，也就是估计疾病给畜禽养殖带来的损失时，应该了解掌握如下几点。

（1）疾病发生的方式，如结核病的流行特点。

（2）疾病对畜禽生产性能的影响，如鸡产蛋下降综合征导致蛋鸡的产蛋量下降。

（3）如何用货币量化疾病对畜禽生产性能的影响。

从宏观的角度来看，疾病不仅仅只影响畜禽养殖企业本身，也影响上下游产业（如种植业、饲料业、皮革业、食品加工业）的发展，严重的动物流行病还可对社会的政治经济及生态环境产生负面效应，导致重大的经济损失和社会影响。人畜共患病影响人体健康和食品安全，如猪弓形虫病、牛布鲁菌病；大规模暴发的恶性动物传染病导致产业崩溃而引起失业问题；1996 年英国发现的牛海绵状脑病在 21 世纪初对欧洲一些国家的政局产生影响。因此，估计疾病损失涉及社会、经济、环境等多方面因素，这些因素之间存在广泛和多层次的联系，相互制约，也相互作用。估计疾病的损失需要运用动物流行病学、经济学、统计学、生态学等多学科的理论。

一、直接损失

（一）微观上的损失

从畜禽养殖企业的角度来看，生产性能的降低是疾病给畜禽养殖本身带来的直接损失。养殖场的经济损失通过量化畜禽生产力降低的情况进行统计。评估某种疾病给养殖场造成的直接经济损失时考虑以下因素，因为不同疾病对动物生产性能的影响各异，控制和处理的措施也不同。

（1）生产能力下降，产奶量、产蛋率、出栏率、产仔（犊）率的下降及发病率和死亡率的上升是生产能力下降的具体表现。

（2）处理动物时生产要素的闲置。

（3）因处理动物而损失的预期收益。例如，为控制牛布鲁菌病提前淘汰动物，这既损失了动物预期可带来的收入，也为购买新动物而支出预算外费用。

（4）疾病发生后为控制疾病而支出的费用。治疗费用、额外增加的畜舍消毒处理费用、紧急免疫费用等都是为控制疾病而支出的费用。

评估生产能力下降所带来的损失的基本原则是比较疾病发生与不发生两种情况下产出的情况，并用货币量化。评估前，要对疾病的发生情况进行详细的调查，收集整理疾病信息，确定发病率、死亡率、发展趋势等疾病本身的特点，建立评估模型，确定评估指标。通常情况下，将产奶量、产蛋率、出栏率、生产周期、年增长率、产犊率、幼畜死亡率、幼畜成活率、淘汰率、成年动物死亡率等生产参数作为评估指标来评估疾病发生后的损失情况。评估时，要考虑空间和时间的变化。

（二）宏观上的损失

疾病在给畜禽养殖单位带来经济损失的同时，也给国家带来经济损失。当国家对某种动物流行病实行控制措施时，动物流行病的发生给国家带来的直接经济损失如下。

（1）控制费用，疾病发生后政府采取控制措施时投入的费用，如组织人力、物力扑灭疫情的费用，对疫区进行管理的费用。

（2）采取扑杀政策时给养殖单位的补偿费用。为控制疾病的蔓延和扩散，国家通常扑杀患病动物和易感动物，扑杀时给予养殖企业补偿是国际上通行的做法。

（3）外贸损失，动物疾病导致失去相关动物或动物产品现有的国际市场。

（4）疾病发生情况的调查费用，如监测费。

二、间接损失和影响

（一）疾病给养殖生产带来的损失

某一区域发生重大动物传染病后，国家将采取划定疫区、全群扑杀、紧急免疫接种、控制疫区内动物及动物产品流动、发病农场空场、禁止引进动物等措施控制动物流行病的传播和蔓延。国家采取的控制措施将给畜牧生产单位的生产经营带来变化，疾病作为限制生产的原因影响养殖生产的正常进行，甚至导致生产停滞。

量化这样的间接损失比较复杂，但也不是不可能。通过估计政策变化对相关养殖单位收益的影响，可以估算疾病作为生产限制所带来的损失。一方面由于限制动物和动物产品流动，增加了养殖和管理成本；另一方面为重新投入生产而支付的成本，这种情况在国家为控制疾病而采取扑杀政策时发生，但损失应是重新生产的成本减去国家扑杀的补偿费。这些都与国家政策有关。

（二）对人体健康的影响

目前人类已知的200多种动物传染病中，能引起人感染并表现严重临床症状的有54种之多，如结核病、炭疽、狂犬病、布鲁菌病、弓形虫病等。人畜共患病危害人体健康，影响人的工作能力，可导致失去工作和收入，产生治疗费用，造成经济上的损失。如果人畜共患病威胁到生命安全，损失是无法用货币来量化的。

（三）次生影响、外部性和无形的影响

疾病的次生影响表现在对畜牧生产上下游产业的影响，上游产业包括种植业、饲料业、农业机械制造业等，下游产业是加工业，范围很广，如食品加工业、轻纺（皮革、毛纺）加工业、制药业等。疾病给畜牧生产上下游产业造成的经济损失，可以用直接受到疾病影响的产品的利润来反映。例如，死亡导致畜禽数量减少，饲料需求降低，饲料产品利润的减少反映了疾病给饲料业带来的损失。理论上，可以用“影子价格”估计机会成本来估计疾病次生

影响的经济损失。

估计疾病的损失时，只评估负外部性问题。某农场发生动物流行病，可能给该农场所在地区的其他农场带来损失，因为国家采取的控制动物流动措施限制了其他农场的生产经营活动，但发病农场并未承担其他农场的损失。

动物疾病的无形影响非常广，既可以使市场动物源性食品供应不足，导致市场供需失衡，影响物价稳定，也可改变人们的消费观念、生活习惯，如德国的疯牛病使80%的德国人在一段时间内对牛肉制品不敢问津。动物疾病对上下游产业的影响可能使就业机会减少，引起社会问题。如果疾病从家养畜禽扩散到野生动物，造成野生动物的死亡和数量减少，可影响到生态环境的平衡。动物疾病还影响到疾病发生地的旅游业发展，人们对到疾病发生地区旅游望而却步。

量化所有次生影响、外部性问题及无形的影响不是容易的事，但这些问题确实存在，并且在评估疾病的损失时要认真考虑。

三、估计疾病损失的方法

动物疾病，特别是动物流行性疾病是一个动态发展的过程，不同的自然环境、不同的养殖方式和管理水平影响着疾病的发生、发展。估计疾病经济损失要确定评估的对象、时段和范围，建立评估指标体系。疾病直接损失的评估指标包括发病率、死亡率、出栏率、产奶量生产参数等，这些需要进行细致全面的流行病学调查。制订疾病控制计划时，生产参数值的确定需要应用统计学方法对过去的情况进行归纳总结。确定间接损失的评估指标需要了解掌握社会经济发展情况。

评估疾病损失的方法很多。调查评估法是通过向有关专家发放调查问卷来统计损失情况的；对比分析法是前后对比分析、有无对比分析，即通过对疾病发生前后其对产出的影响来评估损失情况；影子价值法是评估疾病发生后重新恢复到发病前的生产状态所需要的费用，也就是重建费用；市场价值法是以现行的市场价格计算损失情况。

市场价值法中有两种基本的方法用于评估疾病对畜禽养殖所造成的直接经济损失。一种是以动物的价格来估计疾病的损失，另一种是以疾病对奶、毛、蛋、幼畜等终产品产出的影响来估计疾病的损失。如果需要尽快估计某种疾病的损失，或者对该疾病本身的了解不足，可以采用第一种方法。当对某种疾病的流行特点掌握得很清楚，或者需要更准确地估计疾病的损失时，采用第二种方法。但后者可能过度估计一种疾病的损失，从而过度估计了该疾病控制计划的效果。产生这种结果的原因是夸大了某种疾病的重要性，忽略了其他疾病或营养、管理等因素的影响，孤立地认为损失的原因只是疾病本身。因此，在估计某种疾病的损失时，最重要的一点是要了解疾病可能引起损失（死亡率、产出值）的上限。例如，某一畜群的年死亡率不超过10%；或某一奶牛场的最高年产奶总量是100t，某个死亡动物或某头奶牛产奶量下降的原因可能是偶然事件、营养不良、疾病之一，或者是疾病、管理和营养等多种因素共同作用的结果。

（一）以动物价值估计疾病的损失

疾病的死亡率和发病率是主要评价参数，评估时要掌握畜群的基本情况及不同年龄或不同性别动物的价格。畜群的基本情况主要指两方面：畜群的动物数量和年龄（性别）组成。通过死亡率估计损失时，量化损失的指标是动物的价格，该价格反映的是动物预期的价值。不同年龄和性别的动物预期价值不同，如果知道动物每个年龄段和性别及其死亡率，即可估算疾病的损失。如果不清楚动物每个年龄段的价格，用平均年龄的价格估算损失。

通过发病率估计损失时，如果没有具体的发病率的数据，可以用总产出的减少来估计疾病的损失，有两种估计方式：一种是减少的产出占所有感染动物预期总产出的百分比，量化的指标是预期的价格；另一种是减少的产出占本动物群年产出的百分比，使用奶产量或肉产量等。

（二）以疾病对总产出的影响估计损失

用这种方法主要是用终产品，如牛奶、羊毛、肉、蛋、幼畜等产品的产量减少来估计疾病的损失。疾病对总产出的影响包括引起动物死亡、降低繁殖能力、流产、终产品产量下降、成熟或增重延迟等。

下面以肉和羊毛为评价指标来估计绵羊痒病带来的损失。假定某一地区的绵羊数量为120万只，每只绵羊每年的羊毛产量为2.0kg，每千克1.8元，每只绵羊死亡的损失是40元，羊的屠宰价为50元，绵羊痒病的发病率为5%，死亡率为25%，感染动物群的羊毛产量损失80%，15%感染动物的肉产量减少10%。在以上情况下，绵羊痒病每年给该地区造成的直接经济损失（L）的计算方法为

$$\begin{aligned} L &= \text{死亡率造成的损失} + \text{发病率造成的损失} \\ &= \text{死亡动物数量} \times (\text{每只绵羊的羊毛产值} + \text{每只绵羊价格}) \\ &\quad + \text{感染动物数量} \times (\text{感染动物的羊毛价格} + \text{感染动物的肉品价格}) \end{aligned}$$

将有关假定的数据代入公式，绵羊痒病给该地区带来的直接经济损失为

$$\begin{aligned} L &= 1\,200\,000 \times 5\% \times 25\%(2.0 \times 1.8 + 40) + 1\,200\,000 \times 5\% \\ &\quad \times (1 - 25\%) \times (3.6 \times 80\% + 50 \times 15\% \times 10\%) \\ &= 817\,350\ \text{元} \end{aligned}$$

上面的例子仅仅是绵羊痒病对某一地区在一年内给养殖本身带来的损失，不包括处理死亡动物、空场、疾病诊断及重新购置动物等其他方面的支出，这些支出也是疾病造成的损失。随着采取疾病控制或根除计划，疾病的流行率、死亡率会发生变化，供求关系的变化也会使产品的市场价格发生变化，这些都对疾病的损失产生影响。

第四节　疾病控制成本

一、简　　介

动物疾病给国家、社会和个人造成的损失严重，控制动物疾病的发生、传播和扩散，政府兽医机关、畜牧生产单位都有责任和义务。制订并实施动物疾病控制计划，需要投入人力、物力和财力。制订疾病控制计划时，要进行成本收益分析，不能用货币量化的情况要进行成本效果分析，以达到用最少的支出获得最有效控制疾病的目的。疾病控制的效益包括直接效益和间接效益。直接效益是提高动物健康水平、生产性能、畜产品质量，并使养殖单位免受疾病造成的损失而获得了利润的保证。间接效益包括向市场提供高品质的畜产品、扩大

国际市场、对环境保护的积极作用、拉动上下游产业发展等。

疾病控制成本不仅因疾病的种类和所采取的控制措施的不同而有所差别，而且还与执行控制计划的国家和地区的不同而不同。原因很简单，不同的兽医管理体制、不同的人员工资水平、不同的地域和不同的畜牧生产方式，就产生了不同的成本组成。尽管如此，仍可以说明一般情况下控制疾病的成本类型和成本的组成，其中，影响疾病控制成本的主要因素是疾病的流行特点和所采取的控制措施。

在审查和比较疾病控制政策时，一要考虑所采取的控制措施需要的成本总体水平及其与现有可利用资金的关系，如果可利用资金并不十分充分，就要制订多个控制计划，运用成本收益或效果分析确定具体的控制措施。二要根据疾病发生情况和流行特点，科学合理地安排各年度费用支出的时间表，因为，无论哪种控制措施都不是一朝一夕就能够完成或达到预期目的的，预防措施需要多年的持续费用支出，根除疾病需要更高水平的支出，监测和诊断工作一直存在。同时要认识到，需要计算不同阶段所支付的成本现值，也就是贴现后的成本，而不是简单的成本的总额。

二、疾病控制成本的组成

疾病控制成本是指国家或养殖单位在实施某项动物疾病控制计划过程中所投入的全部物质资源和人力资源，包括公共支付和私人支付。也就是说，疾病控制是需要全社会参与的一项公共卫生事业，需要社会成本。至于疾病控制成本的组成，简单地讲，包括两种：一种是治疗支出，另一种是预防性支出，其中预防性支出取决于疾病控制措施。

（1）非治疗性预防。非治疗性预防包含了日常畜禽生产过程中实施的卫生防护措施的费用。为保证动物有卫生的生活环境，需要支付畜舍清洗和消毒费用。为防止动物随意活动或接触到野生动物而感染疾病，需要在养殖场所周围设置围栏、防疫沟等防护设施，并要及时维护。最低的预防水平，至少应该在销售环节采取防护措施，如对运输动物或动物产品的车辆进行消毒。

（2）诊疗。针对某一疾病需要开展诊疗工作，包括临床检查、调查，诊断、治疗和后续的处置。只要疾病仍在畜禽中存在，这些诊疗费用就始终是必需的。及时采取医疗措施能够发现疾病的发生情况，也能够反映兽医人员和设施的分布，以及兽医服务体系应对问题的能力。

（3）药物预防和免疫接种。接种疫苗是畜禽免受疫病感染的保护措施。一旦决定采取免疫措施，就需要在特定的时间间隔内重复接种。免疫预防措施通常在进行兽医流行病学研究的情况下，或生产者有能力支付免疫费用的情况下实施。对于国家控制的严重动物流行性疾病，国家有时支付疫苗费用。采取预防接种措施时，需要对免疫效果进行监测，需要考虑监测成本。

（4）监测。监测计划是控制疾病的重要措施。通过监测，可以及时、尽早发现病例或感染情况，分析和评估疾病的发生、发展趋势。监测的方式和方法很多，包括：主动监测、被动监测；局部监测、全国性监测；全面监测、抽样监测、定点监测等。不同类型的监测，其成本不同。

（5）控制疾病传播媒介。如果需要采取控制疾病传播媒介的措施，应根据媒介的生活特点，设定采取措施的间隔期，并重复采取措施。

（6）使用抗病动物。选择对疾病具有抵抗力的动物也是一种疾病控制措施，但需要试验、调查和后续的研究。在抗病动物使用的全过程及计算抗病动物和被替代动物生产性能的差别时，成本很大。

（7）应急处理。暴发重大动物疫情后需要采取紧急处理措施，更多的时候是国家组织应急处理工作，因此，兽医主管机关应对此做单独的预算和支出。应急处理的费用包括很多，如扑杀患病或易感动物、病死动物无害化处理、疫点和疫区的封锁、消毒费用。总之，应急处理过程中的每一个环节都发生费用。

（8）动物追溯体系。为控制动物疫病，很多国家建立了动物身份识别和追溯体系，通过动物追溯体系了解掌握动物的流动情况，以便在暴发疫病时向前、向后调查动物的来源和流向。建立动物身份识别和追溯体系的方法很多，如加拿大在牛群中建立了射频标识体系，欧盟建立的是牛护照体系。不同的追溯体系成本不同。

（9）根除疾病。疾病的根除通常包括一种或几种以上措施的加强使用，也可以和检测及屠宰程序相结合，通常包含密集的监测和流行病学调查工作。最初根除成本很高，一旦根除措施持续实施，成本就会随之降低。

（10）组织管理。组织实施疾病控制措施过程中涉及兽医服务、人力、设施设备（如交通工具、通信设备等）、教育培训、信息宣传等多方面的支出，也包括报告疾病的奖励费用和剔除患病动物的补偿费用。

三、疾病控制成本实例

很多国家都有制订并实施疾病控制计划的历史。表 16-2 和表 16-3 分别是疾病根除计划及其成本的实例。

表 16-2　英国控制布氏杆菌病的年度成本分解

成本组成	项目	占总成本的比例/%
组织管理成本	总部工作人员的工资	0.5
	分支机构工作人员的工资	9.3
	现场兽医检验员的费用	10.4
	奖励费用	67.5
	补偿费用	6.3
	计算机	0.3
监测成本	中心实验室血样检测费	0.4
	分支机构血样检测费	1.1
	全乳环状试验费	0.3
	送样运输费	0.1
免疫预防成本	疫苗费	1.1
	现场兽医服务费（执行的是自愿免疫计划，需要支付疫苗注射的费用）	2.7

资料来源：Putt et al.，1987

表 16-3　莱索托对绵羊实施浸渍药物控制羊疥癣的成本分解

成本组成	项目	占总成本的比例/%
组织管理成本	管理人员和高级员工的工资	17.6
	现场工作人员的工资	20.5
	工作人员生活津贴	4.7
	车辆购置费	1.6
	车辆运行费	9.0
	信息和宣传	0.3
药物预防成本	药品费	38.2
	浸渍罐的制备和维护费	5.4
	其他用具	0.2
	浸渍证书费	0.2
其他		2.3

以上两个实例，一个是通过鉴别和剔除患病动物根除疾病的成本组成，即英国根除布氏杆菌病；一个是通过药物预防根除疾病的成本组成，即莱索托根除羊疥癣病。实例表明，控制疾病的成本与疾病的特点密切相关，成本包括两个方面：一方面是组织管理费用，包括人工费、设备运行费、奖励费；另一方面是针对不同疾病所采取的控制措施的特殊支出，如检测及与检测相关的费用、药物支出、免疫接种及其相关费用。实例还表明，组织管理的成本高于疾病控制措施的成本，其中人工费用是比较大的支出项目。

四、疾病控制计划中固定成本和变动成本

疾病控制计划是一项经济活动，和其他经济活动一样，控制疾病的成本包括固定成本和变动成本。在疾病控制计划中，在一定时期内随着兽医服务量变化而支出的成本是变动成本，不随兽医服务量变化的成本是固定成本，但随着时间及服务量的变化，固定成本也发生变化。无论是公共支付，还是私人支付，疾病控制中的变动成本包括：用于治疗或预防的药物、疫苗的支出；损耗性的医疗器械，如针头、注射器、采血器材的支出；工作人员的差旅费、生活补贴。固定成本包括：固定员工的工资；车辆、设备和建筑物的折旧；办公运行费用等。有些支出是半变动成本，与工作量有关，如车辆的燃油费、水电费等。

在成本总额一定的情况下，合理安排疾病控制计划中固定成本和变动成本，以保证每一项支出能够使构成成本的要素发挥最大的功效。疾病控制计划中常常由于没有充分利用高额的人员薪水和昂贵的设备而浪费了大量的资金，一些支出的节省也使疾病控制计划没有达到预期目的，如临时聘用人员的薪金，只要疾病没有被根除或控制计划仍在实施，临时聘用人员的薪金就不可避免。制订疾病控制计划时，需要兽医和财务人员共同参与，并做好成本收益或效果分析。

小　　结

疾病严重制约着畜牧生产的发展，也对宏观经济产生负面效应。准确评估疾病给社会经

济生活造成的损失，是开展疾病防控工作的基础性工作。把经济学的理论应用到动物卫生管理领域，是20世纪70年代以来比较新兴的学科。运用经济学的理论制定疾病控制措施，能够有效地发挥社会成本和私人成本在疾病控制计划中的作用，保证畜牧生产安全。

复　习　题

1. 畜牧生产中如何应用经济学理论？
2. 影响畜牧生产产出的因素有哪些？
3. 疾病的影响和损失体现在哪些方面？
4. 如果要评估牛结核病对某一地区牛群造成的损失，需要掌握哪些基本资料，如何评估？
5. 请说明规划动物疾病控制措施时需要考虑的成本。
6. 国家在动物疾病控制方面应该开展哪些工作？

第十七章　经济学和疾病控制政策的决策

第一节　简　　介

本章涉及比较成本和效益的途径，从而可以决定特定的项目、计划或措施是否应进行。最后进行一项经济分析，总结所有可用的信息，评估它的货币价值。完成这些之前，项目的可行性研究必须基于以下三个观点来建立。

(1) 技术方面。开支类型、工作人员数量和时间必须足够，以确保该项目完成其目标。

(2) 社会角度。该项目必须被农民和牲畜业主接受，必须顺应他们的需要。

(3) 体制和管理方面的问题。对项目成功的机构提供的设置功能、组织和管理计划必须是可行的。

经济分析需要从国家的观点（经济评估）和所有有关的个人（财务评价）观点来评价项目。一个项目可以从国民经济的角度来看是盈利的，同时还为畜牧生产者或公务员提供激励机制。

对项目实施后（事后分析）的评估技术也适用于其在实施前（事前分析）进行考核。考核着眼于项目的预期盈利。并将实际效果和预期的性能进行比较。

第二节　部分分析原则

在决定是否实施任何措施时，无论是个别农场还是重大疾病控制计划中的一个微小的变化，成本和收益的基本原则是相同的：改变的情况与不变的情况相比，如表 17-1 所示，这种方法称为部分分析。运用于预算时，它可应用在年度基础上，以引导短期决策；使用于成本效益分析时，它可用于长期项目。

表 17-1　成本和收益对比

成本	效益
额外产生的费用	成本节省
收入损失	收入上涨

在疾病控制项目的部分分析中，随着时间的推移而引入的新方案的额外成本，与新方案所降低的疾病造成的直接损失和间接损失加上因控制政策变化所节省成本的效益总和进行比较。表 17-2 中的方法已被用来分析不同的疾病控制政策。

表 17-2 中的成本和效益随着时间的变化对理解项目中“无”的情况是否可能保持不变是非常重要的。否则所有正在发生的变化将原因归结为项目的风险。

表 17-2　不同疾病控制政策的成本和效益的部分分析

项目（政策）	成本	效益
无	不检查发病与死亡	没有使事情变得更糟的下行风险
已诊断病例治疗	监测、治疗和诊断费用	发病和死亡减少
疾病的控制	根据控制的性质、系统计划的年度发生费用	发病与死亡减少加上先前（如果有的话）方案所节省的成本
疾病的根除	方案一次性的费用，包括调查、诊断和随访费用	如上所述，伴随着发病和死亡的消除，以往方案长期节省的成本

第三节　成本效益分析的原则和标准

一、成本效益分析的原则与标注

成本效益分析是指随着时间的推移，对归因于项目的效益和成本进行贴现，然后将成本与效益的现值（PVC 和 PVB）进行比较的过程。收益现值是每年福利的贴现值的总和。因此，

$$\mathrm{PVB}=\sum_{t-1}^{t-n}\frac{B_t}{(1+i)^t} \tag{17-1}$$

同样

$$\mathrm{PVC}=\sum_{t-1}^{t-n}\frac{C_t}{(1+i)^t} \tag{17-2}$$

式中，n 为正被考虑的年数；t 为每个个体年；i 为十进制分数的贴现率。

$$\sum_{t-1}^{t-n}=\text{成本或效益总和}/(1-t)^t \tag{17-3}$$

每一个 t 值 从 $t=1$ 到 $t=n$。

二、贴现率的作用

成本效益研究中所选择的折现率，理论上应该反映投资利益的实际利率（或收益）。它可以执行下列操作之一。

与是否存入银行或投入另一个项目资金总额可赚取实际利率的比较。

社会时间偏好率（social time preference rate ，STP），一个通常用百分数形式来表示的比率，表示就社会整体而言，偏重于当前的收益而非未来的收益，有时还被建议用作项目分析的折现率。

结账利率（accounting rate of interest ，ARI），当所有可用投资基金都被用完时，如果所有项目的利益少于回报率，那么这个项目将被取消，并启动其余项目。

因此，贴现率可以看成是一个设置在货币使用的“价格”。其实，这是资本的机会成本。贴现，应被视为一项通过估计在另一种投资中挣得的最低可接受回报率（或利息）未来值转变为现值的过程。

在发展中国家通常选择的贴现率为 8%～12%。一般情况下，经销商或有关国家的中央计划办公室负责将项目评估固定到其所认为的适当利率。否则评估人员最好使用 10%或 12%，或尝试两种利率，也就是说，根据影响总体结果选择 8%和 12%中的一种贴现率。

应该注意，由于贴现的过程使未来的收支与目前的收入差额逐步缩小，高贴现率的选择不利于较高的初始支出和低收益水平的长期项目。根除疾病的项目往往属于这一类。应该公认这样一个问题，就是理解为了反映资本的机会成本，往往需要一个合情合理的高贴现率的项目。

三、通货膨胀处理

从现今的角度来看，一个成本效益分析的目的是评估一项投资的盈利能力或经济上的可行性。只要不改变相对价格，通货膨胀不包括在内，估计是在现今价格计算的基础上，所以所有的价格可能会被转换为一个单一的基准年的恒定值。这也进一步解释了为什么选择真正贴现率而不是选择市场利率作为贴现率，因为价格选择不反映通货膨胀。

对于事前评估，当前年度，一般将 0 年作为基准年。在事后评价时，当时的项目价格鉴定，一般用 n 年表示。价格指数可以用来转化所有 n 年或 0 年的收益和成本。如果相对价格的变化在预计范围内，这些项目的价格随着时间的推移更便宜或昂贵，减少或增加是必要的，切记，相对于其他商品固定的价格，对它们的水平变化应予计算，而不是简单的金钱计算。因此，如果所有价格较去年上浮 10%，特定商品的价格上升 15%，在恒定的条件下，价格只增加了 5%。在实践中，这样的计算是相当复杂的，除非具有关于从其他项目存在的、以非常不同速率变化的一个预期价格的可靠信息，这才是更简单和更安全的使用现今的价格水平的方法。

四、成本效益分析的布局

表 17-2 显示了如何建立成本收益分析，并给出了数学公式的决策标准所使用的符号。

在设定的利益中，往往是方便于在不同方向下区分它们，如看病造成的直接损失、先前政策避免的间接损失等。可以说，肉类或奶类生产能够进一步分类为由不育或体重减轻造成的损失等。每年的效益总和称为毛效益。

有时，成本收益分析方便于推测生产成本，生产成本是一种生产的可变成本，或由生产者本身产生的来自每一种效益来源的成本，这可能是生产的可变成本。所说的效益通常指净效益。这通常是确定无疑的，因为效益是由生产者的额外收入计算。例如，在疾病控制项目中，降低死亡率，将意味着更多的动物肉类生产和出售，生产更多的牛奶。因此，额外的产量将涉及饲料、兽医保健等额外可变成本。如果这些都是从产出中得到的结论，然后将其作为额外收入扣除，剩余的就是净效益，将其与剩余的费用相比，就是所谓的总成本。如果额外的成本作为生产成本分别列出，比较就会在总收益和总成本之间进行（表 17-3）。

表 17-3　成本效益分析的布局

a) 未贴现价值

年度	个体效益 BI_t	效益总和 B_t	资本成本 CC_t	运行和维持费用 OM_t	生产成本 PC_t	成本总和 C_t	增加成本（现金流）B_t-C_t
0							
1							
2							
⋮							
n							

续表

b）贴现价值

年度	$BI_t/(1+t)t$	$B_t/(1+t)t$	$CC_t/(1+t)t$	$OM_t/(1+t)t$	$PC_t/(1+t)t$	$C_t/(1+t)t$	$B_t-C_t/(1+t)t$
0							
1							
2							
⋮							
n							
总计	$\sum_{t-1}^{n}\frac{BI_t}{(1+i)_t}$	$\sum_{t-1}^{n}\frac{B_t}{(1+i)_t}$	$\sum_{t-1}^{n}\frac{CC_t}{(1+i)_t}$	$\sum_{t-1}^{n}\frac{OM_t}{(1+i)_t}$	$\sum_{t-1}^{n}\frac{PC_t}{(1+i)_t}$	$\sum_{t-1}^{n}\frac{C_t}{(1+i)_t}$	$\sum_{t-1}^{n}\frac{B_t-C_t}{(1+i)_t}$

如果需要内部收益率，则不是贴现所有的成本和效益，而通常是充分贴现总效益或净效益和总值或总成本，或每年递增效益。如果想要检查总效益中个人利益来源的份额，只有贴现个人效益和成本来源才有用。这样做的个人现值：

$$\sum_{t-1}^{n}\frac{BI_t}{(1+i)^t} \tag{17-4}$$

必须表示为总效益（GB）或净效益（NB）的现值的百分比：

$$\sum_{t-1}^{n}\frac{GB_t(\text{或 }NB_t)}{(1+i)^t} \tag{17-5}$$

五、决 策 标 准

贴现完成后，将收益现值（PVB）与全部成本现值（PVC）进行比较。显然，对于一个给定折现率并被认为是有利可图的项目，收益现值应超过成本价值，即 PVB>PVC，或者，如果发现贴现率是这样的话，收益现值等于目前的成本，折现率应超过资本的机会成本。换句话说，当“利息”是通过在 PVB=PVC 时，推导得到一个足够高的贴现率，那么，利息或回报率应高于将金钱改作其他用途而赚取的可接受的最低回报率贴现。因此，如果 PVB= PVC，则 $i>r$，其中 i 是贴现率，用来计算 PVC 和 PVB，r 是可接受的最低贴现率。

如此，出现三个决策标准。

净现值（NPV），有时称为“净现价值”，是从利益现值中扣除成本现值，即

$$NPV = PVB - PVC$$

或

$$NPV = \sum_{t-1}^{n}\frac{B_t - C_t}{(1+i)^t} \tag{17-6}$$

式中，t 为个体年；n 为项目评价年数；B 为在一个给定年的效益总数；C 为在一个给定年的成本总数；i 为以小数表示的贴现率。

因一个项目是可被接受的，PVB > PVC，即净现值是正值。

按现值计算，净现值对项目的利润总额是有益的。出现困难时，净现值可用来进行项目排序，因为净现值相对较低的一个大型项目比净现值相对较高的一个小项目更有利可图。

成本效益比（benefit-cost ratio，B/C）等于效益现值除以成本现值，即

$$B/C = \text{PVB}/\text{PVC}$$

或以公式表示：

$$B/C = \frac{\sum_{t-1}^{n} \frac{B_t}{(1+i)^t}}{\sum_{t-1}^{n} \frac{C_t}{(1+i)^t}} \tag{17-7}$$

由于一个项目是可接受的，所以，成本效益比应该大于 1。

成本效益比等于不同大小的项目排名，是一个非常有用的标准，而且它比较容易计算。但是，当净效益与总成本相比、毛成本与毛利润相比时，该比值就会有所不同。

内部收益率（IRR）是对 PVB＝PVC 的贴现率 i。若用数学术语来表示，内部收益率（IRR）就是 i 对于 n：

$$\sum_{t-1}^{n} \frac{B_t - C_t}{(1+i)^t} = 0 \tag{17-8}$$

如果 $i > r$，即 IRR 超过货币最小可接受率或机会成本，项目是可接受的。

内部收益率在项目比较时是一个有用的标准，特别是因为它可以作为回报的年百分率表示。

如果年度增加的效益或现金流，$B_t - C_t$（效益总和－生产成本）每年总是≥0，则内部回报率无法计算，因为在那种情况下效益总和将不可能等于 0。

$$\sum_{t-1}^{n} \frac{B_t - C_t}{(1+i)^t} \tag{17-9}$$

在年度现金流，$B_t - C_t$ 从负变正一年中超过一次的情况下，每次正负转变可以存在一项内部收益率（IRR）。

在这个项目运行的第一年，IRR 只能在成本超过利益时被计算。这些案件是目前最常用的。

表 17-4 和表 17-5 给出了如何得到这三个标准的例子。内部收益率只能用不同的贴现率去尝试，直到净现值接近 0，而非比贴现率立即高于或低于获得的不同的折扣率。方法用表 17-4 表示，并介绍如下。

表 17-4　使用 12%贴现率回报的成本收益比、净现值和内部收益率的衍化

年度	资本	运作和维持	生产成本	成本总和	贴现因素	成本现值（PVC）	效益总和	贴现因素	收益现值（PVB）	PVB－PVC
1	10 000	—	—	10 000	0.893	8 929	—	0.893	—	－8 929
2	5 000	—	—	5 000	0.797	3 986	—	0.797	—	－3 986
3	5 000	750	600	6 350	0.712	4 520	2 000	0.712	1 424	－3 096
4	—	1 500	1 200	2 700	0.636	1 716	4 000	0.636	2 542	826
5	—	1 500	1 200	2 700	0.567	1 532	5 500	0.567	3 121	1 589
6	3 000	1 500	1 200	5 700	0.507	2 888	8 000	0.507	4 053	1 165
7	—	1 500	1 200	2 700	0.452	1 221	8 000	0.452	3 619	2 397

续表

年度	资本	运作和维持	生产成本	成本总和	贴现因素	成本现值（PVC）	效益总和	贴现因素	收益现值（PVB）	PVB—PVC
8	—	1 500	1 200	2 700	0.404	1 090	8 000	0.404	3 231	2 141
9	3 000	1 500	1 200	5 700	0.361	2 055	8 000	0.361	2 885	829
10	—	1 500	1 200	2 700	0.322	869	14 500	0.322	4 669	3 799
总计	26 000	11 250	9 000	46 250		28 807	58 000		25 543	—3 264

在 12%贴现率：净现值=25 543—28 807=—3 264；成本效益比= 25 583/28 807= 0.89

在 10%贴现率：净现值（NPV）=—1850

在 8%贴现率：NPV=—116

在 6%贴现率：NPV=2008；内部收益率=7.891%

表 17-5　在 1974～1975 年莱索托绵羊羊螨病控制的成本效益现值

	年份	成本（马洛蒂 Maloti，M）	效益（马洛蒂 Maloti，M）
Ⅰ.10% 贴现率	1975～1976	307 796	0
	1976～1977	700 427	0
	1977～1978	391 809	552 650
	1978～1979	463 818	1 675 243
	1979～1980	297 348	1 675 243
	1980～1981	329 525	1 675 243
	1981～1982	242 982	590 310
	合计	2 733 705	2 818 203
Ⅱ.12% 贴现率	1975～1976	302 378	0
	1976～1977	675 836	0
	1977～1978	371 462	523 950
	1978～1979	431 901	1 532 650
	1979～1980	271 492	1 532 650
	1980～1981	296 222	1 532 650
	1981～1982	214 089	520 117
	合计	2 563 380	2 576 717

注：成本效益比（benefit-cost ratio）=1.03；净现值（NPV）=M 84 498

（1）检查未贴现的超过成本总和的效益总和。如果不检查，该项目将不会是有利可图的任何贴现率。从表 17-4 中可以看出，利益的总和为 58 000，费用的总和为 46 250。

（2）检查几年超过效益的成本。表 17-4 中可以看出，在 1 年、2 年和 3 年成本超过利益。

（3）检查每年的现金流（B_t-C_t）的变化，只有一次由负转正。在表 17-4 中，3 年后由负转正，此后再未改变。

（4）计算平时贴现率的净现值。检查净现值是正值或负值。在表 17-4 中，贴现率在 12%时的净现值为—3264。

(5) 如果净现值为正值，尝试更高的贴现率；如果净现值为负值，尝试一个较低的贴现率。继续尝试直到达到与前一个正负符号相反的净现值。在表 17-4 中，贴现率为 10%时净现值为－1850，贴现率为 6%时净现值为 2008。

成本效益比（benefit-cost ratio）＝ 1.01

净现值（NPV）＝ M 13 337

注：计算内部收益率需要发现一个高于上面的接近于 0 的净现值。

NPV 在 12.5% ＝－M 3062

NPV 在 12.3% ＝＋M 4829

应用上面给出的公式：

IRR＝12.3 ＋（12.5－12.3）×4829 /（4829＋3062）＝12.42

因此，莱索托绵羊羊螨病控制计划的内部收益率为 12.42%。

计算 IRR 用下面的公式：

IRR＝较低贴现率（DR)＋贴现率差值×低贴现率净现值/两个净现值绝对值的和

由表17-4 可得：

较低贴现率（DR）＝6%；NPV＝2008。

2008 的绝对值是 2008。

较高贴现率＝10%；NPV＝－1850。

－1850 的绝对值是 1850。

因此，

IRR＝6＋[(10－6)×2008]/(2008＋1850)＝8.08

实际 IRR 是 7.891%。两个贴现率越接近，获得的结果越准确。

六、风险和不确定性处理

风险和不确定性可以通过应用一个特定结果的概率处理，或做敏感性分析，观察差值或输出值如何影响整体结果。不可预见费也可以使用，特别是成本估算。

如果对于特定参数的值具有很大的不确定性，但无概率可被附加一定值，通常进行敏感性分析。为计算中的有关项目，分析采用差值说明结果是如何的敏感是对一个特定参数的值作出的假设。

一旦效益和成本现值已经确定，增加或减少它们的效应可以按一定的百分比检查。因此，在最简单的敏感分析中，可以看到在超支 10%或预期收益的 20%为差额效果。

七、成本效益分析的范围

成本效益分析所涵盖的年份的数量取决于：在投资和津贴停止及该项目显示回报之前，项目的需求，即其持续时间、将执行多长时间。

在超出一定年限下精确估算成本与效益的可行性。

事实上，通过使用贴现率计算，若干年之后未来收入被减少到极少的量。

以 10%的贴现率计算，在 12 年后，项目的价值为其现值的 1/3；25 年后为 1/10；50 年后为 1/100。

小　　结

本章介绍了部分分析原则，阐述了成本效益分析的原则和标准中贴现率的作用、通货膨胀处理、成本效益分析的布局、决策标准、危险和不确定性处理、成本效益分析的范围；涉及比较成本和效益的途径，从而可以决定特定的项目、计划或措施是否应进行。最后进行一项经济分析，总结所有可用的信息，评估它的货币价值。

复　习　题

1. 简述部分分析原则。
2. 简述贴现率的作用。

第十八章　畜群健康和生产

世界人口的不断增长，增加了对动物源性食品的需求，而气候变化和贸易全球化，则导致不同的生态系统在区域和全球范围交织在一起，促使人类、畜禽、宠物和野生动物的栖息地相互交叉，打破了生态界面，各生态系统的动物种群携带或感染不同的病原体，表现为各生态系统出现新的病原体；此外，庭院畜牧业的低生物安全也存在利于病原体出现的因素。

随着经济、社会持续发展和环境不断变化，畜产品产量已经制约着人口增加及其对健康、经济和安全的畜产品需求增加的应对能力。为此需要把兽医学和动物科学融合成为一个盈利的畜产品生产系统。此类系统的设计、实施和管理中涉及多种学科的知识，包括临床兽医学、经济学、流行病学、食品安全、遗传学、人力资源管理、动物营养学、预防兽医学、动物繁殖学等。为了实现既盈利而又不忽视动物福利和食品安全的目标，这些学科必须协同工作、协调管理。

第一节　健康生产、生产力和经济的关联

兽医学在畜牧业的（传统的）疾病管理方法上存在严重的缺陷，它没有充分认识到疾病管理和生产管理之间的紧密关系，特别是疾病影响及导致疾病的生产管理方案。

健康生产的主要目标是减少由管理错误所致疾病的浪费，管理上的错误往往是病因的重要组成部分。健康生产的次要目标是减少因未达到成本效益最佳状态而产生的浪费。促进健康生产的主要推动力是改变养殖人员的行为；按照管理做法修改他（她）的行为，而不是简单地意识到需要改变他们。

在全部复杂事物中主要考虑的是相互作用各个层面的成本效益关系。唯一有价值的观点就是以盈利能力为基准。

畜群健康和生产管理服务的主要目标旨在优化下列内容。

（1）预防保健、生殖和生产问题的畜群健康状况。

（2）改善管理方法，提高畜群生产力。

（3）生产过程与动物福利和环境的生态质量的关系。

（4）肉、蛋、乳制品及其生产的质量和安全。

（5）增加农民养殖户收入或降低成本，提高畜产品企业的盈利能力。

第二节　调查不充分的生产环节

建立既盈利而又不忽视动物福利和食品安全的畜产品生产系统，最大限度地减少影响生产的各种因素，并调查、发现和排除它们。所以，需要调查不充分的生产环节。其步骤如下。

（1）监控和审查畜群性能。

（2）确定在纠正上述发现的缺陷时需要哪些调整改变。

（3）提供工作描述、目标设置和劳动管理的投入。

（4）必要时提供传统的兽医服务。

（5）确定新思路的来源。

（6）提供财务规划和债务管理意见。

（7）提醒和监督处方药的使用。

（8）审查记录、讨论定时人工授精计划、配给均衡饲料和设备评估，从整个畜群的角度讨论动物舍的影响。

第三节　健康和生产指标的选择

在动物群中确定动物健康状况的分布和原因，发展、实施和评价能够保持健康、优化生产和产品质量为目的的方案。具体内容如下。

（1）明确描述农场工作重点和目标的纲要。

（2）制订和实现生产目标和行动计划。

（3）预测物质和财政在方案中的影响。

（4）监察这些计划和评估进展的效果。

（5）调查与计划目标相比表现的缺点。

（6）审查畜群的记录和讨论畜群的表现。

（7）参与营养方案：关注日粮和畜栏的进食、反刍、咀嚼、排泄等特点。

（8）评估动物的身体状况、畜栏空间、畜群生育、幼畜健康、生长、通风、畜栏舒适和疫苗接种方案。

（9）提出改善性能或降低成本的建议。

第四节　健康和生产目标的环境及监测

以奶牛生产和健康为例，在繁殖计划中按常规兽医触诊奶牛有如下两个目的。

（1）确定产后子宫感染和治疗；

（2）人工授精后核实怀孕与否。

奶牛是乳业中最重要的生物，但相比运行管理奶牛更重要的大型乳制品厂，兽医并不是最急需的，兽医工作的重点是改变以往均衡关注奶牛的想法，大型奶牛场最为传统的兽医工作任务并非执业兽医的工作。

鉴于最大限度地提高牛奶产量，兽医工作的努力方向是朝着奶牛繁殖的途径发展，目标是发展最盈利的赚钱手段。

兽医不断接触新的繁殖奶牛，目的在于掌控和监视动物的生产性能，并非确定哪些动物需要治疗。

监视在于确保新的繁殖奶牛的护理、检查体温、繁殖，干乳期奶牛的营养和新奶牛饲养的正确操作，以最大限度地提高畜群的繁殖力。

生殖记录也作为一个单元分析和评估畜群的生育率状况及跟踪个别奶牛的状态。

在奶牛场，全面的畜群健康是整合所有与健康和生产力相关的各个领域，以整个牛群的盈利能力为焦点，通过高效投入获取产出最大化。

启动常规农场检查到评估畜群的性能或畜群存在问题的程序。动物和养殖环境的广泛监测的应用是由于出现了引发问题的多种因素的因果关系。首先，农民或兽医填写表格（优和劣），对各农场项目满意度从 1（差）到 5（满意）打分。然后，以这种形式对畜群健康计划优先考虑的事项进行讨论。包括制订检查农场的规划（每隔 1 周、2 周或 4 周），在检查每个农场过程中组织活动并执行常规监测，设计检查的时间，形成适当的记录系统，对畜群问题的分析记录，每次访问的成本，问题分析产生的费用，农场考察报告、问题分析报告、分析问题等。

表 18-1 中列出了常规监视示例，确定了每种监视活动的频率，以及它的强度（如对个人得分的一般检查）。据此可以建立一个农场专用的高度结构化的监视计划。监视在于获得良好性能、趋势和差异的早期信息。对数据的解释是至关重要的。它也可以用于评估早期干预措施的效果，或可能引发进一步的分析问题。

表 18-1 日常监视活动的示例

牛只监视	环境监视	记录监视
体况	牛舍与垫料	奶产量
瘤胃充盈度	舍内小气候	奶质特点
粪便稠度	挤奶方法	粗饲料分析
粪中未消化成分	挤奶室条件	饮水质量
乳头末梢硬结	放牧管理	种公畜鉴定
乳房/乳头/皮肤损伤	牧草收割（青贮饲料）	土壤分析
临床病例	玉米收割（青贮饲料）	人工授精记录
繁殖检查	地板（地面）设计与维护	疾病与用药记录
外寄生虫	日粮成分	农场经济报告
肢蹄打分	饲养管理	屠宰发现
幼畜生长	卫生实践	实验室发现

生产和健康方案是针对一个农场的活动纲要，如蹄部的健康。给农民提供了目标设定、活动计划、执行程序、随访计划；避免任何突然袭击式的调查。为农民提供一个必需的产品而迫使兽医遵循严格的程序。

第五节 制定决策的标准

畜产品的产出是每个动物遗传潜力的表达。对于奶牛来说，就是每天的牛奶、乳脂及蛋白质产量和质量。对于犊牛来说，就是增重率、成活率和抗病力。对于育成期的小母牛来说，就是体长和体重的增长速率。

投入是提供给动物并使它们能够产出的资源，包括设施、设备和饲料。投入几乎都是人为控制的。饲养员雇用是一个关键的投入，这可能会限制或扩大每个动物的产能。

管理不当会导致未能建立明确需要量的问题，不作为和不能保持一个明确的业绩标准都会促使投入增加问题的发生。

兽医师协助业主（经理），通过正确和最有效地使用资源投入以确定最为盈利的（不一定最大的）动物产出，包括：①组织管理计划；②建立每个子单位的乳品的绩效目标；③提供给农场工作人员达到目标的方案和资源；④监视动物和工作人员的表现；⑤以绩效评估给予适当的回报。

第六节　畜群水平的质量保证

畜群健康和生产管理体系的主要目标是动物群实现健康、繁殖和生产质量管理的整合，识别和控制危害因素，促成动物福利，提高动物产品质量。

随着有关食物安全及公众健康发展，以及动物群健康和福利地位不断增长的需求，较好的农场应符合质量控制的危害分析和关键控制点（hazard analysis critical control point，HACCP）兼容的程序。无论是产品（如牛奶）本身还是生产过程均应控制。尽管它不是一个农场解决每一个问题的灵丹妙药，但 HACCP 样方法可以遵循。只有当农民以正确的态度采纳时，HACCP 的做法才能实施。许多与态度相关的内容是指质量管理规范，如良好生产规范（good manufacturing practical，GMP），其中包含着最常见的混乱风险。以奶牛场为例 HACCP 样的方法的关键要素见表 18-2。

表 18-2　奶牛场质量保证的一个 HACCP 样方式的关键要素

HACCP 方法中的关键因素	奶牛场实例
风险确认	OIE 通报的疾病；地方疾病［如牛病毒性腹泻（黏膜病）、牛传染性鼻气管炎］；管理性疾病（如乳腺炎、肢蹄病）；人畜共患病；药物残留
风险评价	疾病相关风险的定性和定量分析（比值比）
处理不当流程	发生在生产过程中的危害和风险鉴定的不同步骤
关键控制点	在风险鉴定的基础上定义关键控制点，包括标准、限差和监视程序
关键管理点	在畜群健康程序和风险确认的基础上判断监视元件
校正的测量	可能包括成本效益评估
记录保存	参考监视记录、实验室结果或检验；工作报表
检验与批准	通过视察，检查性能数据和记录

必须寻找一个更有条理的方式管理奶牛场。必须高度关注在生产工序步骤中的危害和风险，包括关键控制点（critical control point，CCP）和关键管理点（critical management point，CMP）的定义和监测，以及适当的控制措施。

首先，通过设置发生的概率和效果估计，根据专家或流行病学分析的最佳估计，使风险水平得以控制。其次，一个真正的风险究竟是否即将被评估。其次，定义关键控制点和关键管理点及列出的预防或纠正措施。当需要时，交叉引用其他文件，如治疗用药或牛群乳房保健治疗计划工作表。它也包括那些已经在畜群健康和生产管理程序中处理的项目。此外，还有这些方案中的活动的进一步结构化。

如前所述，HACCP 并不是万能的。例如，它不适用于一个养殖场的饲养管理；该方面没有关键控制点，但也有充足的关键管理点。

饲料厂应该应用集中保障农民生产的 HACCP 以排除危害。饲料中的霉菌毒素可能是一个危害。农场不能通过 HACCP 控制它们，应当由交付公司执行。同时畜群与个体水平之间的危害途径存在差异。人畜共患病应通过畜群造成危害，而不是通过个体途径，这在个体奶牛的诊断工具得不到使用时更明显。

通过识别和控制风险因素水平进行农场健康管理。HACCP 体系的特点是在农场的经营和健康管理的风险因素水平上的连续监测。这是常规控制风险因素的监测，如定期修剪蹄部，防止蹄病可能造成的跛行。有观点认为在生产系统中可以培育出抗病或比一般选择更强大的品种。实施良好农场管理，加强卫生措施、新购买动物的检疫与设施及良好的灭鼠管理措施，使畜群的一般健康状况得到改善。屠宰场疾病监测或定期进行血液或粪便采样，在出现问题时的标准纠正措施可能是健康管理的另一种方法。然而，在这种情况下，这些问题可能已经导致动物在健康、福利、食品安全或生产上的显著后果。

健康咨询协议计划涉及兽医及其他农场的顾问，也是畜群健康管理体系的一部分，并可用以建立 HACCP 计划。咨询顾问可能会专注于一般风险因素，可以通过分析饲料样品确定饲料质量。最好在畜群疾病发病之前采取相应的处理措施。然而，顾问必须定期监测畜群的疾病，以评估健康管理计划的效率水平。

下面以荷兰一个奶牛场为例加以说明。

1974 年最先在荷兰北部的布拉邦地区实施奶牛养殖场卫生管理的一个复杂程序，涉及 45 个农场和有效奶牛 50 万头。以地区动物卫生中心为载体，在整个国家开展该计划。该方案结果制定了包括下列数据的卡片和一个特定的软件。

繁殖的最终目标是获得犊牛。重视产后期和发情和妊娠的另一个目标就是获得 90%的怀孕率。

乳房健康，包括个体牛体细胞计数，按压触诊，抗生素的管理和挤奶机管理；蹄护理；产后幼畜护理，预防传染病和寄生虫病，加强营养吸收，为青年牛繁殖做准备；扑杀和屠宰生产力较低的奶牛。

基于存在问题与风险因素识别和分析及信息的综合，建立一个畜群诊断方法，并制订短期和长期的行动计划。

奶粉质量问题超出了食品安全，赋予了新的内涵，予以动物健康、福利和环境保护更多的公众关注。在过去几年，西欧国家已经实施了质量管理和保护环境的综合方案。

一个很重要的牛奶质量参数是降低到最少的体细胞，确保乳房的健康。已经证明，微量元素缺乏，尤其是硒缺乏的改善，可显著减少牛奶中的体细胞。与此同时，一个均衡的微量元素定量，可以改善健康状况和繁殖参数。

第七节　资料收集的方法

畜群健康和生产管理综合方案的实施需要大量不同类别的监视数据：动物的一般状态、临床检查、临床特殊的检查（超声、血液和尿液的生化、细菌学、病毒学、血清学）、繁殖参数、畜舍条件、营养、畜产品的生产及其质量，兽医工作及其结果。所有数据的分析和合成，将有助于制订有关畜群诊断和危害因素对健康和生产的影响及短期与长期行动的细致工作计划。

关于畜群健康和生产管理中的具体资料收集方法参见第九章内容，这里只不过侧重农场（养殖场）内部、区域及全国动物生产与健康管理。在日常生产管理中，监控系统的作用至关重要，其承担着健康和生产管理双重任务，加强了流行病学与健康生产的融合。

对各种抽样方法的优点的认识帮助解决了大规模调查中的核心问题。由于计算能力和软件的改进，该进程已经得到帮助。有调查显示，许多软件包、具体分析子程序，能够处理这些数据，如 SUDAAN。这些计算技术的进步都支持利用信息得到的数据改进监测系统。

观察研究旨在找出疾病控制使用的风险因素。在研究设计方面，会继续使用传统的队列研究、横断面研究，并具有独特的优势。例如，有一些横断面研究，从赛马受伤中的危险因素的数据产生。研究设计中的另一个主要问题，就是能够更好地应对开放的群体实施研究。此外，可以更好地监控动物的暴露时间，可以在动物的处理上，改变它们的风险设置（动物可能暴露一段时间，后变成非暴露，然后可能在更晚的时间再次暴露）。在处理非永久性的风险因素对照研究中，研究内容（动物或畜群）最初被选定作为对照，可后来成了一个病例，而 15 年前，这会被认为是“重复数据”。

第八节　计算机和软件的作用

信息的储存与管理是最基本的信息技术，也是其他信息技术的基础。管理信息系统（management information system，MIS）是利用计算机来进行数据的采集、处理和管理，并为管理决策提供必要的信息。在畜牧业中利用计算机进行数据管理已有很长的历史，早在 20 世纪 50 年代，美国的奶牛群改良协会（DHIA）就开始用大型计算机进行奶牛生产记录管理，在 70 年代有了通过电话的数据自动查寻系统，到 80 年代就有了基于微型计算机的管理信息系统。在荷兰，1992 年就有将近 40%的种猪场使用管理信息系统，这些猪场所饲养的母猪数占全荷兰母猪总数的 75%左右。使用管理信息系统给畜牧生产带来的效益是明显的。

我国近年来畜牧场管理信息系统的研究和应用也有较快的发展，目前主要在大中型猪场应用较为普遍，使用得较多的管理信息系统除了有国外的 PIGWIN 和 PIGCHAMP 外，国内自己研制的有 GBS、PIGMAP、飞天工厂化养猪计算机管理系统等。

管理人员不仅可利用计算机和网络获取及时、全面和详细的企业内部和外部信息，还可利用一些专业化的计算机软件，如专家系统或决策支持系统，为其决策提供参考意见，对某一问题进行分析并提供诊断和处方。目前，国外已开发了很多供畜牧场用的专家系统或决策支持系统，如集约化猪场管理的决策支持系统、猪场母猪繁殖管理的专家系统、猪呼吸病诊断的专家系统、用于母猪群更新的专家系统、用于猪场健康管理的专家系统、用于控制药物和杀虫剂残留和环境污染的决策支持系统、用于母牛更新的决策支持系统等。现代信息技术也可用于改善和控制家畜的营养和环境条件，提高管理的精确性。例如，将传感器和计算机相结合用于对家畜的个体识别，从而可对个体的活动随时进行监控，尤其对于放牧家畜来说更具有价值。实施畜产品安全追溯体系工程，实现畜产品“从养殖场到餐桌”的全程质量控制。其总体包括畜禽标识申购与发放管理系统、动物生命周期各环节全程监管系统、畜禽产品质量安全追溯系统三部分。

小 结

本章简要介绍了畜群健康及生产中卫生、生产、生产力和经济的关联，调查不充分的生产、健康和生产指标的选择、健康和生产目标的环境与监测、制定标准的决策、畜群水平的质量保证、资料收集的方法及计算机和软件的作用。

复 习 题

畜群健康和生产管理服务的主要目标包括哪些内容？

第十九章 分子流行病学

第一节 分子流行病学的定义

一、分子流行病学的产生与发展

兽医分子流行病学（molecular epidemiology）是以流行病学理论为基础，应用分子生物学的基本理论和基本技术，检测相关生物学标志，从分子乃至基因水平探讨动物群体及其相关群体疾病和健康的影响因素、相互关系、分布特点及流行规律，以制定和评价预防措施的科学。

所谓生物学标志是指从暴露到疾病各个连续过程中能反映生物结构和功能改变的、可测量、可识别的物质（特征）。生物学标志包括生物化学的、细胞的、遗传的或免疫的相关物质，它们构成了分子流行病学检测的因变量和部分自变量，可以是数值的，也可以是分类变量。

当前兽医分子流行病学中检测的生物学标志主要包括细胞因子、基因和受体等。多种生物标志的研究、寻找与间接基因毒性有关的生物学标志和进一步探讨靶组织及其与替代生物标志的关系也是当前兽医分子流行病学研究的主要任务。

二、分子流行病学与传统流行病学的关系

（一）分子流行病学是对传统流行病学的补充

传统流行病学研究动物疾病的分布、流行规律及其影响因素。但是，观察性和实验性的兽医流行病学研究方法，并不能深入阐明各种因素是通过何种途径影响疾病及在动物体内是如何启动、发展、演变成为不同阶段的临床病变的，因此无法解释动物疾病的致病机制。然而，分子流行病学是通过对动物疾病不同阶段生物学标志的测量及影响因素的研究，能够更加全面地揭示传统流行病学难以解释的暴露与疾病之间的相互作用机制，通过暴露标志、效应标志、易感性标志及疾病标志的研究，提供从动物机体开始反应到疾病发生整个过程各阶段变化的有效证据。

（二）分子流行病学与传统流行病学的研究侧重点不同

传统流行病学是从患病动物群体发病状况角度来探讨疾病的发生与制定预防措施。分子流行病学则在动物群体研究基础上，着重从分子水平来研究患病动物个体暴露因子引起发病的原因与过程，使防制措施更具有针对性。

（三）分子流行病学与传统流行病学的相辅相成、有机统一

分子流行病学和传统流行病学均是流行病学的重要组成部分，从宏观到微观、从整体到局部来综合阐明动物疾病的病因、发病机制和流行规律，为制定动物疾病的防制措施与对策提供科学依据。

分子流行病学与传统流行病学之间的关系见图 19-1。

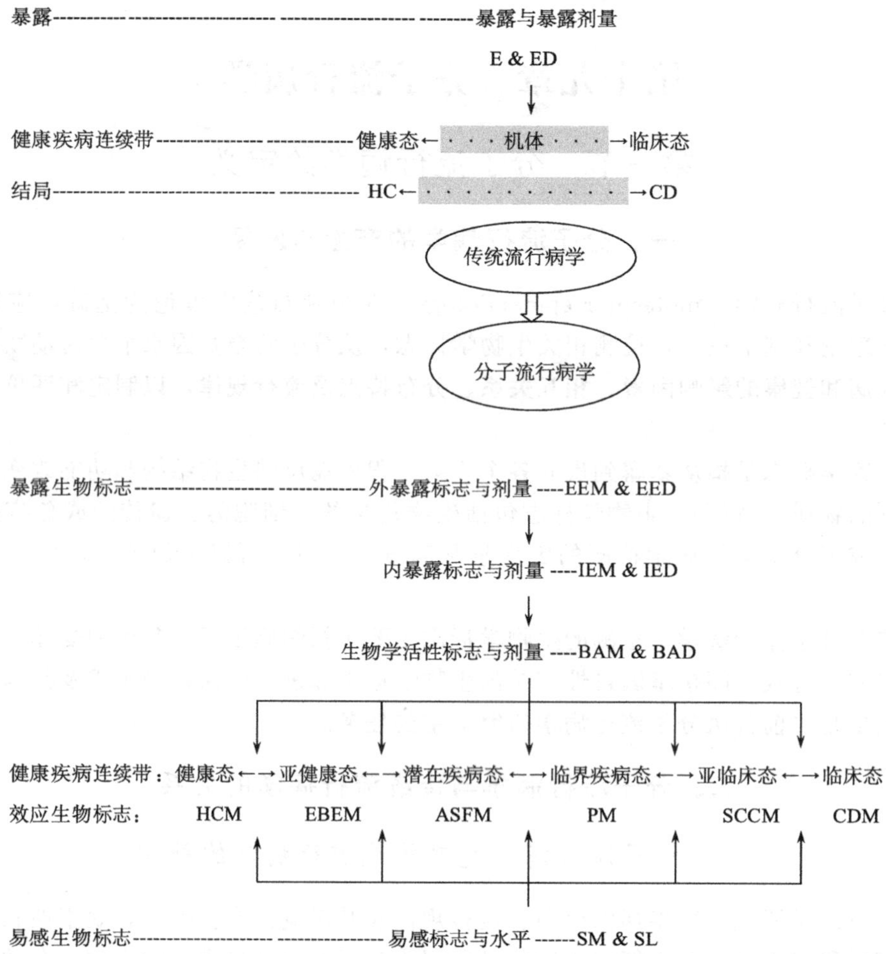

图 19-1　分子流行病学与健康疾病连续带（HDC）的关系（李立明，2003）

暴露与暴露剂量（exposure & exposure dose，E & ED）；临床疾病（clinical disease，CD）；健康状态（health condition，HC）；外暴露标志与剂量（external exposure marker & dose，EEM & EED）；内暴露标志与剂量（internal exposure marker & dose，IEM & IED）；生物学活性标志与剂量（biologically active marker & dose，BAM & BAD）；健康状态标志（health condition marker，HCM）；早期生物效应标志（early biological effect marker，EBEM）；已变结构与功能标志（altered structure and function marker，ASFM）；病理学标志（pathological marker，PM）；亚临床状态标志（sub-clinical condition marker，SCCM）；临床疾病标志（clinical disease marker，CDM）；易感标志与水平（susceptibility marker and level，SM & SL）；健康疾病连续带（health disease continuum，HDC）

分子流行病学通过疾病（健康）不同阶段生物标志测量及影响因素研究，可以全面阐明动物疾病自然史，即健康疾病连续带（health disease continuum，HDC）和暴露-发病连续带（exposure-disease continuum，EDC），从而制定更有效的防制疾病、促进健康的策略与措施，并评价其效果。

三、分子流行病学研究方法

（一）生物标志的确定

分子流行病学研究中的生物标志有三种：暴露标志（exposure marker，Mexp）、效应标志（effect marker，Meff）、易感标志（susceptibility marker，Msus 或 SM）。

1. 暴露标志的选择　与动物疾病或健康状态有关的暴露因素的生物标志包括外暴露标志和内暴露标志。外暴露标志是指暴露因素进入机体之前的标志，如病毒、细菌、毒素、PM2.5 有害成分等。内暴露标志是指暴露因素进入机体之后的标志；暴露因素本身、其代谢产物或与宿主相互作用后的产物。

2. 效应标志的选择　效应标志即宿主暴露于病因后产生与之相对应的生物学效应，形成功能性或结构性变化的生物标志，如变异的基因、染色体畸变、特异蛋白质等产物。

3. 易感标志　易感标志是指宿主对疾病发生、发展易感程度的生物标志。易感性主要与宿主的遗传特征，以及年龄、营养、免疫等机体状态有关。不同疾病阶段，也可以具有不同的易感标志。动物宿主不仅存在非传染性疾病的易感基因，许多传染病也存在易感基因。

（二）生物标志选定相关特性

1. 生物标志的选定　需要进行下列生物标志特性的研究：①分子特性，即生物标志的化学结构和组成、物理特性、稳定性等；②时相特性，即生物标志在不同 HDC 阶段的表现和意义；③个体内变异，由于生物标本采集时间、部位等不同，即使同一个体的结果也可能具有一定差异；④个体间变异，由于个体差异，不同动物个体之间的生物标志检测结果存在差异；⑤群体间变异，不同动物群体（如年龄、性别、品种等）的生物标志检测结果也是不同的；⑥储存变异，生物标志的生物特性、储存条件、储存时间等都会影响其检测结果。

2. 标本采集　生物标本一般包括病原的和动物体的。通常将储存有一种类型或多种类型生物标本，并能保持其生物活性以供研究之用的系统称为生物标本库（biological specimen bank，BSB），如血清库、组织库、病原生物库等。生物标本采集和储存是分子流行病学研究是否成功的关键，一般要求：①在采集和储存过程中不能受到“污染”，包括外界生物的、化学的和其他标本的“交叉污染”；②储存的生物标本在任何时候进行检测都可以获得一致的结果；③所有的生物标本都应有详细的背景材料和鉴别标识。由于标本种类很多，其采集方法和储存条件等各不相同。

常用的生物标本有微生物标本、血液（血清）标本、组织标本、其他生物标本（如消化液、体液、被毛、媒介生物等），其采集和储存要保证标本内各种生物大分子、细胞结构等不被破坏。生物标本的储存一般是冷藏（0℃短期储存或－80℃、液氮长期储存）。

第二节　分子流行病学的研究内容

分子流行病学是流行病学不断引入新技术、新方法发展起来的一个新兴分支学科，其研究内容不断得到丰富和完善，涉及动物疾病病因及其致病机制、疾病流行规律、传播机制、动物易感性及生物学标志物筛查等方面的研究内容。目前，主要从动物传染性疾病、动物耐药性研究、肿瘤与心血管疾病、遗传与代谢性疾病方面进行了较深入的研究。

一、传染性疾病

任何一种传染病的发生、发展和传播都是病原体、宿主和外环境相互联系、相互作用和相互斗争的结果。病原体从已受感染者排出，经过一定的传播途径，侵入易感者机体而形成新的感染，并不断发生、发展的过程，即传染源、传播途径和易感动物三个环节相互依赖、相互联系的过程。

（一）传染源的追踪

1. 致病性生物病原因子的检测 在致病生物病原的发现、检测和疾病关系的研究中，准确查明已知病原体基因结构和准确分型、分类是制定传染性疾病预防措施的首要任务之一，也是分子流行病学的重要研究内容。例如，链球菌种类多，属条件性致病菌，在自然界中广泛分布，常存在于健康的哺乳动物和人体内，感染人并引起重症的主要是高致病性猪链球菌 2 型。但不同链球菌 2 型菌株的致病力不同，分子流行病学研究表明，致病力与各菌株的毒力因子，如 *orf 2* 和 *mrp* 等基因相关。通过病原基因组相似性比对，分子流行病学还证实了 1968 年出现的 H3N2 亚型流感病毒来源于 H2N2 亚型流感病毒与一株鸭流感病毒重组，1977 年出现的 H1N1 亚型流感病毒起源于 1959 年左右的 H1N1 型流感病毒。

2. 病原生物变异规律的研究 近年来，一些早已发现的动物传染病未能彻底消灭，而新出现的传染病又不断增加，如牛海绵状脑病、雏鹅新型病毒性肠炎、猪圆环病毒病等。究其原因：一方面，病原微生物的不断进化变异，如禽副黏病毒 1 型（Avian paramyxovirus 1，APMV-1）是新城疫病毒的同义语。对水禽而言，以往多认为水禽可感染 APMV-1 但不发病，但自 1997 年在江苏扬州发现 APMV-1 致鹅发病和死亡，目前我国至少有 18 个省（直辖市）的鹅群发生过鹅副黏病毒病。*F* 基因进化结果表明，国内分离的几株水禽源 APMV-l 毒株与鸡新城疫病毒疫苗株（LaSota 和 Clone30）属不同的基因型，前者为基因 7 型，后者为基因 2 型，两型病毒之间 *F* 基因的序列相似性只有 82%～84%，仅用鸡新城疫 LaSota 和 Clone30 株疫苗预防可能不足以保护水禽抵抗 APMV-1 的感染。另一方面，在特定条件下非病原生物与病原生物是相对的，非病原生物可以转化成病原生物。因此，研究病原生物群的遗传与进化变异规律已成为分子流行病学的重要内容。

（二）传播范围与途径的确定

如果生物学标志仅仅在血清学、免疫学、微生物学范畴内进行检测，则缺乏基因型标志，可能导致误判；若采用排除法等传统方式，从媒介物中分离引起流行的病原体或病原学标志物则成本高、精度差。分子生物学研究不仅缩小了常规流行病学调查推测的感染范围，还可以检测微量标志物，从基因水平证实受感染范围和传染来源。例如，2011 年欧洲暴发致病性大肠杆菌疫病，经基因序列分析，发现该细菌系一种新型、高传染性强毒菌株，带有氨基糖苷类、巨环内酯类及β-内酰胺类等若干抗生素的耐药基因，对部分抗生素有抗药性。分子流行病学研究表明，该细菌与另一种最初发现于中部非洲的大肠杆菌菌株（EAEC 55989），均可以引起严重的腹泻。

（三）易感动物的分析

基因决定着个体的正常表型、代谢和免疫状态等，从而赋予动物个体以抵抗力或易感性，影响机体与环境因素之间的相互作用结果。很多传染病的易感性除了与能刺激机体产生特异性抗体的致病微生物有关外，还往往与个体的某些基因型或特定序列及其表达产物有联系。不同动物种类基因组序列不同，即使同种动物的不同个体的DNA序列也有差异，正是这些基因序列差异，致使动物对传染性致病因素、药物和治疗的反应不同。

二、耐药性研究

（一）耐药性的概念

耐药性（resistance to drug）又称为抗药性，一般是指病原体与药物多次接触后，对药物的敏感性下降甚至消失，致使药物对该病原体的疗效降低或无效，微生物、寄生虫及肿瘤细胞都可以产生耐药性。耐药性根据其发生原因可分为获得耐药性和天然耐药性，当长期应用抗生素时，敏感菌株不断被杀灭，耐药菌株大量繁殖，代替敏感菌株，而使细菌对该种药物的耐药率不断升高。当然，自然界中的病原体可能存在天然耐药性。目前认为前一种方式是产生耐药菌的主要原因。随着抗生素在全球的广泛使用，使得细菌耐药性问题日益严重，特别是多重耐药现象更促使耐药现象进一步复杂化，并且有蔓延扩散趋势。

（二）微生物的耐药机制

细菌的耐药机制除了遗传机制因素（细菌缺乏抗生素的作用位点或运转机制、具有耐药基因或具有天然屏障使抗生素不能达到靶位）产生耐药性外，还包括以下几种方式。①产生破坏抗生素等药物结构的灭活酶。包括水解酶（β-内酰胺酶可水解青霉素或头孢菌素）和钝化酶（可催化某些基团结合到抗生素的—OH基或—NH_2基上，使抗生素失活）。②改变胞浆膜的通透性，阻碍抗菌药物向细菌内的渗透。例如，G^-菌的细胞外膜对青霉素G等具有天然屏障作用。③细菌体内靶位结构的改变。链霉素耐药菌株的产生是由于细菌核蛋白体30S亚基上链霉素作用靶位P10蛋白发生改变，药物不能与细菌结合。④细菌主动外排。细菌激活宿主细胞的外排蛋白，能将已经进入细菌体内的抗生素泵出体外，降低了其对抗生素的吸收速率或改变了转运途径。⑤细菌存在抗生素抑制旁路。虽然抗生素与靶位结合，但靶位的生理作用被其他物质代替，微生物仍可继续存活。

（三）微生物耐药性的检测

耐药性检测方法主要包括：①耐药性试验（药敏试验）检测。微生物与一定浓度的抗菌药物接触，根据微生物生长情况，判断其耐药特点。国内外多采用美国国家临床实验室标准（national committee for clinical laboratory standard，NCCLS）对微生物耐药性进行判断，检测方法包括纸片扩散法、肉汤稀释法和E试验等。②分子生物学技术检测。可采取PCR扩增、PCR-RFLP分析、PCR-SSCP分析、PCR-线性探针分析、生物芯片技术及自动DNA测序等直接、快速、敏感的检测方法，临床常用于检测的耐药基因主要有：葡萄球菌与甲氧西林耐药有关的*MecA*基因，大肠杆菌与β-内酰胺类耐药有关的*blaTEM*、*blaSHV*、*blaOXA*基因，肠球菌与万古霉素耐药有关的*vanA*、*vanB*、*vanC*、*vanD*基因等，从而分析微生物耐药基因存在状况，并了解其潜在的耐药性。

三、肿瘤和心血管疾病

相关疾病主要见于宠物，相关研究将对人类医学研究提供良好的动物模型。

（一）肿　　瘤

动物肿瘤的病因十分复杂，往往是环境因素、饲料因素、病毒感染及与动物遗传易感性等多因素作用的结果。从分子水平探讨发现，肿瘤的发生、发展与癌基因激活和抑制基因失活紧密相关，如动物黄曲霉毒素（AFT）中毒，是诱发动物肝癌发生的主要危险因素。对分子流行病学的进一步研究发现，AFT 可在动物体内氧化酶的作用下，形成 AFT 环氧化物，易与肝细胞内的 DNA 分子 N^7 鸟嘌呤残基结合，造成 DNA 的损伤。

（二）心血管疾病

心血管疾病是动物患有心脏、血管疾患的总称，是多种危险因素综合作用的结果，表现为环境因素、机体因素、行为因素、遗传因素及生物因素等，多见于宠物。例如，哺乳动物生命体内有节律的周期变化是受外界环境同步变化而控制体内相应基因表达的，即生物时钟基因表达。研究表明，生物钟基因功能和心血管疾病之间存在着密切的关系：心脏疾病可能对时钟基因表达和心脏生物节律产生影响，生物钟节律紊乱促进心血管疾病的发生和发展。目前，已发现的哺乳动物时钟基因包括 *Per*、*Clock*、*Bmall*、*Cry* 等，分子流行病学对这些基因的研究，有利于对心血管疾病生物节律产生的分子机制的探讨，改变动物饲养环境的刺激，降低流行性心血管疾病的发生。

四、遗传和代谢疾病

（一）遗传性疾病

主要从遗传特性角度上进一步从分子生物学水平上研究基因变异、基因调控、遗传重组与转座、基因与发育、基因与免疫多样性等遗传学问题与外界环境因素的相互作用在动物机体中的分布及影响，以阐明动物疾病的流行并有效控制。其研究对象主要是动物群体中的遗传患者及家族成员的 DNA 与 RNA 的结构及基因表达的有关问题，是建立在分子生物学和遗传学的实验结果与动物群体疾病之间的真实信息基础之上，以便能够阐明动物疾病易感基因与有关疾病风险的潜在关联和彼此之间的相互作用。遗传变异、品系差异可能与肉鸡猝死综合征有关，研究表明，最新育成的生长速率快的肉鸡品种对肉鸡猝死综合征的易感性高。因遗传因素，雌犬糖尿病的发病率比雄犬的发病率高 2～5 倍。

（二）代谢性疾病

一切生物体都可以通过周围环境进行能量转换，以便维持组织生长所需大分子的合成与分解。能量转换是通过酶类协助完成的，这些酶催化的化学反应即是代谢，主要分为糖代谢、脂类代谢、蛋白质代谢、电解质代谢、无机元素代谢、维生素代谢等，当体内酶类反应引起中间环节代谢紊乱时则造成代谢性疾病，包括代谢障碍和代谢旺盛等。代谢性疾病一般与遗传因素和环境因素有关，其中遗传因素引起的代谢性疾病分为两类：①具有遗传倾向的细胞内酶系统缺陷或膜转运异常引起的；②调控酶的基因突变改变了代谢通道。随着分子生物技术的快速发展，近年来的研究证实，多数代谢性疾病都是由调控代谢酶的基因变异或点突变失活引起的。例如，半乳糖血症主要是由第1p35—36、9p13和17q21—22染色体上的基因变异引起，导致半乳糖转变为葡萄糖时，缺乏半乳糖激酶或半乳糖-1-磷酸尿苷酰转移酶或尿核苷二磷酸-4-异构酶。

第三节　分子流行性病学的研究方法

分子流行病学是流行病学宏观与实验室微观结合的方法学，除需要现场流行病学调查研究（嵌入式病例对照研究、病例-病例研究）方法外，实验室检测结果更能从分子水平客观、真实反映病因或致病因子的致病机制。相关技术主要包括核酸技术、蛋白质技术、酶学技术、免疫学技术、生物芯片技术和其他技术。具体实验室研究方法主要有以下几种。

一、核酸电泳图谱分析

分子流行病学在使用基因分型、核酸杂交、基因序列分析、多态性分析、PCR扩增等技术时，首先就要提取和纯化核酸。目前提取核酸的方法较多，如煮沸裂解法、酚-氯仿提取法等，核酸电泳图谱分析是分子流行病学研究中常用的基本技术，通常有琼脂糖凝胶电泳和聚丙烯酰胺凝胶电泳（PAGE）两种。

聚丙烯酰胺凝胶电泳分辨率高，最适合分离5～500bp小片段DNA，也可分离1bp或质量相差0.1%的DNA，并能容纳较大的DNA上样量。

二、核酸酶切图谱分析

核酸分子质量一般较大，直接电泳分离效果欠佳，且不能有效地分析分子结构信息。由于不同核酸序列DNA分子组成不同，经限制性内切核酸酶酶切后可获得大小不同、数量不等的酶切电泳条带，从而反映生物体特征性条带谱型。

限制性内切核酸酶分析技术可用于病原变异、毒株鉴别、分型及了解基因结构和进行流行病学调查等。例如，Todd采用限制性内切核酸酶分析技术，选取识别6bp核酸序列的不同内切酶*Eco*RⅠ、*Bam*UⅠ、*Kpn*Ⅰ、*Hin*dⅢ、*Pst*Ⅰ和*Pvu*Ⅱ切割13株不同来源的减蛋综合征（egg drop syndrome，EDS）病毒核酸，成功地将1株采样于澳大利亚鸡的病毒与其余12株区分。此外，限制酶图谱对动物检疫有很重要的实用意义，尤其对区别进出境动物及动物产品携带病毒是疫苗毒还是野毒，以及推论其是本地毒还是外来毒有很重要的意义。

三、寡核苷酸指纹图谱分析

寡核苷酸指纹图谱分析（oligonucleotide fingerprint analysis）的基本原理是用一种核酸酶（通常使用核糖核酸酶T 1）对核酸和核酸片段进行切割，再用放射性核素（如^{32}P等）标记，然后将混合物在聚丙烯酰胺凝胶中进行垂直双向电泳，放射自显影后每一种寡核苷酸片段就出现像指纹一样的图谱。核糖核酸酶T 1（RNase T1）特异作用于RNA的鸟嘌呤核苷酸（G）3′端磷酸，并专一切割与相邻核苷酸相连的磷酸二酯键，产生3′端带G的寡核苷酸，可使90%～95%的RNA被切割成较小的寡核苷酸序列，产生含10个以上碱基的寡核苷酸的机会是很少的。

寡核苷酸指纹图谱技术已经在病毒学研究中得到了广泛应用，该方法的优点是敏感性高，能区别病毒核酸之间微小的差别，甚至单个核苷酸的区别，并且重复性很好。不同血清型的毒株图谱明显不同，而同一血清型的不同毒株，指纹图谱也有差异，并发现某些分离株是疫苗的突变株。因此，该方法不但可以证明株间差异，还可以表现株间基因相互关系。例如，Kusters 等对 12 株分离自荷兰的传染性支气管炎病毒（infectious bronchitis virus，IBV）进行寡核苷酸指纹图谱分析，其中的 6 个毒株核苷酸序列的相似性为 99％，另 6 个毒株核苷酸序列相似性为 95％，并有 3 个分离株是疫苗株 H52 和 HI20 的突变株；Butcher 等用寡核苷酸指纹图谱法对 IBV 的 Arkansas DPI 株的第 10、第 100 代鸡胚传代物，Australian T 株、Massachusetts 41 株的 RNA 进行了分析，结果发现，Arkansas DPI 株、Australian T 株、Massachusetts 41 株的寡核苷酸指纹图谱均不一致。

寡核苷酸指纹图谱分析法不仅为分子流行病学研究提供了有力工具，而且对区分疫苗株和野毒株提供了较可靠的依据。但该法需要大量高度纯化的病毒粒子以供提取病毒 RNA，而且不能对差别较大的病毒进行比较，使其应用受到一些限制。

四、基因探针和核酸杂交

核酸探针杂交技术是目前分子生物学实验技术中应用最广泛的技术之一，是定性或定量检测特定 RNA 或 DNA 序列的有效手段。核酸探针可用以检测任何特定病原微生物，并能鉴别密切相关的毒（菌）株或寄生虫等。目前，核酸探针技术在病原分离、鉴定及诊断等科学研究方面有广泛使用，但在动物流行病学调查中尚未广泛应用。

（一）基 因 探 针

基因探针即核酸探针，是利用不同来源核酸分子之间杂交特性而设计的探针，用于识别和检测另一条具有互补序列的杂交链。由于核酸探针与互补链之间的识别是通过大量结合位点的氢键的结合力和碱基互补配对完成的，所以具有高度特异性。由于每一种病原体都具有独特的核酸片段，通过分离和标记这些片段就可制备出探针，用于疾病的鉴别诊断等研究。

根据核酸探针来源及性质基因探针可划分为基因组 DNA 探针、cDNA 探针、RNA 探针和寡核苷酸探针等。前三种探针一般是通过分子克隆而获得的，称为克隆探针；寡核苷酸探针是人工合成的碱基数较少的 DNA 片段，属于短链探针。在鉴别诊断中，常使用的是基因组 DNA 探针和 cDNA 探针，现已获得细菌、病毒、原虫、真菌、动物和人类细胞 DNA 探针。

根据核酸探针标记物不同基因探针可划分为放射性标记探针和非放射性标记探针两大类。放射性标记探针用放射性核素作为标记物，是目前应用最广泛的探针标记物，^{32}P、^{3}H、^{35}S、^{32}P 是最常用的核苷酸标记放射性核素，被标记的 dNTP 本身就带有磷酸基团，便于标记，特点是比活性高，用它标记的探针自显影时间短，灵敏度高，已检测到 pg 级；但易造成放射性污染，放射性核素半衰期短、不稳定，成本高、商品化难度大。目前应用较多的非放射性标记物是生物素（biotin）、地高辛（digoxigenin）和荧光素。

（二）核 酸 杂 交

核酸杂交是双链的核酸分子在某些理化因素作用下解开双链，按照碱基互补配对原则，互补的两条核酸单链通过退火形成双链。杂交技术有固相杂交和液相杂交之分，固相杂交技术目前较为常用，先将待检测核酸固定到一定的固相支持物上，再与液相中的标记探针进行杂交。固相支持物常用硝酸纤维素膜（nitrocellulose filter membrane，NC 膜）或尼龙膜（nylon membrane）。

五、聚合酶链反应

聚合酶链反应（polymerase chain reaction，PCR）技术是分子生物学领域发展最快的技术之一，具有简便、快速、灵敏等特点，已广泛用于基因体外扩增、基因诊断、基因克隆、基因序列分析、基因突变分析等方面的研究。

六、核苷酸序列分析

序列分析法是将 PCR 产物直接进行测序分析，为最精确的方法，能检测基因的突变，是基因组学研究中不可缺少的技术之一，其中单核苷酸多态性分析对揭示疾病发生原因及其易感性发挥着重要作用。

单核苷酸多态性（single nucleotide polymorphism，SNP）分析，主要是指在基因组水平上由单个核苷酸的变异所引起的 DNA 序列多态性，在基因组中广泛存在，所表现的多态性只涉及单个碱基的变异，这种变异可由单个碱基的转换或颠换所引起，也可由碱基的插入或缺失所致。在分子流行病学研究中，可进行简单和复杂疾病的遗传连锁分析及关联分析，准确定位疾病易感基因，阐明易感疾病的真正原因。

七、多位点酶电泳

多位点酶电泳（multilocus enzyme electrophoresis，MEE）是长期以来一直被用于细菌群体遗传结构、分类学等的研究方法。

该方法主要是基于“一个基因一种酶”学说，编码酶基因染色体结构基因的多态性也表现为酶的多态性现象，一种酶的序列结构变化与决定该酶的遗传结构位点上的等位基因直接相关，通过凝胶电泳能分离检测出 80%～90%的氨基酸亚单位，根据酶分子质量和电荷的变异情况进行研究，可推算出其对应的基因位点的多态性，并通过多个酶基因位点的综合分析，可以获得细菌的基因型。

该方法为细菌群体建立起基本的群体遗传结构，为细菌的分类学研究和流行病学分析提供了大量信息。可以确定引起新的流行或新类型疾病的病原体克隆，从群体遗传学上揭示造成流行菌株间的亲缘关系，研究带菌动物菌株群体与患病动物菌株群体间的关系，从而追踪传染源与传播途径，同时，找出致病菌与非致病菌及可引起流行菌株等的指示基因位点，为进一步研究致病菌的致病基因的变化及致病机制提供线索。

八、其 他 技 术

（一）基 因 芯 片

基因芯片也称为 DNA 芯片（DNA chip）或 DNA 微阵列，是将大量特定序列的 DNA 片段（基因探针），有规律地、高密度地固化于支持物表面载体形成二维 DNA 探针阵列，与不同标记的荧光染料样品分子，在一定条件下进行杂交，通过检测每个探针分子的杂交信号强度进而获取样品分子的数量和序列信息，以达到快速、高通量、高效分析生物信息的目的。

基因芯片作为一种先进的、大规模、高通量检测技术，应用于疾病的诊断，具有高度的灵敏性和准确性、快速简便、可同时检测多种疾病等优点。

（二）蛋白质芯片

蛋白质芯片（protein chip）技术是一种新型蛋白质分析技术，是将各种蛋白质有序地固定于很小的表面积支持物上，以阵列式集成多种蛋白质活性检测芯片，利用标记有特定荧光物质的抗体与芯片作用，芯片上的蛋白质相匹配的抗体将与其对应蛋白质结合，抗体上的荧光将指示对应蛋白质及其表达数量，洗去未与芯片上蛋白质结合的荧光抗体，根据芯片上各点的荧光强度分析蛋白质之间相互作用的关系，由此达到检测各种基因的表达功能。蛋白质阵列主要有抗体阵列和靶蛋白质阵列两种，其中抗体阵列是利用阵列上的抗体识别样品中的蛋白质或其他分子，靶蛋白质阵列是通过阵列上的蛋白质检测目标蛋白质或其他分子。

该技术是根据生物分子的特异结合性和高分辨的光学成像相结合，仅需微量生理或生物采样，就可同时检测、识别和纯化不同的生物分子以研究分子间的相互作用。因此，无需预处理和样品标记，直接测量样品，具有高分辨率和高通量的特点，同时完成多元分析物或多样本的重复性分析，具有快速和高复现的优点。此芯片技术可用于快速、原位的蛋白质医学诊断，寻找与疾病有关或直接引发疾病的新蛋白质。

（三）流式细胞术

流式细胞术（flow cytometer，FCM）是一种在功能水平上对单细胞或其他生物粒子进行定量分析和分选的检测手段，它可以高速分析上万个细胞，并能同时从一个细胞中测得多个参数，与传统的荧光镜检查相比，具有速度快、精度高、准确性好等优点。

此外，在分子流行病学研究方法中，常用的还有酶联免疫吸附试验（enzyme-linked immunosorbent assay，ELISA）、免疫组织化学（immunohistochemistry）、原位杂交（*in situ* hybridization）、单克隆抗体技术、免疫细胞的增殖和杀伤细胞实验等方法。

小　　结

分子流行病学将现代分子生物学技术广泛应用于疾病病因的探索、致病因子的发病机制的研究，更加精确地检测疾病易感性的分子标志，客观反映疾病流行规律，有针对性地提出切实可行的防制措施。本章通过介绍分子流行病学的产生及其与传统流行病学的关系提出了分子流行病学的概念，并对动物传染性疾病、耐药性研究、肿瘤、心血管疾病、遗传与代谢病等研究内容进行了介绍，对实验室研究方法进行了阐述。最后就分子生物学技术在兽医流行病学上的应用做了简要介绍。

复　习　题

1. 什么是分子流行病学？
2. 什么是生物学标志？
3. 分子流行病学与传统流行病学之间有何关系？
4. 阐述分子流行病学从哪些环节对兽医传染病进行监测与预防？
5. 分子流行病学实验室研究方法有哪些？每种方法有何适用范围？

第二十章　动物疾病防控中的风险分析

所谓风险（risk）就是一种不好的结果或损失出现的机会。OIE 的《国际动物卫生法典》和国际上的健康与环境等法规中，对于风险的定义大都是："一种不好的事件发生的可能性及其程度，一种衡量不好事件所导致损害的可能性和严重程度的方法"。其中的"可能性"要用精确的统计用语表示，"程度"也要做规范地描述。

风险分析（risk analysis）：是指对可能存在的危害的预测，并在此基础上采取的规避或降低危害影响的措施。风险分析是由风险评估、风险管理和风险交流三部分共同构成的一个过程。

按照在风险分析中对资料处理时所使用计算工作的多少和风险分析结果的表示方法，一般将风险分析分成三类，即定性风险分析、半定量风险分析和定量风险分析。

关于风险分析到底分为几个步骤不同的出版物有不同的描述，归纳起来有两种观点：一种观点认为分 3 个步骤，这 3 个步骤是风险评估、风险管理和风险交流；另一种观点认为分 4 个步骤，这 4 个步骤是风险确定、风险评估、风险管理和风险交流。两种观点实质内容是一样的，第一种观点实际上是将第二种观点中的风险确定和风险评估合并为风险评估一个步骤。

第一节　决策风险的范围和观念

所谓决策风险（decision risk），是指在决策活动中，由于主体、客体等多种不确定因素的存在，决策活动不能达到预期目的的可能性及其后果。风险是客观存在的，具有客观性、损失性和不确定性。

决策（decision making）就是做出决定或选择。包括以下三种认识。

决策是一个包括提出问题、确立目标、设计和选择方案的过程，即广义的认识。

决策是从几种备选的行动方案中做出的最终抉择，是决策者的决定，即狭义的认识。

决策是对不确定条件下发生的偶发事件所做的处理决定。这类事件既无先例，又无可遵循的规律，做出选择要冒一定的风险。换言之，只有冒一定风险的选择才是决策。这是对决策概念最狭义的认识。

一般而言，决策就是对需要解决的事情做出决定，决策活动与人类活动是密切相关的。

（1）决策具有明确的目标。决策是为了解决某一问题，或是为了实现一定目标，确定目标是决策的第一步。

（2）决策具有两个以上备选方案。决策实质上是选择行动方案的过程。如果只有一个备选方案，就不存在决策的问题。因而，至少要有两个或两个以上方案才能进行比较、选择，最后选择一个满意方案作为行动方案。

（3）选择后的行动方案必须付诸实施。如果选择了方案，却不付诸实施，等于没有决策。决策不只是一个认识过程，也是一个行动过程。

（一）决策的结构

决策过程具有三个基本要素：一是对特定时刻制定哪些决策议程的设定；二是对关注的问题及其再现模式的获取和构造；三是形成一系列可供决策者选择的备选行动方案。概括为：设定议程、再现问题及搜索备选方案和选择方案。

三个基本要素本身又是一个单独的决策，如设定议程也是要遵循包含三个基本要素的决策过程。也就是说，做出的某项决策往往可进一步细分为若干子决策，同样也可能是某项更大决策的组成部分。各种决策要素都能追溯到参与决策前提的许多人身上。

（二）决策的形成机制

从系统的观点来看，决策系统中的决策主体、决策权、决策信息、决策原则和决策对象 5 个因素有机结合起来，相互联系、相互作用，共同形成了决策机制的运行模式。

决策主体发挥自己的能动作用，充分分析考虑决策对象的内容、要求和特征，通过对决策信息的掌握，对决策原则的把握，综合各方面因素，实施决策权，在决策信息和决策原则的共同作用下，其过程从多到少、从粗到精。在决策机制的运行中决策主体是最重要的，决策主体可以是一个个体也可以是一个群体。

（三）决策风险因素分析

环境因素。根据系统论的观点，决策存在于特定的环境中的，环境有宏观和微观之分，宏观环境影响的时间长远，范围较大，而微观环境的影响则时间短、范围小。环境因素是多变的，宏观环境相对稳定，决策支持系统只能宏观地对环境进行评估，决策主体对客观环境的把握也存在很大的差异。

决策者的个人素质。经济学决策和统计学决策主要强调决策的客观性，即认为决策是与主题无关的，没有考虑决策主体在决策中的中心地位。心理学决策弥补了这样一个不足，考虑决策者在决策中的非理性行为。决策者的素质差异性会导致决策的差异性。

信息不对称。没有外部信息和内部信息的决策是盲目的，信息越完全越可靠，决策的风险就越小，然而不同系统和不同主体对信息的反应是存在差异的，即信息的主客体的不对称性。

决策方法本身的缺陷。在具有充足数据的情况下，决策结果还取决于决策的方法。决策方法都是基于知识库和模型库的，知识库主要来源于专家知识和基础数据的收集处理，而决策模型是某些事务的抽象，代表一个物体或行为，作为系统开发者来说很难全面准确地把握整个对象。

第二节　动物疾病的健康风险评估

健康风险评估（health risk appraisal，HRA）是一种方法或工具，用于描述和评估某一个动物群体未来发生某种特定疾病或由某种特定疾病导致死亡的可能性。这种分析过程目的在于估计特定时间发生疾病的可能性，而不在于做出明确的诊断。健康风险评估是对畜群的健康状况及未来患病（死亡）风险性的量化评估。

一、风险的计算

健康风险评估是估计具有一定健康特征的动物会不会在一定时间内发生某种疾病或健康的结果。常用的健康风险评估一般以死亡为结果。由于技术的发展及健康管理需求的改变，健康风险评估已逐步扩展到以疾病为基础的风险性评估，因为后者能更有效地使理解风险因素的作用，并能更有效地实施控制措施和减少费用。

在疾病风险性评价及预防方面一般有两种方法：第一种方法建立在单一风险因素与发病率的基础上，将这些单一因素与发病率的关系以相对风险来表示其强度，得到的各相关因素的加权分数即为患病的风险性。由于这种方法简单实用，不需要大量的数据分析，是健康管理发展早期的主要危险性评价方法。第二种方法建立在多因素数理分析基础上，即采用统计学概率理论的方法来得出患病风险性与风险因素之间的关系模型。为了能包括更多的风险因素，并提高评价的准确性，这种以数据为基础的模型在近几年有了很大的发展。所采取的数理手段，除常见的多元回归外，还有基于模糊数学的神经网络方法、蒙特卡罗模型等。

二、评 估 报 告

健康风险评估报告的种类和各种报告的组合千差万别，较好的情况是评估报告包括一份受评估动物的报告和一份总结了所有受评估对象情况的畜群报告。

三、健康风险评估的种类与方法

从不同的角度出发，健康风险评估可进行多种分类。例如，按应用的领域区分，健康风险评估可分为：①临床评估；②健康过程及结果评估，包括健康状态评估、患病风险性评估、疾病并发症评估及预后评估等；③饲养方式及健康行为评估，包括喂食、运动习惯等的评估。

四、疾病风险评估与健康管理策略

疾病风险评估作为健康风险评估的一个主要类型，与健康管理措施有着密切的联系。从某种程度上来说，疾病风险评估起着监看管理分流器的作用，通过疾病风险评估可以对畜群进行分类，对处于不同类型和等级动物的健康进行管理策略，实现有效的畜群健康管理。

(1) 疾病风险评估的方法：如同前面特点中所述，疾病风险评估的方法直接源于流行病学的研究成果。其中，前瞻性队列研究、回顾性队列研究及循证兽医学是最主要的方法。

(2) 疾病风险评估的步骤：从大的方面来说，疾病风险评估主要有以下 4 个步骤：第一，选择要预测的疾病；第二，不断发现并确定与该疾病发生有关的风险因素；第三，应用适当的预测方法建立疾病风险预测模型；第四，验证评估模型的正确性和准确性。

第三节 食品安全风险分析

全球经济一体化、贸易自由化导致食品安全问题层出不穷，国际社会趋向于采纳风险分析作为解决国际贸易争端的一种手段，并借以保护消费者和人类赖以生存的环境，同时在解决国际贸易争端中发挥一定的作用，促进国际间公平的食品贸易。

“风险分析”成为各国制定和实施食品安全标准的重要理论和手段，同时也是保护消费者利益、维护公平贸易的重要手段。

食品安全风险分析的基本组成部分为风险评估、风险管理和风险交流。

一、食品安全风险分析概论

（一）食品安全风险分析的依据

食品安全风险分析通则遵照国际《卫生和植物卫生措施协定》和《贸易的技术壁垒协定》，以国际食品法典委员会制定的风险分析原理为基本理论框架，以国家质量监督检验检疫总局、卫生部和农业部的食品安全客观事实为依据。

（二）食品安全风险分析的适用范围

食品安全风险分析适用于所有食品中微生物、化学和物理等各种危害物的风险分析，同时适用于以下各方面的需要。

（1）随着科学技术的发展，各种与食品相关的新物质不断出现，对这些新物质的风险评估将作为制定最高残留水平（maximum residue level，MRL）值及有关限量的科学依据。

（2）风险评估为国家、行业及企业标准的制定提供可靠的科学依据。

（3）对饮食风险的评估为消费者提供食品安全保证措施的科学依据。

（4）食品风险评估作为管理者制定管理决策的客观依据。

（5）随着人类生产空间的不断缩小，生产环境破坏的日益严重，风险分析作为与食品相关的有效的应对措施之一，为环境保护、解决食品和环境之间的问题提供可靠的科学依据。

（6）在国际间作为解决国际贸易争端的不可缺少的有力工具。

（7）为及时启动我国的风险预警系统提供信息。

（三）食品风险分析必须遵循的原则

食品风险分析要以科学依据为基础，具有客观性、一致性和全面性。

食品风险分析要保证透明度，并对风险给予正确的认识。

食品风险分析必须遵守《卫生和植物卫生措施协定》和《贸易的技术壁垒协定》的相关条款。

（四）食品安全风险分析的意义

(1) 有效规避旨在保护本国贸易利益的技术性贸易壁垒，促进公平的食品贸易。WTO提出的《卫生和植物卫生措施协定》第五条规定了各国需根据风险评估结果，确定本国适当的卫生和植物卫生保护水平，各国不得主观、武断地以保护本国国民健康为由，设立过于严格的卫生和植物卫生措施，从而阻碍贸易的公平进行。利用风险分析方法客观科学地提出我国卫生措施的适当保护水平，确保食品安全，在食品贸易中更加主动。

(2) 基于国际食品法典委员会的理论框架，结合我国实际，建立一套科学、系统的对食品中的各种危害物风险评估、风险管理、风险信息交流原则，为制定我国食品安全、卫生的预警体系、控制体系和检测标准体系奠定基础。

（五）食品安全风险分析的说明

(1) 食品风险分析将贯穿食品链各个环节的食源性危害，包括物理、化学、生物危害；

考虑到评估过程的不确定性和变异性、普通人群和特殊人群的暴露量、权衡风险与管理措施的成本效益、不断监测管理措施的效果，应及时利用各种信息进行交流，并做出相应调整。特别需要指出的是在风险分析过程中，必须注意评估者与管理者的职能划分，才能使决策更加客观和科学。

（2）食品风险分析理论，首先是由发达国家提出的，并且得到国际食品安全理论界及相关领域和国际组织——国际食品法典委员会的一致认可。在我国引进并在实际中采用食品风险分析理论，将大大加快我国食品安全工作与国际接轨的步伐。

（3）食品风险分析三要素的实施者涉及科研、政府、消费者、生产企业及媒体等有关各方，即理论学术界进行风险评估，政府管理部门在评估结果的基础上倾听各方意见，权衡各种影响因素并最终提出风险管理决策，而在整个过程中贯穿着理论学术界、政府管理部门与消费者组织、企业和媒体等的信息交流，它们相互关联又相互独立，有关各方的有机结合、互为协调，避免了部门割据所造成的主观片面的决策形成，并进而在整合机制下促进食品安全管理体系的建立、完善和发展。

二、食品中的危害物

风险分析中对人类消费食品存在的风险的危害物大体可分为化学性危害物、生物性危害物、物理性危害物三大类。其中，化学性危害物包括农药残留、兽药残留、天然毒素、食品添加剂及其他化学危害物。生物性危害物通常只包括微生物危害物。

第四节　高度接触性动物传染病防控中的决策风险

高度接触性动物传染病防控具有周期长、防控难度高、涉及单位多、决策风险大等特点，且外部联系广泛、影响因素众多、具有不确定性。对国民经济、行业发展、人民生活和健康及所在地区的社会经济产生重大而深远的影响。因此，高度接触性传染病防控决策往往为重大决策，除具有一般防疫决策特点之外，还具有如下一些决策特征。

一、决策起因随机风险

高度接触性动物传染病防控决策起因随机性有两方面含义：一方面是根据流行病学特征，高度接触性传染病的发生往往缺乏可预测性。因此，防控决策是以自然环境和社会环境为基础的，在人为计划和规律方面可循性低，既有常规化决策，也有非常规或非程序化的决策。另一方面是一些偶然事件可能改变重大决策的方向，使得局势变化难测。因为高度接触性动物传染病的防控包括决定性部分和偶然性部分。在一般情况下，要充分考虑偶然性因素，把工作做细，避免增加疫情发展的不可测性。

二、决策活动政治风险

高度接触性动物传染病防控决策是关系到国际贸易和畜牧业发展的重大决策，决策活动牵涉多方面的利益，其影响因素及制约条件也很多。例如，禽流感防控，不仅是一个战略决策问题，而且它关系到整个国民经济发展的重大决策问题。决策是一个技术上的问题，也是一个经济问题，而在这样重大的问题上，还牵涉人类健康问题、技术问题，同时，经济问题与政治是密切相关的，防控不当而产生严重的不良后果时，将对国家和地区政治局势带来负面影响。

高度接触性传染病防控决策本身带有政治色彩，其中国际、国内的政治局势、政治环境等对决策活动过程和结果产生重大影响，国际政治环境的变化，使得决策活动的政治色彩更加浓厚。例如，禽流感、SARS等高度接触性人兽共患传染病。

三、决策问题复杂性带来的风险

(1) 高度接触性动物传染病防控是一个非常复杂的系统，这个系统不但内部结构极其复杂，而且与外部联系广泛，系统的形成需要投入多种物质、资金与信息，包括人、财、物、技术、信息、政策等多种因素，而且投入的方式、渠道也具多样性；受多种环境因素的影响，这些来自政治、经济、技术、自然等各方面的干扰因素，有些是确定的，有些是随机和不确定的，不同的环境因素对动物传染病防控产生的影响也不一样；同时动物传染病防控产生多种效益，既有经济效益，也有社会效益和生态效益，有些是人们希望和追求的正效益，同时也伴随着一些不可避免的负效益。

(2) 需要多方合作，甚至还需要国际间的合作。因此，项目的投资决策就可能直接涉及国内、国外多家企业和多个产业部门，包括上下游产业链的纵向企业及相关产业中的横向合作企业。

四、决策目标多元性的风险

高度接触性动物传染病防控决策所追求的总体目标是预防、控制、扑灭和根除。例如，禽流感的防控决策。这类决策在时间上包括短期目标和长期目标，行业上可能由社会、经济、政治、医学、农业技术、生态等目标构成。每个目标又由许多小目标构成，每个小目标又可分解成许多子目标，直到分解到能用某种准则（指标）衡量为止。因此，在决策分析中，下层目标服从上层目标，目标之间的权衡与协调是决策者所承担的任务之一。

五、决策群体冲突性的风险

高度接触性动物传染病防控本身的特性决定了动物传染病防控投资决策的群体性，群体决策的最大特点是决策冲突。其原因如下。

(1) 高度接触性动物传染病防控决策往往涉及多个利益主体。因此，各方决策者在进行决策分析与决策方案选择时，由于立场和利害关系不同，不可避免地带有一定倾向性，即代表各自的利益观点，从而引起冲突。

(2) 各决策者，由于决策的心理、行为、气质、特点之间的差异，即使是对同一问题的认识、思考、判断与评价也会有不同，由此形成不同的价值观点，引起冲突。

(3) 高度接触性动物传染病防控决策所需信息量极大，当决策者很难掌握而且有时也不可能掌握决策需要的全部信息时，集中到每一位决策者面前的信息存在严重片面性和不足时，对同一问题可能出现两种完全不同的看法，群体之间的决策冲突也就会产生。

但群体决策可以避免个人偏见，减少决策失误，使动物传染病防控决策更能兼顾多方利益，决策方案更具全局性、战略性、长远性、均衡性和合理性。

六、决策本身的重大风险

动物传染病防控是高风险工作，决策存在许多不确定、不可控的因素，导致动物传染病防控后果的不确定性，形成风险。引起风险发生的主要因素包括动物传染病防控决策的外部环境和内部条件两大方面。

由外部环境所产生的风险又包括：一是易感动物风险，即在传播期有无易感动物群，动物能否达到传播是一个很大的风险因素；二是市场销售流通风险，由于畜产品市场供应、需求的流通变化而引起的传播风险；三是社会风险，主要是指动物传染病防控的实施有可能得不到当地政府和群众的理解与支持，影响社会秩序和安定团结，造成不必要的麻烦与干扰，从而导致防控不能达到预期目的的风险；四是自然风险，由受自然条件，如气候、水文、地质等一系列自然因素而引发自然灾害，如地震、洪灾、雪灾等，从而导致人、财、物及资源损失的风险；五是经济风险，主要是指防控中的药物疫苗供应困难、物价上涨、筹措资金困难等因素给养殖业造成经济损失的风险；六是政治风险，主要是指防控运行时的法律、法规、政策改变等风险因素。

决策内部条件所引起的风险主要有：一是计划风险，主要表现为延迟、成本超支、质量欠缺等风险；二是管理风险，决策能力、科学论证水平、经营管理能力在决定项目的质量控制、成本控制和效率等方面的风险；三是技术风险，防控过程中由于采用某些新的或不成熟的诊断技术、管理技术而引起的风险；四是人员风险，包括决策人员素质、水平，人员来源的可靠性、技术熟练程度、流动性等风险。

动物传染病防控决策受多种风险因素影响，有些风险是难以控制的，如外部环境造成的风险。决策正确，产生的效益会超出人们的预期，不可估量。决策失误，其后果引起的损失也不堪设想。由于决策风险巨大，高度传染性疾病防控决策变得艰巨、重大而慎重。

七、决策组织困难的风险

动物传染病防控决策一方面具有多目标、多因素、多部门、多学科、多人员、多冲突，大系统、大投入、大效益、大风险的特点；另一方面动物传染病防控决策组织的本身是一个既有纵向层次结构，又有横向协作关系的复杂综合组织。这些特点，决定了决策组织的困难性。因此，动物传染病防控决策研究问题的分解、协调，组织的分工与协作，动物传染病防控机制的形成，工作的分配，风险分摊，防控计划的论证，防控方案的选择，诊断技术的采用，防控队伍的确定等一系列的组织管理工作显得十分复杂。决策组织不当，不仅导致决策效率低下，难以获得满意的结果，而且会造成人力、财力、物力、时间的极大浪费。

第五节　动物和动物产品国际贸易的风险分析

风险分析不仅是动物检疫科学决策的需要，而且是动物检疫国际惯例的要求。为保证动物及动物产品的国际贸易能公平合理地进行，WTO 和 OIE 分别在其《动植物检疫及卫生措施协议》(SPS 协议）和《国际动物卫生法典》等重要法规文件中，明确了有关风险分析的要求。

一、动物和动物产品进口风险分析的应用背景

面对日益开放的世界贸易市场和激烈的贸易竞争，当一个国家的某些动物和动物产品的输出受到进口国的限制或禁止时，出口国要求进口国能提出令人信服的科学解释；同时，进口国在制定有关政策时，不得不将这种传入疾病的风险放在优先考虑的位置，任何国家忽视

了这一现实要求，必将在国际贸易中遭受严重的经济损失。

二、进口风险分析在国际贸易中的作用

进口风险分析是对进口动物和动物产品时某种疫病传入的概率及其危害（风险）进行评估、管理和交流的方法和过程。它为决策者制定进出境动物和动物产品的法律、法规、条款提供科学依据，使决策更具有科学性、透明性、可防御性，符合动物检疫的国际惯例。进口风险分析在国际贸易中发挥着重要的作用。

（1）风险分析是国际组织力促在国际贸易中应用的主要原则之一。WTO/SPS 协议规定，缔约方可以采取卫生和植物卫生措施以保护国民生命和健康，前提是这些措施不得对其他成员构成贸易歧视或贸易限制。其确立的主要原则包括进口措施（以保护动物和人类卫生为名义）必须以正确的科学和风险评估原理为基础，不得形成对贸易的变相限制。FAO 制定了有害生物风险分析准则，OIE 作为 WTO 授权的国际贸易中动物卫生国际标准的制定组织，也将风险评估纳入法典框架，制定了进口风险分析准则，并明确规定了贸易伙伴所要求的最低卫生保证，促进动物和动物产品的国际贸易，避免因国际交流而传播动物疫病的危险。风险分析已成为国际组织力促在国际贸易中应用的主要原则之一。

（2）风险分析是动物卫生决策的主要技术支持。风险分析是一个科学性的工作，科学的风险分析是将进口过程中的所有危害进行评估，通过在进出口国政府机构、学术界、生产者和消费者之间充分的信息交流，充分考虑评估的不确定性，针对风险评估结果制定科学、客观、透明的风险管理措施，保证动物及动物产品的贸易安全。

（3）风险分析是应对动物及动物产品贸易壁垒，增加本国农产品市场准入机会的重要手段。

风险分析是 SPS 措施应用的核心原则，是成员国制定更高保护水平的 SPS 措施的依据。这样，成员国就不能任意的以保护人类和动物健康为目的制定更高水平的 SPS 措施，所有高于国际标准的 SPS 措施必须以风险分析为基础。没有科学依据的动物检疫措施将会受到世界各国的抵制，甚至可能会引起国际贸易争端。

另外，SPS 协议提出，如果出口成员国能够保证其措施达到进口成员国的适当的保护水平，即使这些措施与进口成员国在同一产品贸易中采取的措施不同，各成员国也应同等地接受其卫生措施，即所谓的卫生措施的等效性。风险评估原则的应用为判断不同卫生措施的等效性提供了一个基础性的框架，为卫生措施的等效性提供了技术支持。

（4）风险分析是 WTO 框架下双边磋商及争端解决的重要科学证据。风险分析有充分科学依据并采用高于国际标准的基础，几乎所有涉及 SPS 协议的纠纷都涉及风险分析，所占比例高达 95%。在 WTO 的 SPS 委员会下，由各成员国进行各项检疫检验争端进行双边磋商，甚至 WTO 争端解决机构在审理三大 SPS 争端解决案例时，也需要以诉讼双方所提供的风险评估数据为审判依据。当 WTO 成员国间进行双边磋商时，实行进口限制措施的成员国必须在其他成员要求下提供风险评估数据，诉诸争端解决机制解决时，仍是以风险评估作为胜败诉的审判依据。

三、动物及动物产品进口风险分析的应用

OIE 将风险分析原理引入《陆生动物卫生法典》，制定了各国在动物及动物产品国际贸易中应遵循的进口风险分析准则。SPS 协议明确规定，OIE 主持制定的标准为动物卫生国

际标准，WTO各成员国必须以此为基础。

（一）风险分析广泛应用于各种动物卫生工作

动物卫生工作中存在许多的不确定性。动物及动物产品国际流通的相对自由，动物流行病学数据的局限性、不确定性等，都给动物卫生工作带来很大的风险。政府的动物卫生决策往往涉及制定对内对外政策、法规、命令和条例等具有普遍约束性质和强制性质的文件，这些文件付诸实施后一旦失败会对社会及政府形象产生很大影响。从美国、澳大利亚、新西兰和欧盟的进出境检验体系来看，为控制动物疫病传入风险，他们在进口动物及动物产品前，先行开展风险分析和评估降低疫病传入风险。同时，在制定动物卫生标准，紧急疫病反应体系建设，建立国家无疫区等国家动物卫生决策中，他们也大多以风险分析为基础。

（二）基于“可接受风险水平”的风险分析

“可接受风险水平”，WTO/SPS协议又称之为“适当保护水平”（ALOP）。适当的动物卫生保护水平（ALOP）是指WTO成员为保护其境内人类、动物的生命或健康而采取动物卫生（SPS）措施时，认为适当的保护水平。适当的动物卫生保护水平（ALOP）是采取任何SPS措施的依据。若SPS措施适用于国际贸易，须再进行进口风险分析。通过风险评估计算出的风险要与国家的ALOP进行比较，从而采取相应的SPS措施。各畜牧业发达国家大都确立了适合本国国情的ALOP。例如，澳大利亚定性表达其ALOP，即实施SPS的高水平保护，将风险降低到非常低的水平，而不是零风险水平。

（三）实施风险评估和风险管理职能分离机制

风险评估不仅是风险分析的核心，也是进行风险管理的科学依据。为保障风险评估的科学性、客观性、透明度和有效性，发达国家大都将风险评估和风险管理职能分开，成立专门的风险评估机构，遵循内外一致的原则进行风险评估；同时，协调与国际组织，尤其是国内涉及食品安全的各行政机构的信息收集、交换和整合工作。国际食品法典委员会（Codex Alimentarius Commission，CAC）风险分析工作原则强调，风险评估和风险管理应职能分离，以避免风险评估者和风险管理者的职能混淆。在食品法典框架下，风险评估由联合专家委员会负责，而风险管理由各食品法典委员会负责。

（四）成立项目组实施风险评估

发达国家大都将每个风险评估工作作为一个项目来管理。充分的风险分析需要不同领域的专家，如流行病学家、病毒学家、微生物学家、寄生虫学家、气候学家、昆虫学家、野生动物专家、统计学家和经济学家等。根据风险分析的性质和过程，并通过与各方面的交流，确定负责每个评估工作的不同技能的专家人员，成立项目组，实施风险评估。

（五）制定完善的指导性法规和准则

为确立进口风险分析框架，OIE制定了《进口风险分析准则》，确立了动物及动物产品国际贸易中广泛采用的风险分析框架。发达国家大都以此为基础，制定了法规形式的风险评估标准和方法。

《进口风险分析准则》确定了风险分析中应该考虑的因素。动物疫病风险评估工作主要涉及生物学因素、国家因素和商品因素三个方面。

《进口风险分析准则》确立了开展风险分析工作的法定情形。风险分析工作的起始有其特定的条件，各国在这方面有所不同，但是总体来说有以下情形：当进口新产品时、当从新的国家或地区进口产品时、当某国或某地区的动物卫生状况发生改变时、在进行区域区划认证过程中、在促进产品出口时，甚至在制定政策措施时均要进行评估和分析。当然，如果情形相近或相似，可以采用本国已经做出的风险评估结果，或者由其他国家或国际组织做过的客观公正的风险评估结果。

《进口风险分析准则》制定了完备的风险分析运作程序。为了促进风险分析工作的顺利实施，各国大都制定了风险分析运作程序，从风险分析的启动到进口政策的制定，整个过程按照明确的时间表进行。这大大提高了进口风险分析工作的效率。例如，澳大利亚还规定了完备的上诉程序，利益相关者如果对风险分析的过程不满意，可以在不同阶段向独立于澳大利亚生物安全局（Biosecurity Australia）的进口风险分析小组和副部长提出上诉。

（六）重视同利益团体间的相互交流

重视同利益团体间的相互交流是各国风险分析运作过程中非常重要的特点。有专家称，风险交流可能是风险分析过程中最重要的部分。动物卫生工作存在许多的不确定性，如数据、资料的不完整、不完全和不准确等。对这些不确定性因素在风险评估中都要做到充分的交流，以充分利用个人知识的互补性。风险交流是WTO透明度原则的体现，也是确保风险评估结果客观公正的有效途径。从危害确认、风险评估和风险管理的整个风险分析过程都要进行风险交流。包括同进出口国家和地区的决策机关、进出口商及其他相关的利益团体的交流。通过风险交流，收集危害和风险方面的信息和建议，然后在利益相关团体间交流风险评估每一步的结果及所建议采取的风险管理的措施。各国大都通过网站公布等多种形式，将风险评估的结果公布于众，供相关利益团体评议。

四、应用实例：加拿大动物卫生风险分析

为促进动物疫病防控和动物及动物产品安全贸易，加拿大于20世纪90年代成立了风险评估小组，建立了一套系统的动物卫生风险分析（AHRA）方法，为动物卫生管理和进口决策提供技术支持。

（一）加拿大动物卫生风险分析的基本原则

加拿大动物卫生风险分析主要遵循三个基本原则：一是把人的健康置于最高地位；二是决策必须以科学证据为依据；三是所有相关部门必须为保证动物卫生安全而合作。

（二）加拿大动物卫生风险分析的组织机构

加拿大食品检验署（CFIA）下属的动物卫生和生产处（AHPD）负责组织动物卫生风险分析工作。动物卫生风险分析小组具体实施风险分析和提供科学信息及建议，协助AHPD进行决策。动物卫生风险分析小组的主要职责包括：开展动物卫生风险分析，为国家动物卫生计划（NAHP）决策和进出口政策提供依据；开展国家（区域）疫病状况和兽医机构评估；研究推进风险分析理论、方法和技术；制定NAHP所使用的风险分析相关框架、体系和程序；制定区域风险分析、流行病学调查、兽医机构和经济学分析评估等国家和

国际标准。

（三）加拿大动物卫生风险分析框架

加拿大动物卫生风险评估框架主要包括动物及动物产品进出口风险分析、国内动物卫生及出口活动物风险分析、国家和区域疫病状况评估及兽医生物制品安全性评估等，采用与OIE一致的风险评估模型。

1. 动物及动物产品进口风险分析　AHPD负责做出禁止或允许动物、动物胚胎和动物源性产品进口的决定。AHPD的进口决策基于系统的风险分析，风险分析程序如下。

（1）进口者向CFIA申请进口动物及动物产品的风险评估。如果从一个新的贸易国进口新品种或新商品，必须对其进行风险评估。AHPD工作人员根据收到申请的日期和工作量在3个工作日内确定风险评估所需的预期时间。

（2）进行危害确认和风险评估。AHPD负责确定进口危害并指导风险评估工作。风险评估程序包括搜集证据和信息，咨询国内外专家，特别是CFIA技术中心的专家。AHPD选择参与评定的专家人员，包括流行病学专家、风险分析专家、经济学专家和统计学专家等。最终将专家结论整合形成风险评估报告。

（3）制定进口方案。AHPD根据风险评估文件所提供的信息制定进口方案。方案制定过程期间，需向CFIA技术中心专家咨询，并就方案的合法性咨询相关法律机构，同时还要考虑总则的要求及出口国的特定卫生要求。

（4）风险管理决策。进口方案需获得AHPD负责人的最终认可。商品原产国应签发商品出口证明书。进口国接受商品出口证明书后，发布进口许可证。

2. 国内动物卫生及出口活动物风险分析　加拿大进行国内动物卫生风险分析的目的主要有：向加拿大进口动物及动物产品的国家阐明通过加拿大当前的监测和（或）控制计划而达到的疫病状况，以及加拿大出口动物源性商品的安全性；评估加拿大饲养或调运动物的潜在疫病；评估疫病控制计划的变化及动物饲料添加剂和药物等的管理措施等。由CFIA官员或相关项目官员决定是否需要对国内动物卫生及相关出口问题进行风险分析。

3. 国家或区域的疫病状况评估　通过进行国家或区域的疫病状况评估，确定动物、动物产品或副产品中是否存在OIE所列的A类、B类和C类疫病。国家或区域疫病状况评估采用的标准依赖于疫病流行病学、地理或物理屏障、监测等不同因素。在进口国或区域动物疫病状况评估中，兽医机构能力的评估是首要因素。对运行良好的兽医机构可以不进行能力评价，但当有A类疫病暴发时必须对其进行评估。

4. 兽医生物制剂风险评估　AHPD兽医生物制品管理处（VBS）负责实施兽医生物制品风险分析。加拿大兽医生物制品风险分析包括以下几种情形：灭活型生物制品来自于除美国外的其他国家，并且来源国家的动物疫病状况不清楚；出口产品政策和规则变动（如伪狂犬病疫苗）可能导致的风险，或需要识别潜在的风险；非灭活型生物制剂产品存在活性成分；其他环境因素导致动物源性成分的不确定性。

AHPD负责制定全国有关疫病的控制和进口政策，动物卫生风险分析小组负责为动物卫生和生产处开展动物卫生风险分析工作提供决策支持。这种风险评估与风险管理相分离的政策，有利于动物卫生工作的科学性，使其免受政策的影响，并在决策过程中划清科学和政策的界限，确保科学不受任何来自企业的偏见或影响力的左右，并给风险分析过程一定的时间。加拿大风险分析框架中涵盖了动物卫生工作多个层面的内容，并针对其特性制定了相应的风险分析方案，使风险分析工作有条不紊地进行。

第六节 健康风险处理及其成本效益分析

动物疫病暴发后的防控措施主要包括在不同区域内实施扑杀、免疫、扑杀+免疫等，在不同国家的不同时期，不同的防控措施组合具有不同的经济学效果。经济学分析主要集中在三个方面：一是对动物疾病的预防控制措施进行经济学分析，目的是发现成本最小化或收益最大化的防控措施；二是使用经济学的基本假设解释、预测动物疾病影响下的行为机制，从对人们行为模式的判断出发研究和给出最佳的防控政策建议；三是衡量传染病导致的经济损失。

动物传染病的防制需要付出防制成本，同时也将产生相应的收益。成本主要是实施防制措施而付出的直接成本和机会成本。收益则体现为防制成功制止的传染病可能产生损失的大小。如果防制成本超过防制收益则丧失了防制的经济合理性。但是由于传染病造成的损失往往是灾难性的，所以防制收益具有无穷大的特性。所以，动物传染病防制的成本收益分析，基本上是采取一定收益水平下的成本最小化的分析思路。在动物疫病防控措施方面，国外的研究模式主要是利用已经发生的疫病相关资料数据，结合流行病学的研究成果，运用数理统计及逻辑推理等方法建立风险分析模型，基于模型分析结果，运用不同的评价指标，如成本收益率（BCR）、净现值（NPV）、边际报酬率（MRR）和内部收益率（IRR）等，对各种防控措施产生的经济效果进行比较，从而得出最优化的防控措施。

小　结

本章简要介绍了动物疾病防控中的风险分析中有关决策风险的范围和观念、动物疾病的健康风险评估、食品安全风险分析、高度接触性传染病防控中的决策风险、动物和动物产品国际贸易的风险分析和健康风险处理及其成本效益分析。其中，动物和动物产品国际贸易的风险分析一节以加拿大动物卫生风险分析为例说明了基本原则、组织机构和分析框架等内容。

复 习 题

1. 什么是动物的健康理论评估？
2. 食品价格分析必须遵循的原则是什么？
3. 高度接触性动物传染病预防中的决策方法有哪些内容？

第二十一章 流行病学的模型

第一节 概 述

一、基本概述

流行病学模型也称为理论流行病学，是以数学模型为工具，描述和研究制约疾病分布诸因素间动态关系的动力学模式，从而更深入地探讨疾病流行的内在规律，据此预测疾病流行趋势，提出控制疾病流行的策略和措施，并评价其效果的一种流行病学研究方法。

数学模型是理论流行病学研究的主要工具，是研究疫病传播动力学机制的基本方法。在动物疫病防控研究中，兽医流行病学把疫病的流行和防控作为研究对象和目的建立数学模型，将动物传染病的主要特征通过假设、参数、变量和它们之间的联系清晰地揭示出来。数学模型的分析结果能提供许多强有力的理论基础和概念。用数学模型帮助发现动物传染病的传播机制，预测动物传染病的流行趋势已成为共识。通过建立适当的数学模型，对动物传染病的发生时间、传播方式进行预测，以便政府有关部门可以及时采取有效的措施，减小其危害。

二、主要用途

（一）解析流行过程，预测流行趋势

一个成功的流行病学数学模型能够较好地概括和反映疾病流行的内在规律。在掌握疾病流行现状及相关影响因素的基础上，流行模型可以方便地通过流行模拟出未来某个时点疾病流行的情况，甚至可以模拟未来整个流行过程。在流行趋势预测中，基本繁殖率（basic reproduction rate）是经常用到的一个综合预测指标，是指 1 个病例在其整个病程中预期直接传播的新病例数。当基本繁殖率＞1 时，意味着疫情加重，呈扩大蔓延之势；反之，当基本繁殖率＜1 时，说明疫情逐渐得到控制，呈下降趋势。很多流行模型都可以很方便地计算出流行过程中任意一个时间点的基本繁殖率，从而预测出疾病发展的趋势。

（二）定量研究流行过程中各因素的作用

有些流行模型在构建时引入了一些相关的流行因素，这些因素可以以待研究因素可变参数的形式进入流行模型的数学表达式。在流行模拟中，可以改变其中一个或多个因素的取值，得到不同的流行模拟结果，从而定量地研究各因素对流行过程的影响。通过这种虚拟的流行试验，可以帮助人们更深入地了解该疾病的传播机制和流行规律，从而更好地服务于疾病的防制实践。

（三）设计和评价疾病控制方案

为了设计和评价疾病控制方案，可以在流行模型构建时引入一些与控制措施相关的参数。在模拟流行时，在改变流行开始或流行过程中可以为优选控制疾病的策略和方案提供科

学依据，在流行结束时可以评价各项措施效果，定量估计各项措施在流行控制中的贡献大小。

（四）模拟疫病的传播动力学

例如，应用Reed-Frost模型对疫病在群体中的传播进行评估。在确定群体免疫水平、易感动物数、病例数、免疫动物数及病原从病例到易感动物的传播概率时，该模型记述了最重要的参数。可以对传染曲线进行评估，同时对其进行修正，加入控制变量。

三、模型的类型

（一）确定性模型和随机性模型

根据结局是否确定，可将流行病学数学模型划分为确定性模型（deterministic model）和随机性模型（stochastic model）。确定性模型用来描述必然现象及变量间关系确定，其数学工具一般是代数方程、微分方程、积分方程等；随机性模型用于描述偶然现象，变量之间的关系是以统计值或概率分布形式给出的。

（1）确定性模型：输入模型的参数为固定值，模型所产生的输入由仅为输入值控制的点估计值组成。确定性模型的特点是在疾病流行过程中的每一时刻，发生的新病例数均为确定的数值，而且当模型的初值一经给定，整个流行过程的发展结局就被确定。SIR（susceptible，infective，recovered）模型就是一种最简单的确定性模型。在SIR模型中，动物被分为易感染类（S，易感动物群）、感染类（I，已被疾病感染的动物）和移除类（R，患病死亡、痊愈或隔离的动物）三个类别。在疾病传播过程中，处于易感类的动物可以因感染变为感染类，感染类动物可以因隔离或死亡等转入移除类。但是，在确定的时刻，各个类别是互不相交的，即每个成员都归属于确定的一个类别，不能同时属于两类或更多的类。从SIR模型前一时刻的状态，可以确定地推断出过后时刻的状态。

确定性模型主要的数学工具是代数方程、微分方程、积分方程及差分方程等，其中尤以微分方程和差分方程应用最广。一般认为，在比较大的动物群中，传染者在传染期接触的动物数量很多时，确定性模型是随机性模型的近似估计。

（2）随机性模型：stochastic源于希腊语stochastikos，意为"擅长推测、预测的人"（skilful in aiming at，able to guess）。输入模型的是事件概率，即一定范围的输入值，如一个动物将疾病传染给另一动物的概率。把偶然性（变异）加入疾病传播的过程中，没有确定的结果，是一系列可能的结果。主要的数学工具是随机方程，在变异较大、同质性较差时使用，如疾病在小范围内的传播。

在现实模型中，两种模型类型有时很难截然分开，如在一些大型的确定性模型中往往也有随机的成分，而几乎所有的随机模型都包含有确定的成分。

（二）密度模型和流行模型

尽管非传染性疾病也可以建立模型，但兽医学中的模型长期以来都是用于传染病研究的。根据繁殖动力学（generation dynamics）可将病原分为微寄生物（microparasite）和大寄生物（macroparasite）两大类。微寄生物包括细菌、病毒、原虫等，大寄生物包括蠕虫、节肢动物等。两种不同的动力学模式，使它们分别隶属于密度模型、流行模型两种模型。

（1）密度模型（density model）：密度模型考虑每个宿主中病原的绝对数量，常用于大寄生物感染，因可对宿主或环境中病原的数量进行估计。当微寄生物的数量也能进行估计时，也可以建立密度模型。由于密度模型考虑了宿主中病原的数量，所以其更为合理。

（2）流行模型（prevalence model）：流行模型考虑不同宿主队列，如幼畜和成年家畜、免疫动物和易感动物中是否存在感染。

四、建模的步骤

建立数学模型的构建过程见图 21-1。

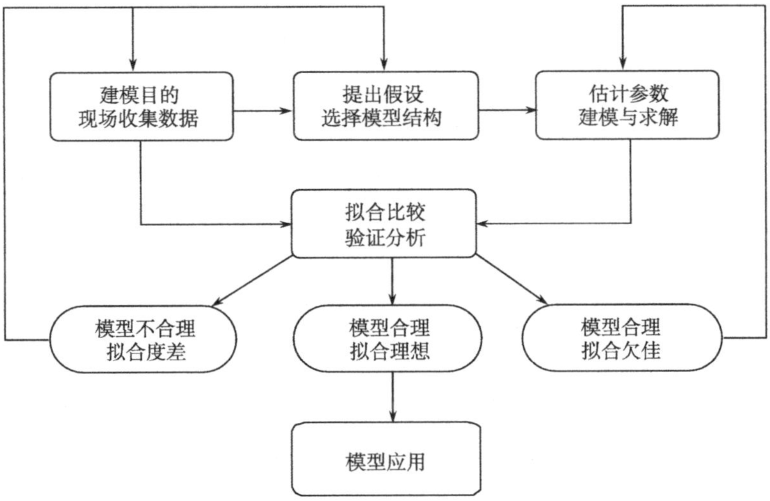

图 21-1　流行病学模型构建过程示意图（沈福民，2001）

（1）明确建模目的，做好建模准备。建模目的直接影响模型类型和结构的选择。在建模开始前，还应该对所研究疾病流行过程有一个较深的了解，这是形成模型假设、建立模型结构所必需的前提条件。同时，通过流行病学调查，从该病的实际流行过程中收集有关的流行信息和数据，准确掌握第一手资料。模型参数估计、模型的拟合与修正都需要丰富的、准确的流行数据作为支撑。

（2）提出模型假设。流行模型是对疾病流行过程的抽象拟合，不可能完全等同于实际。所以，在建模时必须设定模型条件，做出必要的假设，把能够反映疾病本质属性的因素及其相互关系抽象出来，简单化处理非本质的因素，使之摆脱实际流行的具体复杂形态，形成对建模有用的信息和前提条件。流行模型是对流行现实的近似反映，模型假设是进一步建模的基础，其是否合理与所建模型的适用性、合理性和有效性密切相关。

（3）选择适当模型类型，建立模型结构。根据建模目的、具备的研究条件及对疾病流行规律的了解，选择合适的模型类型。在此基础上，按照上一步所做的模型假设，选取具有决定作用的流行因素作为模型中的元素，确定元素间的转换关系，从而构建出模型的结构。

（4）模型的数学描述。在建立模型结构的基础上，用精练的数学语言对流行模型进行描述，这是进一步完善模型所必需的步骤。具体包括模型参数的定义与描述、模型元素转换关系的数学表达式建立等。

（5）模型参数估计。模型参数估计有时可以根据前人的经验，有时需要专门调查，有时必须多次调查验证，更多情况下是根据流行的实际资料采用合适的方法进行估计。有了模型参数的估计值，流行模型才能真正“活”起来。所以，准确地估计模型参数对模型的应用具有重要的意义。

(6) 模型拟合与修正。此步骤将模型与实际流行数据进行拟合、比较分析。如果拟合结果与实际情况完全不符或差异很大，则提示模型假设或模型结构不合理，需要进一步进行修改，重新按照上述步骤进行建模。如果模拟结果与实际流行情况基本吻合，则说明所建立的模型合理，可用于进一步的抽象研究。通常，一个符合实际的、拟合度好的流行模型需要经过多次的修正、不断地完善才能获得，并需要经过实践的考核和检验。

第二节 建模方法

一、基本步骤

如前所述，建立一个流行病学数学模型通常需要明确建模目的、做好建模准备，提出模型假设，选择适当模型类型、建立模型结构，用数学语言进行描述、参数估计及模型拟合与修正几个步骤。

二、兽医流行病学中常用的模型及其构建

兽医流行病学主要关注传染病。因此，目前常用的模型多为密度模型或流行模型。

(一) 确定性微分模型

确定性模型 (deterministic differential calculus modeling) 用微分方程建立，研究变量随时间而变化的率。在针对动物疫病的模型中，它是以寄生物、宿主数量或它们的子群 (subset) 随时间变化的率来构建的。建立这种模型的目的是为了更好地了解疾病的自然史，以便解释自然发生的或由防制措施引起的疾病形式的变化。

例 21-1 绵羊疫苗接种确定性模型。

这一模型为免疫力的简单指数衰减模型。假定某羊群长期暴露于某一病原，该病原感染后可引起死亡，而病死率与暴露动物和易感动物的数量直接相关。如果一定比例的动物出现临床症状，可以用某种疫苗紧急接种让其获得短暂的免疫力而使其免于死亡。当这种疫苗的保护力消退，这些动物又变得易感而面临死亡的威胁。该系统可用如图 21-2 所示的模型表示。

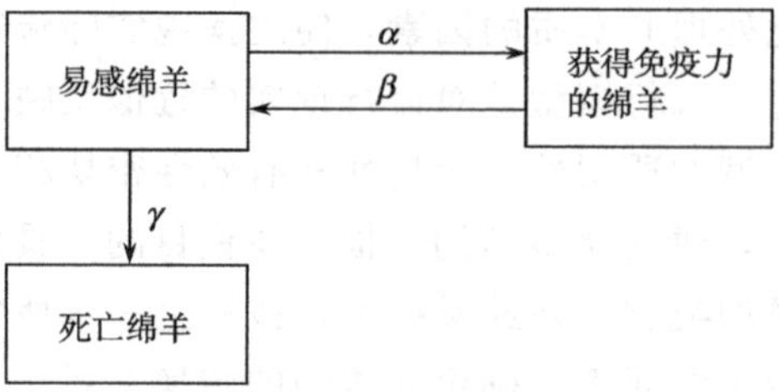

图 21-2 绵羊疫苗接种确定性模型

模型中易感绵羊感染后或以 γ 的速率减少，或被发现采取疫苗接种以 α 的速率转变成具有免疫力的绵羊。随着免疫力的逐渐消失，具免疫力的绵羊以 β 的速率转变成易感绵羊。

该模型包括两个公式，一个用于表述易感绵羊的变化，$\mathrm{d}x/\mathrm{d}t$；另一个用于表述具有免疫力绵羊的变化，$\mathrm{d}y/\mathrm{d}t$：

$$\frac{\mathrm{d}x}{\mathrm{d}t}=-\alpha x-\gamma x+\beta y \tag{21-1}$$

$$\frac{\mathrm{d}y}{\mathrm{d}t}=\alpha x-\beta y \tag{21-2}$$

易感绵羊数量与因死亡或免疫接种而损失的数量是成比例的，在公式 $\mathrm{d}x/\mathrm{d}t$ 中以 $-\alpha x$ 和 $-\gamma x$ 表示。获得免疫力的绵羊转变为易感绵羊的部分以 $+\beta y$ 表示。同样，获得免疫力的绵羊增加部分以 αx 表示，减少的部分以 $-\beta y$ 表示。x 和 y 的值可通过下列公式得到

$$x=\frac{N}{(a-b)}\times[(\beta-b)\times \mathrm{e}^{-bt}-(\beta-\alpha)\times \mathrm{e}^{-at}]$$

$$y=\frac{N\alpha}{(a-b)}\times(\mathrm{e}^{-bt}-\mathrm{e}^{-at}) \tag{21-3}$$

式中，N 为最初羊群的数量。

$$a=1/2\times\{(\alpha+\beta+\gamma)+[(\alpha+\beta+\gamma)^2-4\gamma\beta]^2\}$$

$$b=1/2\{(\alpha+\beta+\gamma)-[(\alpha+\beta+\gamma)^2-4\gamma\beta]^2\}$$

早期的简单流行模型是用微分方程建立的，通常含有过于简单的假设。例如，假设流行期间没有任何一个感染个体被清除群体。这种假设在早期很常用的 Reed-Frost 模型中很常见。虽然这种假设有时在医学上是成立的，但在动物疫病的流行中并非如此，感染个体往往很早就被隔离或淘汰了。此外，早期的模型中假定特定规模的畜群由匀质个体（homogeneous mixing）组成，感染后即成为传染源（没有潜伏期）。但实际上绝大多数动物传染病都有潜伏期，群体中存在个体差异（mixing is rarely homogeneous），有些个体感染后会获得免疫力。这些因素在建模过程中都要考虑。在没有病例出现后，仅少数疾病存在间歇流行期（inter epidemic period）。多数疾病均呈不同程度的流行形式，且可能会出现再度流行，因此要求相应地建立不同的模型。

早期的模型还认为流行过程在时间上是连续的，因此建立了连续时间模型。而离散时间模型以固定时间间隔（将时间变量离散化）来描绘疾病模型。例如，一次流行以一例或多例病例出现开始，新病例以与潜伏期相当时间间隔后不断出现。一些完善的离散时间模型，如多状态模型（multi-state model），考虑了处于不同状态个体，如易感或具有免疫力、感染或死亡等个体。考虑个体如何从一种状态转变为另一种状态的模型称为状态转变模型（state transition model），这些模型多为流行模型。

（二）随机性微分模型

第一个流行病学模型的建立，是基于流行过程并取决于易感动物的数量和易感动物与传染病之间接触的频率。这是确定性模型的基本观点。在一个确定性模型中，如果能确定最初的易感动物和感染动物的数量，就能对未来流行过程做出准确预测。后来发现，有些情况下并不能用确定性模型，如易感动物与传染源间接触频率的变化和选择应被考虑为流行过程的一部分。随机性微分模型（stochastic differential calculus modeling）由于考虑了感染的可能性，得到了进一步发展。通过确定概率分布，可计算均值、方差和概率区间。

针对一次简单流行建立的确定性模型和随机性模型会产生不同的结果。确定性流行曲线

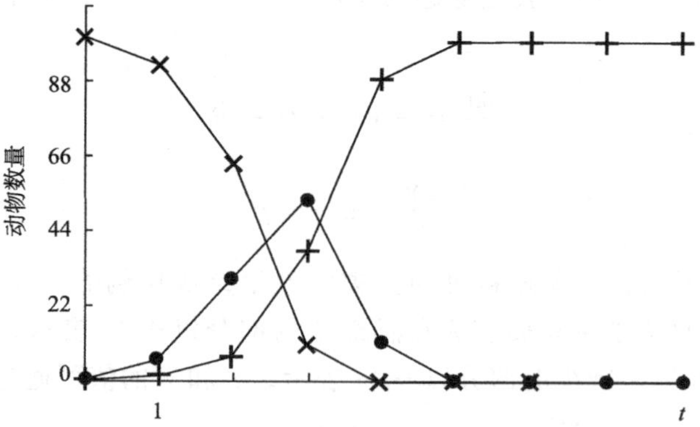

图 21-3 流行曲线

用经典 Reed-Frost 模型模拟的易感动物数量、免疫动物数量

╋免疫动物；✕免疫易感动物；●病例

代表了绝对点估计值，而随机性流行曲线代表了由各种可能性产生的平均值（图 21-3）。

例 21-2 随机指数衰减模型（stochastic exponential decay）。

如果某个量的下降速率和它的值成比例，则称为服从指数衰减。在绵羊疫苗接种确定性模型中，易感羊数量的变化也可以建立随机性模型。Xt 代表 t 时间点上的易感羊数量，N 代表起始时的数量。现在假设 Xt 是一个随机变量，$p_r(t)$ 代表 t 时点 r 易感动物。与确定性模型建立相似，其可用微分方程表示 $p_r(t)$ 变化的率 $\mathrm{d}p_r(t)/\mathrm{d}t$，该率受 $r+1$ 状态流入和从 r 状态流出的影响。$r+1$ 状态流入需要两个事件：在 t 时点存在 $r+1$ 个易感动物，以及其中的一个易感动物必须离开。这两个事件发生的可能性为 $\alpha(r+1)\times p_{r+1}(t)$。状态 r 的流出必须在 t 时点存在 r 个易感动物且其中的一个易感动物要离开。而这两个事件发生的可能性为 $\alpha r p_r(t)$：

$$\frac{\mathrm{d}p_r(t)}{\mathrm{d}t}=\alpha(r+1)\times p_{r+1}(t)-\alpha r p_r(t) \tag{21-4}$$

式中，α 为系数。这一公式微分方程计算不方便，但有标准的解决办法。这些方法是由可演变 $p_r(t)$ 参加的计算：

$$p_r(t)=C_r^N\times(1-\mathrm{e}^{-\alpha t})^{N-r}\times\mathrm{e}^{-\alpha tr} \tag{21-5}$$

式中，C_r^N 为 $\dfrac{N!}{r!\times(N-r)!}$ 的数学速记符号。

（三）模拟模型

模拟模型（simulation model）的组建是通过对有关变量的观测数据的观察、分析，并选择恰当的数学表达方式得到的。模拟模型组建的实质是数据拟合的精度和数学表达式简化程度间的一个折中。折中方案的选择将取决于实际问题的需要。

1. 经验模拟模型 经验模拟模型（empirical simulation modelling）的目标是模拟寄生虫或疾病对确定性或随机性发生变化的条件的反应。模拟模型不一定要通过计算机来完成，但其功效和成就往往与计算机的应用密不可分。因此，现今建立的许多模型在 50 年前是难以想象的。一个成功的模拟模型应该具备准确预测疾病发生的能力。这种预测能力在选择合适的预防措施过程中具有重要的价值。经验模型应用通过分析发病率和任何关联变量之间关系得到的指标，使用的变量往往与气候相关。由于这些模型没有分析病原生活史的动力学，只是简单地对关联现象进行定量，严格说来不算是数学模型。且输入模型的数据和产生的数据之间的关系不能得到满意的解释，因此有时被称为“黑箱”模型。

例 21-3　肝片吸虫经验模型（fascioliasis）。

肝片吸虫生活史复杂，涉及在终宿主和中间宿主体内的发育阶段，以及在牧草叶片上的发育阶段。该寄生虫发育的重要气候因素是温度高于 10℃和存在游离水分（表 21-1）。这是肝片吸虫病“Mt”预报系统的基础。Mt 是每月的湿度指数，以月为基础，可用下式表示：

$$\mathrm{Mt} = (R - p + 5) \times n$$

式中，R 为降水量；p 为潜在蒸发量；n 为降水天数。

表 21-1　英国不同地区肝片吸虫感染造成的损失评估

$\sum$ Mt（总湿度指数）		损失评估
英格兰西北部和东南部，威尔士北部	英格兰和威尔士其他地区	
<300	<400	无损失
300～450	400～450	轻微损失
>450	>450	严重损失

观察表明，由于肝片吸虫的发育依赖于温度，6～9 月的发育速率相似，但 5 月、10 月的速率减半，所以 Mt 指数也减半。将 5～10 月的 Mt 相加，所得之和（$\sum$ Mt）模拟了气候因素变化条件下肝片吸虫病的流行，预测该病可能造成的损失，进而采取适当的预防措施。

2. 过程模拟模型　过程模拟模型（process simulation modeling）是用来描述寄生虫和宿主群体动力学（如生物学过程）的数学模型。已有许多方法用于对疾病的过程进行模拟，如肝片吸虫发病率预测模型、口蹄疫空气传播模型和牛奥斯特线虫病（ostertagiasis）临床发生模型等。

例 21-4　牛奥斯特线虫病临床发生模型。

根据牧场上奥斯特线虫所产虫卵的排列，通过模拟产卵过程（course of event experienced by）可以对牧场被感染性幼虫污染的程度进行预测。

该模型应用发育评分（development fraction）方法，估计能成功进入第一期、第二期、第三期幼虫的比例。同时，对与感染力、繁殖力和迁移习性相关的参数进行估计。

所谓发育评分是对虫卵在不同温度条件下从一个阶段进入下一个发育阶段的比例进行定量。

假设一头小牛某年 4 月 1 日开始在被虫卵污染的牧场上吃草，设感染性幼虫的数量为 L，当天被食入感染性幼虫的数量可通过牧场的污染程度和采食量估算。由于不是所有的虫卵都能成功发育，21 天后真胃中预期的成虫数量 A 可用下列公式推算：

$$A = (K - A_0)(1 - \mathrm{e}^{-\alpha L}) + A_0 \tag{21-6}$$

式中，A_0 为原来就存在于真胃的成虫数量。不同 L 值下的 A 值曲线呈 S 形，可证实幼虫食入量与成虫定植之间呈密度依赖关系的假设。参数 K 和 α 用于控制定植率，这样幼虫食入量低时定植比例高，而食入量高时定植比例低。

成虫将在 4 月 1 日及之后的一段时间内产卵。4 月 22 日的产卵数量 E 是根据成虫正常产卵量估算的。这些卵在发育过程中，感染性幼虫出现的时间通过计算每天发生的发育阶段温度，以及直到 n 天后完成全部发育成熟阶段加以评估：

$$\frac{1}{D_1}+\frac{1}{D_2}+\cdots+\frac{1}{D_n}=1 \tag{21-7}$$

式中，D_n 为恒定温度下虫卵完成发育所需要的天数。在 4 月 22 日的基础上增加 n 天，即为感染性幼虫出现的最早日期。由于并非所有发育的虫卵和幼虫都能存活，所以免于死亡的虫卵即为 4 月 22 产卵量 p_n。参数 p 为每日存活率的估计。如果小牛放牧过程中每日的 n 值和 p_n 都确定，那么估算牧场上感染性幼虫的总量和感染小牛的成虫数量是可能的。由于这一类型的模拟需要反复计算，需要运用计算机模拟软件在恰当的时间内建模。

3. 蒙特卡罗模拟模型　蒙特卡罗模拟（Monte Carlo simulation，MCS）模型是采用不同统计取样技术（如随机数字、伪随机数字等）来提供定量问题近似解决方案的随机模拟方法。蒙特卡罗方法的基本思想是：当所求解题是某种随机事件出现的概率，或者是某个随机变量的期望值时，通过某种“实验”的方法，以这种事件出现的频率估计这一随机事件的概率，或者得到这个随机变量的某些数字特征，并将其作为问题的解。简单来说，MCS 是基于人工创造一个随机事件或“实验”，常通过计算机的分析方法，当运行到指定的次数时，可以获得任何特定目标的概率。

例 21-5　羊蜱蒙特卡罗模型。

假设建立一个用于评估成年硬蜱（篦子硬蜱）在绵羊上交配结果的模型。那么必须对雌虫的数量进行估计，以便预测将来的群体数量。设一项田间调查发现每只羊身上饱食蜱的总数为 0 只、1 只、2 只或 3 只，其发生概率分别为 0.4、0.3、0.2 和 0.1。同时，调查还发现雌雄蜱比例相当。用一个十面体骰子，各面标记为 1～10，一个双面硬币，一面标记为 M（雄性），另一面标记为 F（雌性），就有可能对每只羊上交配的雌蜱数量进行模拟。通过掷骰子，结果为 {1，2，3，4}、{5，6，7}、{8，9} 和 {10}，相应地羊身上饱食蜱的数量模拟结果为 0、1、2 或 3。选择上面一组数据的原因是 0、1、2 和 3 出现的可能性相应地为 0.4、0.3、0.2 和 0.1，与田间调查结果一致。假设掷骰结果得到 10，羊身上饱食成蜱的数量为 3。现掷硬币 3 次，结果用于模拟这 3 只蜱的性别。在 3 只蜱都属同一性别的情况下，将没有交配过的雌蜱。否则一只羊身上至少有一只雄蜱和一只雌蜱，假设一只雄蜱与一只雌蜱交配，那将只有 1 只交配过的雌蜱（表 21-2）。

表 21-2　每只羊身上交配过的雌蜱的可能数量模拟

十面体骰掷骰结果	羊体表饱食蜱数量	性别组合模拟（硬币法）	交配雌蜱数
{1，2，3，4}	0	—	0
{5，6，7}	1	M	0
		F	0
{8，9}	2	MM	0
		MF	1
		FF	0
		FM	1

续表

十面体骰掷骰结果	羊体表饱食蜱数量	性别组合模拟（硬币法）	交配雌蜱数
{10}	3	MMM	0
		MMF	1
		MFM	1
		FMM	1
		FFF	0
		FMF	1
		MFF	1
		FFM	1

现代的模拟研究中，计算机代替了骰子和硬币。因此，这一类似“中奖”过程由掷骰子已改为向计算机发送指令。

（四）种 群 模 型

种群模型（population model）是指应用数学模型来研究群体的动力学。世界上存在许多有关地球进程（earth's process）和人类生活间简单甚至动态的相互作用现象。地球的进程对人类的肉眼来说基本上是随机和混乱的，不过，借助群体模型我们会发现很多作用模式。群体模型可用于预测农业生产的最大产量，了解生物入侵的动力学及为制定环境保护措施提供依据等。此外，群体模型还可用于寄生虫、病毒和细菌传播的研究。由于人类健康对环境卫生的依赖性，就需要了解地球上动物与植物间的相互作用的动力学。群体模型可以在很大程度上提高我们对生态和自然的认识水平。目前兽医流行病学研究中常用的种群模型有种群矩阵模型（matrix population modeling）、种群网络模型（network population modeling）和系统模型（system modeling）等。

1. 种群矩阵模型　1945 年莱斯利（Leslie）首次用矩阵描述种群变化。矩阵模型通常将特定状态或发育阶段的宿主或寄生虫数量按矩阵排列，即所谓状态向量，或含有不同状态或发育阶段的宿主或寄生虫繁殖数量和生存率，即转移矩阵。通过这一途径，我们得以了解某一时点到其他（时点）的系统状态，如肝片吸虫矩阵模型。

2. 种群网络模型　上述模型无法解决问题时，可以考虑用代表寄生虫生活史的网络模型。在生命科学领域中，除了偶有例外，网络模型在很大程度上被忽视。同一问题也可以同时用网络模型和矩阵模型解决。当时间延迟是所模拟生活史的主要特征，以及需要对一给定输入产生的相应生物系统输出响应进行测量时，网络模型是一个更好的选择。而当某种群的若干状态在特定时间上有兴趣时，矩阵模型又更有吸引力。

第三节　建模与疾病的主动防控

一、概　　述

已有许多兽医流行病学模型用于疾病的动力学探索，在动物疫病主动防控（active disease control）中为制定防控措施提供参考，但在疫病流行过程中这些模型应用的很少。

在疫病暴发流行时，兽医流行病学模型可用于指导防控政策的制定。例如，2001 年英国口蹄疫流行时，在模型指导下，提前对与感染农场相邻的农场的所有牛进行扑杀的措施，这一措施后来证明是行之有效的。

（一）模型的功能

模型的效度（validity）取决于我们对疾病自然史相关流行病学知识掌握的程度、疾病相关数据的数量和质量。例如，建立关于感染的空气传播模型需要掌握宿主的排毒量、易感性（流行病学知识）及畜群分布的详细情况（数据的数量、质量），才能对传播进行准确地预测。

研究人员对流行病学知识的掌握程度可简单地分为贫乏、良好两种情况，相应的模型的功能一般具有如表 21-3 所示的 4 种。

表 21-3 不同流行病学知识掌握程度与数据的质量和数量情况下模型的效度

流行病学知识	缺乏	良好
缺乏	探索假说	检验假说
良好	简单解释过去事件；未来事件的简单预测	详细解释过去事件；未来事件的预测

（二）建立假说

在缺少相关流行病学知识和数据的情况下，可以建立假说。例如，在病例对照研究中，用具有不确定性的回顾性兽医临床资料探讨品种、年龄、性别等因素对疾病发生的影响。形成病因假设后，通过前瞻性研究，设立对照，可得到高质量的数据。然而，这种建模策略并不常用，多数研究人员是在已有某种假设的基础上才开始来建模的。例如，绵羊疫苗接种模型就是在假设易感绵羊数量以指数方式减少的基础上建立的。

（三）检验假说

通过对假设存在的关联或联系进行观察，得到良好的数据使假设得以检验。前瞻性研究往往遵循这种对不断增加的数据进行仔细验证的做法。

（四）对过去的事件进行初步的解释

缺少高质量的数据时，会使模型揭示疾病自然史的能力减弱。例如，狐的狂犬病模型描述了早期狂犬病传播途径的主要特征的拟合。由于很难获得准确的接触率，这一模型只能以假定的接触率解释以往的疾病模式。然而，由于缺少当前的田间参数水平信息，用此模型预测疾病模式应谨慎。

（五）对过去事件的详细解释和预测

获得与某一系统功能关联的高质量的数据，既能对过去事件进行精确的解释，也能对未来事件做出合理的预测。一个与兽医学无关但很生动的例子是用模拟飞行器训练飞行员。当然，这是一个来自物理学科的例子，与生物系统相比较为简单，涉及的规则（law）较少。虽然对过去事件进行了精确模拟，但在实践中，对未来的复杂生物学事件（包括疾病发生）

的精确预测还是很困难。

二、从理论到事实

(1) 科学理论。理论是人们由实践概括出来的关于自然界和社会知识的系统结论。不能像逻辑和数学命题一样被证明。然而，某些科学理论确实具有更高的可信度，这种可信度存在于热力学第二定律、原子理论等理论当中。

(2) 假设和科学法则。假说和科学法则都是特殊的理论形式。假说是具有低普遍性、很少被证实的理论。因此，许多疾病模型的建立过程中都含有假说。科学法则是极为普通、简单并经充分证明的理论（具有内在的完美性）。尽管有些数学模型似乎符合普通、简单的标准，但往往经不起实践的检验。

(3) 事实（fact）。事实一般都具有高可信度。非普遍性、并不精确的理论如果经过验证且从未被否定，也会具有较高的可信度，这种理论也就等同于事实（如地球是圆的这种事实）。因此，理论在进一步的验证中，如果可重复性地被证实且从未被否定，也可以成为事实。

模型开发的原则在于理论流行病学中所建立的模型是依据已在实践中获知的关于流行过程的基本知识和数据，用数学公式将其抽象、概括而成，因此模型首先应该符合实际情况。但是，模型只是对实际过程的模拟，是对事件过程中最本质要素的抽象。即使用最复杂的数学处理建成一个庞大的模型，也同现实中的流行过程总是会有一定距离。因此，要求模型既能反映和概括流行过程的基本特征，又符合现实且易于进行数学处理。此外，模型应简单化，以更清楚地显示其主要特征，避免次要特征的混杂。

小　结

本章简要介绍了兽医流行病学数学模型的用途、类型、建模的步骤、建模方法中的确定性微分模型、随机性微分模型、拟合模型、群体模型，以及兽医流行病学中常用的模型及其构建，用于疾病的动力学探索，在动物疫病主动防控中为制定防控措施提供参考。

复　习　题

1. 简述流行病学模型的主要用途。
2. 简述模型的类型。
3. 简述建模的基本步骤。

第二十二章　血清流行病学

第一节　简　　介

一、定　　义

血清流行病学（seroepidemiology）是应用血清学方法对血清中各种成分的出现和分布进行研究，以阐明疾病及健康状态在动物群体中的分布及其影响因素，并在采取预防控制措施后应用血清学方法来考核其效果的学科。血清流行病学是基于动物种群血清样本的大量系列试验的流行病学监测和检查系统。

广义的血清流行病学还包括检测群体血清中的生化指标（如血脂等）、营养成分（如胆固醇等）或血细胞及血清蛋白中某些遗传特征，对慢性病、血液病、遗传性疾病进行研究。因此，血清流行病学不仅研究传染性疾病，同时也研究慢性病、血液病、遗传性疾病及原因不明的疾病。

通常测定的血清成分包括免疫球蛋白、矿物质、维生素、酶和激素等。血清中某些成分的出现或其含量的高低，可反映动物机体的健康状况。血清中可能出现的多种成分中，血清抗体是一种常用的兽医流行病学检测指标。测定特异血清抗体可以提供畜群现在或过去是否暴露于某传染性病原体的证据。因血清抗体的测定具有敏感性和特异性较高、简便、经济、可靠、安全等优点，目前已广泛用于兽医流行病学研究的各个领域。

矿物质是动物自身在体内无法合成的必需的元素。日粮中某种微量元素的缺乏或过剩，都会导致动物正常生理功能的破坏，引起某种疾病。缺氯、钠、磷、钙是临床中常见的矿物质代谢性疾病。血清矿物质的测定，对动物矿物质代谢性疾病的预防、诊断或治疗具有重要的意义。

二、用　　途

血清流行病学研究始于 20 世纪 20 年代，开始由 Frost 用血清学方法测得美国纽约等地区各年龄组人群白喉免疫状态，后 Williams 应用诊断梅毒的华氏血清学试验观察了美国巴尔的摩地区梅毒的分布和发病率，从而建立了借助血清学方法检测人群血清中特异性抗体，研究传染病流行病学而发展起来的流行病学研究分支——血清流行病学。以后随着一些新学科、新技术的建立，以及其他学科和流行病学研究方法的进展和医学卫生工作发展的需要，血清流行病学在其用途、应用范围、检测方法和资料分析方法上不断发展，日趋完善。

（1）疾病的流行情况、流行特点及传染病传播方式的研究。某种感染源抗体在动物血清中的出现，意味着该动物已经接触了这种传染源。通过检测畜群血清中的各种抗体，可知各种传染性疾病的流行情况。特别对一些以隐性感染为主的疾病，如流行性乙型脑炎、牛黏膜病、猪细小病毒感染等，血清流行病学调查意义重大。

（2）确定疾病的地理分布。疾病的分布往往具有明显的区域性，有些疾病遍及全球，有些疾病只在某些地区流行，即使是同一种疾病，在不同地区分布可能不均匀。根据畜群中某疾病抗体在不同地区的分布情况，可以推测该病的地理分布状况。很多疾病的空间分布具有明显的地区性，调查畜群血清抗体分布状况，确定疾病的地理分布范围，有利于疾病的针对性区域性防制。

(3) 评价疫苗的免疫效果。免疫接种可使畜群血清对某种病原体相应抗体呈阳性，因此，可通过检测免疫后血清抗体水平，对免疫效果做出科学的评价。例如，对鸡群进行新城疫的免疫，在接种疫苗前抽样检查血清血凝抑制抗体水平，在接种疫苗后2～3周再抽样检查血清血凝抑制抗体水平，比较两者之间的差异就可以正确评价免疫效果。

(4) 测定母源抗体。母源抗体来自母体的感染和疫苗免疫，对新生幼畜有保护作用，但也会影响免疫效果。当母源抗体滴度高时，实施免疫接种，疫苗中的抗原成分会被母源抗体中和而不起保护作用。因此，在实施免疫之前测定母源抗体滴度，确定首免时间，为制订或修改免疫程序提供可靠依据。

(5) 用于病因研究。血清流行病学方法可用于确定病因，特别是调查一些传染病的暴发时，通常对发病前或发病初期的血清抗体与康复期的血清抗体进行比较，如康复期血清滴度升高4倍以上，即可确定病因。另外，当血清中出现本地不存在且未经疫苗免疫的某种病原体抗体时，提示该病存在的可能性。

(6) 用于疫情预测。根据畜群血清抗体水平，不仅可以推测过去和现在疾病的流行情况，还可以预测未来一段时间内可能发生疾病及其流行情况。例如，牛结核、布鲁菌病、鸡白痢、禽白血病等传染病，血清阳性者与带菌者和带毒者之间存在不同程度的联系，因此可根据畜群的密度、易感动物的比例、病原体的生物学特点、发病机制等，预测在不进行控制的条件下，疾病的流行水平和趋势，并根据预测结果采取合适的预防对策。例如，针对布鲁菌病和鸡白痢采用淘汰血清反应阳性者的方法，这可使未来的流行水平下降。

(7) 用于疾病监测。血清流行病学方法也是疾病监测的重要手段。目前，许多国家广泛开展疾病监测，观察传染病疫情动态，并评价预防措施和防病效果。具体分为感染监测和免疫监测。例如，鸡新城疫，因定期进行疫苗接种，群体中的血清抗体始终保持一定水平。如果监测发现其抗体水平低于抗感染的水平，则提示应进行再次免疫。如果抗体水平超过正常免疫所能达到的水平，则提示可能存在强毒感染，应该采取适当措施予以控制。

三、研究设计

研究设计是血清流行病学研究重要的基础性工作之一，研究设计的合理与否对调查结果是至关重要的，只有科学的调查设计，才有正确的结果并对疾病进行科学的分析、制订更有效的防制措施。根据调查目的一般分为短期（或横断面）调查和长期（或纵向）调查。

(1) 短期调查。其主要目的是对畜群进行某病的抗体调查，以确定是否存在某病。根据调查的时机不同，短期调查又分为现况调查和发病调查两种。现况调查是在畜群中随机采集一定数量的血清样本，对某病的抗体进行调查以确定是否存在某病，此方法常用于以隐性感染为主的疾病的调查。

在一个短时间内，对一个地区或养殖场动物群所进行的血清学调查，可展现动物群横断面某种抗体、抗原或生化物质的现况。例如，1998年6～8月，澳大利亚昆士兰州64个奶牛场中的874头牛，62.4%的牛巴比西焦虫感染血清学阳性。

发病调查即暴发调查，在疾病流行时，采集发病初期与康复期血清，比较它们的抗体水平，若康复期血清抗体滴度超过发病初期的4倍，即可判定为疾病暴发。

(2) 长期调查。其目的是确定某畜群中某病抗体的动态变化特征。调查人员必须在一定时间内对某畜群进行多次采样检测。

(3) 血清学监测。长期的血清学监测数据有利于描述重点关注的疾病的三间分布、预测疾病发展趋势和及时制定防制对策。

四、检 测 方 法

血清学检测方法种类很多，对病原微生物引起的传染性疾病，可采取中和试验（如毒素抗毒素中和试验、病毒中和试验）、凝集试验（如直接凝集试验、间接凝集试验）、沉淀试验、补体结合试验等。不同的检测方法都有其特殊的诊断价值，选择何种试验，依具体情况而定。选定具体检测方法的一般原则是敏感性高、特异性强、重复性好、安全、简便、经济，适于检测大量现场样本，适于基层人员操作。

五、判定结果及分析

判定结果常用的一种方法是将检测结果与正常参考（水平）进行比较，但目前常用的许多检测方法都有自己的判断标准。血清抗原、抗体的检测结果或以阳性表示或以阴性表示。阳性结果说明动物可能接触过病原体、是否存在隐性感染、非特异性反应、疫苗免疫等问题。但判定结果时应考虑是感染还是发病。

第二节　血清学试验的评价

因受到多种试验因素的影响，血清学检测结果在判定感染动物和非感染动物时都不是绝对准确，也可出现假阳性或假阴性结果。在实际操作中造成出不正确结果的原因有多方面，有可能方法本身存在缺陷；有可能是试验操作者造成的；有可能一种原因造成，也有可能多种原因相互影响造成。表 22-1 中列出了一些常见原因。如果在实践中应用可靠性较差的方法，检测结果误差会更大，对疾病的预测或诊断会出现错误的判断。但目前还没有各方面性能绝对好的方法，也不可能有。为了在实际操作中选用最好的方法，减少误差，一般用以下几种指标对某一种检测方法进行科学的评价。

表 22-1　血清学试验中假阳性和假阴性结果的原因

结果	原因
假阳性结果	群交叉反应 非特异抑制剂 非特异凝集素
假阴性结果	时间不当 试验选择不当 非特异抑制物 抗生素诱导的 Ig 抑制 不全或封闭抗体 试验不敏感

一、准 确 性

准确性是指测得值与真值之间的符合程度。在血清流行病学中，通常利用试验的敏感性和特异性，对试验方法的准确性进行评价。

针对某诊断方法而言，可用图 22-1 表示。图 22-1 表示，如果虚线（可看成是诊断标准）向右移动，则特异性升高，但假阴性升高、敏感性降低；如果虚线向左移动，则敏感性升高，但假阳性增多、特异性降低。由此可见，对同一个诊断方法而言，灵敏度和特异性不可兼得。因此，实际操作中选择方法应根据试验目的而定，如进行筛检最好选用敏感性较高的方法，而确诊时应该选用特异性较高的方法。

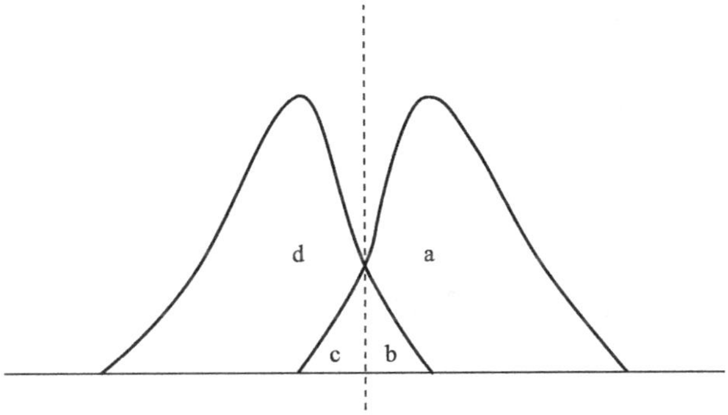

图 22-1　敏感性和特异之间的关系

a 区代表真阳性（敏感性）；b 区代表假阳性；c 区代表假阴性（特异性）；
d 区代表真阴性；虚线代表确定健康个体和有病个体界限的分界点

二、可　靠　性

一般所说的“可靠性”是“可信赖的”或“可信任的”。判定一个实验（方法）可靠与否的标准是看其是否具有可重复性，这是科学研究中普遍认可的一条准则。一般而言，实验的可重复性是指实验的过程和结果均可重复，一个可靠的实验结果不会因不同的时间、空间和实验者不同而不同。可通过测定实验的精密度对实验重复性的优劣进行考察，一般通过对一份样品进行多次检测，求出均值（$\overline{X}$）和标准差（S），进而将两者相比求出变异系数（CV）。CV 越小则精密度越好，表明实验具有良好的重复性。

某一方法的 CV 值与测定次数有很大关系，一般测定次数达到 20 次后 CV 值才趋于恒定，才宜作为恒量方法的可靠性指标。很多血清学实验是靠目测判定结果的，如凝集效价等，有较强的主观性，因此在评价实验可靠性时必须考虑操作者的差异。

三、预　测　值

预测值是指用某种诊断方法或检测手段，对某动物群体进行疾病检测后，试验阳性动物实际是阳性的比例，试验阴性动物实际是阴性的比例，在兽医血清流行病学研究中分别称为阳性预测值和阴性预测值。

预测值是评价一种筛检试验或一种诊断方法收益的一项指标，也可反映该试验或诊断方法的诊断价值。

预测值的高低取决于试验的特异性、敏感性和群体的流行率。对某一特定试验而言，其敏感性和特异性是固定不变的。因此，实际操作中试验预测值主要受流行率的影响，如流行率越低，阳性预测值越低。

某试验的预测值可按以下公式计算

$$预测值=\frac{P\times\mathrm{Se}}{P\times\mathrm{Se}+(1-P)\times(1-\mathrm{Sp})} \tag{22-1}$$

式中，Se 为敏感性；Sp 为特异性；P 为流行率。

阳性预测值通常以百分比的形式表示。对某一特定的诊断方法而言，可能出现真阳性、假阳性、真阴性、假阴性 4 种不同的结果（表 22-1），因此其阳性预测值和阴性预测值也可用以下公式计算：

阳性预测值＝ $a/(a+b)$

阴性预测值＝ $d/(c+d)$

第三节　流行病学中的血清学检测

一、血清的稀释及抗体量的表示法

在血清流行病学研究中，血清的稀释常用 2 倍梯度稀释法，抗体浓度用滴度（或效价）来表示，滴度即产生试验反应的血清最高倍比稀释度。例如，产生反应的血清最高稀释度是 1/64，则抗体滴度（或效价）为 1/64。血清抗体定量检测的数据大多不为正态分布，不利于随机抽样资料的统计学分析，如果将抗体滴度转换成对数滴度，即把血清滴度的倒数（T）转换成 $x=\log_2 T$，可使 X 值的频数呈正态分布。然后，按正态分布的原理和方法进行计算和分样。抗体滴度换算数据见表 22-2。

表 22-2　抗体滴度表示法

血清稀释度（$1/x$）	倒数滴度（x）	对数滴度（$\log_2 x$）
1（未稀释）	1	0
1/2	2	1
1/4	4	2
1/8	8	3
1/16	16	4
1/32	32	5
1/64	64	6
1/28	128	7
1/56	256	8

二、血清抗体的测定系统

血清抗体常用的测定系统有两种，即单系列测定系统和多系列测定系统。

（一）单系列测定系统

本系统每一血清稀释度只测一次，测得的抗体滴度表示区间滴度。例如，在诊断鸡新城疫时测得的抗体血凝抑制滴度为 1/64，表示 1/65 不产生抑制效价，但实际试验中无法对 1/65滴度进行测定，而只能对最靠近的下一个稀释度 1/128 进行测定，因此实际滴度应为 1/128～1/64。应用大于（＞）或小于（＜）表示这种区间抗体滴度最为确切。

（二）多系列测定系统

在本系统中，每个稀释度测定几次，其目的是为了得到更准确的滴度。在实践中常采用终点法，即以 50％为终点。50％终点是使半数试验成员出现特定效果的稀释度。例如，确定某抗血清防止标准病毒感染 50％细胞能力时，需测定其半数有效剂量（ED_{50}）。

三、检测抗体的存在及抗体水平的比较

检测抗体的存在，其目的是查清被检血清中是否存在目的抗体，以此确定动物过去是否暴露于某种病原体。因这种检测一般只关心被检血清中是否存在目的抗体，不关心其含量的高低，所以其结果是定性的。通过检测，动物个体可被分成抗体阳性动物和抗体阴性动物。对一个特定的个体而言，能否检测到抗体，主要取决于个体对病原体的暴露程度和所用试验检测抗体的能力。一般在其他条件同等的情况下，动物对目的病原体的暴露水平越高，阳性动物检出率越高；所用试验检测抗体的能力越高，其检出率也越高。而对抽样调查的某群体而言，样本含量的高低直接影响检测结果。

血清抗体水平是兽医流行病学研究中常用的检测指标，通过畜群抗体水平可了解畜群对某种病原微生物的暴露水平、母源抗体消长规律，也可对预防措施的有效性进行科学的评价，为制订有效的预防措施提供非常重要的科学依据。在兽医流行病学研究中常用血清抗体水平的比较、群体间血清抗体或群体内不同估计值抗体水平的比较。前者常比较两种疫苗在不同群体的效果。同一群体不同估计值的测定主要用于疫情暴发的诊断、母源抗体的检测、疫苗效果的监测等。同一群体发病初期和康复期的血清中某抗体比较，可对疫情进行诊断；在一段时间内对同一群体做多次检样比较，可了解母源抗体的消长规律或某疫苗的免疫应答效果。

第四节　血　清　库

血清库是由有计划的血清收集而建立的专门储藏血清标本的设施。标本的来源是一次或多次研究所收集或积累的。每次或每批血清样本代表一个特定群体的随机样本，包含许多流行病学信息，对动物传染病的流行病学研究及防控效果评估具有重要意义。

一、血清的采集和储存

血清库主要用于今后的研究和分析，因此血清的正确采集和保存是至关重要的。如果保存不当，血清成分变性或破坏对研究和分析结果的准确性及有效性影响极大。

血清的收集：按照无菌操作要求由静脉采集，一般采血量为 3～5ml。微量法部位可以在耳缘静脉、四肢静脉采集，采血量为 0.3～0.5ml。

运送：短程运送可将血液标本置放在冰瓶中带回实验室，进行血清分离。或现场就地以无菌操作分离血清，分装于安瓶或有塞的消毒管内，再送回实验室。

长途运送：可将血清标本的安瓶置放于冰瓶中运送，或采用冷冻真空干燥后邮寄，

或将血清滴在滤纸上干燥后保存。

血清样本应无菌采集。取血至离心管后，在室温放置1h，后将其置于4℃冷藏过夜，于次日以3000～5000r/min离心10min，将上清液吸至新的离心管，编目录，低温或冻干保存。

保存：将分离出的血清，按0.5～1.0ml的量分装于安瓿中。

保存温度	保存时间
4℃	1～2周
－10℃	1年
－20℃	5年
－80～－70℃	永久保存

将血清冷冻干燥处理后保存，4～10℃条件下，血清抗体活性可保持2～7年；－20℃可保持10年以上。

低温保存可采用液氮保存（－196℃）和冰箱保存（－80～－20℃）的方法。低温保存虽然存取方便，但保存过程中抗体可发生破坏，因此该方法不适于血清样本的长期保存。

冻干保存需要特殊的仪器对血清进行处理，但冻干后的血清样本可长期保存，其成分不受破坏，适于大量血清样本的长期保存。

二、血清库的用途

血清包含多种可测物质，血清中某些特殊成分的出现或其含量的变化能直接反映动物机体的感染、发病和健康状况。因此，血清库能为兽医流行病学调查研究提供非常重要的物质信息。血清库的用途主要包括以下几个方面：①描述疾病的分布及感染强度；②调查新出现的疾病；③确定优先进行预防接种的疾病；④评价疫苗免疫效果；⑤确定疫病流行的周期性；⑥增加对疾病病原学的了解；⑦估计由疾病造成的经济损失；⑧应用于疫情预警预报；⑨确定主要的保健问题。

三、血清库的管理

血清库的管理主要包括基础设施管理、人员管理和血清样品管理。血清库所有设备的日常保养由专门操作人员负责保养和检查，保证血清库的设备安全运行。发现设备在运行中出现异常现象时，及时查找可能存在的安全隐患，进行检修，保证库存的血清样品始终处于良好的状态。

人员管理主要包括岗位管理、安全教育和技术培训等。对于血清操作人员来说，其安全教育尤为重要。操作过程中，检验人员要佩戴口罩、护目镜、手套等防护设施；对外泄或沾染皮肤上的血清要正确处理；所用容器的灭菌及操作台要清理、消毒等。

样品的管理，首先要保证采集到的血清具有时间、空间和种间代表性，能满足各种研究工作的需要；其次加强对血清样品的采集、保存及运输过程的管理，保持血清样品的免疫学和生化特性；最后对入库的血清样品进行编码、分类，对样品数量、背景资料及检测结果等信息建立电子化管理系统。

小　结

本章简要介绍了血清流行病学的定义、用途、研究设计、检测方法和评价；流行病学中的血清学检测、血清库概念、血清的正确采集和保存、血清库的用途与管理。

复 习 题

1. 什么是血清流行病学？有什么用途？
2. 什么是血清库？具有什么用途？

第二十三章　其他流行病学

兽医流行病学在不断发展的同时，各个流行病学相关学科与流行病学相互融合，进一步推动了新的流行病学分支的产生。一些学科在自身的发展中由于实际需要，借鉴和使用了流行病学方法或原理，逐渐发展出新的增长点，成为具有流行病学特点的学科，尤其是在医学流行病学领域，有的分支已经非常成熟，但在兽医流行病学领域的分支还处于萌芽状态，但其未来的前景不可忽视。

本章为拓宽相关知识，对其他流行病学分支做简要介绍。

第一节　药物流行病学

一、基本概念

药物流行病学的形成和发展直接起因于药物使用对人类和动物的危害，包括药物不良反应（adverse drug reaction，ADR）及不合理用药所致药物毒副作用。

药物流行病学（pharmacoepidemiology）是应用流行病学的知识、方法和理论，研究在人与动物群体中与药物有关的事件（效应）的分布及其决定因素，以进行有效的药物治疗。不同人种、品种、个体对某些药物反应性存在差别。因为有效剂量、毒副作用剂量均可有较大差异，为避免风险，不能对药物单纯依赖产地临床试验结果作为临床用药依据。

目前，兽医药物流行病学主要集中在抗菌药物和促生长剂研究。

除了作为群体健康的指标外，在食用动物中使用抗菌药物是一个公共卫生问题。

二、药物流行病学的目的和任务

药物流行病学的研究目的是在一定时间、空间与群体间范围内，描述、解释、验证和控制某一种药物的使用情况与效应分布及其决定因素，并据此制定相应对策，以达到合理有效用药，降低疾病发生率。以药物流行病学的任务研究快速诊断人和动物群体用药不良反应的方法；科学筛选和评价药物；规范药品（兽药）市场监测方法，建立人与动物药物的数据库；阐明药物不良反应因果关系；提高处方质量，合理用药（包括合理应用抗菌药，降低或控制病原耐药性）；药物上市前临床试验设计和上市后有效性评价；药物利用情况的调查研究。

从新兽药开发，新药上市前的临床试验开始直至上市后药品及兽药残留的监测、再评价，每一个进展过程中，都少不了药物流行病学的参与。药物流行病学的内涵与精髓主要体现在以下几个方面。

(1) 药物是指能影响机体生理、生化和病理过程，用于预防、诊断、治疗疾病的特殊商品。兽药则是指用于预防、治疗、诊断动物疾病或有目的地调节动物生理机能的物质（含药物饲料添加剂），主要包括血清制品、疫苗、诊断制品、微生态制品、中药材、中成药、化学药品、抗生素、生化药品、放射性药品，以及外用杀虫剂、消毒剂等。新兽药是指我国新研制的兽药原料药品及其制剂。

(2) 药物效应主要是指药物的治疗作用与不良反应同在，其应用风险与经济效益和社会效益并存，是一把双刃剑。

(3) 药品不良反应主要是指合格药品在正常用法、用量下，出现的与用药目的无关的或意外的有害反应。药物不良反应研究、监测与评价是药物流行病学重要的研究内容。

(4) 药物的影响因素主要是指由药物质量、用药差错或严重药品不良反应引发的群体不良反应事件，及其对畜主及其群体、监管部门、监测机构、兽药生产、经营、使用单位及社会相关行业的影响。

(5) 药物警戒是针对药物不良反应事件所做出的与发现、评价、理解和防范药物不良反应或其任何可能与药物有关的科学研究与活动。它不仅与药物治疗学、临床或临床前药理学、免疫学、毒理学、流行病学等相关，而且还与社会学相关。药物警戒的范围现已从一般化学药品扩展到生物制品、疫苗、血液制品、传统中草药及医疗器械等。

三、药物流行病学的研究方法

药物流行病学的基本研究方法与流行病学类似。目前，常用的流行病学方法按设计类型分为三大类，即描述性研究、分析性研究、试验性研究。

描述性研究：用于描述疾病（与药物有关的事件）在群体、时间和地区的频率分布特征、变动趋势，通过对比提供疾病发生和变动原因的线索，其是分析性研究的基础。它包括横断面研究、纵向研究和生态学研究三种基本类型。

分析性研究：用于筛选危险因素，形成并检验病因假说。它包括病例对照研究和队列研究两种基本类型。

试验研究：用于确证因果关系假说，评价防治措施和对策的效果。它包括临床试验和社区试验两种基本类型。

药物流行病学可以根据研究目的使用上述各种方法，尤其在重大药害事件中可灵活运用多种流行病学方法以确定药物与不良反应的关系。

第二节　参与流行病学

参与流行病学（participatory epidemiology，PE）是兽医流行病学的一个不断发展的分支学科，在动物疫病问题的分析、疾病控制方案和政策的设计、实施和评价中，采用兽医沟通技巧和包括改善动物饲养人员在内的参与方法相结合的方式。本节描述了参与流行病学的起源、应用参与流行病学、参与途径和参与方法。

参与流行病学总结了各种适用范围和使用方法，包括基层兽医服务送药系统、兽医研究和疾病监测的设计。与传统的数据收集方法相比，一个全方位的参与流行病学是动物业主以合作伙伴的关系参与新的疾病控制计划或监测系统的应用和评价。在发展中国家，参与流行病学已经成为最常用的方法，这一以行动为导向的方法对财力有限的兽医机构提出了重要的挑战。从参与流行病学研究获得的信息，可以向国内和国际长期的疾病控制政策和规范提出质疑。

一、简　　介

在20世纪70年代初，正式的数据收集方法已经明显不适合于欠发达国家农村发展计划的设计要求。因此，咨询和学习的替代系统开始发展，导致参与式农村评估（participatory rural appraisal，PRA）作为一个多学科途径的方法，强调社区的区域分析和行动。兽医开始使用参与式方法是在80年代，特别是在非洲和亚洲的以社区为基础的畜牧业项目。

到20世纪90年代后期该方法使用增加，并且“参与流行病学”变成更加常用的、形容兽医应用型参与式农村评估的途径和方法。然而，尽管参与式农村评估是在农村社区解决各种发展问题一个多学科的方法，但参与流行病学却演变成集中于解决牲畜疾病问题。

“参与性流行病学”的一个运行定义是参与流行病学的参与方式和方法系统化使用，提高对疾病和动物疾病控制选项的理解。这个定义是指一个“参与方式”和“参与式方法”，表明在参与流行病学中术语参与是指在定义兽医相关问题及其排序中，在解决提供服务、疾病控制或监测方案的发展中，强调社区参与的重要性。

二、参与方式

参与式农村评估发展的背后，一个重要的概念是专业人士在发展中国家的穷人面前工作时，需要改变自己的态度和行为。尽管只有有限的正规教育，穷人能够以自己的行为调查和分析，并能设计、规划并制定措施，以解决当地的问题。在这个过程中，典型的教育家的角色被改变，在合作学习者中间促进应用研究和学习，而不是发号命令。在开发项目的设计中运用当地的知识和试验，“现场技术知识”在研究和发展组织中得到普及。按照参与途径的观点，重视当地知识，需要专家承认农村工作人员的聪明才智。

出现参与流行病学的前几年，兽医和社会科学家在两个相关的领域已经开始使用参与方式：第一，在印度、阿富汗和非洲，根据牲畜饲养者的参与调查，以社区为基础的动物卫生工作者（community-based animal health worker，CAHW）系统的早期发展；第二，在“当地兽医知识”的研究中作为证明当地牲畜和野生动物疾病的手段，以及相关的术语成为流行。然而，以社区为基础，参与方式得到更加广泛地应用，在农村发展和卫生项目中显示出多样性和使用类似的模式。

三、参与的方法

（一）参与方法的类型

参与方法演变主要来自社会科学，尤其是社会学和医学人类学，以及农业生态系统的分析。

（1）从社会人类学的各种非正式的，如小组访谈和半结构化访谈（SSI）的访谈方法。在调查问卷中不使用结构性的、预先设定的问题，SSI更像是一个引导性谈话。具有心理注视的重点研究课题，访谈者可以用语言表达或另一种方式提问题，以及后续有趣和意想不到的反应。使用开放而不是封闭的问题是该方法的核心。

（2）可视化方法，基于如农业生态系统的分析方法，认识到某些类型的信息不容易被口头或书面表达，在参与流行病学，参与绘图、季节性日历、比例累积图和雷达图都是可视化方法的例子（表23-1）。比例累积图和某些类型的季节性日历使用成堆的计数器（如种子或石块），从而导致数字记录。

表 23-1　利用参与流行病学方法兽医信息搜集的类型

方法	信息
1. 非正式访谈	
1）半结构式访谈	将大多数健康与可视化相结合的排名及评分方法；也作为一个独立的方法
2）时间线	历史和疾病事件的时间
2. 可视化方法	
1）参与映射	畜牧运动方面的牧区和供水点的位置；空间接触疾病传播媒介
2）季节性日历	发病率的季节变化；人类生计的季节性变化，如畜产品消费和贸易；病媒的接触，邻近的牲畜和野生动物的季节变化；媒介种群的季节变化
3）比例堆积	年龄结构畜群；疾病的发病率和死亡率估计数按年龄组别；疫苗接种影响牲畜的死亡率；病例死亡率
4）雷达图	疾病控制策略的分析
3. 排名和评分	
1）简单的排名	疾病控制策略的分析
2）简单的评分	牲畜疾病地位的优先次序
3）矩阵排名	疾病控制方案分析
4）矩阵打分	临床症状和疾病病因的本地特征；当地疾病媒介的特性；牲畜饲养者和兽医的临床诊断比较；兽医服务供应商分析
4. 前后评分	兽医服务，影响生计的疾病

（3）分级及评分方法是参与方法的第三个主要类型，通常需要举报人比较不同的变量，或使用分级或使用分数。通常情况下，大量的计算器用于排名和得分，与常见的访谈和可视化方法一样，文盲举报人可以参加。评分方法比分级排名敏感，允许加权回答。数值性质的排名和评分方法易于标准化和重复使用，数据分析采用传统的统计检验（图 23-1）。评分方法和比例累积图也被用来对照研究，往往采用回顾性研究设计。例如，在埃塞俄比亚，简单的评分被用来评估这些工作人员表现的一部分。比例累积图用于比较牲畜死亡率、接种和未接种疫苗的存栏牲畜品种和疾病类型。

图 23-1 中，黑点表示打分的中位数（石头数），被用在矩阵打分。95%可信限在括号中显示，利用置信区间分析 1.2 版本软件分出血性锥虫病是指由 *Trypanosoma vivax* 锥虫引起的急性出血性疾病。

（4）动物健康活动的性别分析工具可以是特定的，包括：禽畜饲养户活动分析档案；牲畜活动，有权使用和控制资源分析；畜牧资源和效益指数；实际和战略需求上，人们性别需求牲畜管理指数。鉴于妇女的责任是照顾儿童、体弱者和其他家务，比动物养殖重要，所以需要特别注意的是，在促进妇女参与方面要考虑活动的地点和时间安排。

直到 20 世纪 90 年代后期，在政府、学术界和研究中心的兽医和流行病学家还倾向于认为参与调查咨询是一个“软”的做法，由社会科学家实行参与调查，缺乏常规科研的严谨性。有关牲畜的研究应用的是早期的参与方法的观念，部分程度上非常有限。此外，没有兽医使用参与式农村评估方法并曲解当地的疾病描述。

例如，比例累积图和矩阵打分的参与流行病学方法的系统使用，产生的数值数据，在完成参与流行病学方面发挥了重要作用，若在科学出版物发表上则更易被接受。又如，相对简

临床表现	疾病				
	锥虫病	FMD口蹄疫	出血性锥虫病	牛传染性胸膜肺炎	牛瘟
慢性消瘦	4.5(3.5~6.0)	1.5(0~3.0)	0(0~0.5)	11.5(7.5~14.5)	0(0~3.0)
动物寻找阴凉	1.0(0~3.5)	15.8(0.0~20.0)	1.5(0~4.0)	1.0(0~4.0)	0(0~0)
腹泻	3.0(1.0~5.5)	0(0~0)	5.5(3.0~8.5)	0(0~0)	12.5(8.5~15.5)
尸体出血	3.0(0~5.0)	0(0~0)	17.0(15.0~20.0)	0(0~0)	0(0~0)
咳嗽	4.25(2.5~6.5)	0(0~0)	1.0(0~2.0)	14.5(12.5~16.5)	0(0~0)
食欲下降	5.25(3.0~7.5)	6.0(3.0~9.0)	2.5(0~4.5)	3.0(0.5~8.5)	1.5(0~2.5)
尾毛脱落	14.2(10.0~19.0)	0(0~0)	0(0~2.5)	0(0~0)	3.5(0~7.0)
猝死	0(0~3.5)	0(0~0)	17.5(13.5~20.0)	0(0~0.5)	0(0~1.5)
尸体水肿	11.0(5.5~17.5)	0(0-0)	0(0~5.0)	4.0(0~10.0)	0(0~0)

图 23-1 肯尼亚牛病地方特征的矩阵评分（Catley et al.，2012）

单的统计结果也可以被提出并与当地人讨论，作为参与研究过程的一部分，并进一步进行阐明加深见解。使用饼图或条形图视觉呈现结果也意味着文盲也可以参加社区一级的讨论。

然而，统计分析变得更加复杂，它的结果将不太可能与社区共享。在这些情况下，参与流行病学的过程变得类似于研究人员从当地居民中提取信息的常规研究，如果是这样，参与流行病学从业者进退维谷。纯粹观点的参与流行病学要强调真正的参与，与社区共享信息和分析的所有权，并采取联合行动，以解决当地的问题。相比之下，参与方法在缺乏参与方式的情况可使用可视化技术的使用，一个早期的例子是南丁格尔提供的创新图形，其中包括她的“玫瑰”图，代表复杂的时间序列数据的使用在这方面可能会继续取得进展。

在资源贫困和边远地区工作的背景下，临床及兽医尸体剖检就是尤为重要的资源，因为实验室诊断往往是质量较差或缺乏支持，所以，或有化验在敏感性或特异性方面固有的弱点。然而，在众多参与流行病学的研究中，即使这些研究涉及兽医时也没有基本的、传统的诊断方法信息被收集。在某些情况下，一般采用参与流行病学的疾病调查，报告的许多疾病在临床上，或通过实验室检查或验尸结果不支持报案诊断。

参与和常规方法的组合，也可以用于疾病监测的设计。例如，禽畜饲养人在畜群水平上诊断的阳性预测值被用在东非牛瘟和坦桑尼亚的口蹄疫的计算上。在这两个案例中，结果表明，监测这些疾病可以大量借鉴禽畜饲养户的意见。然而，对其他疾病的监测还有更多的问题。

例如，家禽高致病性禽流感往往呈现非特异性的突然死亡，与其他家禽的多种疾病（如鸡新城疫）具有共同的特点。因此，高致病性禽流感监测系统需要强大的实验室支持（如一个很好的周围舍边检验），以区别高致病性禽流感于其他疾病造成的死亡。

虽然兽医诊断试验已经有许多技术的进步，如分子生物学技术的出现，但在许多发展中国家，严重限制了这些新试验的使用范围。例如，在非洲之角的大部分地区，大多数区级兽医办公室可能缺乏一个正常运作的显微镜和一些基本试剂，采样设备有限，运输资源中心实验室样品的资源少。在此背景下，在这些领域的研究和监控将继续大量依靠牲畜饲养者提供的信息。当使用参与流行病学时，有必要改善系统，使用简单的、低廉的临床和剖检法从参与流行病学方法派生的信息。尽管兽医经过这些诊断方法的培训，但在使用参与流行病学的研究中往往有所欠缺。

（二）参与流行病学的用途

参与流行病学型活动的用途包括：①本地优先排序的疾病的一般调查；②特定疾病流行病学和经济的研究；③疾病模型；④疾病特定控制选项的分析；⑤兽医服务供给者的影响的评估；⑥口蹄疫的主动监测。

四、参与流行病学的局限性

兽医和农村科技的参与流行病学方法的使用已经几乎完全局限于发展中国家。然而，在发达国家动物疾病控制也经常是不理想的。往往是在有知识的农民或业主缺乏配合态度的情况下实施控制，这可能会导致法定机构和农民之间的不信任，并在法定程序上没有形成不遵从的潜在影响的认识。目前全球经济放缓强化了对所有国家的挑战，以确保它们必须优化利用其现有资源。弹性的参与流行病学方式可以更广泛的使用，以确保疾病控制计划获得国家和地方动物拥有者社团的支持。

第三节　空间流行病学

空间流行病学是疾病风险或发病的空间变异性研究。一些生态进程能导致这种风险或发病的牢固的空间格局。例如，病原体传播可能是高度区域局限性的，病原体的媒介或贮存宿主可能受到了空间限制，抑或是易感宿主群体聚集。在这里，简要介绍空间流行病学的空间隐含的方法，如疾病传播的集合种群模型，然后集中于在空间上明确的空间流行病学研究，如建立特定地理区域的风险地图。虽然传染病的空间动力学是深入研究的课题，但流行病学进程的景观结构的影响，迄今仍被忽视。较少的研究显示景观组成（元素类型）和配置（这些元素的空间位置）如何影响疾病风险或发病，提示景观生态学与流行病学真正的融合会取得许多收益。

病原体使用许多不同的模式，从已感染宿主传播到易感宿主。有的模式涉及直接接触（如在攻击性或性接触传播的病原体），一些涉及近距离的直接接触（如某宿主分泌排泄的病原体，被另一个宿主吸入或食入），而另一些依赖节肢动物媒介传播。在大多数情况下，从感染宿主（传染源）的远距离传播的概率非常低。因此，影响病原体、宿主和媒介空间位置的因素及它们近距离相遇接触的概率，对传染病的动力学极其重要。空间流行病学作为重要的学科已经兴起，它致力于理解传染病空间异质性的原因和后果，特别是人畜共患病（从非人类脊椎动物贮存宿主传染给人类的疾病）。

一、地　　图

鉴于导致疾病的病原体的传播需要易感个体与病原体感染宿主、媒介和环境的来源或密切接触，传播动力学本质上是空间的过程。对空间过程的理解有助于对疾病传播变化的理解。这样一个例子就是集合种群概念的使用，假定宿主在很大程度上是以孤立亚群存在的，每个亚群受定居和消失动态的影响。通常情况下，这种做法不涉及非生物元素或生物分子的物理图谱的创建，但取而代之的是“空间隐含”，不用具体明确亚群或个体空间坐标的位置。

二、绘制疾病的时空动力学地图

在流行病学中地图被用于两个不同的目的。第一，涉及时空动力学流行的回顾性分析，以了解哪些因素支配疾病的空间格局和传播速率。例如，英国在研究牛羊口蹄疫（FMD）方面使用了时空动力学方法。2001 年，口蹄疫经历了爆炸性的增长，导致上百万的牲畜被扑杀。通过使用流行病学模型，替代扑杀策略的有效性被预测，处于不同养殖规模（牲畜数量）、家畜种类组成（只有牛、只有羊或二者混合饲养）和感染状态（已感染或易感状态）的农场地图被绘制出来。结合同时含有最易感的牛、羊的大型养殖场观察，口蹄疫的空间聚集和蔓延的模型，模仿局部和远距传播速率。这些结果被用来预测不同的控制策略（预防性疫苗接种、疫苗接种反应或扑杀）会如何影响口蹄疫流行病。该模型表明，如果空间目标明确和口蹄疫检测随后很快跟进，接种方案可能有效，但是，出于政治原因，扑杀是策略使用，在此例中，旨在停止动物疾病流行。第二，时空动力学的方法也被用来描述在麻疹和登革出血热流行的“旅游潮”的特点。在疫苗接种前都是共同的，如在英格兰和威尔士的麻疹疫情趋于每隔一年一次高峰，即从大城市到周边小乡镇扩散的旅游潮。在大城市，麻疹地方性发生，直到易感儿童数量超出阈值，引发疫情并波及周边小城镇。在这些城镇中，因为儿童易感群体降低到能够维持传播的一个临界值之下，所以疫情随后从流行发展到麻疹病毒灭绝。

三、静态风险图绘制

流行病学中地图的第二个主要用途是表现出感染同期（静态）生态风险的空间变化特征和该变化的潜在原因。生态风险可以被定义为在缺乏主动预防措施的情况下感染暴露的概率。在近几年，已经增加了建立有关特定疾病的风险地图的艰难尝试，这些都可以归类为节肢动物媒介、脊椎动物贮存宿主，或以宿主（通常是在人类）疾病的实际案例的分布为基础。

静态风险图绘制最常见的程序如下。

（1）构建媒介、贮存宿主或疾病分布图。

（2）使用遥感数据和 GIS；表现非生物条件，有时可能会是影响媒介和贮存宿主的植被分布的特征。

（3）选择与媒介或贮存宿主分布关系最密切的遥感变量。

（4）对其他地区或未来的时间做所确定的遥感变量分布投影图，使疾病风险预测超出当前地图。

（5）指导干预措施的强制执行，如杀虫剂应用或疫苗接种。

四、基于媒介的风险制图

群体统计率结果显示携带病原体的节肢动物媒介对温度、湿度变化敏感。低温导致媒介的死亡或滞育，或降低宿主探寻活性。同样，雨水提供了媒介繁殖的栖息地（如蚊子和蠓），高湿度对于一些媒介昆虫和蜱的生存是必要的。媒介对特定非生物条件的依赖，与远程遥感和在非生物条件的变化绘图进步相结合，促使流行病学家为媒介传播疾病创建风险地图。从在地图上引用的空间非生物变量的数量几乎是无限的，通常一个媒介存在与缺失或许多媒介存在的数据子集要被选择和面对。那些最大程度表现出与媒介分布一致的空间变量都被假定为致病的并且经常被用来预测在未研究区域媒介的当前分布或在不同气候变化情景的未来分布。

该方法的局限性分成两大类：第一类，疾病风险或发病率与病原体感染媒介密切相关，而不是简单地存在媒介，或媒介绝对充足。例如，在北美洲，尽管在东南部和中西部地区的媒介蜱分布较广，但莱姆病在很大程度上限制在美国东北部和中西部上部。西尼罗病毒入侵北美洲与蚊子的分布或丰度的变化无关，而是与媒介和禽贮存宿主体内病毒分布的变化有关。只有在极少数情况下才有大量的感染媒介用来建立风险地图。第二类，这样的研究从根本上是有相关性的，连接环境条件与媒介分布或丰度的直接因果关系有待确定。

五、根据贮存宿主的风险图绘制

根据人类病原体的野生动物贮存宿主的分布绘制风险图并不常见。预测直接传播的人畜共患病的风险已经非常成功，如汉坦病毒肺综合征。美国西南部的鹿鼠贮存宿主丰度在植物群落中（松树和橡树丰度，可利用卫星图像决定）是可预言的，反过来，汉坦病毒肺综合征病例可从鼠的丰度预见。相反，土拉菌病，作为野生动物和人类（病原体，土拉热弗朗西斯菌）的一种高致病性细菌性疾病，最适合用天然栖息地的 GIS 描述，普通田鼠被认为是该病一种重要的贮存宿主，没有预测出经历疾病流行的欧洲野兔（*Lepus europaeus*）的流行病学地位。最近，GIS、建模与流行病学事件的时空聚集统计学强劲措施相结合，已经证明在 2000 年美国纽约市周围死亡的美国乌鸦（*Corvus brachyrhynchos*）的流行病学定位，可用于预测 2001 年期间西尼罗河病毒的人类受害者的位置。

7 个人类西尼罗河病毒性脑炎病例中的 5 个基本发生在乌鸦死亡率高或中等的区域。美国乌鸦经常死于西尼罗病毒，虽然其作为一个野生动物贮存宿主的地位仍然未知。

六、基于疾病发病率的风险制图

相对于媒介和贮存宿主的典型情况，对于某些疾病，特别是人类疾病，具有良好空间精度的数据广泛存在着。在发病率和风险高度相关的假设下，疾病发病率的空间数据可用来从当前分布推断到新的地理区域或未来分布的暴露风险。所有风险因素，如媒介、贮存宿主和接触人类的关键物种的分布，当它与空间变量结合时，就可以看到基于实际病例的分布风险图。运用疾病发病估计风险的主要缺点如下。

（1）风险和发病率之间的不一致。例如，广泛采取预防措施，如蚊帐或饮用水过滤，可以强烈地降低暴露于高风险地区的发病率。当高度暴露于一种寄生虫时发生相关并发症，并导致免疫，以往暴露群体的疾病发病率降低。

（2）病例报告不足或不一致，尤其是跨越政治区域的时候。报告不全是一个众所周知的问题，但无显著特点的症状和诊断困难的疾病，这样的报告过量也相当普遍。监测类型（被动、主动、临床和实验室监测）或病例定义的变动，可以降低一致性。

（3）获得感染的地点和疾病病例报告的地点之间的不一致。这明显为精细尺度分析带来了问题。当这些因素从简单分布到随机误差和将空间或时间偏差引入地理分析时，所有这些缺点就成为一个重要的悬而未决的问题。

七、警示和未来发展方向

空间流行病学家的首要问题是疾病风险或发病率是否可以通过媒介、贮存宿主或人类病例的分布加以解释（或预测）。

创建基于存在或不存在（边界条件）的分布图相对简单，但在其范围内不包括关于媒介、病例等丰度的潜在关键信息。即使当用媒介、贮存宿主或人类病例的丰度绘图时，如果发生以下情况，也可能会产生误导性的结果。

（1）媒介感染空间的变化（如在广大的地理区域按蚊丰富而没有疟疾，因为疟原虫已被消除），否定了简单的媒介丰度与疾病风险之间的假定相关。

（2）脊椎动物贮存宿主的丰度在时空上是高度动态变化的，这可能导致风险的重大变化，做横断面绘图将是看不到的。

（3）脊椎动物贮存宿主较少（或简单）受到GIS遥感与组织的气候或植被变量的限制。

（4）疾病系统失衡，如媒介或病原体的范围正在扩大。在范围不断扩大的情况下，假设媒介或病原体目前生存的地方被侵犯，那么，未来分布的预测就会大打折扣。

第四节　其他流行病学

随着基因学的发展，流行病学方法也得到了很大发展。如前所述，可以用遗传易感性确定高危险性的个体或群体，以便更有效地开展疾病的防治。它的研究设计、实施和结果分析解释原则与其他流行病学研究一致，不同的是该类研究涉及的危险因素包括遗传因素。

遗传流行病学的分析方法主要有家系调查和系谱分析、双胞胎分析、病例对照研究、家系调查与群体调查相结合、半同胞与养子分析、流行率与死亡率分析、通径分析、分离分析、连锁分析、相关分析及生态遗传学方法等。

实际上，近年来遗传流行病学已经分为两个分支。一个分支是宏观遗传流行病学，主要研究人群和家系的资料，首先探明疾病有无家庭聚集性，主要是垂直的，即代与代之间的；其次是水平的，即同胞之间的。另一个分支是微观遗传流行病学，即细胞及分子水平的遗传流行病学，主要应用分子遗传学的方法，为从人群或家系资料得到的结果提供进一步的证据。完整的遗传流行病学研究应当既要有亲代与子代传递的实验室证据，还要有人群和家系的资料，从而揭示遗传因素、环境因素及二者的交互影响在疾病形成中定性和定量的作用。

著名医学遗传学家 Motulsky 预言，遗传流行病学有可能成为现代医学科学的一个重要分支，因为它可能有助于阐明和控制许多常见病。

临床流行病学是将流行病学原理和方法应用于临床诊断、治疗、预后和医院管理，以病患群体为研究对象，开展研究以解决临床医学实践中的各种问题，并进行评价的一门方法学。其核心内容概括为临床科研的设计（design）、测量（measurement）与评价（evaluation），缩写为 DME。

临床流行病学作为一门独立的学科，与传统的临床医学和流行病学有着以下不同的特点。

(1) 临床性。临床流行病学的研究基地是临床各学科，其首要任务也是要解决各种临床问题。包括疾病的诊断、治疗，预后的评价，影响预后因素的研究，疾病病因和危险因素的研究及疾病分布规律的研究。

(2) 社会性。临床流行病学的研究对象可以从个体扩大到群体，再由群体深入社会特殊患病群体。例如，某些人兽共患传染病可以在动物与人之间传播，或某些原本仅在动物间传播的病原，因选择压力加大，跨越了物种界线而传染给人群，引起社会恐慌，造成不良社会影响。

(3) 整体性。临床流行病学研究的是整体动物，而不是动物的某一部分，如动物的细胞、组织、器官等。

临床流行病学将研究对象扩大到患病群体，以临床医学为基础，并与流行病学、卫生统计学、卫生经济学及社会医学互相渗透，具有多学科相结合的特点，兽医临床医学完全可以借鉴，通过掌握医学临床流行病学，融合兽医于其中，形成具有自身特色的兽医临床流行病学，提高兽医临床科研的选题、设计及研究结论的评价能力。指导兽医临床诊治的决策，实践循证兽医学，并促进兽医临床医学从粗放的经验兽医学向临床兽医学的科学化转化。

在兽医临床科研工作中，可应用流行病学的一般研究方法。按照研究的性质，研究方法包括描述性研究、分析性研究、实验性研究和理论性研究。按研究方法的类型，则分为病例分析、横断面研究、病例对照研究、队列研究、临床试验等。在方法学上强调严格的科学设计、合理的科学测量和研究结果的恰当评价。要充分考虑研究结果的真实性，尽可能避免随机误差和偏倚。相关内容见有关章节。

现场流行病学（field epidemiology），简言之就是流行病学方法在现场中的应用，即指主要以突发公共卫生事件应急为目的，采用现代流行病学和其他学科的理论和方法，及时做出科学的调查结论，并采取有效的控制措施。它是流行病学应用于疾病预防控制实践，同时应用其他相关学科理论和方法，对发生在现场人群或动物群中的重要公共卫生问题实施预防和控制，并进行效果评价，以达到控制疾病，确保群体健康为目的的交叉学科，是流行病学在群体和宏观应用方面发展而产生的分支，也是全部流行病学中最重要的组成部分，更是流行病学研究的基础和先导。

20 世纪末，环境流行病学成为一个真正的流行病学分支学科。其关注的重点在于研究确定广泛存在的常见病的环境分布，实例包括内分泌和免疫系统的破坏，特别是在风险群体中，如儿童和老人、神经和心血管疾病、生殖表现。历史上，其侧重点放在调查化学和物理因素暴露接触（有机化学品、重金属及电离和非电离辐射）。

环境流行病学是环境医学的一个分支学科。它应用流行病学的理论和方法，研究环境中自然环境因素和污染因素危害人与动物群体健康的流行规律，尤其是研究环境因素和人体健康之间的相互关系和因果关系，即阐明暴露-效应关系，为制定环境卫生标准和采取预防措施提供依据。环境流行病学起源于由自然因素所致疾病的研究，如地方性氟中毒。环境流行病学的调查不仅要阐明环境污染与健康之间的相关关系和因果关系，还要揭示环境污染对人与动物群体健康潜在的和长期的危害，包括通过食用动物间接对人群产生的危害。

环境流行病学的主要内容有：调查不同地区人与动物群体的特异性疾病的地区分布、人与动物群体的空间、时间和群体间分布、发病率和死亡率，并连续观察其发展变化规律；调查并检测环境中有害因素，包括污染物和某些自然环境中固有的微量元素在大气、水体、土壤、食物和饲料中的分布、负荷水平、时空波动、理化形态、转化规律，人与动物群体暴露水平，以及引起危害和疾病的条件；分析调查资料，确定污染范围和程度，以及它对人与动物群体健康的影响。

小　结

本章针对一些兽医流行病学学科的分支中具有较高地位的、发展潜力的及正在使用和兴起的药物流行病学、参与流行病学、空间流行病学、遗传流行病学、临床流行病学和环境流行病学做了不同程度的说明，旨在提示许多流行病学的分支学科、交叉学科发展很快，在未来理论与实践中的作用不容忽视。

复 习 题

1. 什么是药物流行病学？
2. 简述参与流行病学。
3. 简述空间流行病学。

主要参考文献

白文彬，于康震. 2002. 动物传染病诊断学. 北京：中国农业出版社.

蔡丽娟. 2005. 兽医职业与执业兽医制度研究. 南京：南京农业大学博士学位论文.

曹秀堂，赵清波，徐勇勇，等. 1997. 多个处理组重复观测数据的统计分析方法. 现代预防医学，24（1）：12-14.

陈向前，黄保续. 2001. 官方兽医制度的基本类型和特征. 中国动物检疫，（9）：9-11.

崔桂芳. 2009. 库布其奶牛场生产成本控制研究. 呼和浩特：内蒙古农业大学硕士学位论文.

丁毅. 2008. 分子遗传学. 北京：高等教育出版社.

范冬梅，罗玉红，王立栋. 2009. 降低养殖成本提高经济效益. 吉林畜牧兽医，30（3）：53-55.

冯林安. 2006. 个体行为对决策的影响研究. 统计与决策，（14）：67-68.

冯林安. 2007. 决策风险管理建模及应用研究. 天津：天津大学博士学位论文.

弗洛伊德·J·福勒. 2003. 调查研究方法. 孙振东译. 2009. 北京：人民卫生出版社.

甘洁. 2005. 以营养为基础维持动物健康. 饲料广角，（9）：25-26.

郭志儒，金宁一. 2002. 2001 年英国口蹄疫流行回顾. 中国兽医学报，22（1）：80-83.

国务院. 2005-05-20. 国务院关于推进兽医管理体制改革的若干意见. 农民日报，（1）.

赫伯特·A·西蒙. 2004. 管理行为. 詹正茂译. 北京：机械工业出版社.

胡永华. 2002. 实用兽医流行病学. 北京：医科大学出版社.

胡永华. 2008. 遗传流行病学. 北京：北京大学医学部出版社.

惠龙，覃正，张烨霞. 2004. 一种基于过程的动态联盟技术创新系统组织结构及决策机制. 科学管理研究，（2）：14-16.

李炳坦，赵书广，郭传甲. 2006. 养猪生产技术手册. 2 版. 北京：中国农业出版社.

李莉，黄振辉. 2008. 实用社会调查方法. 3 版. 广州：暨南大学出版社.

李立明，叶冬青，詹思延. 2008. 流行病学. 6 版. 北京：人民卫生出版社.

李立明. 2004. 流行病学. 4 版. 北京：人民卫生出版社.

李立明. 2003. 临床流行病学. 北京：人民卫生出版社.

李宁，毛治安. 2005. 深思于猪链球菌病之后. 现代畜牧兽医，（9）：1-2 .

刘秀梵. 2000. 兽医流行病学. 2 版. 北京：中国农业出版社.

吕常荣，温家洪，尹占娥，等. 2007. 全球高致病性禽流感灾害的时空变异. 灾害学，22（2）：25-30.

吕化广，郑传江. 1992. 兽医流行病学. 沈阳：辽宁科学技术出版社.

聂绍发. 2003. 临床流行病学. 5 版. 武汉：湖北科学技术出版社.

农业部. 2008-04-22. 农业部关于加强村级动物防疫员队伍建设的意见. 农民日报，（1）.

浦华. 2006. 动物疾病防控的经济学研究综述. 农业经济问题，6：61-64.

全昌文，邵培基，邱虹. 2005. 决策支持系统中的决策风险分析. 现代管理科学，（1）：20-22.

邵俊杰. 2006. 食品中的危害与安全监控要典. 北京：对外经济贸易大学出版社.

沈福民. 2001. 流行病学原理与方法. 上海：上海医科大学出版社.

孙中行. 1989. 临床流行病学. 沈阳：辽宁科学技术出版社.

陶建平，吴斌，杨园园，等. 2009. 公共风险危机下的动物疫病应急反应体系建设. 湖北农业科学，48（2）：494-498.

陶建平，韩冰华. 2002. 培植产业核心生产力提升畜禽产品国际竞争力. 科学管理研究，（6）：41-45.

王家良. 2001. 临床流行病学. 北京：人民卫生出版社.

王建华. 2004. 流行病学. 6 版. 北京：人民卫生出版社.

王素萍. 2009. 流行病学. 北京：中国协和医科大学出版社.

王仲兵. 2004. 我国兽医防疫管理体制现状及其对策研究. 北京：中国农业大学博士学位论文 .

魏建. 2004. 风险、预算、信息与有效预防——传染病预防的经济学分析. 山东大学学报，6：74-81.

谢仲伦. 2006. 动物卫生经济学. 北京：中国农业出版社.

徐德忠. 1998. 分子流行病学. 北京：人民军医出版社.

许家荣. 2005. 流行病学在兽医实践中的作用及地位. 中国家禽，24：7-10.

叶临湘，许国璋，么鸿雁. 2009. 现场流行病学. 北京：人民卫生出版社.
殷震. 1997. 动物病毒学. 北京：科学出版社.
于康震. 2004. 从阻击禽流感看重大疫情应对策略. 中国畜牧业通讯，(23)：9-10.
袁聚祥，王嵬. 2009. 流行病学. 北京：科学出版社 .
张凡建. 2005. 动物和动物产品进口风险分析及其要素研究. 北京：中国农业大学硕士学位论文.
赵仲堂. 2005. 流行病学研究方法与应用. 北京：科学出版社.
邹先德. 1999. 论经济外部性的会计核算方法. 兰州商学院学报，15 (4)：71-72.
Abatih N E, Evsbø H, Wang A K, et al. 2009. Space-time clustering of ampicillin resistant *Escherichia coli* isolated from Danish pigs at slaughter between 1997 and 2005. Preventive Veterinary Medicine, 89 (1-2): 90-101.
Altman D G. 1995. Practical Statistics for Medical Research. London: Chapman Hall.
Balsalobre A. 2002. Clock genes in mammalian peripheral tissues. Cell Tissue Res, 309 (1): 193-199.
Barker D J P, Cooper C, Rose G A. 1998. Epidemiology in Medical Practice. 5th Ed. New York: Churchill Livingstone.
Ben J K. 2004. Surveillance, detection and response: managing emerging diseases at national and international levels. Rev Sci Tech Off Int Epiz, 23 (2): 709-715.
Berke O, Grosse B E. 2003. Spatial relative risk mapping of pseudorabies-seropositive pig herds in an animal-dense region. J Vet Med B Infect Dis Vet Public Health Sep, 50 (7): 322-325.
Bonita R, Beaglehole R, Kjellstrom T. 2006. Basic Epidemiology. 2nd ed. Switzerland World Health Organization.
Brawley O W, Parnes H. 2000. Prostate cancer prevention trials in the USA. Eur J Cancer, 36 (10): 1312-1315.
Broadbent A. 2009. Causation and models of disease in epidemiology. Studies in History and Philosophy of Biological and Biomedical Sciences, 40: 302-311 .
Butcher G D, Gelb Jr J, Ellen W. 1990. Comparisons of the genomic RNA of arkansas DPI embryonic passages 10 and 100, Australian T, and Massachusetts 41 Strains of infectious bronchitis virus. Avian Diseases, 34 (2): 253-259.
Catleya A, Aldersb R G, James L N. 2012. Woodc participatory epidemiology: approaches, methods, experiences. The Veterinary Journal, 191: 151-160.
DeLuise M, Blackburn G L, Flier J S. 1980. Reduced activity of the red-cell sodium-potassium pump in human obesity. N Engl J Med, 303: 1017-1022.
Disilvertro R A. 2000. Zinc in relation to diabetes and oxidative disease. J Nutr, 130: 1509-1511.
Dórea F C, Sanchez, J, Revie C W. 2011. Veterinary syndromil sunreillance: current initiatives and potential for develpoment. Preventive Veterinary Meclicine, 101 (1-2): 1-3.
Dubé C, Garner G, Stevenson M, et al. 2007. The use of epidemiological models for the management of animal diseases. Conf OIE, 13-23.
Gatto N M, Campbell U B. 2010. Redundant causation from a sufficient cause perspective. Epidemiologic Perspectives and Innovations, 7 (5): 2-13.
Gálveza R, Mirób G, Descalzoc M A, et al. 2011. Questionnaire-based survey on the clinical management of canine leishmaniosis in the Madrid region (central Spain). Preventive Veterinary Medicine, 102: 59-65
Hardin J W, Hilbe J M. 2003. Generalized Estimating Equations. Chapman&Hall/CRC: CRC Press LLC.
Haydon D T, Cleaveland S, Taylor L H, et al. 2002. Identifying reservoirs of infection: A conceptual and practical challenge emerging infectious diseases. Emerging Infectious Diseases, 8 (12): 1068-1073.
Heidner H W, Iezzi L G, MacLachlan N J. 1989. A simplified procedure for oligonucleotide fingerprint analysis of multiple bluetongue virus genome segments utilizing small gels. J Virol Methods, 26 (2): 223-228.
Hosmer D W, Lemeshow S. 2000. Applied Logistic Regression. New York: Wiley Interscience.
Houe H, Ersbøll A, Toft N. 2004. Introduction to Veterinary Epidemiology. Frederiksberg, Denmark: Narayana Press.
John M L. 2001. A dictionary of epidemiology. 4th ed. Oxford: Oxford University Press.
Kleinbaum D G, Kupper L L, Morgenstern H. 1982. Epidemiological Research. New York: Van Nostrand Reinhold Company.
Kobla H V, Volpe S L. 2000. Chromium exercise and body composition. Crit Rev Food Sci Nutr, 40 (4): 291-308.
Korobkin R B, Ulen T S. 2000. Law and behavioral science: removing the rationality assumption from law and economics.

California Law Review, 88 (4): 1051-1144.

Mac Donald R S. 2000. The role of zinc in growth and cell proliferation. J Nutr, 130: 1500-1508.

McArdle H J, Ashworth C J. 1999. Micronutrients in fetal growth and development. Br Med Bull, 55 (3): 499-510.

Miller R A, Kaneene J B, Stephen M, et al. 2007. Spatial analysis of *Mycobacterium bovis* infection in white-tailed deer (*Odocoileus virginianus*) in Michigan, USA. Preventive Veterinary Medicine, 82 (1): 111-122.

Myra L S, Jeff A W, Andrew S. 2011. Statistics for the Life Sciences. 4th ed. Upper Saddle River: Prentice Hall Pearson Education.

OIE. 2002. International Animal Health Code. http://www. oie. int. 2012-12-12.

OLaf B. 2002. Choropleth mapping of regional count data of *Echinococcus multilocularis* among red foxes in Lower Saxony, Germany. Preventive Veterinary Medicine, 52 (2): 119-131.

Olaf B. 2005. Exploratory spatial relative risk mapping. Preventive Veterinary Medicine, 71: 173-182.

Paul R B, Martin D T, John L H. 2005. Key concepts in genetic epidemiology. Lancet, 366: 941-951.

Pfeiffer D U. 2002. Veterinary Epidemiology-An Introduction. Unite Kingdom: The Royal Veternary College, Vniversity of London.

Philip L P, Ann H S, Gohn G L, et al. 2008. Economic impacts of foreign animal disease. Economic Research Report No. 57. U. S. Dept. of Agriculture Econ. Res. Serv. May 2008.

Philipson T J. 1999. Economic Epidemiology and Infectious Diseases. NBER Working Paper, W7037.

Phillips L S, Pao C I, Villafuerte B C. 1998. Molecular regulation of insulin-like growth factor-1 and its principal binding protein, IGFBP-3. Prog Nucleic Acid Res Mol Biol, 60: 195-265.

Putt S N H, Shaw A M, Woods A J, et al. 1987. Veterinary epidemiology and economics in Africa: a manual for use in the design and appraisal of livestock health policy. International Livestock Center for Africa (ILCA): 92-93.

Rao J N K, Scott A J. 1992. A simple method for the analysis of clustered binary data. Biometrics, 48: 577-585.

Reeves A, Salman M D, Hill A E. 2010. Approaches for evaluating veterinary epidemiologic models: verification, validation, and their limitations. Rev Sci Tech OIE, 30 (2): 499-512.

Roeckel I E. 2000. Commentary: iron metabolism in hepatitis C infection. Ann Clin Lab Sci, 30 (2): 163-165.

Rothman K J. 1976. Causes. American Journal of Epidemiology, 104 (6): 587-592.

Schwabe C. 1984. Veterinary Medicine and Human Health. 3rd ed. Baltimore: Williams and Wilkins.

Soussi T, Dehouche K, Beroud C. 2000. p53 website and analysis of p53 gene mutaions in human cancer: forging a link between epidemiology and carcinogenesis. Human Mutation, 15: 105-113.

Spiegelhalter D J, Myles J P, Jones D R, et al. 2000. Bayesian methods in health technology assessment: a review. Health Technology Assessment, 4 (38): 1-130.

Stevenson M. 2008. An Introduction to Veterinary Epidemiology-EpiCentre. 2nd ed. Palmerston North: IVABS, Massey University.

Stevenson M. 2011. An Introduction to Veterinary Epidemiology-EpiCentre. 3rd ed. Palmerston North: IVABS, Massey University.

Swai E S, Kapaga A, Kivaria F, et al. 2009. Prevalence and distribution of *Pestedespetits ruminants* virus antibodies in various districts of Tanzania. Vet Res Commun, 33: 927-936

Thamsborg S M, Mejer H, Roepstorff A, et al. 2001. Effects of nematodes on health and productivity of outdoor sows and suckling piglets. In Proceedings from the 18th Internationl Conference of WAAVP, Italy: Stresa, 53.

Thrusfield M. 1995. Veterinary Epidemiology. 2nd ed. Oxford: Blackwell Science Ltd.

Thrusfield M. 2007. Veterinary Epidemiology. 3rd ed. Oxford: Wiley-Blackwell Science Ltd.

Todd D, McNulty M S, Joan A. 1988. Differentiation of egg drop syndrome virus isolates by restriction endonuclease analysis of virus DNA. Avian Pathology, 17 (4): 909-919.

Toth A, Tardy E P, Hajdu K, et al. 2001. Fluorescence *in situ* hybridization of chorionic interphase cells for prenatal screening of Down syndrome. Eur J Obstet Gynecol Reprod Biol, 94 (1): 46-50.

Valle P S, Flaten O, Lien G, et al. 2003. Data Mining, a useful tool in veterinary epidemiology. Proceedings of the 10th International Symposium on Veterinary Epidemiology and Economics.

Wellsa S J, Ebel E D, Michael S. et al. 2009. Use of epidemiologic information in targeted surveillance for population inference. Preventive Veterinary Medicine, 89: 43-50.

Woolf B. 1955. On estimating the relationship between blood group and disease. Human Genetics, 19: 251-253.

Yazzie D, Dasgupta A, Okolo A, et al. 1998. Lysosomal enzymuria in protein energy malnutrition. Am J Nephrol, 18 (1): 9-15.

Zeger S, Liang K. 1966. Longitudinal data analysis for discrete and continuous outcomes. Biometrics, 42: 121-130.

附录　英汉兽医流行病学词汇对照表

第一章

“同一种医学”（the one medicine）
循证兽医学（evidence-based veterinary medicine，EBVM）
分子事件（molecular event）
“疾病相关分子事件”（disease-related molecular event）
监视和监测系统（monitoring and surveillance system，MO&SS）
数据库中的知识发现（knowledge discovery in database，KDD）
信息检索（information retrieval）

第二章

Koch 假说（Koch's postulate）
组分病因（component cause，CC）
必需病因（necessary cause）
充分病因（sufficient cause，SC）
充分组因模型［sufficient component cause（SCC）model］
充分组分（sufficient component，SC）
致易感因素（predisposing factor）
助发病因素（enabling factor）
决定发病因素（precipitating factor）
增强因素（reinforcing factor）
宿主因素（host factor）
生物学因素（biological factor）
理化因素（physical chemistry factor）
社会因素（social factor）
因果联系（causal association）
哈顿矩阵（Haddon matrix）
轮状因果关系模型（wheel mode of causation）
病因网络（web of causation）
Mill 准则（Mill's canon）
求同法（method of agreement）
求异法（method of difference）
同异共用法（joint method of agreement and difference）
共变法（method concomitant variation）

剩余法（method of residue）
关联的时间顺序（temporal relationship）
关联的强度（strength of association）
生物学梯度/剂量-反应关系（biologic gradient/dose-response relationship）
剂量反应关系（dose-response relationship）
一致性（coherence）
可重复性（consistency）
合理性（plausibility）
关联的合理性（plausibility of association）
关联的特异性（specificity of association）
实验证据（experimental evidence）
相似性（analogy）
病因（cause of disease，causality）
风险因素（risk factor）
决定因素（determinant）
宿主决定因素（host determinant）
半数感染量（median infective dose，ID_{50}）
半数致死量（median lethal dose，LD_{50}）
外潜伏期（extrinsic incubation period，EIP）
终末宿主（primary host）
中间宿主（secondary host）
贮存宿主（reservoir host）
医源性传播（iatrogenic infection）
临界群体体积（critical community size，CCS）
维持群体（maintenance population）
维持群落（maintenance community）
（来）源群体（source population）
短期波动（rapid fluctuation）
共同来源暴发（common source outbreak）
共同点源流行或点状流行（point epidemic）
增殖性流行（propagated epidemic）
连续传播性流行（propagated epidemic）
混合流行（mixed epidemic）
季节性趋向（seasonal trend）
长期趋势（secular trend）
长期变异（secular change）
等值区域密度图（choropleth map）
点状图（point map）
等值图（isoplethic map）

第三章

描述性研究（descriptive study）
横断面研究（cross-section study）
病例对照研究（case-control study）
回顾性队列研究（retrospective cohort study）
前瞻性队列研究（prospective cohort study）
精确性（precision）
有效性（validity）
病例报告（case report）
病例分析（case analysis）
回忆性偏倚（recall bias）
描述流行病学（descriptive epidemiology）
分析流行病学（analytical epidemiology）
实验流行病学（experimental epidemiology）
理论流行病学（theoretical epidemiology）
观察性现场研究（observational field study）
生态比较研究（ecological comparison study）
生态趋势研究（ecological trend study）
比例研究（proportional study）
时空聚集研究（space-time cluster study）
重复调查（repeated survey）
随访流行率研究（follow-up prevalence study）
单纯病例研究（case only study）
病例-病例研究或病例系列研究（case-case study）
病例交叉研究（case crossover study）
巢式病例对照研究（nested case control study）
病例队列研究（case cohort study）
调查随访研究（survey follow up study）
重复随访研究（repeated follow up study）
干预随访研究（intervention follow-up study）
组群随机试验（cluster randomized trial）
现况研究或现况调查（prevalence survey）
普查（census）
抽样调查（sampling survey）
简单随机抽样（simple random sampling）
系统抽样（systematic sampling）
分层抽样（stratified sampling）
整群抽样（cluster sampling）

无应答偏倚（non-response bias）
回忆偏倚（recalling bias）或报告偏倚（reporting bias）
测量偏倚（investigator bias）
随访（follow-up）
固定队列（fixed cohort）
封闭队列（closed cohort）
双向性队列研究（ambi-directional cohort study）
成组比较法（group comparison）
匹配因素（matching factor）
匹配变量（matching variable）
“匹配过度”（over-matching）
巢式病例对照研究（nested case control study）
队列中的病例对照研究（case control study nested in cohort）
嵌入式病例对照研究（panel study）
回顾性巢式病例对照研究（retrospective nested case-control study）
前瞻性巢式病例对照研究（prospective nested case-control study）
生态学研究（ecologic study）

第四章

平行组设计（parallel group design）
交叉设计（cross-over designs）
分式析因设计（fractional factorial design）
拉丁方设计（Latin and Graeco-Latin square design）
裂区试验设计（strip-plot experiment design）
洗脱期（washout period）
延滞作用（carryover）
实验室实验（laboratory test）
对比法设计（contrast design）
间比法设计（interval contrast design）

第五章

分布（distribution）
发生数（incidence）
流行数（prevalence）
病因诊断（etiological diagnosis）
预后诊断（pronostic）
比例（proportion）
比率（rate）

比（ratio）
累积发生率（cumulative incidencc）
发病率（incidence rate）
发病密度（incidence density）
罹患率（attack rate）
死亡率（motality rate）
病死率（fatality rate）
感染率（infection rate）
携带率（carrier rate）

第六章

归因风险度（attributable risk）
归因分数（attributable fraction，AF）
估计归因分数（estimated attributable fraction，AF_{Est}）
群体归因风险度（population attributable risk，PAR）
群体归因分数（population attributable fraction，PAF）
发病率比（incidence rate ratio）

第七章

标准误（standard error，SE）
显著性检验（test of statistical significance）
系统随机抽样（systematic random sampling）
非概率抽样（no-probability sampling）
块随机（random block）

第八章

整群筛检（mass screening）
目标化筛检（targeted screening）
目标化筛检或定期健康检查（periodical health examination）
单项筛检（single screening）
多项筛检（multiple screening）
样本量（sample size）
诊断（diagnosis）
诊断试验（diagnosis test）
诊断界限（diagnostic criteria）
金标准（gold standard）
真阳性（true positive，TP）

真阴性（true negative，TN）
假阴性（false negative，FN）
假阳性（false positive，FP）
先验概率（prior probability）
后验概率（posterior probability）
似然比（likelihood ratios，LR）
阳性似然比（positive likelihood ratio，+LR）
阴性似然比（negative likelihood ratio，－LR）
验前概率（pretest probability）
验后概率（post-test probability）
序贯检验（sequential test）
阳性预测值（positive predictive value）
阴性预测值（negative predictive value）
受试者工作特征曲线（receiver operator characteristic curve，ROC）
受试者工作特征（receiver operating characteristic）
相对工作特征（relative operating characteristic）
决策树（decision tree）
决策（decision making）
临床决策（clinical decision）
表面流行率（apparent prevalence，AP）
真实流行率（true prevalence）
串联（series）
并联（parallel）
并联试验（in parallel）
串联试验（in series）
并联解释（parallel interpretation）
串联解释（serial interpretation）
敏感性也称为灵敏性（sensitivity）
特异性（specificity，SP）
符合率（coincidence rate）
粗一致性（crude agreement）
约登指数（Youden's index）
标准诊断（standard diagnosis）

第九章

资料（data）
分类法（taxonomy）
分类（classification）
疾病的分类和命名（nomenclature and classification of disease）

国际疾病分类（international classification of diseases，ICD）
密度等值图（choroplethic density map）
认证计划（certification scheme）
农业组织（agricultural organization）
国际动物园动物兽医记录（international veterinary record of zoo animal）
计量资料（measurement data）
数值变量（numerical variable）
定量资料（quantitative data）
计数资料（enumeration data）
定性资料（qualitative data）
分类变量（categorical variable）
等级资料（ranked data）
有序分类变量（ordinal categorical variable）
同质（homogeneity）
变异（variation）
总体（population）
样本（sample）
观察单位（observed unit）
个体（individual）
有限总体（finite population）
无限总体（infinite population）
观察单位数或样本含量（sample size）
数值变量（numerical variable）
随机事件（random event）
概率（probability）
“自明性”（self-explanatoriness）
数据编辑（data edit）

第十章

流行率-发病率偏倚或奈曼偏倚（prevalence incidence bias）
易感性偏倚（susceptibility bias）
检出征候偏倚（detection signal bias）
信息偏倚（information bias）
观察偏倚（observation bias）
诊断怀疑偏倚（diagnostic suspicion bias）
暴露怀疑偏倚（exposure suspicion bias）
错误分类（misclassification）
相加模型（additive model）
相乘模型（multiplicative model）

第十一章

问卷（questionnaire）

第十三章

监测（surveillance）
监视（monitoring）

第十四章

暴发调查（outbreak investigation）
预警（early-warning）
动物疫病预警（early-warning of animal disease）
动物疫病预警体系（early-warning system）
新出现疫病（emerging infectious diseases，EID）
地方流行性（endemic）

第十五章

成本收益分析（cost benefit analysis，CBA）
经济净现值（economic net present value，ENPV）
经济内部收益率（economic internal revenue rate，EIRR）
成本收益率（benefit-cost ratio，BCR）
成本效果比（cost-effectiveness ratio，CER）
总经济成本（total economic cost，TEC）
边际报酬率（marginal rate of return，MRR）
决策树法（decision-tree method）
决策的依据是期望货币价值（expected monetary value，EMV）
蒙特卡罗模拟（Monte Carlo simulation，MCS）
对照组法（control group approach，CGA）

第十七章

社会时间偏好率（social time preference rate，STP）
结账利率（accounting rate of interest，ARI）
成本效益比（benefit-cost ratio，B/C）

第十八章

关键控制点（critical control point，CCP）
关键管理点（critical management point，CMP）

第十九章

分子流行病学（molecular epidemiology）
生物学标志（biologic markers，biomarker）
耐药性（resistance to drug）
国家临床实验室标准（national committee for clinical laboratory standard，NCCLS）
限制性内切核酸酶酶切图谱（restriction map）
限制性片段长度多态性（restriction fragment length polymorphism，RFLP）
寡核苷酸指纹图谱分析（oligonucleotide fingerprint analysis）
Southern 印迹杂交（southern blot hybridization）
Northern 印迹杂交（Northern blot hybridization）
Southern 印迹（Southern blot）
Northern 印迹（Northern blot）
聚合酶链反应（polymerase chain reaction，PCR）
单核苷酸多态性（single nucleotide polymorphism，SNP）
蛋白质芯片（protein chip）
流式细胞术（flow cytometer，FCM）
酶联免疫吸附试验（enzyme-linked immunosorbent assay，ELISA）
免疫组织化学（immunohistochemistry）
原位杂交（*in situ* hybridization）

第二十章

风险（risk）
风险分析（risk analysis）
决策风险（decision risk）
农药残留（pesticide residues）
兽药残留（residues veterinary drug）

第二十一章

密度模型（density model）
流行模型（prevalence model）
确定性模型（deterministic differential calculus modeling）

匀质个体（homogeneous mixing）
个体差异（mixing is rarely homogeneous）
多状态模型（multi-state model）
状态转变模型（state-transition model）
随机性微分模型（stochastic differential calculus modeling）
随机指数衰减模型（stochastic exponential decay）
模拟模型（simulation model）
经验模拟模型（empirical simulation modelling）
过程模拟模型（process simulation modeling）
发育评分（development fraction）
种群模型（population model）
种群矩阵模型（matrix population modeling）
种群网络模型（network population modeling）
系统模型（system modeling）
疫病主动防控（active disease control）

第二十二章

血清流行病学（seroepidemiology）

第二十三章

药物不良反应（adverse drug reaction，ADR）
药物流行病学（pharmacoepidemiology）
参与流行病学（participatory epidemiology，PE）